AF368946

TRAITÉ

D'HYGIÈNE VÉTÉRINAIRE

APPLIQUÉE.

LYON , IMPR. DE MOUGIN-RUSAND,
Halles de la Grenette.

TRAITÉ

D'HYGIÈNE VÉTÉRINAIRE

APPLIQUÉE;

ÉTUDE DES RÈGLES

D'APRÈS LESQUELLES IL FAUT DIRIGER LE CHOIX, LE PERFECTIONNEMENT,
LA MULTIPLICATION, L'ÉLEVAGE, L'ÉDUCATION,

**DU CHEVAL, DE L'ANE, DU MULET,
DU BOEUF, DU MOUTON, DE LA CHÈVRE,
DU PORC, ETC. ;**

Par J.-H. MAGNE,

Professeur d'Hygiène
et de Botanique à l'Ecole royale Vétérinaire d'Alfort,
ex-Professeur à l'Ecole royale Vétérinaire de Lyon et a l'Institut
agricole de la Saulsaie; Membre de plusieurs
Sociétés savantes.

TOME PREMIER.

PARIS,

CHEZ LABÉ, LIBRAIRE,
Place de l'Ecole de Médecine.

LYON,

CHARLES SAVY JEUNE, LIBRAIRE,
Quai des Célestins, 48.

TOULOUSE.

GIMET, Rue des Balances, 66. | LEBON, Rue Saint Rome. 46.

1844.

AVANT-PROPOS.

Dans un premier Ouvrage nous avons traité des diverses parties de l'Hygiène vétérinaire qui se rapportent à tous les animaux domestiques ; nous donnons aujourd'hui le complément de notre travail, en faisant connaître les règles d'après lesquelles il faut entretenir, multiplier, élever, dresser le cheval, le bœuf, le mouton, le porc, etc.

Nous avons cru contribuer au progrès de l'Hygiène vétérinaire et être utile à nos élèves, aux praticiens et aux agriculteurs en coordonnant les travaux qui ont été faits, dans ces dernières années, sur les parties de l'économie rurale qui se rattachent aux animaux domestiques ; en résumant les observations d'hygiène, si intéressantes et si nombreuses, renfermées dans les journaux vétérinaires et dans les recueils d'agriculture publiés aujourd'hui sur tous les points de la France.

Quoique nous possédions des écrits où se trouvent de très-bons enseignements sur l'élevage des poulains, sur

la nourriture, sur l'engraissement du bétail, sur les mérinos, etc., nous avons vu, pendant ces derniers temps,
exprimer le besoin de livres sur la multiplication, la
conservation et le perfectionnement des races : des sociétés savantes ont fondé des prix pour attirer sur ce sujet
l'attention des écrivains; le jury pour l'exposition de l'industrie nationale demandait, en 1840, des ouvrages élémentaires, des manuels pour mettre entre les mains
des bergers, des fermiers, des propriétaires de troupeaux, etc.

Sont-ce des ouvrages élémentaires, des Manuels qui seraient réellement utiles? Malgré toute l'autorité des hommes dont nous venons de rapporter les paroles, nous ne
le pensons pas. Les Manuels ne peuvent convenir qu'aux
gens du monde, aux personnes qui ne veulent faire que
des études superficielles; mais quand on veut approfondir
une science, l'apprendre pour en faire des applications, il
faut lire des ouvrages qui en fassent connaître les détails.

Dans un livre élémentaire, dans un Manuel, on ne
peut parler que des principes de la science les plus connus, des généralités que savent toutes les personnes qui
se sont un peu occupées du sujet, et à plus forte raison
les praticiens.

Nous avons cru aussi qu'il convenait de traiter, dans un
seul Ouvrage, de tous les animaux qui consomment à peu
près le même genre de nourriture, qui vivent ou peuvent
vivre de fourrages, et qui jusqu'à un certain point exigent
les mêmes soins et donnent souvent des produits de même
nature. Nous avons pu ainsi, en démontrant les grandes

variations que doivent éprouver les régles de l'hygiène dans les diverses espèces domestiques, prouver que ces régles ne sont pas absolues, et que leur application doit varier selon les animaux et les circonstances dans lesquelles ils se trouvent.

Nous ne voulons pas justifier le plan que nous avons suivi, nous y ajoutons peu d'importance ; nous ferons seulement observer que dans le livre que nous publions, comme dans les *Principes d'Hygiène*, nous avons multiplié, à l'excès peut-être, les divisions et les subdivisions des matières. Cette marche a nécessité des répétitions qui paraîtront au moins inutiles à beaucoup de personnes ; mais nous avons cru devoir en agir ainsi afin de faciliter le travail de nos éléves ; nous avons voulu mettre en évidence les diverses faces de chaque sujet, et, au risque de quelques redites, rendre tous les articles à peu près complets.

TRAITÉ

D'HYGIÈNE VÉTÉRINAIRE

APPLIQUÉE.

BUT, DIVISION DE L'HYGIÈNE APPLIQUÉE.

Nous avons dans un autre Ouvrage (1) étudié les *principes généraux* de l'hygiène vétérinaire ; nous avons traité des parties de cette science qui se rapportent à tous les animaux domestiques ; nous avons recherché les conditions de la santé en étudiant l'influence que le sol, l'atmosphère, les aliments, etc., exercent sur l'économie vivante, mais sans faire des applications particulières aux diverses espèces que l'homme a soumises à la domestication.

Il nous reste à envisager notre sujet sous un autre point de vue, à traiter de l'*hygiène spéciale*, à étudier les objets qui se rapportent exclusivement aux solipèdes, aux ruminants, etc., et à faire l'application des principes généraux au cheval, au bœuf, au mouton, à la chèvre, etc.

Nous diviserons cet Ouvrage en autant de parties que nous comptons d'espèces principales parmi les animaux soumis à notre joug ; dans chaque partie nous traiterons de tout ce qui se rapporte aux différentes races de l'espèce, au choix de celles qui peuvent convenir selon les

---

(1) *Principes d'Hygiène vétérinaire.*

localités, au choix des reproducteurs; nous parlerons ensuite de la manière dont il convient de multiplier l'espèce, d'élever et de dresser les jeunes animaux; de gouverner les bêtes de travail; de nourrir, d'engraisser celles qu'on entretient pour en retirer des produits.

Ainsi nous traiterons séparément de la multiplication, de l'élevage, de l'éducation, de l'entretien, etc., de l'espèce du cheval, de celle du bœuf, etc. Toutefois, comme le perfectionnement des races est susceptible de considérations qui s'appliquent à tous nos animaux, nous allons d'abord examiner d'une manière générale en quoi doivent consister les améliorations des races et quels sont les moyens qu'il faut employer pour les obtenir. Quand nous connaîtrons la manière dont les animaux doivent être améliorés, nous pourrons indiquer les règles d'après lesquelles il faut multiplier, élever, etc., chaque espèce, pour que tous les soins qu'on lui donne contribuent à la perfectionner.

DE L'AMÉLIORATION

DES

ANIMAUX DOMESTIQUES.

CHAPITRE Ier.

Définition, importance, choix des améliorations.

Définition. Les mots *amélioration des animaux domestiques* signifient quelquefois l'action d'améliorer les animaux, de les rendre plus utiles, plus agréables. Améliorer les races, c'est les modifier dans le but d'augmenter leur utilité sans accroître dans le même rapport les frais de production et d'entretien ; c'est leur communiquer des formes, des aptitudes, des qualités qui n'existent pas à l'état sauvage, et faire disparaître des caractères , des défauts naturels. Une race est améliorée si les modifications qu'on lui a communiquées se transmettent par la génération et si les caractères primitifs, originels, ne reparaissent que rarement. D'autres fois nous appelons *améliorations* les résultats de l'action d'améliorer. Dans ce sens les améliorations sont des modifications imprimées au bœuf , au mouton, etc., qui augmentent le produit de ces animaux et les rendent d'un service plus agréable.

Les améliorations des races ne sont, le plus souvent, des perfections que relativement à nos besoins ; les animaux qui les possèdent s'écartent même quelquefois autant du type gracieux, arrondi, moëlleux, constituant la beauté, d'après les idées ordinaires, que des qualités, qui, formant le mérite selon l'ordre naturel, sont un indice de force et de santé. Les animaux soumis à notre joug doivent remplir un but autre que celui auquel leur organisation les destinait; comme le dit M. de Dombasle, ils doivent avoir leur part des résultats de la civilisation, et les éléments de leur valeur doivent être jugés tout autrement qu'on ne le ferait dans l'état de nature. Ces animaux sont doués de qualités qui diffèrent de celles qui leur avaient été données dans l'intérêt de leur espèce: la rusticité, l'agilité, la sobriété, la faculté de supporter de longues abstinences, si nécessaires pour la conservation des espèces qui vivent à l'état sauvage, sont des qualités peu précieuses pour des animaux qui ne manquent jamais d'abris, qui n'ont jamais besoin de courir pour chercher leur nourriture ni pour fuir des ennemis, qui doivent consommer beaucoup en peu de temps pour engraisser rapidement, et qui ont à leur disposition pendant l'hiver autant d'aliments que durant la belle saison.

Importance des bonnes races. Les bénéfices des exploitations agricoles, des vacheries, même des entreprises de messageries, de roulage, dépendent toujours en grande partie du mérite des animaux qu'on entretient. Les bêtes de travail, comme celles de rente, donnent plus de bénéfice quand elles sont bonnes, améliorées; c'est-à-dire, quand elles sont appropriées au pays et à leur destination. Dans une exploitation conduite avec vigilance, rapporte M. Nivière, il s'est présenté des cas où le fumier coûtait, la voiture de 12 quintaux, 19 fr., et d'autres où chaque voiture présentait un bénéfice de fr. 0,96; des cas où les fourrages étaient payés fr. 0,82, et d'autres, fr. 3,54 (1). Les Anglais ont prouvé qu'une quantité donnée de fourrage consommée par les bonnes races de moutons donne

____

(1) *Annales de la Société d'agr. de Lyon,* t. i, p 148.

deux fois autant de viande que lorsqu'elle est mangée par les mauvaises races de la même espèce. Tous les cultivateurs, les rouliers, etc., ont remarqué que certains animaux font beaucoup plus de travail que d'autres sans consommer davantage ; il serait donc superflu de démontrer par un plus grand nombre de faits l'avantage des bonnes races; il est plus important de rechercher en quoi consiste la bonté.

Choix des améliorations. L'amélioration des races suppose beaucoup de connaissances chez la personne qui l'entreprend. Nous avons généralement sur ce sujet des idées fausses ; on croit qu'il suffit de vouloir s'en occuper pour réussir : selon les uns, il n'y a qu'à fonder des prix, des primes pour encourager la production des belles génisses, des beaux béliers ; selon les autres il suffit d'importer des étalons, des taureaux appartenant à de bonnes races. Ces idées nous font éprouver beaucoup de mécomptes. Combien de personnes très-bien intentionnées ont nui aux cultivateurs et aux progrès de l'agriculture en croyant être utiles. Ce que l'on fait et ce que l'on conseille, relativement à l'amélioration des races, est toujours nuisible si l'entreprise qu'on a tentée ou provoquée n'est pas couronnée de succès ; on occasionne des pertes et l'on détourne les cultivateurs des innovations utiles réalisables.

Nous allons d'abord examiner en quoi peuvent consister les améliorations d'une race ; nous rechercherons ensuite quelles sont celles qu'il peut convenir de communiquer à nos animaux selon les circonstances dans lesquelles on se trouve.

Les améliorations dont les races sont susceptibles peuvent porter sur l'*activité* de certains organes, sur le *volume*, sur la *forme* de certaines parties et sur la *beauté* de l'ensemble.

Les améliorations des animaux sont quelquefois des qualités qui dépendent de l'activité des organes, d'une aptitude à donner des produits ou à faire des travaux ; l'activité des glandes mammaires, la disposition à se bien nourrir et à engraisser facilement, communiquées à une race, constituent des améliorations ; il en est de même de la souplesse des allures, de la sensibilité de la bouche, de la douceur du caractére, etc., imprimées à une famille de chevaux. Ces dernières qualités dépendent peu, en général, du climat et de la nourriture. Un bon croisement peut exercer à cet égard une grande influence. On pourrait aussi sans inconvénient importer une race étrangère qui ne différerait de celle du pays que par la manière de marcher, par sa disposition à suivre les volontés du cavalier. Mais il n'en est pas tout-à-fait ainsi pour la production du lait, pour la propension à engraisser : ces qualités peuvent être communiquées par la génération ; mais elles sont toujours subordonnées au régime, à l'exercice, à la manière d'élever les animaux, etc.

La taille ou plutôt le volume des animaux est un des caractères qui dépendent le plus de la nourriture et des lieux. Les herbivores sont généralement plus volumineux que les carnivores ; ceux-là trouvent dans tous les pays des aliments plus abondants que les derniers ; les oiseaux insectivores sont petits, et ceux qui, comme les vautours, vivent de cadavres de quadrupèdes, de poissons, sont les plus volumineux. Il serait souvent difficile d'expliquer l'influence des localités sur le volume des animaux : de dire pourquoi les poissons les plus grands se trouvent dans les mers les plus vastes ; pourquoi les quadrupèdes de l'Amérique sont plus petits que ceux de l'Asie et de l'Afrique, et plus grands que ceux de la Nouvelle-Hollande ; pourquoi dans une commune nous trouvons des bœufs, des moutons plus beaux, plus volumineux que dans les contrées voisines, lors même que les localités semblent ne pas différer les unes des autres. Mais si nous ne pouvons pas reconnaître la cause de ces différences, nous devons profiter de l'enseignement qu'elles nous donnent, afin d'éviter des essais qui seraient malheureux.

C'est cependant de la nourriture que dépend principalement la taille de nos herbivores. Si, sur quelques montagnes, le bétail nous paraît grand relativement à la fertilité des pâturages, cela provient des qualités des plantes: si elles sont courtes, elles sont très-alibiles. L'élévation de la taille dans nos animaux ne doit être considérée comme une amélioration que si elle correspond à une augmentation de la fécondité du sol. Si nous voulons avoir des moutons, des bœufs plus volumineux, soit en introduisant des races étrangères, soit par le croisement des races du pays, l'entreprise ne réussit que si l'on améliore l'agriculture. Les animaux introduits dans une contrée se mettent toujours, en peu de générations, en rapport avec les circonstances hygiéniques dans lesquelles ils se trouvent : s'ils sont plus grands que ne le comporte le pays, ils périssent souvent de misère; s'ils s'acclimatent, s'ils s'habituent à un régime moins bon que celui qui les avait créés, ils maigrissent, donnent naissance à de mauvais produits, et constamment ils donnent aussi peu de profit que les indigènes, mais en outre ils sont rachitiques, exposés à toutes les maladies des êtres qui ne peuvent pas se développer complètement. L'importation d'animaux de petite taille ne peut jamais avoir des inconvénients; car, bien nourris, ils acquièrent, en peu de générations, le volume que comporte la localité.

Il peut donc être nuisible de chercher à élever la taille des animaux; car l'expérience prouve qu'il est souven avantageux d'avoir de petites races, lors même que les circonstances locales permettraient d'en élever de grandes. Il n'y a d'exception à cet égard que si l'on a besoin de grands animaux pour exécuter certains travaux. Mais quant aux bêtes de rente, il faut en général rechercher les petites. (Voyez *Bêtes à cornes, bêtes ovines, vaches laitières, etc.*) Aussi, quoique les douanes, les octrois, généralement perçus par tête de bétail, favorisent la production des bêtes de beaucoup de poids, les grands bœufs sont moins communs qu'anciennement.

La plupart des entreprises faites pour l'amélioration du bétail ont échoué parce qu'on a trop recherché les animaux de taille élevée; parce qu'on a ajouté beaucoup d'importance à l'influence des reproducteurs et qu'on a trop négligé l'action des agents hygiéniques. De nos jours les importations des races exotiques de grande taille réussissent mieux qu'anciennement; en introduisant de beaux béliers, de grands taureaux dans une ferme, on sent mieux la nécessité de les bien nourrir; le plus souvent même les importations sont faites par des propriétaires disposés à opérer des améliorations agricoles; or comme ces améliorations nécessitent l'augmentation des fourrages, les fermiers se trouvent en état de mieux nourrir leur bétail. Il ne faut pas être étonné que les animaux importés par les particuliers donnent de plus beaux produits que les étalons introduits et vendus par le gouvernement; l'introduction coïncide presque toujours, dans le premier cas, avec un changement heureux dans la culture, tandis que cela a rarement lieu dans le second.

Les formes des animaux dépendent en général beaucoup moins des influences hygiéniques, du sol, des aliments, etc., que le volume du corps. Quand on voudra perfectionner une race sous le rapport de la conformation sans élever la taille, on pourra le tenter sans inconvénients dans toutes les localités. Les améliorations dont les animaux sont susceptibles à cet égard sont produites plutôt par l'emploi de bons reproducteurs que par le régime. Il faudrait des soins bien judicieux, persévérants, et un grand nombre de générations pour changer dans une race la longueur des vertèbres cervicales, le volume de la tête, la forme du dos, la position des oreilles, etc., etc., tandis que par un croisement judicieux toutes ces modifications pourraient être produites dans une ou deux générations ; un seul métissage avec le bélier new-kent produit sur quelques-unes de nos races de moutons une plus grande amélioration que les appareillements les mieux entendus continués pendant plusieurs générations ; un croisement du verrat à courtes jambes avec la truie de nos pays produit plus d'effet sur la forme de la poitrine, du dos, des jambes, que ne pourrait en produire un bon régime longtemps continué.

Ainsi, pour améliorer les animaux sous le rapport des formes, il est en général plus avantageux d'importer des races étrangères que de chercher à modifier celles de la contrée. Le premier moyen est le plus facile et le plus expéditif ; il réussit toutes les fois que la race importée, ayant la conformation que l'on veut imprimer à celle du pays, convient à la localité par sa taille, par la manière dont elle est nourrie, etc.

L'influence des agents extérieurs sur la conformation des animaux est plus marquée dans les derniers degrés de l'échelle zoologique que dans l'homme et dans les mammifères. On remarque même dans ces derniers que les tissus dont la vie est peu développée ressentent plus tôt l'action de l'air, du sol, etc., que les parties qui jouissent d'une grande vitalité. Ainsi le climat modifie plus tôt l'épiderme, les poils, les ongles, que le système musculaire, que les nerfs et les os, etc. On peut garder dans tous les pays des animaux à croupe horizontale, à poitrine ronde ; mais des béliers dont la toison est superfine, des chevaux fins, perdent, dans les pâturages humides, leur toison soyeuse, leurs crins fins, leurs pieds petits, etc.

La *beauté* des animaux résulte du rapport qui existe entre les diverses parties du corps : on dit vulgairement qu'un animal est beau lorsqu'il présente des proportions qui flattent la vue, que les membres sont proportionnés au corps, la tête au tronc, les os aux muscles, etc. Mais, considéré sous le rapport de l'utilité des animaux, le mot beauté a une autre signification ; il désigne les formes, les qualités qui indiquent le plus grand développement des parties du corps qui nous sont utiles, l'activité des appareils qui créent le lait, la laine, la viande.

L'artiste qui ne considère que l'harmonie des formes, l'élégance des contours, regarderait probablement le cheval espagnol et le normand comme étant plus beaux que l'arabe et que l'anglais pur sang. Encore dans le cheval, chez lequel une santé robuste, une constitution forte, une grande vigueur et l'élégance des contours, constituent les principaux mérites, la conformation qui donne ce qu'on appelle ordinairement la beauté, étant prise en très-grande considération, les formes que préfèrent les connaisseurs diffèrent moins dans ce quadrupède de celles que recherchent les artistes que dans les autres animaux domestiques. Mais combien l'espèce de bêtes à cornes de Durham diffère de la description que Buffon a donnée de son taureau modèle ! et combien quelques races communes de nos bêtes à laine sont plus belles à voir que la race de Dishley, avec sa tête pointue, petite, son corps bouffi et ses jambes grêles ! Ces animaux, fort laids, selon l'expression de M. Mathieu de Dombasle, pour l'homme dont les yeux ne sont pas accoutumés à cette espèce de difformité, et cependant si dignes d'être propagés, puisqu'ils présentent les formes les plus favorables au but que nous attendons d'eux, n'ont pas même une constitution robuste : la vache de Durham est parvenue à la vieillesse et doit être engraissée à un âge où les races communes ont à peine terminé leur accroissement.

M. de Dombasle a bien apprécié l'importance qu'il faut ajouter à la beauté idéale des animaux : « Dans un cheval, dit l'illustre agronome dont nous aimons à invoquer l'autorité, dans un cheval, la figure, la beauté des formes entrent pour beaucoup dans la valeur de l'animal ; d'ailleurs ce qu'on appelle beauté dans cette classe d'animaux consiste dans la proportion des formes, qui réellement exerce le plus souvent la plus puissante influence sur les qualités les plus précieuses du cheval. Il est donc naturel qu'on cherche à reproduire ces formes ; mais il n'en est pas ainsi dans les bêtes à cornes. Ce qu'on appelle presque partout beauté n'a aucun rapport avec les principales qualités économiques qu'on doit rechercher dans les animaux de cette espèce ; presque toutes les formes qu'on indique généralement comme constituant la perfection d'un taureau ou d'une vache sont des données de pure convention, qu'il faut laisser apprécier aux personnes qui se jettent dans le luxe de l'agriculture. Les véritables beautés des bêtes de cette espèce sont d'abord les formes qui sont un indice de la santé de l'animal ; ensuite celles que l'expérience fait connaître pour les marques de telle ou telle qualité économique.

« On peut juger par là combien est fausse la direction que donnent beaucoup de personnes à l'amélioration du bétail à cornes, direction qui, au reste, est favorisée et trop souvent provoquée par les prix ou les primes que les administrations ou des sociétés savantes proposent souvent à celui qui introduira des animaux de telle race étrangère, uniquement en considération de la beauté de cette race, à celui qui présente *le plus beau taureau, la plus belle génisse, etc.* ; comme si celui qui élève des bêtes à cornes devait avoir pour but spécial de s'attacher à la race qui pourra décorer le plus agréablement un paysage et fournir des modèles au dessinateur qui recherchera les formes les plus gracieuses.

« Il peut cependant arriver qu'un éleveur de bêtes à cornes trouve un bénéfice réel à s'attacher à une beauté de convention dans les formes, parce que ses élèves en auront plus de valeur sur les marchés. Ce n'est pas alors l'éleveur qui se trompe, ce sont les acheteurs; mais au lieu de donner plus de force à cette erreur par leur assentiment, les sociétés savantes devraient, je pense, employer tous les moyens qui sont en leur pouvoir pour éclairer les cultivateurs sur leurs véritables intérêts, et elles devraient surtout leur faire bien comprendre que c'est dans l'amélioration du système de culture et dans l'abondante production de fourrages qui en résulte qu'il faut principalement chercher les moyens d'amélioration des races d'animaux. » (1)

En traitant du choix des étalons, des vaches, etc., nous verrons que les qualités doivent varier selon la destination des animaux et les localités où on les entretient : une très-grande aptitude à transformer tous les aliments en graisse, en général si avantageuse dans les bêtes à cornes, est un inconvénient dans les vaches qu'on entretient pour le lait ; la sobriété, utile dans les bêtes bovines, dans les moutons des pays de montagne, où les fourrages sont rares et de mauvaise qualité, est un défaut dans les contrées où l'on a beaucoup de produits végétaux à transformer en viande, en suif, en fumier, etc.

La taille, la conformation, la beauté, doivent aussi, de même que les qualités, varier selon l'usage des animaux

____

1) *Calendrier du bon Cultivateur.*

et les localités. Une taille élancée, un corps svelte, des membres longs, sont à rechercher dans les solipèdes, qui doivent avoir des allures rapides, et en général dans tous ceux qui doivent travailler en plaine et sur de belles routes ; tandis que les chevaux destinés à traîner de lourds fardeaux, à travailler sur des chemins montagneux, en mauvais état, doivent être trapus, bien ramassés, pourvus de membres courts. Dans tous les animaux, la beauté, les formes doivent être en rapport avec la destination. Un bœuf de travail diffère de celui qui est exclusivement destiné à l'engrais, comme la beauté du cheval de course diffère de celle du limonier, et quoique fort différents, ces animaux n'en sont pas moins dignes d'être recherchés, et ce serait une faute de vouloir prendre dans chaque espèce un type unique auquel on rapporterait toutes les races.

Choix des améliorations des races d'après les convenances économiques. Avant d'entreprendre l'amélioration d'une race d'animaux, il importe beaucoup d'être bien fixé sur les qualités qu'on veut lui communiquer ; de s'être assuré que l'on aura les moyens de poursuivre l'entreprise jusqu'à ce que le but qu'on se propose soit atteint. Il faut éviter avec le plus grand soin de faire des essais infructueux à ce sujet : ils font perdre beaucoup de temps, ils entraînent le plus souvent de fortes dépenses, et ils jettent toujours le découragement et la défiance dans l'esprit des cultivateurs qui les subissent et de ceux qui en sont les témoins.

Pour fixer son choix, l'agronome doit avoir égard aux ressources dont il dispose et aux débouchés que lui fournit le pays. Sous le premier point de vue il aura égard à la nature de ses pâturages, à la qualité et à la quantité de ses fourrages, au climat, à l'intelligence, à la bonne volonté et aux habitudes de ses domestiques, au prix ordinaire de la main-d'œuvre dans le pays et à la facilité de se procurer des travailleurs. Il ne suffit pas qu'on puisse fournir à des animaux bien améliorés, c'est-à-dire fort éloignés de leur type naturel, de bons aliments, un sol et un climat favorables; il faut encore soigner la distribution de la nourriture, la multiplication, l'élevage, etc. Or, si les valets d'une ferme manquent d'intelligence ou de bonne volonté pour donner à la race nouvelle les soins qu'elle réclame; s'ils sont persuadés que cette race ne peut pas prospérer dans le pays, que toutes leurs peines sont inutiles et doivent être inefficaces, le succès sera fort incertain. Il faudra de la part du directeur de la ferme, s'il ne peut tout faire lui-même, beaucoup de perspicacité, de prudence et une grande fermeté pour vaincre la résistance passive de ses gens et prévenir les suites de leur mauvaise volonté et de leur négligence.

Les débouchés des produits animaux forment la deuxième considération à laquelle doit avoir égard le fermier pour choisir ses bestiaux. Il s'attachera à créer une race dont les produits correspondent à des besoins généraux et trouvent une vente facile. Les animaux qu'on peut vendre à tous les âges et dans toutes les saisons, soit qu'on ait besoin d'en réaliser la valeur, soit qu'on ne puisse plus les nourrir avec avantage, doivent être recherchés. Sous ce rapport les races du pays offrent des avantages sur celles qu'on importe. Si celles-ci ne sont pas encore bien répandues, on peut en vendre quelques individus fort cher comme reproducteurs, et réaliser en peu de temps de grands bénéfices; mais s'il faut vendre des animaux peu connus pour le service ou pour la consommation, on a souvent de la peine à les placer. Les marchands préfèrent toujours les races sur lesquelles ils sont accoutumés à exercer leur commerce; ils connaissent les besoins de leurs clients, et ils sont sûrs de placer leur marchandise. Le fermier qui a importé des races exotiques n'a jamais la facilité de diminuer le nombre de ses bestiaux selon ses ressources et ses besoins, comme lorsqu'il entretient des races bien répandues dans le pays.

Les animaux les plus utiles, ceux qui conviennent le mieux au pays sont en général presque toujours les plus avantageux pour les éleveurs ; ceux-ci doivent bien distinguer les débouchés qui sont suscités par des besoins réels, durables, des demandes occasionnées par la mode ou par des nécessités passagères. Des besoins locaux, momentanés, peuvent bien rendre lucratif l'élevage de races peu utiles : le goût des chevaux élancés, le désir d'avoir une race étrangère de moutons, de porcs, la nécessité d'effectuer subitement une remonte peuvent bien donner de grands bénéfices à un cultivateur possédant des animaux qui ne sont pas d'une utilité générale ; mais on ne doit jamais faire de grandes entreprises en comptant sur ces débouchés : ils sont incertains et ne durent jamais longtemps. Le propriétaire qui compte sur une source semblable de gain reste souvent embarrassé de ses produits ; sous ce rapport les animaux ressemblent aux plantes d'ornement nouvellement connues : comme elles, ceux qui sont rares se vendent quelquefois fort cher, mais ils n'ont de valeur que pendant une saison. Au lieu de fonder l'amélioration de ces races sur une base si précaire, l'agriculteur doit avoir égard aux besoins généraux de la société, prévus d'après le développement de l'industrie, les besoins du commerce, l'état des moyens de communication, etc.

Pour distinguer les races les plus avantageuses à son pays, il faut souvent avoir égard aux productions de l'agriculture dans les contrées environnantes ; c'est ce qu'ont fait, d'après M. Briaune, les habitants de l'arrondissement de Neufchatel : ils ne cherchent pas à engraisser des bœufs comme on le fait dans les gras pâturages du

Cotentin , ni à s'occuper de l'élevage du bétail ainsi qu'on le fait dans les parcours de la Picardie ; ils entretiennent des vaches à lait, dont ils retirent le beurre et le fromage, qui , sous le nom de beurre de Gournay , de fromage de Neufchatel , sont très-bien payés à Paris et à Rouen.

Lorsque les animaux les plus faciles à élever et à entretenir sont aussi ceux qui répondent le mieux aux besoins des consommateurs, le choix ne saurait être indécis. Malheureusement cette concordance ne se rencontre pas toujours. C'est aux agriculteurs qui veulent entretenir des races se vendant bien mais n'étant pas tout-à-fait en rapport avec la localité, à calculer si les avantages peuvent compenser les soins qu'elles exigent. Nous dirons à cet égard qu'on doit bien distinguer le produit brut d'un objet du bénéfice net, et comparer le prix de vente au prix de revient, en prenant en considération les chances de maladie, de dépérissement, de dégénération que présentent les animaux étrangers , et les soins qu'ils réclament. En ayant égard à toutes ces considérations, on verra que les races indigènes , bien acclimatées , prospérant sans soin dispendieux , sont presque toujours celles qui donnent les plus grands bénéfices ; et l'on pourra apprécier les succès dont se vantent beaucoup d'innovateurs qui doivent les résultats heureux qu'ils ont obtenus non pas à la convenance de la race qu'ils ont choisie , mais aux sacrifices extraordinaires qu'ils ont faits pour la faire réussir. Il est à présumer que si les habitants de nos montagnes considèrent, comme ils doivent le faire , toutes les faces de la question qui nous occupe, ils n'entreprendront aucune grande innovation à ce sujet avant d'avoir augmenté les fourrages en changeant leur système agricole et d'avoir amélioré les chemins vicinaux, percé de grandes routes , etc.

En parlant du croisement des races , de l'appareillement, nous verrons qu'on ne doit jamais chercher à corriger deux défauts ou à produire deux qualités à la fois.

Il ne faut pas même espérer de trouver une race d'animaux réunissant toutes les qualités qu'offrent les différents individus d'une espèce ; car un animal qui est propre à tout n'est en général bien apte à rien. La vache qui est assez robuste pour faire de longues routes , et traîner de lourds fardeaux , s'engraisse presque toujours mal et difficilement ; il est bien rare même qu'une bête qui donne beaucoup de lait soit très-bonne pour la boucherie. Les moutons rustiques qui ont des chairs fermes , des gigots bien charnus, ne donnent jamais une laine superfine. Le cheval qui a les épaules épaisses, le poitrail large, n'aura jamais les allures très-rapides, et celui qui est conformé pour la course sera peu propre à traîner de lourds fardeaux. Les diverses qualités des animaux s'excluent donc presque toujours réciproquement : c'est à l'éleveur à réunir sur les mêmes sujets celles qui, selon les ressources dont il dispose , peuvent exister simultanément ; mais il ne faut pas oublier que les animaux ayant une aptitude bien prononcée donnent seuls de grands bénéfices.

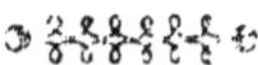

CHAPITRE II.

Encouragements accordés pour la multiplication et le perfectionnement des animaux domestiques.

—

Parmi les moyens qui ont pour but la multiplication et le perfectionnement des animaux domestiques, nous avons à examiner les encouragements donnés sous forme de prix, de primes, etc. ; les mesures qui agissent sur la vente des animaux ; les établissements qui ont pour but la propagation, le perfectionnement des races, la conservation des individus, et qui agissent en fournissant des reproducteurs aux agriculteurs, en élevant des animaux et en enseignant la manière de les entretenir. Quand nous aurons étudié ces divers moyens, nous traiterons de ce qui améliore directement en modifiant l'économie animale.

§ I. PRIX, PRIMES, COURSES, ETC.

A. — *Prix, primes.*

Nous avons dit ailleurs (1) que la plupart de nos cultivateurs ne sont pauvres que parce qu'ils cultivent trop de terrain relativement au fumier dont ils disposent, que les terres ne donneront de bénéfices que lorsque par des engrais on leur fera rapporter tout ce qu'elles sont susceptibles de produire ; que les bestiaux nourris avec les fourrages récoltés dans les fermes fournissent le seul moyen que les agriculteurs puissent en général employer

(1) *Ann. de la Soc. d'agr. de Lyon, t.* iv.

pour avoir ces engrais. Mais les animaux, avons-nous ajouté, ne sont pas seulement utiles comme machines à fumier, ils nous rendent en outre de grands services par les travaux qu'ils exécutent et par les produits variés qu'ils nous fournissent ; de sorte que nous pouvons considérer l'augmentation et l'amélioration des animaux comme de puissants moyens d'augmenter la richesse de notre agriculture , de la rendre productive, et comme des moyens sans lesquels tous les autres seraient inefficaces.

Les propositions qui précèdent sont incontestées ; les agriculteurs qui raisonnent et qui observent font journellement des remarques qui les confirment ; aussi l'expérience suffit seule pour engager les hommes instruits qui cultivent à multiplier et à perfectionner leurs cheptels. Mais , pour exciter le zèle de la masse des fermiers , presque tous dépourvus des connaissances qui sont nécessaires pour prévoir les conséquences des opérations agronomiques , il faut des moyens plus directs et dont les avantages soient en apparence plus certains. C'est pour remplir ce but qu'on accorde des prix et des primes.

Ces deux ordres d'encouragements ont le même but : encourager par la promesse de récompenses la multiplication , le perfectionnement des races et l'introduction d'animaux étrangers.

Les prix sont des récompenses accordées aux éleveurs dont les animaux remplissent le mieux des conditions déterminées, présentent au plus haut degré certaines qualités. Quand on ajoute beaucoup d'importance au but que l'on veut provoquer, on promet un premier , un second , un troisième prix , etc. , qu'on accorde ensuite le premier à celui qui remplit le mieux les conditions imposées , le second à celui qui vient en deuxième ligne , et ainsi de suite.

Les primes sont des encouragements ou plutôt des indemnités accordées à tous les éleveurs qui ont rempli une condition déterminée. Elles diffèrent des prix en ce qu'elles « sont des récompenses absolues accordées à tous ceux qui ont rempli une condition exigée ; tandis que les prix sont des récompenses relatives décernées à ceux qui se montrent supérieurs dans des concours ouverts pour un but déterminé. » (*Grognier.*)

Ces récompenses semblent offrir plus d'avantages que les prix, car tous ceux qui ont fait des frais pour les mériter peuvent en obtenir : elles formeraient un moyen certain d'obtenir la multiplication et le perfectionnement des animaux, si on pouvait les rendre assez fortes pour assurer un bon bénéfice aux éleveurs; mais pour remplir cette condition elles entraîneraient de trop grandes dépenses. Aussi ceux qui les fondent se proposent-ils principalement d'attirer l'attention des cultivateurs sur un point déterminé, en promettant une récompense aux plus zélés et aux plus habiles. On ne peut même accorder des primes que pour des objets qui sont encore rares dans le pays ; elles entraîneraient des dépenses trop fortes si l'on en donnait pour des animaux bien répandus. Aussi, d'après la manière dont les primes sont fondées, elles ont à peu près les avantages et les inconvénients des prix.

Les unes et les autres sont fondés par le gouvernement, par des administrations locales, par des sociétés savantes, par des souscriptions volontaires ou par des particuliers. Ces encouragements peuvent se rapporter à des animaux de toutes les espèces, de tous les âges, de tous les sexes.

En promettant des récompenses aux agriculteurs qui, à une époque fixée, présenteront des animaux ayant les qualités exigées, ceux qui fondent ces encouragements provoquent l'importation, la multiplication et le perfectionnement de ces animaux. Les éleveurs espèrent être indemnisés au moins en partie des dépenses qu'ils auront faites par le prix ou par la prime. Ils sont ainsi engagés à faire des sacrifices pour avoir de bons reproducteurs, pour soigner les élèves et augmenter leurs troupeaux. S'ils remplissent les conditions du programme, ils reçoivent une récompense, et à l'honneur qui en résulte se joint l'avantage plus positif d'acquérir une bonne réputation comme éleveurs de bétail, et de pouvoir ensuite mieux vendre leurs produits.

Inconvénients des prix et des primes. Ces moyens d'encouragement ont jusqu'ici été mauvais en raison de la manière dont on les a distribués, et à cause des résultats qu'on a voulu leur faire produire. Comme le dit notre judicieux confrère, M. Favre, le bénéfice des producteurs est la condition vitale de toute amélioration ; l'utilité générale, l'intérêt public en sont le gage de stabilité, la garantie de durée. Or les prix et les primes, qui ne peuvent pas présenter par eux-mêmes ces conditions, ont rarement provoqué des améliorations qui les présentassent.

Ces modes d'encouragement excitent beaucoup de propriétaires à faire des sacrifices, et ils n'en indemnisent qu'un bien petit nombre ; les prix ne payent même que bien rarement à ceux qui les obtiennent les frais faits pour avoir du beau bétail ; considérés sous ce point de vue, ils sont plus nuisibles qu'avantageux, à moins qu'ils ne provoquent la production d'animaux donnant des bénéfices par eux-mêmes.

L'expérience démontre l'évidence de ce qui précède ; les animaux dont la vente est désavantageuse, comme les chevaux fins, se sont très-peu propagés malgré toutes les promesses de prix et de primes faites pour en encourager la multiplication ; tandis que les mulets, les chevaux de poste deviennent tous les jours plus nombreux. Ainsi malgré les primes il s'est produit un résultat opposé à celui qu'on attendait ; il arrive souvent que les sociétés d'agriculture, les comices, après avoir accordé des prix et des primes pendant plusieurs années , n'ont trouvé aucun animal digne d'être signalé , tellement les récompenses accordées avaient produit peu d'effet. L'argent ne fait pas l'animal , c'est la nourriture et la science de la production, comme le disait, en 1840, M. Richard, dans le *Propagateur agricole du Cantal* , en rappelant à ces compatriotes le peu d'effets qu'avait produits en vingt ans une somme de 263,000 fr. employée en prix, en primes.

La masse des agriculteurs a toujours compris les inconvénients des prix et des primes. Aussi ces encouragements n'ont jamais excité une bien grande émulation ; ils n'ont en général tenté que le propriétaire riche qui ne craint pas de faire des sacrifices pour satisfaire son amour-propre , ou l'homme hardi qui, mécontent des bénéfices lents que procure l'agriculture , spécule sur la valeur des prix. Dans tous les cas, ces promesses ont l'inconvénient d'exciter le goût des spéculations si peu digne d'être encouragé, sans influencer la masse des éleveurs.

Dans plusieurs départements on a remarqué que les mêmes communes et souvent les mêmes nourrisseurs obtiennent les prix et les primes ; qu'on les accorde le plus ordinairement à des propriétaires qui n'ont fait aucun effort pour les mériter, qui ne les doivent qu'à la fécondité de leurs terres ; quelquefois c'est à des éleveurs qui par hasard possèdent une bête de bonne venue , mais qui n'ont rien fait pour la produire ; d'autres fois à un riche amateur qui par vanité, par curiosité, achète ou élève avec soin un seul animal. Dans ces cas les cultivateurs pauvres, ignorants , ceux qui manquent de fourrages ou dont les terres sont peu herbeuses, n'obtiennent jamais d'encouragement. Les fermiers qui en auraient le plus grand besoin n'osent pas même y prétendre. Pour éviter ces inconvénients, quelques comices agricoles accordent les récompenses, une année à certaines communes et l'année suivante à d'autres ; dans le même but quelques sociétés n'admettent les animaux composant les cheptels primés, aux primes subséquentes , qu'après cinq années révolues à partir de celle où ils auraient obtenu la prime. La société d'agriculture de l'Allier a pensé qu'elle ne devait « admettre les individus primés à la participation de nouvelles primes qu'après deux années écoulées. » (1) On a proposé aussi de n'accorder les prix et les primes que pour des lots plus ou moins nombreux de bestiaux ; mais cette méthode a l'inconvénient d'exclure des encouragements les petits cultivateurs. Pour éviter ces inconvénients on a proposé de créer deux sortes de prix , les uns pour les grandes exploitations , les autres pour encourager les petits fermiers.

Ces mesures ont le désavantage de diminuer plus ou moins l'émulation déjà si minime et que l'on considère cependant comme le principal avantage des prix et des primes.

On reproche aussi aux prix et aux primes d'exciter la jalousie entre les cultivateurs, de donner lieu à des accusations de partialité contre le jury qui les décerne , et de décourager les éleveurs. Ces récriminations, presque universellement signalées, s'expliquent facilement : si les prix sont peu nombreux , on ne les accorde presque toujours qu'à des propriétaires riches qui nourrissent bien leur bétail ou qui ont de bons herbages ; si l'on multiplie les récompenses dans le but de favoriser la production , comme il est rare de trouver au même concours plusieurs animaux bien distingués, hors de ligne, il faut en primer de médiocres, se distinguant à peine de plusieurs autres pour lesquels il n'est rien accordé.

(1) *Ann. de la Soc. d'agr de l'Allier,* 1842 , p. 147.

Pour obvier à ces inconvénients on a proposé de composer le jury au moins en partie de fermiers, de bergers, de vachers, etc. Mais une réunion d'hommes ainsi formée serait-elle plus capable, plus impartiale, moins soupçonnée de condescendance pour certains concurrents? Il sera toujours très-difficile d'éviter les conséquences de l'incapacité, de la partialité, des idées préconçues.

Mais en supposant le jury formé d'hommes irréprochables sous le rapport de la capacité et de l'impartialité, d'après quelles règles jugeront-ils? à quels caractères reconnaîtront-ils l'animal le plus digne du prix? On préférera souvent une bête ayant une taille avantageuse, des formes gracieuses, une peau souple, un poil luisant, à celle qui par ses qualités, par la manière dont elle a été élevée, est la meilleure; « en sorte que les distributions de primes, dit M. de Dombasle, tendent à créer un art de préparer les poulains pour l'exposition, de même que l'on prépare les poulains pour la course; »(1) et les primes seront accordées à cet art plutôt qu'à la production raisonnée, intelligente des animaux.

La difficulté d'éviter ces inconvénients est généralement sentie. « J'aimerais bien mieux, disait M. Colard, maire de Cherbourg, à M. Huzard, qu'une fois le choix des meilleures juments fait, on tirât au hasard le nom de celles qui recevraient les primes; de cette manière nous ne ferions pas de mécontents, et nous ne découragerions pas, parce que celui qui n'obtiendrait rien ne pourrait s'en prendre qu'au sort. »

Un inconvénient plus grave des prix proposés pour encourager l'élevage des bestiaux, c'est de supposer qu'on peut s'occuper du faîte de l'édifice avant d'en avoir fait les fondations, en admettant implicitement qu'on peut

____

(1) *Ann. de Roville*, t. vi, p. 150.

améliorer les animaux sans avoir modifié l'agriculture du pays, de manière à obtenir plus de fourrages. On induit les agriculteurs en erreur, et l'on peut occasionner des dépenses considérables. Les agriculteurs, excités par l'appât du gain, achètent des bêtes d'une belle race, mais qui dégénèrent, ne trouvant pas une nourriture suffisante. Si pour gagner les prix le fermier favorise ces êtres exotiques, il sacrifie à des bêtes de parade des fourrages qui lui seraient nécessaires pour entretenir convenablement les animaux utiles.

Les prix, les primes sont alors d'autant plus nuisibles qu'ils font entrer dans une mauvaise voie des hommes intelligents, ennemis de la routine et disposés à tenter l'amélioration de leur culture ; livrés à eux-mêmes, ils rechercheraient ce qui convient le mieux au pays, et donneraient l'exemple de ce qu'on doit faire d'après les ressources et les débouchés de chaque localité.

Mais les prix, les primes ont été peut-être plus préjudiciables en raison des objets qu'ils encouragent que par la manière dont on les distribue : on ne cherche pas à faire produire des races utiles, on n'encourage que la production d'animaux ayant des formes belles, agréables ; on induit ainsi les fermiers en erreur ; on les détourne même quelquefois de la production qui serait avantageuse ; on leur donne des idées fausses sur les caractères qui indiquent le mérite du bétail ; on fait considérer la taille, les formes gracieuses, comme les qualités les plus utiles ; et l'on sacrifie à une beauté idéale inutile la vraie beauté, celle qui est l'indice du mérite réel ; on paralyse ainsi les moyens de production en leur donnant une mauvaise direction. Ce système nuit même au revenu public. « Est-il un seul homme d'état, dit M. Mathieu de Dombasle, qui puisse douter qu'en altérant ainsi une des principales sources de la richesse publique, le gouvernement ne perde sur toutes les branches de ses revenus? » (1)

Avantages. Les prix, les primes, accordés pour les bestiaux, pourraient être utiles : ils auraient de bons résultats s'ils avaient pour but de provoquer des expériences sur la race d'animaux la plus convenable à une localité, sur celle qui prospérerait le mieux et qui donnerait les plus grands bénéfices. Ils seraient encore utiles s'ils étaient fondés pour encourager la propagation d'animaux possédant une qualité dont les avantages auraient été constatés : ainsi il pourrait être bon de donner un prix pour le bélier dont la toison aurait le plus de valeur relativement au poids du corps ; pour les vaches qui, eu égard à la nourriture qu'elles consommeraient, donneraient la plus grande quantité de bon lait, etc. Les questions devraient être considérées comme des problèmes posés aux fermiers, comme des indications de ce qu'il conviendrait de faire pour améliorer les races de chaque localité.

Quelques départements entrent déjà dans cette voie ; ils spécifient les conditions des concours, et accordent des récompenses pour des chevaux de selle, d'autres pour ceux de poste. La société d'agriculture de Caen a même fondé des prix qui doivent être accordés pour les plus beaux poulains de trois ans, *châtrés, sellés, bridés et montés*, qui lui seront présentés. Cette mesure peut avoir de très-bons résultats. Elle encouragera d'abord la multiplication des animaux ; mais en outre elle engagera les éleveurs à châtrer les poulains jeunes et à les dresser, ce qui serait d'un grand avantage.

Les primes pour les étalons, pour les poulinières, ont été souvent employées. M. de la Roche-Aymon veut que l'on prime les étalons de toutes races (2), qu'on accorde

(1) *Ann. de Roville*, t. vi, p. 160.
(2) *De la Cavalerie*, t. ii.

des pensions pour les juments de sang, et des primes pour
celles de race utile; il propose aussi de donner des
primes de conservation pour des poulains jusqu'à l'âge de
quatre ans faits. Demoussy veut qu'on ne prime que les
juments qui seraient suivies de leurs poulains; quand
les primes sont accordées sur un simple certificat de
saillie, dit-il (1), quelques propriétaires conduisent les
juments à l'étalon du gouvernement avec l'intention de
rendre la copulation stérile ou de déterminer l'avortement. Ces encouragements sont considérés comme devant
indemniser les propriétaires qui auraient des juments de
race, et les feraient saillir par un étalon de l'état. Il est
incontestable que ce moyen employé, en ayant égard aux
dépenses que font les éleveurs pour entretenir leurs animaux, auraient de bons résultats; mais ils entraîneraient
de trop fortes dépenses, et il est préférable d'y substituer
l'achat de jeunes chevaux à un prix convenable.

Des prix accordés pour des cheptels pourraient aussi
avoir de bons résultats : il faudrait alors, en les mettant
au concours, annoncer qu'on aura égard, non pas au volume, à la race, à la *beauté* des animaux, mais à leur
état de santé, à leur nombre relativement à l'étendue du
domaine, à la manière dont ils seraient nourris, logés et
soignés, au produit qu'ils rendraient comparativement
aux frais de leur entretien. On pourrait ainsi propager
les cultures fourragères, la préparation des aliments, l'assainissement des étables, etc., etc.

B. — Courses et concours de charrues.

Les concours à la course, au tirage, etc., ont pour but
de faire apprécier le mérite des animaux sous le rapport

____

(1) *Traité des Haras*, p. 123.

de la reproduction et du travail, de provoquer le perfectionnement des races et de faciliter la distribution des prix et des primes.

L'essai des chevaux et des bœufs, quel que soit le service auquel on les destine, est le meilleur moyen de reconnaître leurs qualités. L'inspection des formes fournit des données souvent insuffisantes, quelquefois trompeuses, jamais certaines; et à cet égard les concours ont sur les essais, auxquels on soumet ordinairement un animal qu'on achète, l'avantage de faire connaître le mérite relatif des animaux.

Les essais à la course, à la charrue, etc., provoquent le perfectionnement des animaux, car les agriculteurs qui veulent présenter un taureau, un poulain au concours, n'ont pas seulement à s'attacher à la taille, aux formes agréables, à la beauté; ils doivent rechercher une constitution forte, une bonne poitrine, une grande énergie et un caractère obéissant. En établissant des concours appropriés aux divers pays, on peut produire la multiplication et le perfectionnement de tous les animaux de travail.

Les prix décernés d'après un concours ont sur ceux qu'on donne d'après le simple examen d'un animal l'avantage de ne pas susciter des récriminations et de ne pas décourager les éleveurs. Le cheval qui gagne le prix à une course, la paire de bœufs qui trace en moins de temps un sillon d'une profondeur donnée, se distinguent par des faits faciles à constater, et l'ignorance, la partialité des juges sont peu à craindre; tandis que les encouragements étudiés dans le paragraphe précédent, toujours décernés d'après une appréciation plus ou moins arbitraire des sujets, sont le plus ordinairement critiqués par la masse des éleveurs. Les concours, les courses, ont, du reste, tous les inconvénients des encouragements partiels.

Parmi les concours en usage jusqu'à ce jour, nous avons à parler des courses au galop, des courses au clocher, de celles avec saut de barrières, des courses au trot, des courses au char et des concours de charrues.

1° *Courses au galop*. Les courses au galop, ou courses proprement dites, sont les plus connues et celles qu'on met le plus souvent en usage. Elles sont considérées comme des amusements publics et comme des encouragements à la multiplication et au perfectionnement de l'espèce chevaline.

C'est principalement comme spectacle public qu'elles furent primitivement mises en usage. Chez les Grecs et chez les Romains on les faisait d'abord en char : elles avaient pour but dans l'ancienne Grèce d'amuser le peuple les jours de grande solennité, tout en excitant l'émulation dans l'art de dresser et de conduire le cheval. Elles contribuèrent, dit-on, à la célébrité de cette nation, en donnant à la jeunesse un air martial, l'habitude des fatigues, la prudence qui fait éviter les périls, et le courage, toujours nécessaire pour vaincre. Elles furent aussi fort en vogue à Rome ; et l'usage, dit Lafont-Pouloti, ne s'en perdit dans cette capitale du monde qu'avec la splendeur de l'empire.

Les anciens célébraient ces jeux avec la plus grande pompe dans des lieux décorés ; ils y employaient des chars richement ornés et des chevaux harnachés avec magnificence. Les attelages étaient disposés avec art, et les manœuvres dirigées avec intelligence. Les coursiers, diversement disposés, selon qu'il y en avait deux ou quatre, étaient toujours rangés de manière que dans les tournants le cheval le plus fort, le plus vite décrivait les demi-cercles, et le plus maniable réglait la marche. On faisait ordinairement décrire aux attelages des 8 en chiffre pour donner de l'avantage aux chevaux les mieux dressés, aux conducteurs les plus habiles, et afin que les animaux allant de front eussent une distance égale à parcourir.

Dans l'Italie moderne les courses ont eu une certaine importance comme amusements. On y faisait courir les chevaux sans harnais et sans cavaliers, après les avoir dressés à parcourir seuls l'hippodrome. A Rome, on faisait usage de boules garnies de pointes pour exciter les animaux à accélérer leur allure. De nos jours, c'est à l'époque des foires que les Italiens font courir leurs chevaux.

L'usage des courses, telles qu'on les pratique aujourd'hui avec nos procédés d'entraînement n'est pas très-ancien; il remonte en Angleterre à Henri II, à Edouard III. Henri VIII commença à régler les courses par un bill; Jacques Ier fonda celles de Newmarket en 1603. Ce prince et Charles II, qui, dit-on, fit faire lui-même des courses, les protégèrent et contribuèrent à les organiser; mais elles ne se généralisèrent complétement que sous le règne de Georges II et de Georges III. D'après un acte du parlement, les prix des villes et des particuliers devaient être au moins de 50 guinées. Les règles qu'on suivit d'abord avaient pour but de mettre tous les animaux dans les mêmes conditions en leur donnant des charges proportionnelles à leur force. On avait égard à l'âge, à la vigueur, à la taille, et l'on pesait le harnais, le cavalier, etc. Les courses sont aujourd'hui très-répandues en Angleterre; il y a des villes qui plusieurs fois par an en ont qui durent de huit à quinze jours.

Il paraît que les courses avaient été en usage en France dans l'ancien temps; car on rapporte que Chilpéric Ier fit relever (de 566 à 584) un cirque qui avait été construit par les Romains. Mais dans les temps modernes elles furent pratiquées chez nous longtemps après l'avoir été en Angleterre. On parle de celles qui eurent lieu dans la plaine des Sablons vers 1776, sous le ministère de M. Bertin. Les princes y firent courir leurs chevaux. Ces exercices étaient alors considérés comme des amusements. La course de quarante ânes qui eut lieu à Fontainebleau après une course de chevaux prouve qu'elles étaient peu sérieuses, qu'on ne les considérait pas exclusivement comme des encouragements à l'amélioration des races chevalines.

De nos jours les courses ont pris en Europe une grande extension. Elles sont régulièrement organisées dans plusieurs états. On veut bien les considérer comme des encouragements à l'amélioration des chevaux et au perfectionnement de l'agriculture; mais quand on voit des prix fondés par des aubergistes, par des communes qui n'élèvent pas un seul cheval; quand on considère la pompe que l'on donne aux courses, les circonstances qui les accompagnent, on voit qu'elles ont eu principalement pour objet jusqu'à ces derniers temps d'attirer les étrangers dans certaines villes et de donner des fêtes au peuple. Si elles étaient réellement destinées au progrès de l'art agricole, il serait difficile d'expliquer pourquoi certaines localités ont choisi ce genre d'encouragement.

Considérées sous ce point de vue, les courses peuvent avoir leur utilité. « Ces cirques où s'exerçait jadis la jeunesse, dit J.-J. Rousseau, devraient être soigneusement rétablis. Le maniement des chevaux est un exercice très-convenable et très-susceptible de l'éclat du spectacle. Ces tournois formaient des hommes non-seulement vaillants et courageux, mais avides d'honneur et de gloire, et propres à toutes les vertus. » (1)

Nous ferons cependant remarquer que les courses n'ont pas chez nous le but de former des hommes de guerre. Les chétifs personnages qui entraînent les chevaux, qui

______

(1) *Considérations sur la Pologne.*

s'escriment à les dresser et qui les font courir, ne seraient rien moins que propres à combattre l'ennemi. La réputation assez médiocre de la cavalerie anglaise prouve que de nos jours la palme des combats n'appartient pas à ceux qui sont le plus souvent couronnés sur l'hippodrome. Sous ce rapport les courses avaient chez les peuples guerriers de l'antiquité une utilité qu'elles n'ont pas chez les nations industrieuses de notre époque.

Quoique ces spectacles n'aient pas une grande utilité , ils sont généralement usités de nos jours ; et on peut dire avec M. Mathieu de Dombasle : « puisque le gouvernement consacre des fonds à soutenir l'académie royale de musique , je ne veux pas critiquer ceux qui sont destinés à l'institution des courses. » Peut-être cependant doit-on reprocher à ces jeux d'occasionner de trop fréquents accidents. Toutefois, en voyant les progrès qu'ont faits nos mœurs depuis les siècles où l'on recherchait le spectacle d'hommes jetés dans la fosse aux lions , de gladiateurs se déchirant les entrailles, nous pouvons espérer que si la pratique des courses dure encore longtemps, on prendra des précautions pour éviter les accidents qui ont si souvent lieu de nos jours , dût-on, à l'exemple de ce qu'on pratiquait en Italie, mais avec plus de dignité, ne faire courir que des coursiers assez bien dressés pour faire leurs exercices sans cavaliers.

C'est surtout comme moyen de provoquer la multiplication et l'amélioration des chevaux qu'on préconise les courses de nos jours : on dit qu'elles contribuent directement au perfectionnement des races par les préparatifs qu'elles exigent et en faisant connaître les reproducteurs les plus capables de donner une bonne progéniture ; qu'elles encouragent les éleveurs par les prix qu'elles font distribuer ; qu'elles provoquent des expositions de chevaux et facilitent la vente de ces animaux ; qu'elles avaient donné aux haras d'Epire , de Mycènes , d'Argos , leur perfection et leur célébrité; qu'elles ont créé et conservent la belle race de chevaux anglais , etc. , etc.

Ces opinions sont professées par un grand nombre d'hommes spéciaux , par des vétérinaires instruits , par des amateurs très-distingués. Cependant un savant économiste, bien compétent pour apprécier ce qui est dans l'intérêt des éleveurs, M. Mathieu de Dombasle, a dit, il y a déjà longtemps, que si les courses sont moins sanguinaires que les combats de coqs et de taureaux, elles ne sont guère plus utiles. Nous avons imprimé , au commencement de 1841 (1) , qu'elles méritent peu d'encouragements de la part des hommes qui veulent améliorer les races. Depuis cette époque la question a été souvent débattue : mais les autorités , quelque imposantes qu'elles soient, qui soutiennent l'utilité de ces épreuves, n'ont pas fait changer notre manière de voir ; et nous espérons démontrer que par les courses , telles qu'on les comprend , on ne provoquera aucune amélioration réelle , capable d'accroître le bien-être de nos agriculteurs , ni de satisfaire aux besoins soit de l'armée , soit du commerce.

Si les courses considérées comme des encouragements facilitent la distribution des récompenses aux éleveurs qui les ont méritées , elles ne forment qu'un encouragement exceptionnel , limité , incapable d'agir sur la masse des éleveurs et elles ont des inconvénients que ne présentent ni les prix , ni les primes.

Les courses très-rapides supposent dans les animaux qui les effectuent une poitrine ample, saine, capable d'hématoser la grande quantité de fluides qui, pendant les violents exercices, traversent avec la plus grande rapidité les poumons ; un cœur et de gros vaisseaux puissants pour réagir

____

(1) *Ann. de la Soc. d'agr. de Lyon.*

sur le sang que repoussent les muscles, et pour renvoyer ce liquide dans tous les organes ; un système nerveux développé, actif, pour imprimer de l'énergie à tout l'organisme; des muscles bien dessinés, puissants, pouvant se raccourcir avec force et promptitude; des rayons osseux bien disposés, des apophyses bien prononcées, offrant de longs bras de levier aux puissances musculaires ; des membres bien charnus, des épaules longues, obliques ; une croupe allongée, horizontale ; des articulations souples ; des jarrets et des avant-bras larges ; enfin de l'harmonie entre toutes les parties du corps, beaucoup de force et une grande énergie. Mais à toutes ces qualités, les chevaux de course doivent réunir d'autres conditions qui peuvent ne pas convenir pour certains services. Un bon coursier doit avoir les rayons des membres très-allongés, des jarrets un peu droits, la poitrine haute mais étroite et les membres thoraciques rapprochés l'un de l'autre. Dans les chevaux de course le système cellulaire, le tissu adipeux doivent être peu développés, les sabots plutôt légers que lourds, les organes digestifs peu volumineux et l'abdomen resserré.

Les chevaux qui gagnent les prix sur les hippodromes, présentant à un degré plus ou moins marqué les formes que nous venons d'indiquer, peuvent engendrer de bons produits. Cependant, malgré leurs qualités, ils offrent certains caractères, l'étroitesse du poitrail, la longueur, la finesse des membres, l'exiguité du ventre qui les rendent peu propres à la plupart des services que nous exigeons des animaux de cette espèce, et ceux qui présentent ces caractères à un degré très-marqué sont même souvent incapables de fournir de longues courses, quoique pouvant aller très rapidement pendant un instant.

La conformation extérieure des animaux n'étant pas un indice certain des qualités qu'ils possèdent ; les essais étant nécessaires pour juger du mérite d'un cheval, on considère les courses comme fournissant le meilleur, le seul moyen capable de faire apprécier la valeur des chevaux auxquels on demande à la fois de l'énergie et une grande vitesse. Ces luttes offrent, dit-on, une voie sûre, infaillible, d'apprécier la vigueur et la bonne organisation des chevaux ; semblables à la pierre de touche qui sépare l'or des métaux peu précieux, elles nous mettent à même de distinguer les chevaux d'élite de ceux qu'on doit exclure des haras. La vitesse seule de la course démontre la noblesse de l'origine des poulains et l'étendue de leurs facultés ; on ne doit admettre comme étalons que ceux qui ont fait preuve de vitesse (1).

Mais les courses ne font pas même toujours connaître les meilleurs coureurs. Il peut être convenable de charger également tous les chevaux qui doivent être soumis à une même épreuve ; cela est même nécessaire pour qu'il y ait justice, car les prix sont toujours fondés pour être distribués aux propriétaires dont les chevaux, quelle que soit leur force, parcourent, chargés d'un poids donné, en moins de temps l'espace indiqué. Mais si cette égalité de poids est conforme à l'équité, elle n'empêche pas moins de reconnaître quel est le cheval qui est le mieux constitué pour courir, et qui est le meilleur étalon si la vitesse est l'indice du mérite des animaux comme reproducteurs. Supposons que l'un des chevaux ait de plus que les autres une force égale seulement à 10 livres, quel avantage cela ne lui donnera-t-il pas dans un moment où ces malheureux animaux, ayant été excités par un régime incendiaire, étant poussés par l'émulation et par l'éperon, emploient toute la force dont ils peuvent disposer à se transporter, à porter leurs cavaliers et à vaincre la résistance de l'air ?

(1) Demoussy, *Traité complet des haras.* p. 207, 208, 209.

La moindre inégalité qu'il y ait alors dans le rapport qui existe entre la force des animaux et le poids qu'ils supportent, entraîne de très-grandes différences dans les résultats des efforts musculaires.

Mais serait-il possible de charger les chevaux d'un poids proportionnel à leur force, qu'on ne pourrait pas espérer de connaître toujours leur mérite par les courses? car la manière dont ils ont été dressés, entraînés, dont ils sont montés, l'habileté des jockeys exercent toujours une très-grande influence sur la vitesse. Un lord anglais, rapporte M. Hamont, prend à son service un *entraîneur* habile, et ses chevaux gagnent les prix; l'entraîneur quitte son maître, et les nouveaux chevaux qu'il dresse battent ceux qui avaient été d'abord les vainqueurs. Combien de bêtes de bonne race, bien conformées, pleines de qualités, sont vaincues par des chevaux médiocres, mais bien préparés? Les Anglais ont observé que les chevaux des propriétaires pauvres, habitant des provinces isolées, n'ayant pas les moyens de faire entraîner convenablement leurs poulains, obtiennent rarement les prix. Nous n'ignorons pas que nos éleveurs de province craignent, sur l'hippodrome, les concurrents de la capitale.

La facilité de faire entraîner, dans le même établissement, tous les chevaux qui devraient courir ensemble, ne remédierait pas toujours à l'inconvénient que nous signalons, les entraîneurs pouvant être intéressés, ainsi que cela est souvent arrivé, à faire gagner un cheval plutôt qu'un autre. On a même vu tous les propriétaires qui veulent présenter des chevaux à une course, s'entendre, convenir, avant l'ouverture de la lice, qu'ils partageraient les prix : alors un seul se présente au concours, ou s'ils se présentent plusieurs, ils ménagent leurs coursiers, assurés qu'ils sont d'avoir leur part du prix obtenu par les concurrents devenus des associés.

Mais dans tous les cas la course ne fait connaître le mérite des chevaux que sous le rapport de leur aptitude à courir rapidement, à supporter de rudes fatigues ; elle n'indique pas leurs qualités comme animaux reproducteurs, car si l'on a vu des étalons, des juments, vainqueurs sur l'hippodrome, donner d'excellents produits, combien de fois n'a-t-on pas vu les coureurs les plus renommés, les plus à la mode , ceux qui s'étaient le plus distingués , « sur le *turf*, causer par leurs productions les plus grands désappointements aux éleveurs ; » tandis qu'il arrive souvent que des étalons, fort médiocres pour la course, donnent naissance à des coursiers de premier ordre. Or , si de courir rapidement ne fait pas connaître le mérite des étalons pour engendrer des chevaux de course, à plus forte raison il ne prouve pas la faculté d'engendrer de beaux carrossiers, de forts chevaux de poste.

Et serait-il démontré que les étalons qui obtiennent les prix de l'hippodrome sont les meilleurs sans exception , qu'on ne devrait pas employer les courses comme moyen d'amélioration; car elles ne donnent pas le mérite aux animaux, elles leur nuisent et par les préparatifs qu'elles exigent, et par les effets qu'elles produisent. L'entrainement des pouliches diminue leurs qualités comme poulinières, et les chevaux issus de juments non entraînées sont supérieurs à ceux dont les mères ont couru (1). Les Anglais ont remarqué que les meilleurs chevaux ont été engendrés par des pères déjà âgés, et M. le rédacteur du *Journal des Haras* se demande si cela ne provient pas de ce que les étalons ne sont entièrement affranchis de l'influence incontestable de l'entraînement et des courses sur leur organisme, que dans un âge déjà avancé.

Les courses occasionnent fréquemment des accidents

(1) F. Daldéguier, *des Remontes actuelles de la cavalerie,* p. 41.

instantanés ; il n'est pas rare de voir des chevaux s'abattre sur l'hippodrome, se fracturer les os des membres, se briser la tête, contracter des anévrismes, se rupturer le cœur, les gros vaisseaux et tomber morts.

Parmi les exemples nombreux que nous pourrions citer, nous choisissons le suivant ; il prouve combien l'émulation est puissante dans les chevaux et peut rendre les courses fatigantes et dangereuses : Le 9 octobre, à *Stace-Park*, près de Liverpool, on a vu, rapporte le *Journal des Haras* (1), un cheval entier, de bonne race et d'un grand mérite, donner un exemple remarquable de persévérance ; se voyant devancé sur l'hippodrome par ses rivaux, il a fait un tel effort, sans y être nullement excité par son cavalier, qu'il a gagné le prix ; mais il est tombé mort après avoir dépassé le but de quelques toises. C'est dans les courses avec sauts de barrières et dans les courses au clocher que les accidents sont fréquents.

Les courses sont surtout nuisibles aux poulains, elles en empêchent la croissance et en altèrent la santé, elles occasionnent quelquefois des maladies de poitrine et souvent des écarts, des efforts de reins, de jarrets, etc. ; elles rendent boiteux pour la vie des chevaux dont elles réduisent la valeur, de 3 ou 4,000 fr. à 2 ou 300 fr. ; très-peu de chevaux, dit un auteur anglais, font deux ou trois courses sans contracter des accidents ; ce n'est pas sans raison qu'on attribue en grande partie à ces luttes les tares dont sont couverts les chevaux pur sang dès l'âge de 4 à 5 ans.

On peut répondre que les accidents sont la conséquence de l'abus des courses, mais que celles-ci, dirigées avec intelligence, développent les forces, améliorent la santé ; il est positif qu'elles sont moins nuisibles qu'on ne pourrait le croire, et qu'elles occasionnent, en France,

_____
(1) Février 1841.

rarement des accidents graves , ainsi que cela résulte des recherches faites par M. le comte de Montendre (1). Mais il est positif aussi que la vanité et l'espoir de gagner, plus que la valeur des animaux, engagent beaucoup d'éleveurs à faire le sacrifice de leurs meilleurs poulains dans l'espoir d'obtenir les prix et de trouver une vente avantageuse de leurs élèves. Peu d'hommes ayant des chevaux à faire courir le font avec indifférence ; l'amour-propre et l'avidité les poussent à abuser de la puissance de leurs animaux. Cette conduite peut être dans l'intérêt de l'éleveur, pour lequel le poulain n'est qu'un moyen de transformer des fourrages en argent, et qui doit naturellement préférer d'obtenir un prix de 14,000 fr. et avoir sa pouliche estropiée, que de la vendre bien portante 1,500 fr. Mais le gouvernement doit-il raisonner de la même manière? Doit-il pousser les éleveurs à sacrifier, sans aucun avantage pour l'état, des chevaux qui ont coûté très-cher et qui sont parvenus à l'âge où ils pourraient être utiles?... L'administration des haras a très-bien fait de renoncer à faire courir ses chevaux pur sang, elle économisera 30 ou 40,000 fr. qu'elle employait chaque année à l'entraînement de ses élèves, elle n'exposera pas ces animaux à contracter des maladies, et ils n'en seront pas moins utiles, moins capables de donner de beaux produits, si surtout on les dresse , du reste , convenablement.

Mais l'expérience nous prouve que les courses ne sont pas nécessaires pour créer de bons chevaux propres à la selle. Les races si précieuses du Limousin, de l'Auvergne, de l'Andalousie, de la Navarre, n'avaient-elles pas été formées sans courses? Je regarde comme probable , dit à cet égard M. de Dombasle , que l'établissement des courses dans les pays où ces races ont été produites , n'eût pu servir qu'à

____

(1) *Journal des Haras*, janvier 1843.

les gâter, parce qu'il aurait eu pour résultat de faire placer en première ligne une qualité, l'extrême vitesse, qui ne doit être que secondaire, et que l'on eût été disposé à lui sacrifier celles qui font le mérite de ces diverses races.

L'opinion de l'illustre agronome est confirmée en France, en Angleterre, par des faits nombreux. Les étalons andaloux, rapporte M. le comte de Lastic, par la liberté de leurs mouvements, la force de leurs membres, corrigeaient anciennement la trop grande finesse des juments navarrines; plus tard, en 1779, on se servit avec avantage d'étalons arabes. Alors les hussards de Belzunce, de Chamborand et de Berchiny, avaient à poste fixe, dans le Bigorre, le Béarn, la Navarre, des officiers de remonte ; quand les remontes cessèrent d'être régulières et que l'on établit les courses, à Tarbes, en 1807, on y vit paraître d'abord les productions des étalons du pays, puis celles des andaloux, et enfin celles des arabes éclipsèrent tout. Malheureusement les coureurs provenaient des étalons les moins pourvus de corps et de membres, de ceux qui avaient le plus les défauts du pays. Excités par l'appât du gain, les habitants des environs de Tarbes ne s'attachèrent qu'à des productions inutiles (1).

Dans l'Auvergne les courses n'ont pas produit de meilleurs résultats ; après nous avoir dit que la prospérité des races chevalines est généralement en raison inverse de la part que l'administration des haras prend à leur production, qu'elle leur a nui surtout par ses mauvais étalons, M. Delolm-Lalaubie (2) nous apprend que les propriétaires du Cantal ne peuvent pas se débarrasser de leurs chevaux, qu'ils n'ont d'autre ressource que de les stériliser au moyen du baudet pour ne pas avoir « une succession

(1) *Maison rustique*, t.ii, p. 398.
(2) *Propagateur agricole du Cantal*, 1840.

de générations dont chacune eût fait brèche à leurs revenus. » Grâce au baudet, ajoute-t-il, nous pourrons, à défaut d'acquéreurs, faire justice de la descendance des étalons qu'on a essayé de faire *mousser* chez nous, et purger notre sol des rejetons d'*angleséa, émanuel, fang, reveller.* Si l'on ne veut pas modifier les courses, répète-t-il en 1842(1), exiger des pères ces qualités qu'on voudrait retrouver chez les produits, que ne supprime-t-on cette institution pour en employer le budget à l'achat annuel d'étalons arabes supérieurs.

L'influence des étalons fins que les courses encouragent n'a pas été plus heureuse sur les chevaux si rustiques de la Lorraine. « Le haras de Rozières, dit M. de Dombasle, loin d'exercer aucune influence favorable sur la production des chevaux dans le pays, lui a nui, au contraire, d'une manière essentielle en imprimant à la production une direction entièrement opposée à l'intérêt des producteurs. » (2) Aussi les hippodromes, malgré les sacrifices de l'état, restent-ils vides, dans ce pays où les agriculteurs se font remarquer par l'admirable bon sens pratique qui caractérise les Allemands. » Les détails qui nous ont été adressés sur les courses de Nancy, dit *le Journal des Haras* (3), nous prouvent que ces luttes n'existent plus que de nom dans la capitale de la Lorraine, et que chaque année le nombre des éleveurs de chevaux de race noble diminue et se réduira à zéro.

Malheureusement ces races ne sont pas les seules auxquelles les croisements avec le cheval de course aient nui; nous verrons, en étudiant les chevaux, que les étalons fins en général et les anglais en particulier, qu'on avait

(1) *Propagateur agricole du Cantal,* 1842.
(2) *Annales de Roville,* t. vi, p. 172.
(3) Octobre 1842.

voulu introduire dans toutes nos provinces, ont donné, à l'étranger comme en France, de mauvais résultats.

On dit que les courses ont produit et conservé le cheval anglais pur sang, et qu'il a lui-même amélioré toutes les races équestres de la Grande-Bretagne : cela pourrait être vrai, sans qu'on pût en déduire l'utilité des courses telles qu'on les pratique de nos jours ; car il est certain que dans le principe, lorsqu'on ignorait nos procédés d'entraînement, quand il n'y avait pas d'hippodrome préparé, quand on faisait courir les chevaux sous forte charge et que les courses étaient de 3 à 8 kilomètres, quand la force et le fonds concouraient comme l'énergie et la vitesse à faire gagner les prix, que ceux-ci étaient toujours obtenus par les animaux les plus forts, les courses produisaient des résultats qu'elles n'ont plus actuellement.

Du reste, nous devons même être persuadés que les fèves, les pois, mêlés au foin hâché, ont plus contribué que les étalons de course à créer les races précieuses, qui servent à l'industrie, au commerce, de l'autre côté de la Manche. Quant aux chevaux qui descendent du pur sang et qu'on attèle aux voitures publiques, nous en avons vu et nous pouvons affirmer qu'il en existe fort peu qui soient dignes d'envie. Nous savons qu'on ne met que le rebut au service des diligences, mais les types eux-mêmes, ceux du luxe, ont dégénéré. Si tous les hippiatres s'accordent à dire que la belle race anglaise, créée du sang oriental, a été conservée par les courses ; beaucoup conviennent aujourd'hui qu'elle a été modifiée, que, tout en gagnant sous le rapport de la vitesse, en conservant son énergie, elle a perdu sous le rapport de l'harmonie des formes et qu'elle présente beaucoup d'individus tarés. Les connaisseurs disent même qu'elle a dégénéré et regrettent les magnifiques *hunters*, qui, sans avoir subi ces préparations d'entraînement indis-pensables aujourd'hui, faisaient des courses plus longues que celles de nos jours. D'autres pensent que les courses, malgré le bien qu'elles ont fait, peuvent, un jour qui n'est pas éloigné, être aussi nuisibles qu'elles ont été salutaires. Les plus grands partisans de ces luttes, tout en soutenant que la race pur sang a autant de mérite qu'anciennement, avouent que les modifications qu'elle a subies ne l'ont pas améliorée. On trouve même des gens en Angleterre qui voudraient faire supprimer les courses, et à Philadelphie on les a défendues et remplacées par des concours au trot.

Ce qui prouve encore que les courses ne perfectionnent pas le cheval, c'est que les hippologues anglais, en parlant du choix de l'étalon, placent avant ce qu'ils appellent les *performances*, les qualités, c'est-à-dire avant les victoires gagnées, avant les succès obtenus sur l'hippodrome, une bonne conformation, un corps long, un coffre spacieux, des tendons forts, des muscles prononcés et une bonne charpente osseuse.

Il est donc positif que la race dégénère ou qu'elle est parvenue au plus haut degré de perfection qu'elle puisse atteindre par les courses; qu'au lieu de persévérer dans un système qui ne peut plus faire de bien, on devrait abandonner les courses, et chercher par de bons appareillements, par une éducation bien entendue, à donner au cheval pur sang la docilité, la souplesse des allures, l'ampleur des formes, la largeur du thorax et l'aptitude à courir longtemps.

Mais ne nous abusons pas; le désir d'améliorer les races n'entre pour rien dans la conduite des Anglais : s'ils désirent un bon cheval, ils ne veulent qu'un instrument pour jouer avec la certitude de gagner; quand ils payent une saillie 40, 60 livres sterl. (1,000, 1,500 fr.), quel gain peuvent-ils espérer du poulain qui en naîtra, en tenant compte des chances d'infécondité, d'avortement, de part contre nature, etc.?

Et d'ailleurs, en diminuant la distance à parcourir et la charge imposée pour les chevaux, en préparant le terrain destiné aux courses, l'Angleterre nous a fait voir qu'elle n'ajoute plus une grande importance à ces luttes, considérées comme moyen d'améliorer les races. L'hippodrome n'est plus qu'un lieu où l'on parie des chevaux contre de l'argent. Et lisez plutôt les préceptes de leurs hippologues : « La question de savoir s'il est convenable ou non d'entraîner les poulains dès l'âge de deux ans est encore pendante, disent-ils ; selon notre manière de voir, elle doit être toute industrielle ; il s'agit de savoir si les prix offerts sont assez forts et assez nombreux pour déterminer les éleveurs à faire courir à leurs jeunes poulains les chances de l'entraînement et de la course ; qu'on tente la fortune à Newmarket, à Goodwood, à Scott, à Doncaster, à Liverpool, etc., etc. , au risque de perdre ou de tarer les jeunes animaux ; mais dans les petites réunions il n'y a pas de motifs suffisants pour affronter les dangers d'un entraînement et de courses prématurées. » (1) C'est que, comme le dit Nemrod, sous l'influence des courses on n'élève pas des chevaux pour les améliorer, ni même pour en retirer des services, mais pour les mettre en enjeu ; et ce ne sont pas seulement les animaux que les sportmen anglais sacrifient : ils immolent à leur ambition les malheureux grooms. S'ils recommandent de choisir des jockeys de petite taille, issus de parents de petite stature, mais forts et robustes, afin qu'ils ne soient pas obligés de se soumettre à des abstinences, à des suées trop fortes pour s'alléger, ce n'est pas parce que cet entraînement fait souffrir les malheureux qui s'y soumettent, aux dépens de leur santé et souvent de leur vie ; c'est parce qu'« il est important que les grooms soient vigoureux, en

<hr>

(1) Trad. du *Sporting-Magasin*; *Journ. des Haras*, févr. 1842, p. 69.

bon état de santé, pour conduire dans de longues courses les chevaux forts, et que l'homme qui doit sa légèreté à des moyens artificiels n'a ni la force ni l'énergie nécessaires pour contenir son cheval. »

On a beaucoup fait valoir les courses comme excitant l'émulation des éleveurs, comme donnant le goût, l'amour du cheval ; on les a considérées comme un bazar où la production peut concourir, s'assembler, se faire juger ; comme une exposition enfin.

Les courses ne communiquent le goût du cheval qu'à quelques personnes opulentes. La plupart des agriculteurs restent complètement étrangers à ce qui se pratique sur les hippodromes. Tous les auteurs qui s'occupent de l'institution des courses se plaignent de ce qu'elles n'agissent pas sur la masse des éleveurs. Il faut les fonder sur une plus large échelle, disent Lafont-Pouloti, Huzard, Grognier, Demoussy, MM. Huzard, de la Roche-Aymon, etc.; car, « telles qu'elles sont aujourd'hui, elles ne deviennent pour ainsi dire que le monopole de la grande propriété ; et comme le nombre des grands propriétaires est loin d'être en rapport avec nos besoins en chevaux, il faut établir des courses de manière à encourager l'amélioration des races dans toutes les hiérarchies des éleveurs (1).

Les courses considérées comme moyen d'exciter l'émulation des éleveurs ne sont pas seulement insuffisantes, elles sont nuisibles, dangereuses ; elles donnent plutôt le goût des spéculations que celui des chevaux ; « elles sont devenues, dit un partisan de ces luttes, une spéculation dans laquelle la nation (anglaise) toute entière s'est précipitée ; c'est une arène où se confondent tous les rangs de la société, où se font les plus grandes fortunes avec une rapidité affligeante pour ceux qui possèdent, attrayante

____

(1) De la Roche-Aymon, *de la Cavalerie*, t. II, p. 199.

pour ceux qui ne possèdent pas. » Elles donnent même lieu aux plus basses intrigues, à des friponneries , à des actes criminels : ce sont des charlatans qui prônent un cheval qui n'a aucune valeur pour le faire vendre cher ; ce sont des entraîneurs, des jockeys qui rendent des chevaux malades , qui les empoisonnent avec l'arsenic , qui les engourdissent avec l'opium , qui s'entendent entre eux , qui font les maladroits pour faire gagner celui qui a fait les plus grands sacrifices pour payer ces friponneries. La France ne nous a pas encore donné tout le scandale que le *turf* présente en Angleterre. Cependant on peut s'apercevoir que des accusations d'indélicatesse s'y font assez souvent entendre : tantôt c'est un cheval admis quoique n'ayant pas l'âge voulu ; tantôt c'est un poulain qui est né à l'étranger et qu'on fait passer pour français ; d'autres fois c'est un jockey qui n'a pas fait son devoir, etc.

Pour beaucoup de personnes ces manœuvres sont insignifiantes. On ne peut pas supprimer, disent-elles , toutes les institutions qui permettent aux hommes de trafiquer de leur conscience, et de ce que tel ou tel jockey fait l'ignoble métier de se vendre dans l'intérêt de tels ou tels parieurs, cela ne prouve rien contre les courses en elles-mêmes. Mais cela ne prouve pas non plus qu'on doit les conserver, quand elles n'ont que des avantages très-contestables et fort contestés ; et sans parler des manœuvres criminelles, nous croyons , avec le vénérable Mathieu de Dombasle , qu'on doit éviter de naturaliser parmi les agriculteurs le jeu des paris , et nous le croyons surtout, quand nous avons vu le tort qu'il a fait au commerce.

Du reste le bon sens et la moralité de la masse de nos fermiers nous rassurent à cet égard ; c'est en vain qu'on leur montre des paris se formant à la suite des courses générales et donnant à ce spectacle l'attrait qu'inspirent toujours l'amour-propre et l'intérêt ; qu'on leur dit qu'il s'établit des poules qui enrichissent l'heureux vainqueur des pertes de tous ses rivaux ; qu'on leur cite l'exemple de quelques chevaux qui ont gagné dans une année 150,000 fr., 200,000 fr. ; que ce gain a électrisé tous les esprits ; que chaque propriétaire, chaque fermier, tend sans cesse à perfectionner sa race pour obtenir un cheval supérieur qui puisse l'enrichir promptement ; que celui qui a le bonheur d'avoir un cheval d'élite, gagne les prix fondés pour les courses, s'enrichit par les paris, et retire de la saillie une forte rétribution qui accroît sa fortune d'une manière rapide.

L'exemple de nos voisins, l'habitude de parier plusieurs centaines de mille francs en faveur d'un cheval qu'on n'a jamais vu et dont on ne saurait même pas apprécier le mérite si on le voyait, ne séduiront jamais nos éleveurs. Ils n'ignorent pas que pour un fermier qui s'enrichirait en allant de ville en ville assister aux courses, mille se ruineraient dans ce vagabondage plus dangereux que celui de nos foires. Si l'institution des courses n'est « vraiment utile qu'à l'époque où descendue des sommités sociales elle étendra ses irradiations sur la moyenne propriété, » elle ne le sera jamais ; nous sommes trop sages pour vouloir nous « ouvrir le chemin de la fortune » par la multiplication et le perfectionnement de chevaux dont les *qualités transcendantes* sont remarquables, sans doute, mais inutiles.

On a fait valoir en faveur des courses l'exemple des Anglais, si habiles calculateurs, et sachant si bien créer des animaux qui payent avantageusement les fourrages ; on a oublié que le cheval pur sang, et partant les luttes de l'hippodrome, ont trouvé en Angleterre et y trouvent encore des circonstances favorables qui n'existent pas chez nous et qui en faisant de l'élevage du *horse race* une industrie lucrative, ont fait des courses une institution moins excentrique à l'amélioration des chevaux utiles qu'elle ne le serait chez nous. Les conditions dans lesquelles se trouve l'Angleterre nous expliquent pourquoi les éleveurs de cette nation, si habiles, ont, quoique sachant très-bien apprécier leur intérêt, consacré tant d'années et d'argent à former leur *horse race*. Il y a de l'autre côté du détroit une aristocratie opulente qui, pour ses plaisirs, élève beaucoup de chevaux fins ou les achète ce qu'ils ont coûté à produire. Ensuite les Anglais ont l'avantage d'avoir les premiers élevé des chevaux coureurs, d'avoir la réputation, méritée du reste, de produire les meilleurs et d'en vendre aux amateurs des autres nations; mais que les fortunes se divisent dans les îles Britanniques, que le goût du cheval pur sang diminue sur le continent, et nous verrons bientôt les fermiers qui produisent ce noble quadrupède aussi malheureux que les ouvriers des villes manufacturières. Les chevaux anglais sont pour les peuples civilisés ce qu'était pour la France le troupeau de Rambouillet lorsque les béliers mérinos se vendaient 3000, 3600 fr. Mais que le cheval pur sang cesse d'avoir une valeur idéale, qu'il ne soit plus payé que pour son aptitude à rendre des services, et nous verrons bientôt changer les conditions de son élevage : c'est une brillante tulipe recherchée par la mode, mais qui ne vaut pas, en réalité, une modeste laitue.

L'état de la société était d'ailleurs plus favorable à l'établissement des courses, quand elles ont commencé, que de nos jours; elles pouvaient être utiles lorsque tous les voyages se faisaient à cheval, quand l'état des propriétés permettait aux grands seigneurs d'avoir de nombreux équipages de chasse, quand l'art militaire était la seule occupation digne de l'opulence et que les hommes riches passaient leur jeunesse à se préparer aux travaux de la guerre. Mais aujourd'hui, avec nos chemins de fer,

nos bateaux à vapeur , nos voitures publiques ; aujour-
d'hui, quand la plupart des jeunes gens riches veulent entrer dans des carrières scientifiques ou littéraires ; lorsque
ceux mêmes qui veulent embrasser la profession des armes,
ne voulussent - ils devenir que simples lieutenants d'artillerie, sont obligés de passer leur jeunesse à étudier,
qui achèterait les animaux que les courses auraient fait
produire ? (V. cheval : choix d'une race.) Encourager par
l'institution des courses la multiplication du cheval de
race, serait contraire à l'intérêt des éleveurs qui ne trouveraient pas à vendre leurs produits, et à celui de l'état
dont les sacrifices ne serviraient qu'à récompenser des travaux , des dépenses que l'amour-propre aurait fait faire.
Ces encouragements diminueraient la fortune publique
en faisant consommer par des bêtes de parade des fourrages , des soins qu'il est facile d'employer plus utilement.

La plus grande objection qu'on fasse contre les courses
au galop , c'est l'inutilité des chevaux pouvant faire 3 , 4
kilomètres en 3, 4 minutes. Pourrait-on citer, demande
M. Barthélemy aîné , quelques cas dans lesquels cette vitesse excessive aurait été d'une utilité réelle , soit à l'intérêt privé, soit à l'intérêt public? avec leur avant-bras
et leur tibia longs, leur poitrine étroite, leur corps en an-
guille, leur énergie prodigieuse , les chevaux les plus rapides peuvent, pendant 3 , 4 minutes , dévorer l'espace ,
faire des pas de 6 à 8 mètres, parcourir plus d'un quart
de lieu en une minute, mais ils ne seraient pas même de
bons chevaux de selle, ni pour la chasse, ni pour l'armée,
ni pour le voyage ; tandis que nous voyons dans nos races
communes des individus un peu lents mais forts, vigoureux, allant aussi vite qu'on puisse le désirer quand ils
sont échauffés , et qui cependant conduits sur l'hippodrome y brillent rarement.

On dit , en faveur des courses , que les chevaux fins

sont rares en France, qu'ils sont difficiles à élever, qu'ils exigent des soins dispendieux, une nourriture recherchée, des grains, des fèves ; que les chevaux de trait sont plus faciles à vendre, que les maîtres de poste, les rouliers, les payent cher. Ces propositions sont vraies ; mais que prouvent-elles ? prouvent-elles la nécessité d'encourager la multiplication d'animaux difficiles à élever, par un moyen qui ferait estropier ceux qui auraient été produits ? La prospérité de l'élevage des chevaux de diligence n'est-elle pas une preuve de l'inefficacité des courses ? et n'est-elle pas une indication claire, positive, de la marche qu'il conviendrait de suivre pour avoir des bêtes de selle ? Ne prouve-t-elle pas que pour en avoir il ne suffit point d'offrir aux éleveurs l'appât de quelques prix, mais qu'il faut acheter leurs élèves ?

Enfin, on fait valoir en faveur des courses les efforts prodigieux que nécessite la vitesse excessive de quelques chevaux anglais ; nous tenons compte de cette vitesse, et nous sommes même convaincus que si les étalons de l'Arabie centrale pouvaient l'atteindre, ils ne la soutiendraient pas plus longtemps ; qu'ils auraient besoin d'être préparés préalablement pour l'effectuer. Mais nous demandons : qu'est-ce que cela prouve ? cela prouve-t-il que les courses ne sont pas aussi mauvaises en principe que par la manière dont on les effectue ; que l'étalon anglais, qu'on préconise pour la production du cheval de troupe, serait préférable par sa durée, par son agrément, par sa rusticité, au cheval arabe, à l'andaloux, à l'ardennais ? Le cheval anglais aurait besoin qu'on le rendît maniable, qu'on lui donnât des allures douces, qu'on lui communiquât de l'harmonie dans les formes ; et les courses, tout en augmentant les qualités qu'il possède à un degré extraordinaire, ne tendent qu'à augmenter ses défauts ; n'ayant appris pendant l'entraînement qu'à aller en avant, à ne tenir aucun compte de l'action du mors, il donne constamment, après plusieurs générations, des produits grands, élancés, ne convenant à aucun service. Or, nous cultivateurs, cherchant le moyen d'augmenter nos revenus et de fournir au pays les chevaux dont il a besoin, devons-nous préférer une qualité rare, prodigieuse, mais inutile, à des qualités qui assureraient la vente de nos produits? Faut-il chercher à produire des coursiers pouvant faire une lieue en 3 ou 4 minutes, toutes les 4 ou 5 semaines, plutôt que des chevaux capables de parcourir 20 ou 25 lieues pendant plusieurs jours de suite? Toute la question des courses se résume en ce peu de mots ; car personne ne méconnaît les brillantes qualités du cheval anglais.

Du reste, que les grands admirateurs de la vitesse des chevaux anglais multiplient ces animaux ; pourquoi désirent-ils provoquer la concurrence de la part des agriculteurs? Que les jockey's-clubs imitent les sociétés d'horticulture ; que les uns organisent des courses comme les autres fondent des expositions de fleurs, nous les approuvons : un cheval qui parcourt 1,200 mètres à la minute est bien aussi utile qu'une belle collection de dahlias. Mais le gouvernement doit-il avoir les mêmes vues? Dans tous les cas, sachons où nous allons, apprécions la portée de nos actions.

Les prix accordés pour les courses sont fondés par le gouvernement, par les départements, par les communes, par des sociétés savantes, par des souscriptions et par des particuliers.

Les courses fondées par le gouvernement sont réglées par un arrêté qui s'applique à toute la France ; les autres ont lieu selon des conditions particulières, imposées par ceux qui font les fonds des prix.

L'arrêté ministériel qui règle les courses en France date du 15 mars 1842 ; il les classe en onze arrondissements; il en établit à Paris, à Caen, à Nancy, à St-Brieuc, à Nantes, à Angers, à Limoges, à Pompadour, à Aurillac, à Bordeaux et à Tarbes. Chacun de ces arrondissements comprend un certain nombre de départements.

Les prix sont classés dans l'ordre suivant : grand prix royal, prix royaux, prix principaux et prix d'arrondissement. Aucun prix ne peut être couru que par des chevaux entiers ou juments nés en France. Les prix royaux et le grand prix royal ne doivent être courus que par des chevaux de pur sang, dont la généalogie est tracée au *stud-book* français, publié par le gouvernement; les prix d'arrondissement ne doivent être disputés que par des chevaux de l'arrondissement; les chevaux de tous les arrondissements pourront concourir pour tous les prix principaux, pour les prix royaux et pour le grand prix royal. A Paris, par exception, tous les prix pourront être courus par les chevaux de tous les arrondissements. On considère comme chevaux de l'arrondissement tous ceux qui y sont nés ou qu'on y a entretenus pendant six mois sans interruption, à quelque époque que ce soit. Tout propriétaire, en présentant un cheval, est tenu de justifier l'origine de ce cheval par des certificats qui en indiquent le signalement, la généalogie, le lieu où il est né, et celui où il a été élevé, etc. Les certificats doivent être visés par le directeur du haras ou du dépôt d'étalons de la circonscription où le cheval est né, où il a été élevé.

Les prix d'arrondissement sont à Paris, le premier de 3,000 fr., l'autre de 3,500 fr.; les prix principaux, l'un de 4,500, l'autre de 5,000 fr. ; le prix royal de 6,000 fr., et le grand prix royal de 14,000 fr. ; dans les départements les prix varient de 500 à 4,000 francs.

La longueur des courses est fixée à 2 ou à 4 kilomètres, à parcourir en une seule épreuve ou en partie liée. Les courses des poulains, des pouliches, ont généralement lieu en une seule épreuve. Le maximum de temps accordé pour les épreuves est de 2 minutes 40 secondes pour chaque épreuve de 2 kilomètres ; de 5 minutes 20 secondes pour chaque épreuve de 4 kilomètres. Le grand prix devra être couru en 5 minutes 5 secondes, pour les deux premières épreuves seulement. Dans les courses de 2 kilomètres, à plusieurs épreuves, tout cheval qui n'atteint pas le but 8 secondes au plus tard après le vainqueur, est déclaré *distancé* et n'est pas admis aux épreuves suivantes. Dans les courses de 4 kilomètres, on déclare distancés les chevaux qui n'ont pas atteint le but 10 secondes au plus tard après le vainqueur. La course est déclarée nulle et ne peut pas recommencer si le cheval arrivé le premier n'a pas parcouru la distance dans le temps fixé ; si les deux épreuves sont gagnées par des chevaux différents , il doit y avoir une autre épreuve entre les gagnants ; s'il y a incertitude sur le cheval qui est arrivé le premier, les chevaux qui paraîtront avoir atteint le but au même instant, devront courir de nouveau seuls ; si un cheval court seul , il obtiendra le prix pourvu qu'il subisse l'épreuve ou les épreuves exigées dans l'espace de temps fixé.

Les chevaux doivent porter un poids qui varie selon les âges : les chevaux de trois ans porteront 51 kilogr. ; ceux de quatre ans , 60; ceux de cinq , 62 ; ceux de six , 64 ; les juments de trois ans , 49 kilogr. 1/2 ; celles de quatre, 58 1/2 ; celles de cinq , 61 ; celles de six , 62 1/2. Le poids comprend le jockey, la selle et la bride; le collier , la martingale ne comptent pas. Après chaque épreuve, le jockey doit se faire peser de nouveau.

Le grand prix royal ne peut être gagné qu'une fois par le même cheval ; nul cheval ne peut disputer un prix d'une classe inférieure à celui qu'il a déjà obtenu, quelle que soit la somme affectée à ce prix. Il peut être admis à courir un prix de même classe en portant une surcharge fixée ainsi qu'il suit : si le prix n'a été gagné qu'une fois, 3 kilogr. ; s'il a été gagné deux fois, 4 kilogr. Cette surcharge de 4 kilogr. ne serait pas augmentée dans le cas où le cheval courrait au-delà de trois fois un prix de même classe. Les poulains et pouliches de trois ans qui ont gagné des prix, outre ceux affectés aux chevaux de trois ans et au-dessus, sont admis de nouveau sans surcharge.

Le règlement sur les courses doit être appliqué par une commission nommée à cet effet par le ministre. Les personnes qui veulent engager des chevaux pour les courses sont tenues d'en faire la déclaration à la commission deux jours au moins avant le concours. Cette commission juge les contestations relatives au poids, à la conduite des jockeys ; elle prononce également sur les difficultés survenues entre les concurrents avant et pendant les courses ; mais elle doit agir immédiatement, car sa mission cesse aussitôt que le procès-verbal est signé. Nul ne peut être commissaire s'il a un cheval engagé dans les courses.

Le ministre à Paris, les préfets dans les départements, fixent, au moins deux jours d'avance, l'heure où la lice doit s'ouvrir. A l'heure fixée pour la course, la cloche sonne, et un quart d'heure après, la lice est ouverte et le départ a lieu sans attendre les absents. Une demi-heure de repos est accordée entre chaque épreuve et entre chaque course. A la fin de la demi-heure, la cloche sonne pour annoncer qu'il faut seller, et un quart d'heure après, elle sonne encore, et la course commence sans attendre les absents.

Un juge nommé par le ministre est seul chargé de placer les chevaux au point de départ, de les faire partir et de désigner le vainqueur ; à cet égard les décisions du juge sont sans appel. Il assiste aux délibérations de la commission avec voix consultative.

Le gouvernement ne devrait admettre aux courses pour ses prix que des chevaux âgés de quatre ans et demi, cinq ans au moins. Il faudrait ensuite que les distances à parcourir fussent plus grandes, que les animaux portassent de plus lourdes charges, et que les épreuves eussent lieu sur une route ordinaire, et non sur un terrain préparé. Il n'y aurait pas d'inconvénients à être un peu moins exigeants sur la vitesse. Toutes les précautions devraient être prises pour que les chevaux eussent à souffrir le moins possible des courses, et pour que la victoire restât aux animaux les plus capables de remplir les services que nous leur demandons.

Les hippologues demandent que les prix soient plutôt forts que nombreux. Quant à nous, nous voudrions qu'ils fussent peu élevés, afin que personne ne fût tenté ni de faire faire de longs voyages aux chevaux pour les gagner, ni de faire de grands frais d'entraînement, ni surtout de chercher à pratiquer des manœuvres déloyales. Nous désirerions plutôt deux petits prix qu'un grand ; c'est avec plaisir que nous voyons le gouvernement entrer dans cette voie : d'après une modification apportée au réglement du 15 mars 1842 par M. le ministre de l'agriculture, les 6,500 fr. accordés pour les courses de Nancy, au lieu de trois prix, en formeront six, dont deux au trot pour des chevaux attelés.

L'administration, en divisant la France en arrondissements, a fondé des prix qui sont en raison de l'étendue de la circonscription. Elle fait tout ce qu'il est possible de faire, et cependant nous pourrions demander si ces encouragements sont suffisants; si des prix décernés à Limoges, à Bordeaux, peuvent agir efficacement sur la production des chevaux dans le département de Saône-et-

Loire, de l'Aveyron, etc. Il conviendrait, pour pallier cet inconvénient, non-seulement de diviser les prix, mais de multiplier les localités où les courses devraient avoir lieu.

Est-il rationnel, équitable même, d'exclure des courses les chevaux nés dans le pays, mais des races communes; de n'admettre pour le grand prix royal et pour les prix royaux que les chevaux dont la généalogie est tracée au stud-book publié par le gouvernement français? Les Anglais savent mieux encourager ce qui est utile; non-seulement ils admettent tous les chevaux aux courses, mais ils accordent une remise de poids pour les *cocktails*, ou chevaux nobles qui ne sont pas inscrits au stud-book, et pour les chevaux qui ne sont pas reconnus de pur sang. La justice réclame que tous les chevaux français soient admis au grand prix. Les éleveurs de la Meurthe, d'après M. Collenot, se plaignent avec raison de ce que les chevaux de la Lorraine n'ont pas le droit de lutter contre les chevaux de pur sang, quand ceux-ci peuvent aller disputer les prix dans les provinces.

2° *Courses au clocher, Steeple-Chases, et courses avec saut de barrières.* La course au clocher est une course faite « à travers champs et sur un terrain le plus ordinairement aussi tourmenté et aussi difficile que possible. » Les coureurs doivent parcourir de 10 à 15 kilomètres au grand galop, en franchissant monts et vallons, murs et fossés.

« Cette course aventureuse, dit un vétérinaire, officier des haras, sur un terrain inégal, rempli d'aspérités durcies par la sécheresse, et d'ornières profondes ou fangeuses, coupé de rigoles nombreuses, traversé par des cours d'eau, divisé par des haies, des barrelages, des palissades, des clôtures de toute espèce rapprochées les unes des autres, relevées en chaussées, défendues par de larges fossés boueux, glissants ;... cette course, qu'une grande habileté à manier le cheval et qu'une sorte de témérité seules peuvent faire entreprendre, inspire les émotions les plus diverses, attire et attache au plus haut degré.

« Il me reste à vous en faire juger par le récit de l'une de ces courses dont j'ai été le témoin. Le terrain choisi était ce que je viens de dire, et le dernier obstacle une épaisse et forte haie qui cachait aux combattants un large fossé rempli d'eau. Cet obstacle pour bouquet! C'était à faire frémir les plus intrépides, après une course de plus de deux lieues sur un sol aussi difficile.

« Cette lutte avait pris naissance dans un pari entre deux jeunes gentlemen de la fine fleur du Jockey's-Club. Les journaux en avaient informé leurs fidèles, et, grâce à eux, deux heures avant la course la foule était grande et serrée. Enfin les cavaliers sont en selle et en tenue de course; ils montent des chevaux de chasse en réputation et bien connus de tous les sportmen. Tous deux (les chevaux) étaient en si parfaite condition, qu'on croyait voir circuler le sang dans leurs veines déjà gonflées, sous leur peau fine, soyeuse et brillante de mille reflets dorés, et que l'on pouvait compter chacun de leurs muscles vigoureux, tant leur chair, débarrassée de tout embonpoint superflu, paraissait nerveuse et ferme. Le juge avait assisté au pesage des cavaliers; l'un d'eux compléta son poids (130 livres) avec du plomb qu'il porta dans sa ceinture; l'autre s'était mis juste à *son point* en se faisant maigrir de quelques livres, sans doute en prenant des bains à une température un peu élevée, en s'exerçant à pied, couvert de plusieurs gilets de flanelle; un petite dose de sel d'epsom avait fait le reste.

« L'heure approchait et les préparatifs avançaient; la curiosité devint haletante; elle avait l'espoir d'être bientôt satisfaite.

« A ce moment des cavaliers qui avaient aperçu des

signaux convenus accoururent vers le but, où grossissait encore la foule, en s'écriant : ils sont partis ! Aussitôt le juge se rendit au poteau. Un murmure d'ardente curiosité circula dans l'assemblée ; on laissa un libre espace devant ce dernier et terrible obstacle qui se dressait sur un sol dur et caillouteux. Des amis précautionneux avaient appelé des chirurgiens, prêts à tout événement. Le danger préoccupait tous les esprits ; oh ! l'intérêt était immense, saisissant... toutes les lorgnettes étaient braquées dans la direction du lieu de départ, mais on ne distinguait rien encore.

« Enfin un cri général annonce qu'on les a vus ; quelques instants encore on les perd ; puis ils reparaissent au point culminant d'une colline rapide, couchés sur leur selle et franchissant hardiment une haie, à très-peu de distance l'un de l'autre... En quelques secondes ils arrivèrent sur un nouvel obstacle, et l'on vit les deux têtes des chevaux au-dessus d'une seconde haie ; les deux cavaliers la passèrent ensemble... C'était une course magnifique ; les bravos retentirent.

« Le passage d'un ruisseau à bords escarpés donna l'avantage d'une longueur à la casaque pourpre sur son rival à la casaque verte et à la toque aurore ; mais après le saut, ce dernier regagnant sa distance, revint tête à tête, et on les vit tous deux s'approcher d'un pas égal du dernier obstacle avec une incroyable rapidité.

« Bientôt on entendit sourdement résonner le sol sous le branle du galop... Ils passaient comme des ombres encore tête à tête ; à peine si la moiteur ternissait le vif reflet de la robe des coursiers, qui, les naseaux ouverts et frémissants, allongés, la queue presque basse, les oreilles couchées, rasaient le sol avec une vitesse merveilleuse.

« Les cavaliers, pâles, fermement assis, les mains élevées, maintenues au-dessus du garrot, serraient leurs genoux nerveux avec une énergie presque convulsive. A dix pas du but, la casaque pourpre, appliquant un vigoureux coup de cravache à son cheval, et l'attaquant en même temps de ses éperons, l'enleva vivement sur la haie. Le brave animal s'élança le premier, et eût infailliblement dépassé son rival d'une demi-longueur au moins; mais ses pieds de devant heurtèrent avec tant de violence contre le tronc d'un gros arbre coupé à la hauteur de la haie pour laisser un libre passage, qu'il culbuta et roula dans le fossé, jetant, sans blessures graves heureusement, son cavalier sur le bord opposé, non loin duquel était le poteau d'arrivée....

« Cette lutte produisit un tel enthousiasme (n'y avait-il pas de quoi?) qu'on proposa à l'instant même d'exciter encore l'ardeur des gentlemen présents par l'offre d'une coupe d'argent au vainqueur dans un nouveau *steeple-chase*, dont les principales conditions furent arrêtées sur-le-champ. »

Les courses avec saut de barrières ont lieu sur des sols unis, sur des hippodromes divisés avec deux, quatre et six barrières; celles-ci sont hautes de 1 mètre à 1 m. 10 cent.; elles sont faites avec des barres de bois nues ou entourées de paille, ou avec des claies, des palissades souvent garnies de branchages et simulant des haies.

On pratique ordinairement ces exercices après les courses au galop. « Ces luttes terminent fort agréablement des courses de vitesse et ont un plein succès partout où on les établit. » L'intérêt qu'on y prend « n'est point comparable toutefois à celui qu'inspire un *steeplechase*, difficile et nerveux » En effet, quelquefois elles se passent sans accidents! dans tous les cas il est bien rare que les chevaux s'empalent et ils ne se jettent jamais avec leurs cavaliers dans des fossés; il arrive seulement qu'ils touchent quelquefois les barrières avec les pieds antérieurs et que leur grande vitesse les projette à trois ou quatre mètres de distance quand les malheureux jockeys vont tomber beaucoup plus loin.

On augmente quelquefois les obstacles : voici la description que donne le *Journal des Haras* (1), du terrain pour steeple-chase à Avranches. Tous les chevaux non distancés devaient être admis à prendre part à toutes les épreuves, ce qui pouvait les multiplier beaucoup. Les coureurs devaient parcourir 3,000 mètres, « les obstacles étaient au nombre de vingt-cinq, savoir : treize fossés remplis d'eau, dix haies de terre, dont une perpendiculaire de plus de cinq pieds d'élévation ; une barrière fixe de quatre pieds de haut, enfin la grande rivière large de onze pieds devait être franchie deux fois, la première au commencement, la seconde vers la fin de chaque épreuve. » Quatre chevaux se présentèrent au poteau.

A la première épreuve « *Clipper* tomba dans le fossé !... et son cavalier fit une chute assez rude.... ; *Lauretta* arrivée au fossé qui se trouve près de la maison, manque le point d'appui qu'elle voulait prendre sur la haie qui le partage ; ses pieds de derrière glissèrent dans une terre grasse et humide, et elle finit par s'affaisser entièrement ; deux fois elle se releva, mais retombant de tout son poids sur le capitaine Gérard, elle lui maintint un instant la tête sous l'eau ; un frisson d'angoisse et d'amère inquiétude commençait à agiter la foule, lorsque des secours devenus indispensables mirent fin à cette position périlleuse.... La seconde épreuve commença après une demi heure de repos ; faite avec ensemble elle n'offrit qu'un seul accident nouveau... *Clipper* s'abîma dans un fossé...... » Ne suffit-il pas de ces citations, qu'on pourrait multiplier à l'infini, pour faire proscrire ces luttes ?

(1) Novembre 1842, p. 255.

La ville de Nantes a fondé, 31 juillet 1842, un prix de barrières ; il ne devait être accordé qu'à condition qu'il se présenterait trois concurrents (1) ; cette condition n'a pas été remplie, nous en félicitons sincèrement les éleveurs du pays.

Pour éviter les accidents on prend diverses précautions. Voici de quelle manière recommande de faire les barrières un correspondant du *Journal des Haras* : « Permettez-moi encore, dit-il, de dire quelques mots sur les hurdle race (courses de haies), courses très-intéressantes, utiles, mais dangereuses, et qui exigent des précautions de la part des personnes qui les établissent. Elles (les personnes) doivent se rappeler avant tout qu'il ne faut pas que les haies ou claies soient trop élevées, ce qui présenterait des dangers, mais assez cependant pour que les chevaux soient obligés de faire quelques efforts pour les franchir ; 3 ou 4 pieds sont une hauteur suffisante, et les haies doivent être fixées assez solidement pour que le cheval ne les fasse pas tomber en les touchant du poitrail ou des pieds, mais non pas de manière à résister et à le blesser s'il se heurtait contre fortement, ou s'il tombait dessus. Les meilleures haies ou claies sont celles qu'on établit avec des branches de saule ou de noisetier, en plaçant à chaque bout un pieu ou piquet un peu fort et long, de manière à le fixer en terre de 12 à 15 pouces, suivant la nature du terrain. » (2) Les haies doivent être légèrement inclinées du côté opposé à celui par lequel les chevaux arrivent, elles ne doivent jamais être en bois de charpente capable de blesser les animaux; on garnit quelquefois les haies de palissades, à droite et à gauche, pour empêcher les chevaux de se dérober.

(1) *Journal des Haras*, juillet 1842, p. 269.
(2) *Journal des Haras*, mars 1842, p. 196.

N'est-ce pas déjà trop de ces narrations pour juger le *turf*, le *steeple-chase?* nous demandons seulement quelles raisons ont les Français, quand ils font de pareils enfantillages, de se moquer des boxeurs anglais.

C'est possible que ces exercices aient un charme particulier, qu'ils excitent, stimulent, réveillent, passionnent et soient toujours le principe d'une noble émulation; qu'ils impressionnent non-seulement le véritable sportman, mais des populations entières auxquelles ils infiltrent le goût du cheval; ils n'en sont pas moins « des espèces de jeux de hasard, dont les chevaux sont les dés qui décident de la bonne ou de la mauvaise fortune des joueurs »; des jeux qui, aux émotions que produit un événement inattendu, heureux ou malheureux, joignent celles qu'occasionnent toujours sur notre frêle machine l'attente d'un accident.

3° *Courses au trot.* L'établissement des courses au trot peut être fort utile à la multiplication et à l'amélioration de nos chevaux; elles ont de grands avantages sur celles que nous venons de voir; elles attirent l'attention des agriculteurs sur un point très-important, le dressage des poulains.

Les jeunes chevaux qui sont dressés chez les éleveurs, le sont à peu de frais et, n'éprouvant aucun changement dans le régime, s'habituent au travail sans en être incommodés; ils ont ensuite beaucoup plus de valeur, et l'acheteur peut les faire travailler de suite; il n'a pas à les nourrir cinq à six mois dans une ville sans rien faire; il n'est point obligé de les soumettre au dressage au moment où ils sont soumis à un changement de climat et de nourriture. L'armée perdrait beaucoup moins de chevaux, si, avant de les soumettre au régime militaire et aux travaux des classes, des manœuvres, on les avait habitués au travail soit chez les éleveurs, soit dans des dépôts de remonte.

Les courses au trot adoptées sur une grande échelle

seraient d'une grande utilité, elles généraliseraient l'habitude de dresser les poulains, et les chevaux allemands perdraient une supériorité qu'ils doivent seulement au soin qu'on a eu de les dresser avant de les vendre; ce qui rend la France tributaire de l'Allemagne et de l'Angleterre pour plus de 30 millions de francs par an. Qu'est-ce qui fait que la cour, la ville, le commerce, la guerre, vont, au détriment de l'agriculture française, chercher leurs chevaux à l'étranger? c'est le non dressage des chevaux français... « qui sont généralement mal élevés, mal dressés, mal nourris. » (1)

Les courses au trot occasionnent très-rarement des accidents, soit sur l'homme, soit sur les animaux. La préparation qu'elles nécessitent, loin d'être nuisible aux chevaux, leur est sous tous les rapports avantageuse : le trot est plus rapide que le pas et moins fatigant que le galop; les chevaux qui ont cette allure marchent vite et long-temps sans se fatiguer; mais elle n'est pas naturelle, et quoique devenue héréditaire, les chevaux ne la marchent bien qu'après y avoir été exercés. Un cheval ne trotte jamais bien la première fois qu'on le monte; il a besoin d'apprendre le trot et de s'habituer à le marcher; mais par l'exercice il y devient très-habile.

La course au trot est un essai et un exercice utile; elle fait connaître un mérite dont les applications sont journalières : le cheval qui trotte le mieux est réellement celui qui peut faire le meilleur service; et l'éleveur qui a dressé ses poulains pour ces luttes, est toujours récompensé de ses peines, car il a augmenté la valeur de ses chevaux, et s'il n'obtient pas le prix sur l'hippodrome, il aura l'avantage de vendre cher ses produits.

Nous ne croyons pas qu'on puisse faire des objections

(1) Houel, *Journal des Haras,* mars 1842, p. 196.

sérieuses contre ce genre d'encouragement, il indique aux éleveurs la marche qu'ils doivent suivre pour produire des chevaux utiles; il ne faudrait pas cependant y ajouter une trop grande importance, et oublier qu'une vente avantageuse est le seul encouragement qui puisse avoir un effet salutaire et durable.

M. Houel considère les courses au trot comme des courses de production, et il réserve à celles au galop la dénomination de courses d'amélioration. Nous croyons que les premières surtout sont des moyens d'*améliorer* les races : un étalon qui pendant longtemps a été exercé au trot, qui supporte de longs essais à cet exercice en allant très-rapidement, qui est accoutumé a obéir au cavalier, est plus maniable, plus solide, plus propre à un bon service, et sans contredit meilleur reproducteur que celui qu'on aurait entraîné pour les courses au galop.

Les chevaux sont même plus susceptibles de s'améliorer sous le rapport du trot, que relativement au galop; car, comme le dit M. Houel lui-même du trot : « Cette allure peut acquérir une grande vitesse par la conformation du cheval et par l'habitude. » (1) Or, l'habitude résulte de la répétition des mêmes actes, et la conformation de la transmission des formes produites par l'exercice. L'expérience a du reste démontré l'influence des courses au trot sur le perfectionnement de l'espèce chevaline: « si les Anglais, les Russes, les Hollandais, les Américains possèdent des trotteurs renommés, ils le doivent à ces luttes (courses au trot) par lesquelles le mérite des reproducteurs est mis en évidence, et qui donnent le désir d'obtenir des chevaux trotteurs par des croisements judicieux et un exercice approprié (2). »

(1) *Journal des Haras,* janvier 1843, p. 49.
(2) *Journal des Haras,* janvier, 1843, p. 53.

Les courses au trot sont en usage depuis longtemps ; c'est par elles que les Hollandais encourageaient la multiplication des chevaux trotteurs, si recherchés sous le nom d'*ardraves*. Elles sont répandues en Italie où elles donnent beaucoup de valeur aux chevaux vainqueurs ; on les pratique aussi en Russie, en Suisse, en Belgique et en Allemagne.

Il y a même déjà en Angleterre des personnes qui veulent substituer aux courses au galop, des essais au trot ; et « à Philadelphie les courses au trot ont été reconnues si avantageuses pour l'amélioration, qu'on y défend les courses au galop. » (1)

En France, Huzard s'est prononcé pour ces luttes depuis le commencement du siècle. Il ne conseillait pas de faire courir les chevaux au grand galop ou à toutes jambes, soit à la voiture, soit sous l'homme, soit en liberté ; les tentatives qu'on a déjà faites pour introduire en France les courses des Anglais, disait-il, tendaient plutôt à la destruction de nos races qu'à leur amélioration ; nous croyons qu'elles rempliraient bien plus complètement leur but, ajoutait-il, si on les appliquait à toutes les allures et à tous les genres de services auxquels les animaux sont employés. Le rapporteur du conseil d'agriculture, arts et commerce du ministère de l'intérieur, voulait qu'on accordât des prix dans chaque département pour les animaux qui parcourraient le plus rapidement un espace déterminé, au pas, au trot, selon les différences des chevaux et les services auxquels ils sont plus particulièrement employés.

Les courses au trot ont eu de la peine à devenir générales : elles excitent moins d'enthousiasme, produisent moins d'émotions que les courses proprement dites ; elles

____

(1) Houel, *Journal des Haras*, février 1843.

ne se recommandent que par leur utilité. La société vétérinaire des départements du Calvados et de la Manche a compris tous les avantages que les éleveurs de la Normandie peuvent retirer de ces luttes, et elle a cherché à les propager. De nos jours elles commencent à se répandre : elles sont en usage à Lyon depuis plusieurs années, grâce au jockey's-club de cette ville, et nous en trouvons dans presque tous les départements où les courses au galop ont lieu.

M. Houel qui a beaucoup fait pour les répandre croit, avec quelques auteurs anglais, que le galop est l'allure du midi, et le trot celle du nord ; autant les courses au trot « ont de l'avantage dans le nord de la France, dit notre honorable compatriote, autant elles seraient inutiles et peut-être nuisibles dans la plupart des départements du midi. » (1) Nous ne pouvons pas partager cette manière de voir : il serait inutile de dresser au trot les chevaux de selle qui ne doivent aller qu'au pas allongé, ceux de cavalerie qui ne vont qu'au pas ; mais le galop est-il plus nécessaire que le trot aux uns et aux autres ? Est-ce en vue des charges que peuvent avoir à faire les chevaux de troupe, qu'on doit les exercer au galop ? Des courses au trot sont d'autant plus nécessaires dans le midi, qu'on commence, à l'aide des cultures fourragères, à y élever de nombreux chevaux à deux fins, et des chevaux de voiture.

Après avoir rapporté que la société d'agriculture de Caen a fondé des prix pour des chevaux châtrés, sellés et montés, qu'elle a institué des courses au trot, le journal d'*Agriculture pratique* ajoute : « C'est ainsi qu'on pousse les éleveurs dans la bonne voie, et qu'on leur apprend à créer des races d'animaux utiles. Si l'administration, au

____

(1) *Journal des Haras*, mai 1842, p. 58.

lieu de sacrifier ses 140,000 fr. aux coureurs des cirques, qui tombent épuisés après un galop de cinq minutes, voulait essayer de les offrir en prix, pendant quelques années, aux chevaux capables de transporter un cavalier rapidement pendant plusieurs jours de suite, on verrait bientôt se multiplier nos races indigènes, légères et dures à la fatigue, en quantité suffisante pour monter notre cavalerie, mieux peut-être qu'aucune autre des armées européennes. Mais ce n'est pas là le souci de nos administrateurs ; il leur faudra bien du temps encore avant de comprendre que l'on peut sans risque sacrifier les plaisirs du jockey's-club aux intérêts généraux du pays. » (1)

Nous approuvons en général le sens de ce passage ; nous croyons que 140,000 fr. par an accordés pour les chevaux de selle ou à deux fins, capables de faire pendant plusieurs jours de suite 25 ou 30 lieues par jour, seraient plus utiles à l'intérêt général, qu'en les employant à l'établissement des courses ordinaires. Mais nous ne pensons pas cependant qu'ils eussent une grande influence sur la production des chevaux, à moins que des remontes bien entendues ne vinssent à leur aide.

D'un autre côté le gouvernement seul peut-il établir des courses dans toute la France? Nous ne le pensons pas, il a besoin d'être secondé. Or, jusqu'à ce jour, les sociétés d'agriculture en général ont été, il faut en convenir, fort peu empressées ; tandis que les jockey's-clubs ont montré la plus grande activité et un profond désintéressement. Nous croyons que l'administration agit sagement en secondant les sacrifices que font en ce moment-ci les amateurs du *Horse-race* ; sauf à elle à tourner ses vues d'un autre côté, lorsque les autorités locales, les amis de l'agriculture lui offriront les moyens de sacrifier, au moins en

(1) *Journal d'agr. prat.*, avril 1842, p. 469.

partie, les plaisirs des sportmen à la sûreté du pays et à l'intérêt des cultivateurs. Il a déjà fondé, pour cet objet, des prix de 600, de 1,500 fr, et plusieurs villes ont eu des courses au trot pour des chevaux montés, pour des chevaux attelés à une voiture à deux roues, et pour des chevaux attelés par paires à des voitures à quatre roues.

Nous espérons que les sociétés d'agriculture, les conseils généraux, indiqueront par leur exemple la marche qu'il convient de suivre dans leurs localités. Déjà nous avons vu des courses au trot, fondées par des départements et par des sociétés savantes. Nous félicitons sincèrement les dames qui, aux courses de la Martyre, dans le Finistère, ont fait une souscription pour une course au trot; cela nous prouve que ces luttes se popularisent ; si elles sont moins brillantes que les courses au galop, elles entraînent moins d'accidents et sont plus dignes d'encouragements, même comme réjouissance publique.

Du reste les jockey's-clubs eux-mêmes secondent les vues des agriculteurs; nous avons dit que celui de Lyon avait fondé des courses au trot dans cette ville, celui du Finistère a créé des prix à l'amble et des prix au trot pour des chevaux montés et pour des chevaux attelés.

4° Courses à l'amble, courses au pas. L'amble est une allure désagréable dans les chevaux de voiture, elle occasionne un balancement du corps qui se fait ressentir sur les brancards; mais elle est à rechercher dans les bidets, dans les chevaux de selle destinés à des services pénibles; on doit l'encourager dans les contrées où les voyages se font encore à cheval : elle peut être précieuse dans la Bretagne, et la société des courses de la Martyre a fait preuve de patriotisme en fondant des courses à l'amble, au trot.

Les courses au pas auront de la peine à se généraliser, cependant elles seraient fort utiles ; elles auraient pour les chevaux de selle tous les avantages que celles au trot ont pour les chevaux de cabriolet, de poste.

5° *Courses au char*. L'utilité de ces courses n'a pas besoin d'être démontrée. Il n'est pas nécessaire de prouver qu'il serait avantageux que les chevaux de cabriolet, de carrosse, de poste, de diligence, fussent dressés dans les campagnes où les fourrages ont peu de valeur et lorsque les animaux sont encore trop jeunes pour travailler; qu'on les conduisît dans les villes seulement au moment, où l'on pourrait sans inconvénients utiliser leurs forces. On éviterait ainsi les maladies auxquelles sont exposés les animaux qu'on dompte à l'âge où, venant de quitter leur pays, ils sont soumis à l'influence d'un nouveau climat. Tout le monde comprend qu'un cheval qui saurait bien marcher, qui serait accoutumé au genre de tirage pour lequel il est destiné, aurait beaucoup plus de valeur, pour l'habitant d'une ville, que l'animal qui n'a pas été dressé.

Les épreuves au char doivent être faites avec toutes sortes de voitures; on doit faire concourir des chevaux traînant seuls des voitures à deux roues et d'autres attelés par paires à des chars à quatre roues.

La même épreuve devrait être appliquée aux chevaux de gros trait; on devrait essayer ces animaux sous le rapport de la vitesse de leur marche et de leur aptitude à tirer de lourds fardeaux.

6° *Concours de charrues*. Les prix accordés pour les meilleurs labours peuvent aussi être fort utiles : tout en propageant le perfectionnement des instruments aratoires, ils encouragent la multiplication des animaux; ces encouragements ont contribué au progrès de toutes les branches de l'agriculture en Angleterre.

Les concours de charrues ont un grand avantage sur les prix, sur les primes accordés pour un beau taureau, pour un jeune poulain; ils font apprécier le mérite réel des animaux, leur aptitude, leur force, la vitesse de leur marche; comme le pense M. de Dombasle, « il n'est pas possible de comparer sérieusement ce genre d'encouragement, appliqué à l'espèce chevaline, à l'institution des courses publiques, où le prix est décerné pour une qualité qui n'est recherchée pour aucun service, » et qui n'est plus un mérite pour le cheval vainqueur dès qu'il est sorti de l'hippodrome (1).

En imposant pour les concours certaines conditions, soit pour les bœufs, soit pour les chevaux, soit pour les vaches, on encouragerait la multiplication des animaux remplissant ces conditions; on pourrait ainsi provoquer la multiplication des animaux les plus agiles, les plus forts, etc.

Les divers genres d'essais compris dans ce paragraphe, pour être efficaces, doivent être de longue haleine; il ne suffit pas de connaître le cheval qui parcourt le plus long espace dans huit ou dix minutes au pas ou au trot; mais celui qui est le plus capable de faire une longue route en portant un cavalier et une lourde valise; il en est de même des courses au char, elles doivent avoir pour but de faire connaître les chevaux les plus capables de bien traîner une voiture de voyage ou de faire un bon service de diligence ou de poste; il faut toujours soumettre les animaux à des épreuves plus pénibles que les travaux faits par les animaux du pays, afin d'être sûrs que les animaux couronnés sont les meilleurs de la contrée.

Il ne faut pas oublier que les essais dont nous parlons, quoiqu'indiquant en général les meilleurs animaux, ne donnent que des probabilités; il ne faudrait pas toujours, sans autre examen, employer comme reproducteurs ceux qui auraient été vainqueurs. Les épreuves seraient même

(1) *Annales de Roville*, t. VII, p. 303.

rarement assez longues pour faire connaître les meilleurs animaux sous le rapport du travail. Il y a beaucoup de chevaux, de bêtes bovines, très-bien conformés, forts et robustes, capables de faire de très-bons services, soit à la selle, soit aux postes, soit à la charrue, mais un peu lents à entrer en exercice et travaillant même toujours avec une certaine lenteur; ce sont presque toujours les meilleures bêtes, celles qui deviennent le plus rarement malades, qui travaillent le plus, qui durent le plus long-temps, qui donnent les meilleurs produits, et cependant elles ne brillent jamais dans les concours.

Les encouragements que nous avons énumérés dans ce paragraphe ont l'avantage de former de bons cavaliers, d'habiles cochers et des laboureurs adroits, tout en provo-quant le perfectionnement des voitures, des charrues et la bonne confection des harnais. Ces essais seront au peu-ple moderne ce qu'étaient les courses aux peuples de l'antiquité.

C. — Cultures fourragères; réparation des étables; amélioration des routes.

Les faits comme le raisonnement prouvent que ce ne sont ni les prix ni les primes qui forment les bons animaux. Il y a longtemps que ces encouragements sont employés en France; les beaux reproducteurs ne lui ont pas man-qué non plus : Colbert, voyant qu'on venait d'exporter cent millions de livres pour acheter des chevaux, orga-nisa les haras; il voulait mettre la France en état de sa-tisfaire à tous ses besoins; cinq à six cents reproducteurs mâles ou femelles furent placés dans des établissements et sur différents points du royaume; sept à huit cents éta-lons royaux furent disséminés dans les provinces et lo-gés chez des gardes étalons; les états provinciaux, de leur côté, achetaient les mâles qu'ils croyaient les plus convenables à leurs contrées ; dans le même temps un plus grand nombre de reproducteurs reconnus bons, approuvés par l'administration, et appartenant à des particuliers, concouraient à la multiplication de l'espèce ; mais tous ces moyens n'empêchèrent pas le défrichement des terres, la destruction des pâturages, etc., d'entraîner la ruine des belles races qui avaient auparavant couvert notre sol. Il aurait fallu, au lieu des moyens qu'on employait, perfectionner l'agriculture, demander à l'assolement alterne les fourrages qu'on supprimait en labourant les meilleures terres qui jusque-là avaient été en pâturages.

De nos jours les beaux étalons ne manquent pas non plus aux cultivateurs qui ont assez de savoir ou d'intelligence pour en apprécier le mérite. Nous pensons aussi que les prix, les primes donnés pour les forts coureurs, pour les plus beaux animaux sont assez nombreux, que l'administration des haras a suffisamment fait pour encourager les chevaux fins en n'achetant pour ses dépôts que les produits issus de ses étalons. Si les beaux chevaux, le bon bétail manquent, ce n'est pas faute d'encouragements, car le gouvernement, les sociétés d'agriculture, les conseils généraux en ont assez donnés ; c'est uniquement parce que, ainsi que l'a dit aux habitants de la Haute-Auvergne notre ami le docteur Richard, l'argent ne fait pas les animaux. Si le désir du gain pouvait avoir à cet égard une influence salutaire, toutes nos races ne seraient-elles pas parfaites ? Est-ce l'amour de l'argent qui manque aux habitants de la campagne ? faut-il sous ce rapport stimuler leur zèle en leur montrant les prix ? je ne pense pas que cela soit nécessaire ; les charges que les cultivateurs ont à payer, les excitent suffisamment à faire leur possible pour se procurer du numéraire malheureusement beaucoup trop rare dans les communes rurales. Il faut, non pas exciter leur ambition à cet égard, mais leur enseigner les moyens de la satisfaire, encourager l'extension des cultures fourragères, et multiplier les fermes modèles, où l'on enseignera, d'une manière facile à apprendre, à produire de beaux chevaux, de bons bœufs, des toisons précieuses, etc.

1° *Extension des cultures fourragères.* L'extension des cultures fourragères forme le meilleur moyen de perfectionner l'agriculture; les végétaux destinés à nourrir les herbivores étant en général récoltés avant la maturité, amendent la terre plutôt qu'ils ne l'épuisent; d'un autre côté il en existe beaucoup dont la culture nécessite des sarclages et débarrasse le sol des mauvaises herbes; en sorte que par elles-mêmes les plantes fourragères exercent une influence salutaire sur la fécondité du sol et doivent être considérées comme moyen d'améliorer l'agriculture.

La culture des fourrages offre dans tous les pays les avantages que nous venons d'énumérer ; mais en outre, dans les environs des villes, elle procure de grands bénéfices par l'emploi des foins à l'entretien des vaches laitières, des attelages de luxe, des chevaux destinés aux voitures publiques, etc.

Les cultures fourragères méritent donc d'être encouragées pour elles-mêmes, mais de plus elles doivent l'être comme fournissant le seul moyen de multiplier les animaux, de perfectionner les races et d'amender les terres par les engrais qu'elles fournissent. On ne peut pas améliorer nos races petites, chétives, surtout si nous voulons en élever la taille, sans augmenter les moyens de les nourrir en perfectionnant les cultures, et sans leur procurer des habitations plus salubres. Sans modifier le régime on peut bien produire une amélioration particulière, comme raccourcir l'encolure, rendre la tête plus légère ; mais on n'augmentera jamais le volume des animaux. Ce sont les bons fourrages, qu'on commence à propager dans nos campagnes, qui produisent les grandes améliorations qu'ont éprouvées depuis quelques années nos bœufs, nos chevaux. Les prix, les primes n'agissent qu'indirectement, en excitant les cultivateurs à mieux nourrir leur cheptel.

Malheureusement beaucoup de personnes, ignorant les rapports qui existent entre les animaux et les agents hygiéniques, croient pouvoir aller droit au but et veulent obtenir de beaux chevaux, des bêtes à cornes de taille élevée, par le seul emploi de bons reproducteurs. Les hommes qui s'occupent d'agriculture par théorie, partagent surtout cette erreur. On ne saurait trop répéter que pour améliorer les races, il faut rechercher ce qui les a primitivement produites.

Les praticiens tombent rarement dans l'erreur des gens qui croient qu'il suffit d'importer de beaux taureaux pour changer en bien une race de bétail. L'expérience éclaire à cet égard ceux qui pansent, qui soignent les animaux ; et ils sont peut-être trop persuadés que les animaux du pays sont les seuls qui conviennent. Le seul moyen de combattre cette opinion, c'est de changer l'agriculture, d'étendre les cultures fourragères ; le revenu des terres augmentera, et les cultivateurs, comprenant qu'il leur est possible de rendre les travaux agricoles plus lucratifs, chercheront à les perfectionner, et tous les produits du sol deviendront plus abondants. On donnera plus de soins aux animaux, on les nourrira mieux, et l'on comprendra bientôt qu'il est possible d'avoir des races plus productives que celles de nos pères.

Il faut donc encourager la culture des fourrages pour provoquer l'amélioration des animaux. Chercher à perfectionner les races sans introduire une bonne agriculture fourragère, c'est faire des sacrifices inutiles et souvent nuisibles. Au lieu de fonder des prix pour récompenser ceux qui présentent les plus forts taureaux, les plus beaux béliers, il faut encourager les assolements avec plantes fourragères, récompenser les agriculteurs qui ont cultivé la plus grande partie de leurs terres en fourrages, qui ont introduit dans la culture en grand quelques plantes pouvant servir à nourrir les animaux.

Les conseils des hommes qui faisaient sentir la nécessité de commencer l'amélioration des races par l'extension des cultures fourragères, sont restés longtemps sans effet ; mais, dans ces dernières années, l'attention des sociétés savantes a été attirée sur ce sujet : en 1841, la société d'agriculture de Lyon a fondé des prix pour des assolements avec fourrages variés, pour l'introduction dans le pays de plantes fourragères nouvelles ; celle du Cantal, qui s'est aperçue que les prix et les primes qu'elle distribue depuis longtemps sont loin d'avoir produit tout le bien qu'on peut désirer, accorde ses encouragements aux cultures fourragères.

Dans le département des Vosges, M. Briguel, qui a compris la nécessité *d'augmenter l'élève des bestiaux dans le double but d'améliorer à la fois et l'état de notre agriculture, et l'alimentation des masses*, a proposé, en 1842, d'établir des prix qui seraient accordés, dans les arrondissements où l'on trouve le moins de fourrages et de bestiaux, aux « cultivateurs qui, sans distinction d'étendue, auront tiré tout le parti possible d'un terrain donné, par des assolements judicieux, combinés avec l'élève des bestiaux, par le moyen des récoltes racines et sarclées, et des prairies artificielles. » Nous ne croyons pas qu'on puisse imaginer un moyen plus judicieux pour hâter les progrès de notre agriculture, pour augmenter la richesse du pays, accroître le bien-être des masses, et assurer notre tranquillité.

L'extension des fourrages, pour perfectionner l'agriculture, est une amélioration urgente. Il ne faut pas la considérer seulement comme destinée au perfectionnement des races ; elle serait nécessaire pour les conserver au point où elles sont, et pour nous fournir notre subsistance. Le défrichement des pâturages, la division toujours croissante des propriétés, rendent l'entretien des animaux de plus en plus difficile et dispendieux; mais pendant que les troupeaux de bêtes à laine disparaissent de plusieurs communes à mesure que les héritages se subdivisent, que les bœufs font place aux vaches, que l'on remplace les chevaux par des ânes et de petits mulets, la population augmente, et l'instruction devenant plus répandue, on comprend mieux la nécessité de la viande pour la santé, et l'on en mange davantage. Le goût du luxe, du bien-être augmente aussi beaucoup la consommation de la viande, et accroît singulièrement le nombre des personnes qui ne veulent pas voyager à pied.

D'un autre côté, les 90 centièmes de la France sont presque cultivés comme lorsqu'elle ne comptait que 20 ou 25 millions d'habitants, et nous sommes plus de 33 millions obligés de vivre, quoique plus exigeants qu'anciennement, des produits de son sol. La population se trouve dans un grand état de-gêne, les denrées sont chères et nous ne pouvons en donner aux animaux qu'à la condition de bien vendre ces derniers ; nous ne pouvons pas lutter pour la production de la viande contre les peuples qui sont encore clair semés sur des terres vierges. Et cependant il ne faut pas compter longtemps sur les droits qui protègent les éleveurs de bestiaux; il faut même prévoir le moment peu éloigné peut être où ils seront diminués, sinon supprimés. C'est par une fabrication meilleure, plus économique du bétail, que nous devons nous garantir de la concurrence étrangère, et produire l'augmentation d'animaux que réclament la consommation des habitants, le besoin d'engrais, etc. Pour cela il faut remplacer la culture pastorale, la culture avec jachère qui exigent peu de bras, mais produisent peu, par la culture alterne qui occupe beaucoup de monde, mais produit en proportion du travail qu'on lui donne. Or, c'est encore en encourageant l'établissement des prairies temporaires, des récoltes sarclées, qu'on introduira la méthode d'alterner les diverses récoltes.

Nous n'ignorons pas qu'il y a plusieurs moyens d'augmenter les produits du sol, de le rendre capable de nourrir un plus grand nombre d'animaux; qu'on peut, à l'exemple de ce qui a déjà été fait dans plusieurs localités, et en suivant les conseils de plusieurs agronomes et jurisconsultes, constituer le sol en lots indivisibles et le rendre propice à l'entretien des animaux; qu'on peut établir un large système d'irrigations qui augmenterait, selon une proportion difficile à prévoir, les produits en tous genres que nous retirons de la terre. Mais, en attendant qu'on puisse adopter ces grands moyens vers lesquels tendent cependant aujourd'hui beaucoup d'hommes éminents, il faut chercher à pallier les maux présents par des remèdes plus faciles à appliquer.

2° *Bonne construction et propreté des étables.* Des prix, des primes fondés pour encourager les agriculteurs à construire des étables spacieuses, bien aérées, salubres, et à les tenir continuellement propres, produiraient de meilleurs effets que les récompenses données pour de forts taureaux, pour de belles génisses. Des réparations faites sans luxe aux bouveries, aux bergeries, seraient bientôt payées par les bénéfices plus grands que produiraient des animaux plus forts et moins souvent malades.

En contribuant au perfectionnement des races le

moyen que nous proposons aurait une influence salutaire sur la santé de l'homme. Les odeurs infectes, les masses de vapeurs, les miasmes qui s'élèvent des bouveries, des toits à porcs mal tenus, ne peuvent qu'altérer l'atmosphère. Ces substances toujours plus ou moins délétères sont d'autant plus nuisibles que les étables d'où elles s'élèvent sont souvent placées sous les logements des hommes; elles traversent les planchers, pénètrent dans les vêtements, dans les lits, imprégnent même les aliments et pénètrent avec l'air dans la poitrine; nos cultivateurs, si sobres et si laborieux, sont affectés de beaucoup de maladies qui n'ont pas d'autres causes.

3° *Amélioration des routes.* L'amélioration des routes contribuera au perfectionnement des animaux de travail, des chevaux surtout. Anciennement on n'avait que des chevaux de selle, des bêtes de bât; quand les chemins ont permis de voyager, de transporter des marchandises sur des voitures, les bêtes de tirage se sont multipliées. Mais, dans le principe, les routes ayant été mal faites et mal entretenues, elles ont exigé des animaux petits, trapus, plus propres au trait lent qu'à des allures rapides. A mesure qu'on perfectionne les chemins, qu'on diminue leur pente, qu'on s'habitue à les réparer sans cesse, on y établit des diligences plus accélérées, on y emploie des chevaux plus sveltes. Les rouliers eux-mêmes voudront des chevaux légers afin de faire 12 lieues par jour au lieu de 5 à 6, sauf à charger moins leurs voitures quand les chemins l'exigeront. Ainsi se produira naturellement, à mesure que cela sera nécessaire, l'amélioration pour laquelle, depuis des siècles, on dépense inutilement tant d'argent en achats d'étalons, en établissements de haras, en fondant des prix, etc. Mais il faut commencer par l'amélioration des routes, par le perfectionnement des voitures, avant de produire des chevaux , afin de ne pas avoir des producteurs qui manquent d'acheteurs.

L'établissement de routes nouvelles, de ponts , etc. , en multipliant les communications, en facilitant le commerce , augmente la consommation des chevaux et en encourage la production.

Il est inutile d'ajouter que l'amélioration des chemins contribuera au perfectionnement même des animaux de rente qui , aujourd'hui, se fatiguent, s'usent les pieds dans les chemins impraticables qu'on rencontre dans la plupart de nos campagnes, et à l'amélioration des chevaux , en habituant ces animaux aux allures rapides qui allongent le corps et rendent les articulations souples.

L'amélioration des routes encouragerait seule les modifications que , de nos jours, on cherche à communiquer au cheval ; et ce que n'ont pu produire ni les importations d'étalons, ni les primes , ni les courses, ni les plus magnifiques établissements de haras, sera une conséquence des allures rapides sur des chemins en plaines. A mesure que la vitesse des diligences augmentera , le goût des relayeurs encouragera mieux que les prix de l'état la propagation des races élancées , de celles mêmes qui peuvent servir à la troupe.

D. — *Saillie gratuite.*

Beaucoup d'agriculteurs, de conseils généraux , de militaires ont demandé que le prix de la monte fût très-bas ou même supprimé, afin d'engager les propriétaires à conduire leurs juments aux étalons de l'état. Mais cette opinion n'est pas générale ; on dit que le prix de la saillie, ne variant que de 2 à 15 fr. et étant le plus souvent de 3 à 6 , ne forme qu'un encouragement insignifiant, incapable d'engager les éleveurs à préférer une race de chevaux à une autre. Qu'ils soient assurés de vendre les produits, et le prix de la saillie ne les arrêtera pas ; c'est ainsi que, quoique le prix de la monte du baudet soit de 12 à 15 fr., on lui fait couvrir tous les ans beaucoup de belles juments à cause de la facilité que l'on a de vendre les jeunes mulets. Qu'on ouvre de bons débouchés aux poulains, et les agriculteurs payeront la saillie de leurs juments sans hésiter.

Il est même probable que la saillie gratuite nuirait aujourd'hui à la multiplication des bons chevaux. Le gouvernement est loin de posséder assez d'étalons pour féconder toutes les juments qui existent en France ; une grande partie de ces femelles sont couvertes par des chevaux appartenant à des particuliers ; or, si la saillie était accordée gratuitement par l'état, on nuirait aux agriculteurs qui tiennent des étalons, ils n'en auraient plus et les juments qui ne pourraient pas être fécondées par les haras du gouvernement seraient livrées aux premiers chevaux entiers qui se présenteraient. Il faut donc, jusqu'à ce que l'état possède assez d'étalons pour couvrir toutes les juments poulinières du pays, ce qui probablement n'arrivera jamais, qu'on exige pour le saut un prix raisonnable, assez élevé pour que les particuliers soient intéressés à tenir de beaux chevaux entiers, destinés à la reproduction. La saillie gratuite pourrait être accordée comme prime d'encouragement pour quelques juments rares et bien distinguées.

On a fait dans le temps l'expérience de la saillie gratuite sur les bêtes à laine pour favoriser la propagation des mérinos ; l'essai n'a pas eu de résultats meilleurs sur l'espèce ovine que sur la chevaline.

§ II. MESURES QUI INFLUENT SUR LA VENTE DES ANIMAUX.

Les prix, les courses, auront toujours peu d'influence sur la multiplication et sur l'amélioration des animaux. Depuis la réorganisation des haras, en 1806, combien n'a-t-on pas dépensé pour l'espèce chevaline sans obtenir des résultats durables! et cependant on disposait de grands moyens d'action : argent, vastes emplacements, bâtiments magnifiques, personnel intelligent, importation d'étalons arabes, d'étalons anglais, d'arabes encore, rien n'a manqué ; et quel a été le résultat de tant de dépenses?

De tous les encouragements, les seuls qui seraient réellement efficaces seraient ceux qui assureraient à chaque éleveur un prix de ses produits proportionnel aux sacrifices qu'il aurait faits. Or on ne donnera jamais des récompenses assez élevées ni assez multipliées pour produire ce résultat : on l'obtiendra seulement en facilitant la vente des animaux ou en les achetant directement.

A.—*Remontes; fournisseurs; achats par les régiments; dépôts de remonte; imposition de chevaux; dépôts de poulains; pensionnement des poulains.*

Le gouvernement peut employer l'achat direct des animaux pour encourager la multiplication des chevaux de selle ; l'acquisition à un prix raisonnable de la quantité qu'il lui en faut pour l'armée formerait un encouragement suffisant. Les agronomes, les militaires les plus versés dans la science hippique, et qui connaissent le mieux les ressources de notre sol, reconnaissent unanimement que d'un système de remontes bien conçu et bien suivi résulteraient l'augmentation et le perfectionnement des chevaux. La consommation, et la consommation seule fait la production; la fabrication, pour tous nos produits, répond toujours aux chances de vente. S'il y a des exceptions à cette loi d'économie politique, elles ne sont pas dans la production des animaux domestiques. Ceux-ci, quelle qu'en soit l'espèce, s'ils trouvent des débouchés, se multiplient sans encouragements spéciaux. Les mulets, les chevaux de trait offrent à cet égard un exemple remarquable : la vente de ces animaux est assurée par l'exportation, par la grande consommation qu'en font les diligences, les postes ; les uns et les autres se sont extrêmement multipliés, quoique, au lieu d'en encourager la production, on l'ait toujours indirectement contrariée, en encourageant par des prix, par des courses, par l'importation d'étalons étrangers, celle des chevaux fins dont le nombre, malgré tout ce qu'on a fait pour eux, est resté si limité.

Que le gouvernement imite pour les remontes les autres consommateurs de chevaux, qu'il se présente sur les marchés ainsi qu'on le lui a suffisamment conseillé, et les agriculteurs répondront à son appel. Les ressources du pays ont toujours été, à cet égard, au-dessus de ses besoins. « Dans des recherches historiques très-consciencieuses, auxquelles je viens de me livrer, je n'ai jamais trouvé que le cheval ait manqué à la France, dit M. F. D'Aldéguier, en parlant du temps de la chevalerie ; nous savions alors nous suffire à nous-mêmes. » La France de l'époque actuelle serait-elle au-dessous de ses besoins ? Réduits à nos propres forces en 1813, 1814, 1815, nous fîmes face à nos besoins ; et en 1830 les chevaux n'auraient pas plus manqué qu'antérieurement.

Rien ne nous paraît donc moins fondé que l'opinion des hommes qui prétendent que la France est incapable de produire les chevaux nécessaires à son armée. M. Mathieu de Dombasle, dont personne ne contestera l'autorité, estime que les départements de la Meurthe et de la Moselle pourraient fournir facilement à une remonte annuelle de 6 à 8000 chevaux adaptés au service de la cavalerie légère ou de l'artillerie.

Les acquisitions à l'étranger de 1840 ne prouvent rien contre la production indigène de nos jours : les éleveurs étaient alors dans des circonstances très-peu favorables. L'armée avait été montée en 1831, 1832; les années suivantes on avait très-peu acheté; les éleveurs n'avaient pas dû chercher à produire, et cependant en 1840 « des renseignements précis, dit un homme bien à portée et bien capable de connaître les ressources de notre agriculture, prouvèrent d'une manière incontestable que la France pouvait fournir immédiatement, pour le service de l'armée et sans nuire aux besoins de l'agriculture ni de l'industrie, plus de 68 mille chevaux de l'âge de 4 à 9 ans. » Si on voulut alors s'adresser à l'étranger, ce ne fut que par prévoyance, pour conserver nos ressources en cas d'une longue guerre.

La Navarre, l'Auvergne, la Normandie, la Bretagne, le Limousin ont toujours été des pays de ressource. Si les bons chevaux y sont plus rares qu'anciennement, cela ne prouve pas l'impuissance à produire, mais la difficulté de vendre convenablement les poulains; cela prouve que les chevaux se vendent moins qu'anciennement relativement aux autres produits de l'agriculture. Lorsque le Limousin fournissait à des régiments de hussards, de chasseurs, de dragons, avant 1791, on payait les poulains de 30 mois 4 ou 500 fr. Ces animaux, élevés dans des fermes aux frais des régiments, revenaient à un prix moyen de 7 à 800 fr., et une paire de bœufs se vendait de 3 à 400 francs. « Maintenant, dit M. de la Roche-Aymon (1), c'est l'inverse, la paire de bœufs se vend de 7 à 800 francs, et l'éleveur de chevaux, pour ses risques, ses dépenses, ses

____

(1) *De la Cavalerie*, t. II, p. 99.

soins, ne peut espérer que de 390 à 500 fr. de son cheval de quatre à cinq ans. » Nous ferons remarquer que les bêtes à cornes ne donnent pas ou donnent très-peu de bénéfices, et nous demanderons si les agriculteurs peuvent et doivent s'occuper de l'élevage des chevaux.

On a voulu attribuer notre pauvreté en chevaux propres à la cavalerie à l'administration des haras. Mais il est probable qu'elle sera justifiée par les acquisitions qu'on a faites dernièrement d'étalons aux frais du ministère de la guerre. En voyant le peu d'effet qu'auront produit ces reproducteurs, on comprendra que les haras , ne pouvant pas faire eux-mêmes des chevaux, ont fait tout ce qu'une institution semblable peut faire ; on comprendra que des achats annuels, réguliers, annoncés longtemps d'avance, d'un nombre de chevaux suffisant pour tenir notre armée sur un bon pied, forment le seul moyen qui puisse donner de bons résultats.

Il faut bien remarquer que bientôt l'armée, qui est déjà, comme le dit M. Oudinot, le plus grand consommateur de chevaux de selle, devra bientôt acheter tous ceux qui se produiront. Mais il n'est pas nécessaire qu'elle achète annuellement tous ceux qui pourraient lui être nécessaires en cas de guerre ; car si l'usage des voyages à cheval diminue, d'un autre côté le service des diligences augmente, tend à devenir de plus en plus rapide, et réclame des chevaux plus légers à mesure que nos routes s'améliorent. Bientôt il se sera produit à cet égard un grand changement, et déjà les chevaux qui font le service de quelques-uns de nos relais, conviendraient parfaitement à plusieurs armes de notre cavalerie ; de sorte que, dans des cas pressants, le gouvernement trouverait parmi nos chevaux de poste de quoi satisfaire à ses besoins extraordinaires.

Mais supposons que l'administration de la guerre ne

puisse pas acheter tous les ans assez de chevaux pour ses besoins, ceux-ci étant trop irréguliers, faudra-t-il que l'agriculture lui en tienne en réserve? Est-ce parce que les conseils généraux consacreront quelques mille francs en primes pour les juments légères; que les chambres voteront un ou deux millions par an pour les haras; que l'on offrira aux éleveurs de beaux étalons anglais ou arabes; que l'on montrera au peuple des courses brillantes richement payées; que les cultivateurs nourriront 30 ou 40,000 chevaux de selle dont ils ne retireront aucun service? Et s'ils ne répondent pas à votre appel, qu'ils ne conduisent pas leurs juments à vos étalons de 25, 45,000 fr. dont vous leur offrez la saillie gratuite, vous les accuserez d'impéritie, d'ignorance? Non, les agriculteurs ne sont ni sots, ni aveugles sur leurs intérêts ; et quand on connaît les difficultés de leur position, on ne peut que les approuver de ne pas vouloir, dans l'état actuel des choses, produire les chevaux que vous réclamez.

De ce qui précède, il résulte que si l'on veut que l'armée soit convenablement montée, il ne suffit pas que le gouvernement, les sociétés d'agriculture fassent de belles promesses de prix; il faut qu'à l'exemple des postes, des diligences, l'administration de la guerre traduise ses besoins en écus. Les agriculteurs ne la serviront pas par patriotisme, mais ils lui fourniront tout ce qui lui sera nécessaire, quand ils sauront qu'elle est disposée à acheter.

Et, pour ne pas manquer de chevaux pendant la guerre, il faut qu'en temps de paix elle achète annuellement ce qu'elle veut qu'on produise; car, si elle n'achète que 1500, 1000, 79 chevaux par an comme cela est arrivé depuis 1830, doit-on lui en produire 12,000? Pour maintenir la production sur un pied convenable, on doit acheter au-delà des besoins, sauf à revendre les vieux avant qu'ils soient usés. Cette mesure serait moins dispendieuse qu'elle ne paraît devoir être : d'abord, vendant des chevaux encore capables de travailler, d'un âge peu avancé, on perdrait peu s'ils avaient été bien achetés; ensuite, réformant tous les animaux dont la santé paraîtrait chancelante, on aurait peu de malades, peu de morts; l'on économiserait les frais de traitement, et même les rations de ceux qu'avec le régime actuel on garde si longtemps dans les infirmeries.

Pourquoi ne ferait-on pas pour les chevaux de troupes ce qu'on a voulu faire pour les militaires? Pourquoi, pendant la paix, n'occuperait-on pas à des travaux utiles les animaux dont les services de l'armée n'auraient pas besoin? On pourrait faire travailler les chevaux aux frais de l'état, ou mieux peut-être les placer chez les particuliers.

M. de Sourdeval a proposé, dans les Annales de la société d'agriculture du département d'Indre et Loire, un moyen d'encouragement qui consisterait à accorder une pension annuelle à celui qui entretiendrait un cheval propre à l'armée. Ce moyen mériterait d'être pris en considération ; le gouvernement pourrait ainsi faire entretenir chez les particuliers des chevaux pour un prix fort modique. Il ne garderait en temps de paix que les animaux nécessaires au service. Les chevaux pensionnés devraient, après avoir été reçus par l'administration de la guerre, être visités deux ou trois fois l'année, afin que le gouvernement fût assuré de les avoir en état au moment du besoin. En laissant les animaux à la charge du cultivateur, on serait sûr qu'ils seraient soignés convenablement.

Si aucun de ces moyens n'est praticable, il faudra, en cas de guerre, se contenter des chevaux de diligence, de poste qui, du reste, comme nous l'avons dit, tendent à devenir de plus en plus propres à la selle ; ou se résoudre à porter notre argent à l'étranger, et à mettre notre sécurité, la gloire nationale, sous la dépendance de l'Allemagne, de l'Angleterre, etc.

Nous ne démontrerons pas la nécessité de nous suffire en tout ce qui se rapporte à nos moyens de défense. Cette question n'entre pas dans notre sujet; mais nous pouvons dire cependant que la solution que lui donnent les hommes les plus compétents pour la résoudre, est tout-à-fait à l'avantage de l'agriculture. Du reste, les motifs de sécurité ne sont pas les seuls qui doivent nous engager à nous remonter chez nous; nous devons le faire par économie pour le trésor; car, si nos chevaux coûtent plus cher que les étrangers, ils font aussi plus d'usage. « J'estime, dit un militaire qui a été à portée d'étudier la question, que la durée moyenne des chevaux normands est d'une dizaine d'années, celle des chevaux allemands de sept ans. » L'expérience a été faite à cet égard pendant la guerre comme en temps de paix, et nous venons de la renouveler dernièrement à notre détriment; le résultat a toujours été que nos chevaux sont supérieurs aux anglais, aux hanovriens, aux bavarois, etc., etc.

Les remontes ne doivent pas être examinées uniquement sous le rapport militaire, elles peuvent avoir une grande influence sur les progrès de l'agriculture. Les cultivateurs, comme le dit M. de Dombasle, connaissent, apprécient très-bien leurs intérêts, et quand ils seront assurés de vendre leurs chevaux, ils chercheront à les avoir meilleurs, ils choisiront mieux les étalons pour leurs juments, cultiveront plus de fourrages, nourriront mieux leurs poulains que lorsqu'ils ne produiront que des animaux pour leur propre consommation.

Après avoir dit qu'il est nécessaire d'augmenter le prix des remontes, de le mettre en harmonie avec le prix des terres et les impôts qu'elles doivent supporter, M. de la

Roche-Aymon ajoute : « Tant que cette harmonie ne sera pas bien établie, l'on ne peut espérer de voir l'élève des chevaux en France reprendre l'activité dont elle est susceptible, une activité aussi nécessaire à notre gloire qu'à notre bien-être ; à notre gloire, en assurant nos ressources dans le cercle le plus étendu possible de nos besoins ; à notre bien-être, en permettant une exportation considérable. » (1)

Considérée sous un point de vue administratif, la question n'a pas moins d'importance, continue M. le Comte : « Les dettes et les besoins de l'état nécessitent de telles contributions, les budgets sont si chargés, la contribution foncière si élevée, le prix des denrées rurales tellement hors de proportion avec les véritables besoins des petits propriétaires, qu'il est du devoir, je ne dirai pas du gouvernement et des chambres, mais de tout bon citoyen, de chercher de tous leurs moyens à augmenter l'activité de l'industrie intérieure, et d'ouvrir ainsi aux contribuables de nouvelles sources de prospérité. » (2)

De quelle manière doit être faite l'acquisition des chevaux pour les remontes ? par des fournisseurs chargés de fournir un nombre de chevaux remplissant certaines conditions et pour un prix convenu d'avance ; par les régiments qui achètent dans les lieux où ils se trouvent en garnison ou qui envoient faire des achats à leur compte, dans les pays d'élevage ; enfin par des dépôts de cavalerie dits dépôts de remonte, établis dans les contrées où l'on élève beaucoup de chevaux, et chargés d'acheter soit pour toute l'armée, soit pour certains régiments déterminés.

(1) *De la Cavalerie*, t. ii, p. 98.
(2) *De la Cavalerie*, t. i, p. 117.

L'approvisionnement par des marchands à forfait est le mode le plus vicieux ; comment peut-on prévoir d'avance la valeur et le cours des chevaux ? C'est un marché où le vendeur doit se ruiner ou s'enrichir ; or comme les fournisseurs savent toujours s'arranger pour ne pas perdre, comme les hommes chargés de recevoir les chevaux en accepteraient de médiocres, de mauvais même, plutôt que de voir un malheureux perdre sa fortune en travaillant pour l'état, l'armée est toujours plus ou moins trompée, en supposant même que les fournisseurs ne puissent pas s'entendre avec les hommes chargés des réceptions. Dans tous les cas il est préférable de faire profiter, par des achats directs, les éleveurs des bénéfices que font les marchands.

L'acquisition par les régiments est préférable, mais ils ne doivent acheter que les chevaux conduits dans le lieu de leur résidence. Il convient peu d'envoyer des hommes pour acheter à des foires éloignées. D'abord, il peut arriver qu'après un long voyage on ne trouve pas des chevaux convenables ; ensuite, les éleveurs voyant des officiers venus de loin pour faire des achats tiendraient les prix de leurs animaux trop élevés : la seule présence sur une foire d'hommes venus de loin pour acheter, fait hausser le prix des marchandises. Sous ces rapports des acheteurs permanents, des dépôts de remonte sont préférables, car s'ils n'achètent pas à une foire ils peuvent attendre la suivante.

Les éleveurs de la Normandie réclament l'achat par les régiments, ceux-ci achèteraient directement ou par des fournisseurs.

Il faut toutefois remarquer que si les régiments employaient des marchands, les inconvénients des grands fournisseurs seraient évités du moins en partie ; car il ne serait guère possible qu'un homme chargé de faire la petite fourniture que nécessite annuellement chaque régiment, pût s'entendre avec les hommes chargés de la réception des animaux. Ce système aurait l'avantage de rendre les chefs des corps complétement responsables des chevaux.

Dépôts de remonte. Les dépôts de remonte sont destinés à l'entretien des jeunes chevaux que l'on vient d'acheter en attendant le moment de les envoyer dans les régiments pour lesquels ils conviennent. Placés au centre des contrées qui élèvent le plus de poulains, ces établissements mettent sans cesse les éleveurs en rapport avec des hommes préposés à l'achat des chevaux. De cette manière, les propriétaires trouvent à toutes les époques à se débarrasser de leurs animaux. Ensuite, les acquisitions étant faites directement par l'état, on évite l'intermédiaire des marchands, des commissionnaires courtiers, etc., et le bénéfice, le courtage prélevé par ces gens reste au trésor, ou va dans la poche du producteur.

Les dépôts de remonte exerceront la plus heureuse influence sur les remontes de la cavalerie et sur la production des chevaux lorsqu'ils seront à toute l'armée ce que les dépôts ordinaires sont aux régiments qui entrent en campagne. Mais pour être utiles, ils doivent être de simples casernes de cavalerie chargées d'acheter et de garder pendant un certain temps les chevaux d'une circonscription déterminée. Les achats seraient faits dans les principales foires et dans l'établissement, lorsque des éleveurs ou des marchands y conduiraient des chevaux. Ces animaux seraient, comme le veut l'ordonnance royale, « séparés par âge, par arme, par tempérament, et soumis à un traitement hygiénique, propre à les amener progressivement et avec méthode au régime habituel des chevaux de troupe.» Peu éloignés du pays où ils auraient été élevés, les chevaux s'habitueraient au régime militaire et aux manœuvres avant d'éprouver les effets des changements de climats. Lorsqu'ils seraient dressés, accoutumés aux rations de l'armée, on les expédierait aux régiments pour lesquels ils conviendraient. Chaque dépôt devrait donc acheter tous les chevaux propres à l'armée qui lui seraient offerts. De cette manière, les chevaux des divers services pouvant être vendus dans chaque localité, la production serait libre ; chaque agriculteur n'élèverait que les animaux qui réussiraient le mieux chez lui, ceux qui seraient produits à plus bas prix. Il est évident que certains dépôts n'achèteraient selon le pays que des chevaux pour la cavalerie légère, d'autres pour l'artillerie ; mais la faculté de tout acheter n'en serait pas moins utile pour la plupart des contrées, car il est rare qu'il n'y ait pas dans chaque province, même dans chaque département, des cantons où les chevaux de selle prospèrent, et d'autres qui conviennent surtout aux chevaux de trait.

Le ministère de la guerre connaissant sans cesse les besoins des régiments et les ressources des dépôts de remonte, l'armée serait toujours au complet : en faisant varier les prix selon la facilité des acquisitions et les exigences du service, on tiendrait toujours la production en rapport avec les besoins ; en ordonnant de payer un peu plus cher les animaux rares, et d'être difficiles sur le choix de ceux qui abonderaient, on encouragerait la production des premiers.

Les dépôts de remonte ainsi organisés offriraient de grands avantages. Placés au centre des contrées qui produisent beaucoup de chevaux, et où par conséquent les fourrages sont à bas prix, ils procureraient le moyen de nourrir à bon marché les chevaux jusqu'à l'époque où leur âge et leur instruction permettraient de les employer au service. Ensuite, les chevaux dressés aux manœuvres, habitués au régime militaire dans leur pays natal, seraient plus rarement malades. Enfin, l'acquisition par des hommes connaissant le pays, ayant la confiance des éle-

veurs, serait facile. Il ne serait pas nécessaire de fréquenter beaucoup les marchés ; il suffirait aux officiers, aux
vétérinaires chargés des achats de se rendre aux principales foires de leur circonscription, où ils achèteraient ou
non, selon le cours du marché. Sous ce rapport les dépôts
sont préférables à l'achat direct par les corps.

Il ne convient pas, avons-nous dit, de charger des fournisseurs de faire les remontes pour un prix convenu d'a-
vance ; mais il ne faudrait cependant pas refuser les chevaux présentés par des marchands. Il faut acheter tout ce
qui est présenté, n'importe par qui. Il y a des propriétaires qui n'aiment pas à fréquenter les foires, qui habitent
des lieux reculés où les officiers acquéreurs se rendent
trop rarement ; il faut donner à ces éleveurs la facilité de
vendre. S'ils savent qu'ils peuvent eux-mêmes vendre au
dépôt, ils sauront bien faire payer aux marchands à peu
près ce que valent les chevaux, et ils ne laisseront pas
un trop fort bénéfice ; seulement il importe de ne pas
donner plus d'avantage à un marchand qu'à toute autre
personne.

Mais les acquisitions doivent être surveillées par l'autorité supérieure.

Des plaintes graves se sont fait entendre à ce sujet contre les dépôts de remonte. Malheureusement les hommes
chargés de faire les acquisitions n'ont pas toujours su rempli. convenablement leur honorable mission.

« Me trouvant placé au centre des opérations qui se
sont faites en 1841 pour les remontes… à Lunéville, pour
les quatre régiments de nouvelle formation, je puis affirmer que plus de quatre cents chevaux lorrains, provenant
des étalons du haras de Rozière, ont été fournis à l'armée dans moins de six mois. — Mais comment ont-ils été
livrés ? Refusés d'abord aux propriétaires qui les condui-
saient directement aux commissions, ils ont été acceptés

ensuite des mains des juifs, qui ont su les leur présenter avec leur astuce et leur audace ordinaires. — Cette manière d'opérer a complétement découragé les éleveurs. » (1)

Des faits semblables ont été signalés dans d'autres localités.

La suppression des dépôts de remonte a été même demandée, en mai 1842, dans une pétition adressée à la chambre des députés par des éleveurs du Calvados. Il y a, disent les pétitionnaires, dans les régiments des officiers supérieurs, un conseil d'administration, un capitaine instructeur et un vétérinaire ; tous ces employés réunis doivent avoir assez de connaissances pour acheter un cheval de troupe ; leur intérêt et leur amour-propre les engageront à mettre le plus grand soin dans l'achat des chevaux, et à les bien soigner, puisqu'ils seront responsables des remontes.

Les éleveurs indiquent, ainsi qu'il suit, la manière dont agissent les employés des dépôts de remonte : « Imaginez-vous, disent-ils aux membres de la chambre des députés, que lorsqu'un pays possède un dépôt, la circonscription est divisée entre les officiers attachés à ces établissements, de sorte que les mêmes fermes sont toujours visitées par le même officier ; et si vous avez eu le malheur de lui déplaire par une raison ou par l'autre, il vous opprime en n'achetant plus un seul de vos chevaux. Dans le commerce ordinaire, ce qui ne plaît pas à l'un peut plaire à l'autre ; mais, pour les chevaux de troupe, lorsque le seul officier à qui vous avez à faire s'est trompé volontairement ou involontairement, tout est fini, il n'y a plus de vente possible. » Les pétitionnaires font ressortir ensuite l'influence de la liberté du commerce sur les chevaux de trait. Ils croient que si les régiments se remontaient eux-

_____

(1) Chamagne, *Journal des Haras*, juin 1842.

mêmes directement ou par la voie du commerce, les choses changeraient d'aspect : « Nous verrions, disent-ils, les marchands abonder dans la Normandie, et en achetant des chevaux pour la troupe, ils en achèteraient pour le commerce, et de nouvelles relations s'établiraient. »

Malgré ces raisons, nous croyons que les dépôts de remonte comme nous les entendons peuvent être utiles ; nous pensons qu'il est facile à l'administration de prévenir les abus qui ont été signalés.

Quelle somme doit-on consacrer à l'achat des chevaux de troupe ? Cette question ne peut pas être résolue *à priori*. Nous dirons que les agriculteurs ne demandent pas à faire de grands bénéfices : manquant toujours de numéraire, ils ne laissent jamais perdre les occasions qui se présentent de changer leurs denrées contre de l'argent. Ils sont, du reste, habitués à faire de petits bénéfices ; mais il faut cependant que le prix des chevaux puisse couvrir le loyer des terres, les impositions, les soins divers, les chances de maladie, de mort, etc.. En France, la matière première, c'est-à-dire le loyer des terres, les impositions, et partant les fourrages, la main-d'œuvre, sont très-chers ; or, quelle que soit l'intelligence des fabricants et la perfection des procédés de fabrication, le prix des produits fabriqués ne sera jamais au-dessous du prix de la matière première.

Le prix des remontes ne devrait pas, du reste, être invariable : on doit toujours pouvoir le mettre en rapport avec la valeur des animaux, afin d'encourager l'amélioration de l'espèce ; quand on trouverait un cheval de 350, 400 fr., capable par sa taille, par ses formes, par sa vigueur, de faire un bon service, pourquoi en donnerait-on 500 fr. ? Mais lorsqu'une excellente bête serait présentée, il faudrait pouvoir la payer 900, 1,000 fr., et même 11, 1,200, sauf à en faire un usage convenable, à la donner à un officier, à un membre du petit état major, etc.

Le conseil général des Hautes-Pyrénées a émis le vœu, en 1842, que le coût des remontes pour la cavalerie légère fût de 800 fr. par cheval. Quand on voit que, d'après M. le ministre de la guerre lui-même, les chevaux élevés dans des dépôts de poulains coûteraient à l'état cette somme, sans compter la solde des nombreux employés qui seraient nécessaires pour soigner les animaux, on ne voit pas pourquoi on hésiterait à donner au moins ce prix aux éleveurs qui fourniraient des bêtes formées, ayant toutes les qualités voulues pour le service.

Un point de la plus grande importance, c'est d'empêcher les fournisseurs, les maquignons, les courtiers, d'absorber la plus grande partie des sommes destinées aux éleveurs. Les autorités locales, la gendarmerie, devraient être chargées de faire connaître aux chefs de corps, aux dépôts de remonte, les chevaux de leurs localités qui seraient aptes au service de l'armée.

Impositions de chevaux. L'inefficacité de tous les moyens employés pour encourager en France la multiplication du cheval de selle a convaincu quelques personnes que nous sommes dans l'impossibilité de produire assez de chevaux pour les besoins de l'armée ; et, comprenant les dangers qu'il y aurait d'être obligé d'avoir recours à l'étranger en cas de guerre, on a proposé d'imposer « le pays en chevaux de même qu'on l'impose en hommes. » Parmi les auteurs qui ont proposé ce système, M. Quentin (1), lieutenant-colonel en retraite, et anciennement employé aux remontes, est celui qui l'a le mieux étudié.

L'auteur suppose d'abord que le gouvernement, pour

(1) M. Quentin, *Bulletin de la Société d'agr. de la Sarthe*, 2ᵉ trimestre, 1842.

assurer les remontes, est dans la nécessité d'élever les chevaux lui-même, ou d'obliger l'agriculteur à en élever. Et, reconnaissant les inconvénients, l'impossibilité du premier moyen, il démontre que le second est facile, sûr ; qu'il n'exige aucun frais, n'a besoin que d'une loi. Il démontre le droit qu'on aurait d'imposer le pays en chevaux, comme on l'impose en hommes ; que l'impôt en chevaux serait aussi juste et moins rigoureux que l'autre ; admettant ensuite avec Huzard que nous avons 77 départements renfermant environ 32 mille communes capables de produire de bons chevaux, il prouve que telle commune n'aurait à fournir qu'un cheval par an, telle autre un en deux ans, en trois ans, etc. « Il est évident, dit-il, que ce n'est pas là une charge pénible. »

M. Quentin, tout en admettant qu'on a le droit de forcer l'agriculteur à élever des chevaux, veut qu'on paye convenablement les animaux, et qu'on rende l'obligation aussi générale que possible, afin qu'elle n'ait rien d'injuste. L'impôt serait réparti d'après la connaissance aussi exacte que possible de la richesse chevaline de chaque commune. Pour fournir les chevaux, l'administration municipale passerait, au mois de janvier, un marché public auquel seraient appelés tous les agriculteurs des environs ; le soumissionnaire se chargerait d'élever pour la commune le nombre de chevaux auquel elle aurait été imposée. Les animaux devraient être fournis propres au service, et seraient payés comptant par l'état conformément aux conventions. L'auteur voudrait qu'on accordât aux soumissionnaires des primes et la saillie gratuite des juments.

Si réellement il était impossible de remonter notre cavalerie sans l'emploi de moyens coërcitifs, nous devrions avoir recours à l'impôt ; mais heureusement il n'en est pas ainsi. Que la guerre paye les chevaux ce qu'ils coû-

1ent, qu'elle en achète tous les ans un nombre égal ; qu'elle annonce quelques années d'avance le nombre qui lui est nécessaire, et la production ne fera pas défaut. Elle les aura même meilleurs et moins chers en laissant la concurrence libre qu'en imposant les producteurs. L'impôt serait d'un autre côté moins favorable à l'amélioration des races, que le choix libre parmi les animaux produits. Ainsi, il nous paraît au moins inutile de forcer certaines communes mal disposées pour élever des chevaux à en fournir. Nous ne devons pas, d'ailleurs, sans une grande nécessité, rompre l'uniformité qui existe dans l'assiette des impôts.

Achat de poulains pour l'armée. Tous les auteurs ne comprennent pas les dépôts de remonte de la même manière. Anciennement il y avait des régiments qui avaient des fermes où ils élevaient, pour leur service, des poulains achetés à l'âge de deux ans ou de trente mois. De nos jours il y a des dépôts de remonte qui sont autorisés à acheter les poulains qu'on peut présumer pouvoir devenir aptes au service de l'armée, et à les élever jusqu'à l'âge où ils peuvent être mis à la disposition des régiments.

Outre les avantages des dépôts de remonte, l'acquisition des poulains encourage, disent les partisans de cette mesure, la production des chevaux en débarrassant les propriétaires de leurs élèves, en leur procurant de l'argent longtemps avant que les animaux fussent en état de travailler, et en mettant à la charge de l'état les risques nombreux que courent les chevaux âgés de 2 à 4 ans. Ensuite les dépôts n'achetant que des poulains nés dans le pays, encouragent la production indigène.

Ces avantages sont loin d'être généralement reconnus, et sont compensés par de nombreux inconvénients : en achetant des poulains on n'évite pas les fournisseurs plus qu'en achetant des chevaux ; parmi les poulains présentés

TOME I.   7

comme nés en France, beaucoup ont été importés, et par conséquent on encourage la production chez les étrangers comme dans l'achat des chevaux.

La plus grande objection qu'on puisse faire contre les dépôts de poulains, c'est la difficulté de nourrir les animaux avec économie. En les achetant à l'âge de deux ans seulement, et en les gardant jusqu'à cinq ans, combien ne faudrait-il pas en avoir? soit qu'il faille 10,000 chevaux par an, il faudra au moins 30,000 poulains ; mais pour en avoir 10,000 âgés de cinq ans, combien aura-t-il fallu en acheter à l'âge de deux ans?

M. le chef d'escadron Burriot pense qu'on pourrait acheter de bons chevaux faits au prix de 750 fr., toutes les armes comprises, tandis que ceux qu'on a élevés dans des dépôts reviennent à 1100 fr. (1). M. Dittmer croit qu'élevés dans des dépôts, les chevaux coûtent trois fois plus cher sans valoir mieux (2). Les partisans les plus décidés des dépôts de poulains conviennent que ces établissements augmentent beaucoup le prix des chevaux. D'après M. le ministre de la guerre, les animaux faits reviendraient à 800 fr. (3), sans compter la solde des militaires qui seraient chargés de diriger les dépôts, de soigner les poulains. Le général d'Outremont, qui a beaucoup étudié la question des remontes et en particulier l'organisation des dépôts de poulains, pense que les chevaux pour la cavalerie légère reviendraient dans le midi à 1000 fr., sans compter les frais généraux que nécessiteraient l'établissement et la gestion des dépôts.

En prenant l'évaluation la moins forte, à laquelle on estime le prix de revient des animaux élevés aux frais

---

(1) *Journal des Haras*, janvier 1841.
(2) *Des Haras*, p. 44.
(3) *Rapport de la commission du budget*, 1842.

de l'état, on voit qu'il y a beaucoup plus d'avantage à acheter des chevaux faits qu'à élever des poulains.

Les chevaux ne peuvent être élevés avec avantage que dans des exploitations rurales : et pour être nourris avec économie, il ne faut pas chercher à les réunir en troupeaux de deux ou trois mille ; il faut les diviser de manière qu'ils se trouvent en proportion convenable relativement aux autres animaux. S'ils sont trop nombreux, ils gâtent les pâturages avec les pieds, laissent pousser les mauvaises herbes, sont exposés aux maladies, aux accidents, et une épizootie peut y produire les plus grands sinistres. Dans une exploitation rurale il faut avoir des bêtes bovines, des chevaux, des moutons, etc., afin de pouvoir donner chaque fourrage aux animaux auxquels il convient le mieux. Cette condition est indispensable pour pouvoir varier convenablement les cultures, faire des carottes pour les chevaux, des betteraves, des pommes de terre pour les bœufs, des topinambours pour les moutons, etc. etc.

On peut encore faire valoir contre les établissements que nous étudions la difficulté de choisir les poulains ; il est plus facile d'apprécier les qualités que doivent posséder les chevaux que les espérances que donnent les jeunes animaux.

Les dépôts de poulains n'auraient pas même l'avantage d'être des modèles de la marche qu'il conviendrait de suivre pour élever des chevaux, car il faudrait y soumettre les animaux à un régime différent de celui qu'on doit adopter dans les exploitations agricoles. On ne pourrait pas non plus y faire des expériences. Ces établissements seraient des répétitions des haras.

Pensionnement des poulains. Plusieurs auteurs, croyant à la nécessité d'acheter les poulains aux éleveurs, mais reconnaissant les difficultés qu'aurait l'état à nourrir ces animaux , ont proposé de les mettre en pension chez des agriculteurs. M. D'Aldéguier qui a bien démontré à la société d'agriculture de Toulouse les avantages de l'achat des poulains, indique la marche qu'il faudrait suivre pour intéresser les nourrisseurs à soigner les jeunes chevaux. On emploierait la gendarmerie , les gardes-champêtres , pour faire des inspections, et on donnerait des primes pour les animaux bien tenus.

A quel âge conviendrait-il d'acheter les poulains? combien devrait-on donner par an aux nourrisseurs? on a conseillé d'acheter les jeunes chevaux à l'âge de deux ans ; dans le département des Landes , on les fait élever pour 150 fr. par an et par tête ; dans les marais de Rochefort pour 130 fr. M. Huzard (1) trouve ce système préférable aux dépôts de poulains et le croit avantageux pourvu qu'on laisse les animaux à la charge des cultivateurs.

Le pensionnement des poulains a sur les dépôts de poulains tous les avantages d'ordre, d'économie qu'offrent les établissements particuliers sur les établissements de l'état ; il n'exige ni bâtiments , ni fermes, ni personnel dispendieux. En outre, il permet d'éviter les grands rassemblements de jeunes chevaux et les accidents qui en résultent ; il facilite l'entretien de tous les animaux en les faisant entrer dans chaque ferme , selon la proportion la plus favorable à l'amélioration des pâturages , à l'alternat des cultures et à la consommation des fourrages d'hiver.

Le pensionnement aurait à la vérité l'avantage de procurer de l'argent aux agriculteurs, en payant les poulains à l'âge de dix-huit mois, deux ans, et le prix du pensionnement tous les ans ; en outre, l'état étant propriétaire des animaux , les ferait châtrer jeunes et pourrait les faire

____

(1) *Des Haras domestiques et des haras de l'état.* 1843

élever de la manière la plus avantageuse. Mais malgré ces avantages, nous ne croyons pas que ce mode de remonte soit préférable à l'achat des chevaux âgés de quatre ans et demi, cinq ans, en prenant les précautions que nous avons indiquées.

Nous ne croyons pas que le pensionnement puisse être pratiqué avec avantage. Pourquoi acheter les poulains à un propriétaire pour les mettre en pension chez un autre? les animaux seraient-ils mieux soignés par un agriculteur qui ne verrait dans leur mort que la perte d'un débouché pour son fourrage, que par celui qui y verrait la perte du débouché et celle de la valeur des animaux? acheter les poulains à celui qui est intéressé à les soigner, pour les livrer à un indifférent, ne serait-ce pas priver un enfant de sa mère, pour lui donner une marâtre? **M. Daldéguier** prévoit les conséquences que nous signalons; l'état, dit-il (page 35), doit avoir ses garanties, il faut que ses chevaux soient soignés; ils ne doivent ni porter, ni tirer « ils ne doivent enfin être soumis à aucun travail, car l'excès arriverait bientôt à côté de l'usage qui serait toléré. » Il peut convenir de ne soumettre à aucun travail les chevaux fins, mais ceux du train, de l'artillerie, même de la grosse cavalerie, doivent commencer à travailler pour payer leur nourriture, avant d'être soumis à un service régulier; et l'on ne trouvera à cet égard rien de mieux à faire que de les laisser chez des personnes intéressées à ne pas abuser de leurs forces.

On ne remédierait que d'une manière incomplète aux inconvénients que nous signalons, en mettant les poulains à la charge des nourrisseurs. Les agriculteurs soigneront toujours mieux les animaux qui leur appartiennent et dont ils peuvent espérer de grands bénéfices par une vente avantageuse, que ceux dont ils n'espèrent qu'une somme fixe; s'ils en répondent, ils chercheront à les conserver en vie, mais feront-ils des sacrifices pour les améliorer?

2° *Remonte des haras.* L'administration des haras n'emploie en général que des chevaux nés dans ses écuries. Cependant, comme elle doit avoir tout ce qui est capable de devenir très-propre à la reproduction, elle achète aux éleveurs les animaux les plus distingués.

On a voulu considérer les acquisitions ainsi faites pour le service des haras comme des encouragements à la multiplication des chevaux fins; et pour rendre ce moyen plus efficace, on a conseillé d'acheter les poulains et de les élever dans des établissements particuliers, dans des dépôts de poulains. On veut débarrasser par ce moyen les propriétaires de leurs jeunes chevaux, et leur procurer du numéraire avant l'époque où les animaux peuvent être soumis à un service. On n'achète pour ces dépôts que des poulains issus des étalons de l'état, et promettant de devenir assez beaux pour être employés comme reproducteurs. Cependant, pour rendre l'encouragement plus général, on conseille d'acheter plus de bêtes que ne peut en exiger le service, sauf ensuite à faire un choix et à revendre les bêtes les moins belles.

Ce moyen, comme l'achat des poulains pour les remontes, aurait l'avantage de donner aux propriétaires la faculté de vendre leurs jeunes poulains, de mettre à la charge de l'état les risques d'accident, de mort, etc. Or, la principale cause de la multiplication des mulets, des chevaux de trait, c'est la facilité de vendre ces animaux ou de les faire travailler jeunes. Les propriétaires n'aiment pas à garder jusqu'à l'âge de cinq ans un animal fougueux, exposé à s'estropier, à s'éventrer. C'est ce qui, avec la difficulté de la vente, s'oppose à la multiplication des chevaux fins. Mais l'avantage que présente à cet égard l'achat des poulains, a le malheur de ne pouvoir être accordé qu'à un très-petit nombre de propriétaires, relativement à la quantité d'éleveurs qu'il y aurait, si cet encouragement était appliqué en grand. L'acquisition de poulains pour la troupe pourrait au moins s'appliquer à un très-grand nombre d'animaux; mais celle des reproducteurs ne peut être qu'insignifiante; comme les prix dont elle offre tous les inconvénients, elle n'encourage que quelques privilégiés, elle excite peut-être plus de jalousies, et elle décourage davantage les éleveurs; l'achat des poulains pour l'armée, pouvant s'appliquer à presque tous les animaux de la contrée, n'offre pas cet inconvénient.

Mais si l'acquisition des poulains, n'étant astreinte à aucune règle, excite des jalousies, elle donne au gouvernement le moyen de récompenser les propriétaires qui suivent la voie qu'il a tracée. Cette faveur de l'administration envers des hommes qui secondent ses efforts, ne peut pas être blâmée, mais il faut qu'elle les excite à suivre un système qui soit dans l'intérêt du pays; car, dans le cas contraire, ils formeraient, selon l'expression de M. Mathieu de Dombasle, un fanal trompeur, par lequel on dirigerait les productions dans une route opposée à ses intérêts.

Du reste, il y a déjà longtemps que l'on achète des poulains pour les haras, et quoiqu'on ait toujours choisi ceux qui proviennent d'étalons pur sang, on a très-peu multiplié ces chevaux, ce qui prouve l'inefficacité du moyen et le peu de convenance des animaux.

La difficulté de nourrir économiquement un grand nombre de jeunes solipèdes, les chances de maladie, de mort, doivent engager l'état à laisser les poulains à la charge des particuliers, sauf à acheter assez cher les animaux développés.

C. — *Douanes.*

Le gouvernement ne peut encourager par ses acquisitions que la multiplication du cheval et du mulet. Il ne peut agir sur la production des autres animaux que d'une manière indirecte, en limitant la concurrence étrangère par des droits de douane, ou en diminuant les octrois qui nuisent à la consommation.

Le premier moyen, déjà en usage, a été bien critiqué dans ces dernières années; on assimile les douanes sur les bestiaux aux droits protecteurs qui favorisent lés produits des diverses industries; on ne voit d'un côté que là viande et la riche propriété qui la produit, et de l'autre les consommateurs, les pauvres, les ouvriers des villes.

La question des bestiaux, sous le rapport des douanes, est beaucoup plus compliquée que celles qui se rapportent aux produits de l'industrie manufacturière; elle se lie à l'ensemble de l'agriculture, elle doit avoir pour but moins de favoriser la production de la viande que de donner une prime pour les fourrages consommés dans les fermes.

Il importe de rendre l'élevage des animaux lucratif, afin que les agriculteurs multiplient les herbages et diminuent la culture des récoltes épuisantes. L'engrais est la base de toute agriculture, et la source de tous les bénéfices que donnent les exploitations rurales. Il y a dans les cultures des frais qu'on appelle *de surface* et des frais *de récoltes;* les premiers consistent en impositions, labourages, semences, clôtures, etc., ils sont toujours en rapport avec les surfaces cultivées; les seconds, moissons, transports des produits, battage, sont proportionnels à l'abondance des récoltes. Or, les frais de surface étant les plus considérables absorbent tous les profits, tous les bénéfices des cultures, lorsque la terre mal fumée ne rend pas convenablement. Les produits des soles augmentent comme la quantité du fumier qu'on y met, mais le bénéfice s'accroît selon une proportion beaucoup plus forte. Si, au lieu de récolter 5 ou 6 pour 1 de la semence, nous récoltions 10 ou 12, notre produit brut doublerait, mais le bénéfice serait sextuple en supposant qu'actuellement il soit égal au sixième du produit brut. Il résulte de chiffres rapportés par M. Nivière, que, dans un hectare non fumé, mais jachéré (1), le seigle revient à 17 fr. l'hectolitre, et la terre perd 25 fr. en supposant la vente du produit à 12 fr.; tandis que dans un hectare où l'on met 350 quintaux métriques de fumier, pour 262 fr., le seigle ne revient qu'à 7 fr. 50 c., et la terre gagne 96 fr. par hectare.

Si par la suppression des droits de douane les éleveurs cessaient d'avoir intérêt à produire des bestiaux, ils cultiveraient des céréales, des récoltes industrielles sur la plus grande partie de leurs fermes; les terres s'épuiseraient, et ne donneraient aucun bénéfice. La viande baisserait peut-être de 8 centimes par kilogramme au moment où l'on supprimerait les droits, mais le prix des denrées végétales ne tarderait pas à augmenter; et bientôt le pain se vendrait de 3 à 4 centimes de plus le kilogramme. Or, comme nous consommons plus de pain que de viande, la suppression nuirait même à ceux qui la réclament.

Mais en même temps, la culture des terres ne donnerait plus de bénéfice; on laisserait des jachères, et la population rurale se porterait sur l'industrie des villes. Les ouvriers qui espèrent une augmentation de bien-être de la suppression des douanes, trouveraient dans cette mesure leur ruine, et par l'augmentation du prix du pain,

____

(1) *Mémoires du congrès scientifique de France*, 1841, t. 2, p. 199.

des légumes, et par la concurrence des travailleurs de la campagne.

Mais la nécessité d'avoir des engrais, quelle qu'en soit l'importance, n'est pas le seul motif qui doit faire protéger la production des bestiaux; il y a un motif de justice, d'équité : on oblige l'agriculteur, par des droits de douane sur le fer, sur le charbon, sur le coton, etc., à payer les objets qui lui sont utiles 30, 50 pour 100 de plus qu'on ne les paye en Suisse, en Bavière, en Belgique; et l'on veut qu'il produise au même prix que les nations qui nous environnent? On veut donc à ses dépens favoriser l'industrie? Que les hommes qui demandent la diminution des droits protecteurs des bestiaux recherchent les prix de revient des animaux, en France, en Suisse, en Bavière; qu'ils comparent les impositions, l'impôt du sel, le prix du fer, le prix de la main-d'œuvre, celui du louage des terres, etc., à la valeur de ces mêmes produits à l'étranger, et ils verront s'il est possible que nos cultivateurs livrent leur bétail au prix du bétail des pays voisins.

Si la viande est chère en France, c'est la conséquence du système protecteur créé en faveur de l'industrie; cela provient de la valeur anormale qu'on a donnée aux produits divers que les agriculteurs consomment.

Si l'on reconnaît la nécessité des douanes dans quelque circonstance que ce soit, il est impossible de ne pas l'admettre pour un objet qui, comme les animaux, est de première nécessité par lui-même, favorise en fournissant des engrais la production de tous les autres produits, et ne peut pas être fabriqué à bon marché. Les Anglais ont compris depuis longtemps toute l'importance de la multiplication des animaux, et ils ont défendu l'introduction des bestiaux dans leurs îles; ils comprennent que cette mesure a été la source de leur immense prospérité agricole, et qu'elle seule peut encore la soutenir. Aussi, quelle que soit la misère du peuple, aucun homme d'aucun parti n'a, malgré toute la vivacité des discussions qui ont lieu sur les moyens de diminuer la misère publique, prononcé un mot ayant pour but d'engager le gouvernement à diminuer les droits exorbitants qui protégent la production indigène.

L'influence des engrais sur les produits des terres cultivées établit la plus grande différence entre les droits qui protégent la production des animaux et ceux qui favorisent la culture du lin, du chanvre, et de toutes les récoltes épuisantes. Il en est pour ces derniers produits comme pour les objets fabriqués par l'industrie; il y aurait plus d'avantage et d'équité, pour une nation, à les acheter qu'à les produire. Nous n'en exceptons pas même les grains, le blé, et nous nous demandons si on ne devrait pas baisser les droits qui en protégent la production, afin d'engager les agriculteurs à étendre les cultures fourragères.

Beaucoup de personnes pensent qu'il serait possible de laisser entrer librement les bestiaux maigres, sans nuire à l'agriculture; que l'introduction des bœufs jeunes favoriserait les propriétaires qui engraissent et les ouvriers des villes. Cela serait peut-être vrai si nos pâturages et nos fourrages pouvaient indistinctement être employés à faire des élèves et à engraisser; mais malheureusement il n'en est pas ainsi. Nous avons en France beaucoup de localités qui ne peuvent s'occuper que de l'élevage, et d'autres où l'on n'entretient que des animaux de travail. Que deviendraient les habitants déjà si malheureux de ces contrées, s'ils ne pouvaient pas vendre leur bétail aux propriétaires des pays où l'on engraisse? L'entrée libre du bétail maigre serait une calamité pour la partie la plus étendue et la plus pauvre de la France.

D. — *Exportation des animaux.*

Nous considérons comme favorable à la multiplication des animaux tout ce qui en favorise la vente. Nous croyons que l'exportation est avantageuse quelle que soit l'autorité des hommes qui la considèrent comme funeste.

On a conseillé de fonder dans le midi des dépôts de poulains et d'y élever les jeunes animaux qu'on vend à des marchands étrangers. M. de la Roche-Aymon demande qu'on empêche la sortie de nos bonnes poulinières de taille , jusqu'à ces temps où nous pourrons encourager même l'exportation par des primes; il voudrait qu'on encourageât l'importation des bons chevaux de tout sexe , et qu'on entravât celle des petites et mauvaises espèces.

Le comice hippique de Paris pense que la loi des douanes doit être modifiée dans les dispositions relatives à l'importation et à l'exportation (1) ; il n'a pas encore formulé les changements qu'il croit devoir réclamer. Admettra-t-il avec M. de Torcy, un de ses membres, « que la liberté d'importation des chevaux étrangers en France devrait être restreinte aux juments, et que l'exportation de France à l'étranger soit au contraire réduite aux chevaux hongres ? »

Dans le paragraphe précédent nous avons démontré la nécessité et la convenance de mettre les éleveurs du pays à même de lutter contre la production étrangère ; nous croyons qu'on doit se borner à cette précaution et laisser le commerce libre.

Quant à l'exportation, nous la considérons comme très-favorable. C'est avec plaisir que nous voyons, dans le Mémoire de M. Dittmer (1) , que de 1831 à 1841 , pendant

(1) *Journal des Haras*, août 1842, p. 288.
(2) *Les Haras et les Remontes*, p. 5.

que l'armée importait 52,700 chevaux, le commerce en exportait 44,691. Nous ne demandons pas si l'on a exporté des juments, des chevaux entiers, nous voudrions même qu'on favorisât l'exportation de tous les animaux si c'était possible. Nous sommes persuadés que toutes les fois qu'une poulinière, un étalon, une belle vache, sont exportés, le producteur a trouvé son bénéfice à vendre, et est intéressé à produire de nouveau. Or, nous croyons que s'il nous manque des chevaux, ce n'est pas faute de pouvoir en produire pour nous et pour les autres; c'est uniquement parce que nous n'y sommes pas intéressés, excités par les demandes; mais plus on nous en demandera, plus nous en fournirons. L'exportation des chevaux de diligence, des mulets, n'a pas empêché l'armée de trouver de ces animaux quand elle en a voulu; nous nous demandons même si, sans les exportations antérieures, on aurait pu monter en France les compagnies du train des équipages qui ont fait les pénibles campagnes de l'Afrique.

E. — *Octrois.*

Il serait à désirer, dans l'intérêt de l'agriculture, que les droits d'octroi qui pèsent sur les bêtes de boucherie fussent supprimés. Dans quelques localités, ils augmentent le prix de la viande de 20 à 30 centimes par kilogramme; ils diminuent ainsi beaucoup la consommation de cette substance si agréable, si salutaire pour tous, et si nécessaire à la conservation des forces et de la santé des hommes qui travaillent. Ces droits réagissent aussi sur les exploitations rurales; ils nuisent à la production du bétail en le rendant plus cher, et diminuent ainsi les engrais d'abord, les produits et les revenus du sol ensuite.

Mais il serait inutile de demander la suppression des octrois quels que soient leurs inconvénients; nous devons seulement chercher à faire adopter le meilleur moyen de les prélever. Les octrois peuvent être perçus d'après le nombre ou d'après la valeur des animaux.

Les taxes par tête ou basées sur le nombre sont les plus faciles à percevoir, mais elles peuvent être très-mal réparties, charger d'une somme égale des objets d'une valeur très-différente.

Lorsque les droits d'octroi sur les animaux sont légers, on peut, sans qu'il en résulte de grands inconvénients, les percevoir au nombre. La différence entre ce que payent, eu égard à leurs poids, un animal petit et un de taille élevée, est bien aussi grande que celle qu'il y a quand les droits sont forts, mais elle est moins importante en raison de la petite somme qui la constitue. Ainsi lorsque les bœufs ne sont taxés qu'à raison de 7 fr. 50 c. par tête, il y a bien, entre l'impôt que supporte un animal qui a seulement 150 kilogr. de viande et ce que paye celui qui en a 750, la différence de 5 à 1; mais comme le premier n'est imposé qu'à raison de 5 c. par kilogr., quoique l'autre ne le soit que de 1 c. pour la même quantité de viande, on peut négliger la différence; elle ne forme sur le prix de vente qu'une petite fraction, dont on peut ne pas tenir compte.

Mais il n'en est pas de même quand les droits sont forts : la taxe prélevée par l'octroi forme alors une partie considérable du prix auquel revient la viande exposée sur l'étal du boucher, et elle peut faire varier beaucoup le prix de deux quantités de marchandises ayant la même valeur, étant de même qualité, mais provenant de deux animaux de taille différente. Ainsi à Paris, où les bêtes à cornes payent à raison de 45 fr. par tête, tous droits compris, il y a bien toujours entre la taxe de chaque kilogr. de viande des deux animaux que nous avons supposé donner l'un 150, l'autre 750 kilogr. de viande nette, la différence de 5 à 1 ; mais comme le kilogr. du petit bœuf paye 30 c. de droit, que la même quantité du gros n'en paye que 6, la différence est assez forte pour exercer une grande influence sur la production et sur la consommation du bétail.

Cette comparaison entre le droit payé à Paris pour deux kilogr. de viande ayant la même valeur serait applicable à toutes les villes où les octrois sont forts ; et les cas où l'on voit des animaux pouvant entraîner cette grande différence dans l'impôt perçu par tête ne sont pas des exceptions ; car nous avons en France beaucoup de bêtes à cornes qui donnent seulement de 75 à 100 kilogr. de viande, tandis que celles qui en fournissent de 5 à 8 quintaux métriques ne sont pas rares.

Un impôt aussi mal réparti que l'octroi par tête de bétail doit nécessairement exercer une grande influence sur le commerce de l'objet auquel il s'applique. Il serait difficile de concevoir qu'il ait pu s'établir si l'on ne savait que les octrois n'ont été élevés que progressivement au point où ils sont. Si à Paris, en 1798, au lieu de taxer les bœufs 15 fr., les veaux 1 fr. 50 c., les moutons 50 c., on les eût taxés 45, 12, 3 fr., il est probable que ces droits auraient exclu subitement de la capitale les bestiaux de certaines provinces, et auraient porté dans le commerce de la viande une perturbation qui aurait forcé à adopter la perception au poids ; mais l'impôt ayant augmenté progressivement, on ne s'est pas aperçu de la différence qu'il établit entre les bœufs du Cotentin et ceux de la Sologne.

Pour justifier l'impôt par tête, on dit qu'il est facile à percevoir, qu'il n'y a qu'à compter les animaux, dont le pesage serait dispendieux et quelquefois difficile. Cette considération peut être importante si les droits sont peu élevés, car alors les frais nécessités par le pesage pourraient diminuer sensiblement le produit perçu. Mais lorsque l'impôt est fort, la perception au poids est sous tous les rapports avantageuse.

On a aussi avancé que l'impôt par tête, en accordant une prime pour les grands animaux, engage les propriétaires à laisser prendre au bétail tout son développement, à ne le soumettre à l'engrais que lorsque l'engraissement est facile et la viande de bonne qualité ; en parlant du choix des races et de l'engraissement, nous verrons que l'impôt par tête est sous ce rapport plus nuisible qu'utile ; qu'il est avantageux d'abattre les animaux jeunes et de ne pas les engraisser trop fortement.

On a prétendu que l'impôt par tête encourage l'amélioration des races en favorisant la vente des gros animaux. Le dernier terme de cette proposition ne peut pas être contesté ; il est certain qu'une mesure qui fait vendre les bœufs d'un fort poids 40, 50 fr. par 100 kilogr. de plus que les petits, qui accorde une prime de quelques centaines de fr. pour les grands animaux, doit en favoriser la multiplication. Mais il reste à prouver que tout ce qui tend à faire produire de grands animaux contribue à l'amélioration des races. Or, nous pouvons déjà conclure de ce que nous avons dit en parlant des améliorations des animaux qu'il n'en est pas ainsi.

Nous verrons en outre, en traitant du choix des races, que les petites conviennent à la plus grande partie de notre sol, qu'elles ont plus de débouchés que les grandes, quand aucune circonstance indépendante du mérite des animaux n'en entrave le commerce. Mais parce que les bœufs, les moutons petits sont plus faciles à vendre que les grands, doit-on favoriser ces derniers par des octrois prélevés par tête ? Ne serait-il pas plus rationnel de favoriser les animaux qui ont le plus de débit ? Dans tous les cas on doit laisser les producteurs libres de choisir les bêtes les plus productives. Nous verrons que l'impôt au poids a cet avantage.

Il est tellement vrai que les animaux de taille élevée ne sont pas les plus avantageux, que l'impôt par tête n'a pas même fait maintenir les grandes races qu'il favorise exclusivement, au point où elles étaient quand on l'a établi. Les bêtes bovines de la Normandie sont aujourd'hui moins fortes qu'elles n'étaient il y a vingt ans; et toutes les grandes races qui approvisionnent Paris ont éprouvé une diminution telle, que le poids moyen des bœufs abattus dans cette ville est descendu, depuis quelques années, de 350 à 327 kilogr. (Ministre de l'agriculture et du commerce, *Moniteur universel* du 28 mai 1841.) Il ne faudrait pas conclure de ce fait que l'élevage et l'engraissement des bêtes bovines sont négligés; l'observation que nous venons de rapporter prouve, au contraire, que ces branches de l'industrie agricole ont fait des progrès malgré les encouragements qu'on emploie pour les faire rester stationnaires; que les éleveurs préfèrent à une taille élevée une belle conformation, une croissance rapide et un engraissement prompt; enfin que l'impôt par tête excite à de mauvaises spéculations même les éleveurs des pays les plus propres à produire de grands animaux. Si les forts propriétaires des pays fertiles réclament l'impôt par tête, ce n'est pas parce qu'il est plus avantageux que l'impôt au poids, c'est parce qu'il leur assure le privilége d'approvisionner les grandes villes.

Enfin on a considéré l'impôt par tête comme une mesure destinée à éloigner des villes les animaux maigres et les vaches, dont la viande est, dit-on, de moins bonne qualité que celle des bœufs.

Il faut distinguer la viande maigre, de médiocre qualité, de celle qui est malfaisante. Cette dernière ne peut provenir que d'animaux malades. Les maladies qui rendent la viande malsaine sont aiguës ou chroniques. Les premières, charbon, fièvre charbonneuse, inflammations violentes, gangrène, etc., sont les plus dangereuses, et elles affectent plus souvent les bêtes grasses, fortes, que les maigres ; quant aux maladies chroniques, pourriture, phthisie, etc., elles ne rendent la maigreur excessive et la viande malsaine que lorsqu'elles sont très-avancées, et dans ce cas il est en général facile de les reconnaître.

Ainsi, sous le rapport de la salubrité de la viande, l'octroi au poids offre au moins autant de garanties que celui par tête.

Il n'en est pas de même si l'on considère la viande eu égard à son état de graisse. L'abattoir réclame une surveillance active lorsque les octrois sont perçus au poids, si l'on tient à n'avoir que de la viande de première qualité. Mais si la chair maigre est moins savoureuse, plus dure, moins délicate que celle qui est entrelardée, elle n'en est pas moins très-saine, très-nutritive et facilement digérée par les hommes qui font des travaux de peine. Aurait-elle appartenu à des bêtes âgées, ayant beaucoup travaillé, et serait-elle un peu coriace, d'une digestion peu facile, qu'on ne devrait pas la considérer comme malfaisante ; il n'y aurait pas plus de motif de l'interdire aux gens pauvres qui se portent bien, qu'il ne serait raisonnable de défendre l'usage du pain bis, de la viande salée, etc.

Du reste nous verrons, en examinant les manières de percevoir l'octroi, que la perception au poids peut, sinon empêcher la vente de la viande maigre, du moins favoriser celle des animaux gras. Mais il serait probablement possible d'exclure des abattoirs les bêtes qui ne présenteraient pas un certain état de graisse. A cet effet, il faudrait chercher le rapport qu'il y a entre le poids des animaux vivants et la quantité de viande qu'ils contiennent. On a publié à cet égard des faits nombreux, mais qui ne s'appliquent qu'à des cas particuliers. On a même conseillé divers procédés (Voyez *engraissement*) de mesurage pour reconnaître, d'après le volume de certaines régions du corps, la quantité de viande nette des animaux. Mais nous ne connaissons encore aucune méthode positive qui puisse sans inconvénient être pratiquée en grand. Il est probable qu'en mesurant la grosseur des paturons, celle du canon, la longueur des os, le volume de la tête, pour apprécier le poids du squelette, en prenant les dimensions de l'abdomen, en tenant note de l'épaisseur de la peau, et en comparant le produit au poids total des animaux, on arriverait à des résultats assez exacts pour être utiles dans la pratique. Peut-être les résultats varieraient-ils selon les races d'animaux; chaque ville devrait faire faire à cet égard des essais dans son abattoir.

Mais si l'on doit empêcher aux bouchers de vendre de la viande trop maigre, il ne convient pas d'exciter les agriculteurs à pousser leur bétail au point de graisse le plus élevé. Nous verrons que les animaux qui approchent de cet état payent très-mal la nourriture qu'ils consomment. C'est seulement l'impôt par tête qui, en accordant, aux dépens de la caisse municipale, une prime pour la viande produite, compense, pour les nourrisseurs, la perte occasionnée par cette pratique. Mais les recettes de la commune en éprouvent un déficit, et rien ne dédommage la société de la consommation presque infructueuse des meilleures substances fourragères.

Sous ce rapport, l'impôt par tête est même désavantageux relativement aux qualités de la viande : car la chair qui est marbrée, un peu entrelardée, est plus ferme, plus facile à digérer, fournit plus de chyle, que celle des animaux excessivement gras; elle est aussi plus sapide, d'un goût plus agréable et généralement beaucoup plus recherchée.

Ainsi, quant aux qualités de la viande, l'impôt au poids est plus avantageux que celui qui est perçu d'après le nombre d'animaux, et sous l'influence de celui-là l'engraisseur n'est pas encouragé à faire de fausses spéculations; ses intérêts, d'accord avec ceux du consommateur, le portent à vendre ses bestiaux au moment où ils cessent de gagner en viande, proportionnellement à la valeur de ce qu'ils consomment.

L'impôt par tête, sans exclure positivement les vaches des marchés où les villes s'approvisionnent, les en écarte; car comme elles sont en général plus petites que les bœufs, ce droit en rend la viande plus chère. Nous verrons plus loin que cet effet de l'octroi au nombre est souvent nuisible, les femelles de l'espèce bovine, dans beaucoup de circonstances, étant plus avantageuses que les bœufs.

Le droit au poids serait favorable aux nourrisseurs de vaches laitières, qui, avec l'impôt par tête, ne pouvant pas vendre avantageusement ces femelles grasses, les font couvrir quand elles n'ont plus une quantité suffisante de lait et les laissent vêler dans leurs étables. La valeur des veaux qu'on obtient alors ne paye jamais la nourriture que les mères ont consommée pendant le temps qu'elles n'ont pas donné de lait. Quand les vaches grasses pourront être présentées sur les marchés avec avantage, au lieu de renouveler le lait, les nourrisseurs renouvelleront les vaches : lorsque le lait de ces femelles commencera à diminuer, on les fera saillir et on continuera à les traire, en leur donnant une abondante nourriture, jusqu'à ce qu'elles ne donnent plus assez de lait pour payer les frais de leur entretien; on finira alors de les engraisser, et on les livrera au boucher, ce qui sera plus avantageux que de les faire vêler.

L'impôt au poids exercera même sur le commerce du

bétail maigre une influence qui sera avantageuse aux agriculteurs des pays pauvres. Tous nos départements tiennent plus ou moins de gros bétail pour le faire travailler, mais tous ne peuvent pas en engraisser avec avantage. Dans une partie de la France les agriculteurs sont obligés de vendre les bœufs vieux aux propriétaires des contrées fertiles qui peuvent engraisser; mais ces derniers n'achètent ces animaux qu'autant qu'ils les trouvent assez grands pour supporter, sans augmentation sensible de prix, les droits d'octroi par tête, ce qui nous explique pourquoi la viande grasse est quelquefois à un prix très-élevé, quand les petits bœufs maigres n'ont aucune valeur.

Ce que nous disons des grands ruminants se remarque pour les bêtes à laine. Tous nos pays de montagne, toutes nos landes, nourrissent des troupeaux; on y garde les moutons jusqu'à l'âge de 18 mois, la brebis jusqu'à 6 ou 7 ans; on les vend ensuite à des nourrisseurs des pays fertiles. Malgré l'excellente qualité de la viande de ces animaux, les propriétaires qui pourraient les engraisser, les trouvant trop petits, ne veulent pas les acheter, et le bétail le plus précieux, en ce qu'il fait produire des terres improductives, n'a pas de débouchés. Qu'on perçoive les octrois au poids, et ces petites races, dont la viande est si bonne, seront préférées aux grandes; car elles sont ordinairement mieux conformées et toujours plus faciles à engraisser.

C'est aussi dans l'intérêt des éleveurs de porcs que nous réclamons les octrois au poids. Les races de ces animaux à courtes jambes ont une viande très-bonne, un accroissement rapide et un engraissement facile; mais ils acquièrent rarement un gros volume à moins qu'on ne fasse pour les engraisser des dépenses extraordinaires et très-peu productives. Il faut tuer ces animaux jeunes et à moitié gras; on ne peut, à cause de cela, en élever que près des grands centres de population; mais comme ils sont extrêmement prolifiques, faciles à entretenir et qu'on peut les engraisser dans toutes les saisons, il faut espérer que nous prendrons, dans les villes, l'habitude d'en manger de frais durant toute l'année. C'est pour l'usage des porcs jeunes, à peine gras, que nous devrions imiter les Anglais. Ces animaux coûtent peu à produire, donnent aux éleveurs des bénéfices plus grands que les individus monstres, et leur viande est infiniment supérieure à celle de ces derniers. Mais les petits cochons ne seront introduits dans les villes que lorsqu'on les admettra en payant un droit proportionnel à leur poids.

Nous ne devons pas traiter dans cet Ouvrage de la quotité de l'impôt, nous dirons seulement que si on ne peut pas le supprimer, on doit ne pas le mettre trop élevé, afin que la consommation du produit le plus important de l'agriculture ne soit pas entravée et pour faciliter l'usage du meilleur des aliments. Les recettes des villes ont même intérêt à ce que les octrois ne soient pas assez forts pour limiter la consommation du produit qui leur rend le plus.

L'octroi au poids peut être perçu sur les animaux pesés vivants et sur les animaux morts. Si l'on n'impose que la viande nette, en faisant payer seulement le poids des quatre quartiers, les bouchers ont autant d'avantage à tuer des bêtes maigres que des grasses, puisqu'ils ne payent, dans les deux cas, que la partie qu'ils peuvent vendre. Ce mode de perception est difficile à cause des difficultés de séparer du rebut la viande qui est susceptible d'être pesée.

Mais si l'on pèse les animaux en vie, ces inconvénients n'ont pas lieu, et la perception des droits est facile puisqu'il suffit pour l'effectuer d'avoir, à l'entrée des villes, une bascule convenable pour peser les animaux à mesure qu'ils

entrent. Ensuite le pesage en vie favorise l'introduction
des bêtes grasses, bien conformées, c'est-à-dire, de celles
qui relativement au poids du corps ont beaucoup de viande;
le peu de viande des animaux maigres, chargée du droit
qui aurait été imposé en raison du poids brut, ne pourrait
pas être vendue avec avantage. Ainsi sans exclure les bêtes
maigres, l'impôt au poids sur les animaux pesés en vie,
les éloigne donc, en favorisant la vente de celles qui sont
grasses.

Ce mode de perception de l'octroi aura plus d'influence
sur l'amélioration des animaux que l'impôt perçu par
tête de bétail. Il est bien reconnu aujourd'hui que le volume et le poids ne constituent pas le mérite des races de
boucherie : que c'est la quantité de viande que présentent
les bêtes relativement au poids du corps; de sorte que
pour provoquer l'amélioration des animaux on devrait
établir un droit sur les parties qui ont le moins d'utilité;
c'est le résultat que produira la perception au poids, les
animaux pesés vivants. En pesant en vie et en établissant
le droit sur le poids brut, on fera payer les résidus, les os,
les intestins, les pieds, comme la meilleure viande. Les
bouchers ne tarderont pas à s'apercevoir que les bêtes
bien conformées, celles qui ont une grande quantité
de viande nette relativement au poids du corps, offrent
de grands avantages; ils les achèteront et les payeront
plus cher. Les motifs des achats faits de préférence par
les bouchers, étant bientôt connus des éleveurs, ces derniers rechercheront dans les animaux reproducteurs la
conformation qui leur fera vendre plus cher les bêtes
grasses.

Nous avons vu au commencement de cet article qu'on ne
connaît pas encore un moyen qui permette d'apprécier exactement la quantité de viande nette des animaux d'après leur
poids brut ou d'après leur volume. Nous croyons cepen-

dant, jusqu'à de nouvelles recherches, qu'on peut sans inconvénient supposer que nos bêtes à cornes, grasses, ont de viande nette, de 55 à 60 0[0 du poids total. Plus on tiendrait à avoir des animaux gras, plus on devrait supposer que ce chiffre est élevé. Mais quel que soit le nombre adopté, les bouchers seront intéressés à tuer des bêtes qui le dépassent; ce qui pourra diminuer un peu les recettes de la caisse municipale, mais, en faisant introduire de très-bonne viande.

« Le conseil général des Deux-Sèvres (session de 1842) croit devoir insister de nouveau sur le vœu qu'il a déjà exprimé dans ses précédentes sessions, relativement au mode de perception des droits d'octroi sur le bétail; lesquels devraient, à son avis, être fixés au poids et non par tête. » Le conseil pense que cette mesure aurait les meilleurs résultats pour l'agriculture, et il réclame un projet de loi. La plupart de nos départements peuvent dire comme celui des Deux-Sèvres : qu'ils sont formés en grande partie de pâturages où l'on nourrit un grand nombre de pièces de bétail, parmi lesquelles on en remarque peu de grande race.

§ III. ÉTABLISSEMENTS DESTINÉS A L'AMÉLIORATION DES ANIMAUX DOMESTIQUES.

Nous allons passer en revue des établissements et des mesures qui ont pour but d'enseigner, en la pratiquant, l'hygiène vétérinaire; de multiplier, en les perfectionnant, les animaux domestiques, et de fournir aux éleveurs des types pour l'amélioration des races.

A. — *Haras.*

Le mot *haras* a plusieurs significations; il désigne des établissements où l'on entretient, pour la reproduction des étalons seuls, ou des étalons et des juments, ou des chevaux et des ânes, ou des solipèdes et des ruminants. Cependant on appelle plus particulièrement fermes les établissements où l'on entretient plusieurs espèces d'animaux; bergeries, ceux où l'on n'a que des bêtes à laine; et dépôts d'étalons, ceux où l'on ne garde que des individus mâles de l'espèce chevaline.

Le mot haras s'applique quelquefois à un cheval entier destiné à faire la monte, et il est alors synonyme du mot étalon; enfin, il exprime d'autres fois la science qui a pour objet la multiplication du cheval, il est synonyme du mot hippologie. On appelle traité des haras un livre dans lequel on parle de ce qui se rapporte à la reproduction, à l'élevage de ce quadrupède.

Nous appelons haras les établissements où l'on multiplie les solipèdes; ces établissements peuvent être divisés, d'après les propriétaires auxquels ils appartiennent, en haras royaux, en haras départementaux et haras particuliers; d'après le but, on distingue des haras de perfectionnement, d'expérience, et des haras de production, de multiplication, de pépinière. Le plus souvent le même établissement concourt à l'amélioration des animaux et à leur reproduction; il est haras de perfectionnement et de pépinière.

1° *Haras de perfectionnement.* Nous avons, en France, fort peu d'éleveurs ayant assez de juments pour occuper un étalon, et, d'un autre côté, toutes les femelles d'un propriétaire conviennent rarement à un même mâle ; de sorte que nos agriculteurs, rarement assez riches pour acheter un étalon bien distingué, auraient, le plus souvent, besoin d'en avoir plusieurs. Or, ne pouvant pas se procurer les reproducteurs convenables, nos éleveurs seraient obligés de livrer leurs cavales aux étalons qui se présenteraient. C'est pour éviter cet inconvénient que

Colbert créa les haras, lors de la division des grandes propriétés. C'est aussi pour remédier, sous le rapport hippique, à la division des propriétés et à l'insuffisance des fortunes particulières que ces établissements ont été rétablis en 1808. « Fournir à très-bon marché, aux éleveurs généralement pauvres, les étalons améliorateurs qui coûtent fort cher, voilà le but de l'institution des haras. » (1)

En comprenant ainsi la mission des haras, ces établissements peuvent être utiles, et il serait difficile de ne pas en admettre le principe. Peut-être, cependant, pourrait-on avec avantage les supprimer et mettre à la place des étalons primés ou des étalons vendus sous certaines conditions. Toutefois on a généralement approuvé l'institution des haras; mais on a souvent critiqué les résultats qu'ils ont produits, sans tenir compte des difficultés : il faut avouer que si l'on examine seulement les résultats, ils sont difficiles à justifier; ils sont loin d'avoir produit un bien en rapport avec les dépenses qu'ils ont entraînées.

On a surtout reproché aux haras de ne pas faire produire des chevaux de selle. Les ressources de la France, en chevaux, sont beaucoup diminuées depuis la restauration, écrivait, en 1828, un homme qui a bien étudié la question des remontes, et elles diminuent encore journellement, grâce à l'ineptie de l'administration des haras. Ce reproche est-il fondé? Quand on craint que la France, pouvant produire des races pour le commerce, d'autres pour l'armée, encouragée par « l'immense consommation des premières espèces, en augmente la fabrication à un point désastreux pour nos troupes à cheval, » devons-nous croire « que l'administration des haras peut seule arrêter et empêcher ce mal tous les jours plus menaçant?»

(1) Dittmer, *les Haras et les Remontes*, p. 11.

Nous croyons plutôt, avec le savant capitaine dont nous rapportons les paroles, que « c'est bien la consommation et la consommation seule qui fait la production. » Les haras ne sont point cause que « les cultivateurs trouvent plus de profit à faire naître des chevaux de gros trait, des mulets ou des bêtes à cornes » (Dittmer) que des chevaux de troupe. L'administration de la guerre peut seule changer cet état de chose : mais elle ne le changera pas en achetant des étalons à son compte, en produisant elle-même, en élevant des poulains ; c'est en achetant les produits des éleveurs de manière qu'on ait intérêt à produire pour elle.

Si elle veut purement et simplement remplacer les haras, elle fera comme ils ont fait. On peut dire avec le prince de la Moskowa, « les haras ont échoué ; la guerre, si elle les remplace, n'aura pas plus de succès. » Dans tous les cas, ce n'est pas en accordant des prix, en livrant la saillie de ses étalons gratuitement, qu'elle fera produire des chevaux de selle ; les haras ont fait tout ce qu'il était possible de faire à cet égard.

D'un autre côté, les agronomes reprochent à l'administration des haras non-seulement d'être inefficace, de faire inutilement de fortes dépenses, mais de nuire à l'agriculture, d'entraîner les éleveurs dans une fausse voie, en fournissant des étalons qui ne conviennent pas au pays et en encourageant leur propagation par les prix, par les courses, par l'achat des poulains. Cette critique serait plutôt fondée que celle des hippiatres militaires ; car les haras ont réellement fait tout ce qu'il leur a été possible de faire, avec les moyens dont ils disposaient, pour la multiplication des chevaux de selle, et pour paralyser la production des bêtes qui procurent aux éleveurs les plus grands bénéfices. Mais il faut prendre la question de plus haut, ne pas considérer l'institution des haras indépendamment de l'état. Il faut se demander si, comprenant la nécessité des chevaux de guerre, on n'a pas dû, pour en produire, engager les agriculteurs à agir contre leur propre intérêt. Car, que serait-il arrivé si, avec l'extension que les diligences, le roulage, ont donnée à la production des bêtes de trait, les haras l'avaient encore encouragée pendant que la guerre en achetait à l'étranger ou ne consommait pas?

Tout ce qu'on peut reprocher aux haras, c'est d'avoir manqué leur but en fournissant de prétendus étalons distingués, au lieu d'en fournir de bien assortis aux juments du pays, au sol, aux fourrages et surtout aux habitudes des éleveurs. Ils ont dégoûté de la production du cheval de selle, malgré la modicité du prix des saillies, en faisant naître, chez les cultivateurs, des poulains qui, faute de convenance ou de soins, avaient peu de valeur et manquaient d'acheteurs, en plaçant ainsi des bêtes distinguées chez des propriétaires qui ne peuvent pas et ne savent pas donner, à une race éloignée du pays qui l'a produite, les soins qu'elle réclame. Nous pouvons dire à cet égard, de la plupart de nos races, ce que M. de Dombasle dit du cheval de la Lorraine. Le gouvernement n'a pas gagné pour les remontes de l'armée à changer les types indigènes; « car ces chevaux fins, en supposant même qu'ils soient élevés avec le plus grand soin, ne vaudront pas mieux, pour le service de la cavalerie, que ceux qui seraient provenus des mêmes juments saillies par des étalons de la race ordinaire du pays. Si ces derniers ont moins de noblesse dans les formes, ils n'auront certainement aucune infériorité, ni dans la taille, ni dans les qualités essentielles aux services; et je suis convaincu qu'ils conserveront une grande supériorité dans l'aptitude à supporter les fatigues et les privations. » (1)

(1) *Annales de Roville*, t. VI, p. 170.

2° *Haras de pépinière, de production.* **Nous plaçons ici les établissements qui, possédant des mâles et des femelles, sont destinés à la multiplication des animaux. On appelle plus particulièrement de pépinière ceux qui multiplient les reproducteurs : les haras du Pin pour les taureaux, les bergeries pour les béliers, sont des établissements de ce genre ; le Pin, Pompadour, Rozières, ont la même destination pour le cheval, avec la seule différence que les produits sont destinés à être employés dans les établissements de l'état. Les haras de production s'occupent de la multiplication des animaux pour les divers services.**

Les haras de pépinière sont utiles pour les races et pour les espèces nouvellement importées et dont les propriétaires doivent généralement posséder et des mâles et des femelles. Ces établissements acclimatent en les multipliant, aux frais de l'état, les bêtes à cornes, les moutons, et livrent aux éleveurs des reproducteurs d'une naissance certaine.

Les animaux produits par l'état, même sur une petite échelle, lui coûtent plus cher que ceux qu'il achète. Cependant, nous croyons que les haras doivent encore continuer à créer des reproducteurs. Les éleveurs de chevaux de pur sang demandent, à la vérité, que le gouvernement cesse de leur faire concurrence et qu'on transforme en dépôts d'étalons nos haras. La production du cheval arabe, du cheval anglais, en France, demande trop de soins et offre des chances trop incertaines pour qu'on puisse s'en rapporter, à cet égard, à l'intérêt privé. « Tout le monde connaît, dit **M.** le duc de Marmier (1), la mobilité si naturelle à notre nation, l'empire si passionné de la mode, le mouvement continuel qui s'opère dans les

____

(1) *Journal des Haras,* août 1842, p. 296.

fortunes particulières ; serait-il sage de se fier à un avenir si incertain ? » Non ; la production des chevaux pur sang anglais ou arabe, forme, en France une industrie si insolite, si opposée à l'intérêt de ceux qui s'y livrent, si peu favorable au bien général, qu'on ne doit la considérer que comme l'effet d'une mode, d'un caprice, et que le gouvernement ne peut pas l'abandonner aux particuliers, sans s'exposer à la voir disparaître complètement du pays; et même, en principe, l'état doit rester le principal agent de la production des types améliorateurs de nos animaux, au moins jusqu'à ce que nos races aient éprouvé les transformations que nous sommes en voie de leur communiquer. Les bons effets produits sur les moutons par les bergeries royales, nous indiquent ce que nous avons à faire pour les autres espèces domestiques.

L'administration agit selon nous très-sagement en bornant son influence au perfectionnement de l'espèce chevaline, et en laissant la production des chevaux de service à l'industrie particulière. L'état ne doit jamais produire, et ce principe, généralement admis, est encore plus rigoureusement vrai pour la production des animaux que pour la fabrication des produits des manufactures. On ne saurait trop laisser à l'industrie particulière ce qu'elle peut faire, elle le fait mieux que le gouvernement ; et en produisant les chevaux de poste, les mulets, elle nous a donné la mesure de ce qu'elle fera en chevaux de troupe, quand on sera décidé à les lui payer.

La production des chevaux ne doit pas être séparée des autres productions agricoles. (Voyez *fermes modèles.*) Aussi nous croyons qu'on ne doit pas considérer les haras comme des écoles où l'on enseigne l'art de multiplier et d'élever les chevaux. Les animaux qu'on élève dans nos établissements reviennent à un prix qui prouve que les particuliers ne doivent pas, à cet égard, prendre la marche du gouvernement pour modèle.

Nous avons examiné ailleurs le rôle qui appartient à l'administration de la guerre; et nous avons vu que si elle peut agir sur la multiplication et sur le perfectionnement des chevaux, ce n'est pas en produisant, c'est en achetant les objets produits. Les haras ont été créés en vue de l'armée, ils sont conservés pour provoquer la production des chevaux nécessaires à la défense du pays, et ils doivent subordonner leur action aux nécessités militaires; mais ils ne peuvent agir qu'en fournissant des étalons convenables aux éleveurs disposés à élever des chevaux de selle. Or, ce rôle est-il si spécial qu'il soit nécessaire de l'enlever aux attributions du ministre de l'agriculture pour le donner à celui de la guerre?

Dans ces dernières années, plusieurs écrivains militaires ont résolu cette question affirmativement. On a même proposé de donner aux haras une grande extension ; on a voulu les multiplier suffisamment pour avoir un nombre de juments capables de fournir tous les ans les poulains nécessaires aux remontes de l'armée.

Nous n'avons pas à rechercher quel est le ministère le mieux placé pour diriger les haras, nous devons seulement examiner les conditions qui peuvent rendre ces établissements utiles à l'amélioration et à la multiplication des chevaux. Or, nous ne croyons pas que des haras de production soient possibles en France, à cause du prix élevé des terres et de la nombreuse population qui couvre nos campagnes. Pour produire les 10,000 chevaux de choix, qui peuvent à peu près être annuellement nécessaires à l'armée, quel nombre de juments ne faudrait-il pas en tenant compte de celles qui ne porteraient pas tous les ans, qui avorteraient, ou dont le produit périrait à la naissance ; en ayant égard aux poulains qui ne parviendraient pas à l'âge de cinq ans, à tous ceux qui y parviendraient, mais qui seraient impropres à la troupe?

Quelles fermes ne faudrait-il pas pour nourrir ces animaux? Des chevaux élevés de cette manière reviendraient à un prix excessif, à cause des épizooties, des accidents, de la difficulté de varier les assolements et de nourrir convenablement les animaux, des dégâts que font les poulains dans les bons pâturages, et de l'impossibilité de faire travailler toutes les juments et les jeunes chevaux.

Comme le font observer les éleveurs de la Normandie, ce système serait la ruine de la production particulière. Car l'administration pendant la paix serait obligée de livrer au commerce une masse d'animaux qui tuerait l'industrie particulière.

L'administration de la guerre a, depuis plusieurs années, acheté des étalons à son compte. Dernièrement même elle en a introduit de l'Arabie qu'elle veut employer dans le midi. Nous regrettons, non pas l'achat de ces chevaux, mais de voir deux administrations chercher à remplir le même but; nous regrettons surtout qu'elles cherchent à se dénier réciproquement leurs animaux. C'est, comme le disait un correspondant du *Journal des Haras*, donner un beau texte aux esprits brouillons. Elles feront des doubles emplois et laisseront des lacunes. Les haras et la guerre ne voudront-ils pas servir de préférence les meilleures localités, afin de s'attribuer une grande influence sur la production, en citant plus tard le nombre de chevaux produits dans les environs des stations qu'ils auront choisies pour leurs étalons? Nous préférerions que cet état de choses n'existât pas. Une seule administration, composée d'hommes capables, mettrait plus d'unité dans son action, elle pourrait étudier les besoins du pays et les satisfaire proportionnellement à ses ressources, en ayant égard à leur importance.

On a proposé d'établir des haras militaires dans l'Algérie. Nous désirerions qu'on y fît l'essai de ces établissements. Là, les terres vagues ne manquent pas, et de vastes haras demi sauvages pourraient donner de bons produits.

On a cité l'exemple de l'Autriche qui, dit-on, produit des chevaux pour les remontes. Mais M. Dittmer (1) rapporte, d'après un travail de M. de Champagny, qu'il n'y a pas de haras militaires dans cette monarchie, et que les haras impériaux ne concourent pas plus à remonter la cavalerie que les haras royaux en France. M. le duc de Raguse (2) nous apprend qu'autrefois le gouvernement autrichien élevait des chevaux en très-grand nombre, et que les remontes de son armée se faisaient en partie avec ces animaux; mais que la mortalité se mettait souvent dans ces établissements, que les maladies ont fait justice de ce système, qu'on est revenu aujourd'hui aux vrais principes, et que le gouvernement n'intervient plus qu'en fournissant des étalons de bonne race aux différentes provinces de la monarchie.

De la discussion qui précède il résulte que l'administration des haras ne peut pas avoir une grande influence sur la production des chevaux ; elle ne peut y contribuer qu'en fournissant aux éleveurs de bons étalons.

Les établissements publics, avec les exigences de leur comptabilité, ne peuvent pas se charger des soins minutieux, des dépenses variables que nécessitent l'entretien et la nourriture des animaux qu'on multiplie et qu'on élève. Ils doivent borner la production à celle des types reproducteurs fort éloignés des formes que tendent à produire les influences de notre climat. Les haras doivent être conservés, en France, pour la multiplication des chevaux nobles, à moins qu'on ne les transforme en fermes mo-

____

(1) *Loc. cit.*, p. 17.
(2) *Voyage du duc de Raguse*, t. I, p. 9.

dèles, qu'on n'y élève, avec des solipèdes, des bœufs, des moutons, des porcs. Le nombre d'étalons dans chaque ferme serait assez élevé pour suffire aux juments de la circonscription. Employées de cette manière, les sommes que nous dépensons pour l'entretien de nos haras, nous permettraient de donner des leçons pratiques d'économie rurale, d'agriculture, de multiplication, d'élevage et d'entretien, sur tous nos animaux domestiques. (Voyez *fermes modèles*.)

D'après la manière dont on entretient les animaux dans les haras, on divise ces établissements en haras sauvages, en haras demi-sauvages, en haras parqués et en haras domestiques.

3° *Haras sauvages*. Les animaux vivent, dans ces établissements, en pleine liberté. Ce sont de vastes terrains où les chevaux, sans recevoir aucun soin particulier, se multiplient autant que la nourriture, le climat le comportent. Les animaux y ont beaucoup d'aliments pendant la belle saison ; mais en hiver ils souffrent toujours plus ou moins de la faim. Ils vivent, dans cette dernière saison, de bruyères, de broussailles, de genêts, d'herbes sèches et délavées, de foin, de paille qu'on leur donne quelquefois, quand le pays est couvert de neige.

Les chevaux des haras libres ressemblent aux chevaux sauvages : ils ont un pelage uniforme et sont petits, rustiques, robustes et forts, quoique n'étant pas très-bien conformés ; mais ils sont peu dociles et difficiles à dresser.

Inconvénients. Personne ne préside à la reproduction des animaux dans les haras sauvages ; les maladies héréditaires se perpétuent et des vices de conformation résultent du manque d'appareillement. Les naissances, y étant réglées seulement par la nature, sont trop nombreuses dans les années d'abondance, et les animaux périssent ensuite de famine quand le temps est moins favorable. Les chevaux se ressemblent tous, on ne peut pas en créer pour les divers services, ils manquent de débouchés, ceux qu'on obtient sont vendus difficilement ; ces animaux gaspillent en été beaucoup d'aliments et ils souffrent de la faim pendant l'hiver. Cette circonstance jointe aux effets du froid, de la pluie, etc., fait périr beaucoup de poulains qui, soignés dans des habitations, auraient fait d'excellentes bêtes de service. A cette cause de destruction il faut ajouter les blessures que se font ces animaux, les maladies sporadiques, qu'on aurait pu guérir si on les eût traitées ; les épizooties contagieuses, qui dépeuplent quelquefois ces haras. Les chevaux sont difficiles à prendre, et quand on les a pris on a beaucoup de peine à les dresser : quelquefois ils ne peuvent pas supporter l'influence de la domesticité ; ils dépérissent ou s'estropient en se débattant dans les écuries.

Ces haras ne peuvent convenir que dans les contrées où l'on ne trouve que la culture pastorale, dans celles où les bras et les engrais manquent. Ces pays deviennent de jour en jour plus rares et les haras libres diminuent successivement. On n'en trouve déjà plus dans la Russie ; la mortalité, le peu de valeur des animaux, l'augmentation de valeur qu'acquièrent les propriétés, les font remplacer par des haras parqués.

Avantage des haras libres. Ces établissements produisent de bons chevaux de selle, ils ne réclament aucun soin particulier et peuvent faire rapporter quelques contrées inhabitées, qu'on ne peut pas cultiver.

4° *Haras demi-sauvages.* A mesure que la population augmente dans les contrées incultes, ces haras remplacent les haras sauvages. Les animaux, dans les établissements demi-sauvages, sont mieux soignés, acquièrent plus de valeur que ceux qui vivent à l'état de pleine liberté.

Dans quelques haras demi-sauvages les animaux passent la belle saison dans des pâturages et l'hiver dans des écuries; on dirige jusqu'à un certain point la multiplication par la vente et par la castration des bêtes auxquelles on ne veut pas laisser la faculté de se reproduire.

Si les chevaux passent l'hiver dans les pâturages, on leur donne, quand la terre est couverte de neige, du foin ou de la paille sous un hangar ou en plein air. Assez souvent ils vivent en toute liberté jusqu'à l'âge où ils peuvent être utiles ; on les prend de temps en temps pour les faire travailler et on les rend ensuite à la liberté. Dans les landes les juments restent toujours en pleine liberté, le plus souvent elles sont couvertes par leurs poulains qui ne reçoivent aucun soin particulier jusqu'à l'âge de 4 à 5 ans ; à cette époque on les prend pour les faire travailler, et quand on s'en est servi, on les remet en liberté ; après les plus rudes fatigues on les renvoie dans les pâturages; ils résistent à toutes les variations de température.

5° *Haras domestiques*. Les animaux élevés dans les haras domestiques sont constamment sous la surveillance de l'homme, dans des écuries ou au pâturage. Les haras domestiques sont les plus répandus. C'est à ces établissements que s'applique ce que nous avons dit des haras en général. En France, les haras domestiques les plus importants appartiennent à l'état, on les distingue en haras parqués et en haras d'écurie.

Haras parqués. Dans ces établissements les animaux vivent au pâturage pendant la belle saison. On associe souvent ces haras à ceux d'écurie : on nourrit les étalons au râtelier et on met les poulinières avec leur suite dans les herbages; ce système est le plus rationnel.

On trouve en Russie des haras parqués très-vastes, magnifiquement pourvus des plus belles races. Ce sont de grandes cours divisées au moyen de claires-voies en quatre parties et entourées d'écuries destinées au haras. Les chevaux sont classés par ordre dans ces différents bâtiments. A chacun des angles des cours se trouve un passage palissadé qui conduit à de belles prairies partagées en compartiments et ayant des hangars sous lesquels les chevaux se mettent à l'abri de la pluie et du soleil (1).

Haras d'écurie. Les chevaux de ces établissements sont constamment nourris au râtelier : les juments, les poulains, les étalons ne pâturent jamais ; on les met dans des enclos, dans des cours, dans des poddocks, pour leur faire prendre l'air. Ces établissements sont avantageux quand le terrain a beaucoup de valeur ; ils donnent le moyen de bien profiter du sol par la culture de toutes les terres, d'associer l'élevage des chevaux à toutes les cultures, de bien employer les fumiers et la force des animaux qui ont besoin d'exercice.

On a cru pendant longtemps qu'il était impossible de faire de bons chevaux avec ce régime, mais l'expérience a prouvé que les animaux élevés à l'écurie valent ceux qui ont été nourris dans les pâturages ; seulement, les premiers exigent beaucoup de soins, des pansages fréquents et de bons aliments. Les chevaux élevés à l'écurie portent beau, souffrent rarement de la gourme, des catarrhes, des vers ; habitués aux habitations, aux soins de l'homme, ils sont dociles, faciles à dresser.

Pour avoir un haras d'écurie, il faut des écuries spacieuses, saines, des locaux pour faire prendre l'air aux poulains, des hangars pour la promenade dans les temps de pluie. On doit faire travailler tous les animaux qui en sont capables, même sans craindre de les exposer aux plus mauvais temps. On doit les accoutumer à la neige, à l'hu-

______

(1) *Journal des Haras*, février 1840.

midité, aux chaleurs, au froid; il faut seulement prendre les précautions nécessaires pour prévenir les effets des changements de température.

6° *Emplacement des haras.* Bourgelat a tracé des règles pour le choix du terrain : il veut des pâturages fertiles et en plaine pour les poulinières; il en veut de maigres, de montagneux même, pour les élèves à différents âges, pour les poulains, pour les pouliches et pour les chevaux entiers. Mais ces règles ont peu d'importance à cause de l'impossibilité où l'on est constamment de les suivre. Nous dirons qu'il est nécessaire de ne pas réunir les bêtes qui ont une destination différente; qu'il faut avoir au moins un compartiment de pâturage double pour chaque lot d'animaux, afin qu'on puisse laisser pousser l'herbe dans un compartiment pendant qu'elle est broutée dans l'autre; qu'il est plus facile de mettre les animaux en rapport avec le sol que le sol avec les animaux; qu'il faut choisir des étalons, des juments selon la fertilité du pays, selon le climat, la qualité des fourrages.

Nous ne pouvons pas même indiquer la contenance de terre qui est nécessaire pour la nourriture d'un herbivore. On estime généralement que deux arpents de Paris (un hectare) sont nécessaires pour la nourriture d'une poulinière ou d'un étalon, si ces animaux doivent pâturer la plus grande partie de l'année; mais il en faudrait beaucoup moins, un demi-hectare seulement, si l'on suivait le régime de la stabulation permanente. Cette surface doit varier, du reste, selon la nature du sol et la manière dont il sera cultivé. Il y a des prés qui donnent cinq, six fois autant de fourrages que d'autres; les prairies artificielles produisent beaucoup plus que les naturelles en général. Enfin il faut avoir égard à la race des animaux : on voit des chevaux qui vivent avec 10, 12 livres de foin, un peu de paille et peu ou point d'avoine; tandis que d'autres absorbent 40 ou 50 livres de foin et 20 ou 25 litres de grains, de sorte qu'un hectare qui produit 4,000 quintaux métriques peut ne pas suffire à l'entretien de tel cheval et en nourrir deux ou trois autres du même âge. On peut donc considérer la question comme n'étant pas susceptible d'une solution générale, ainsi que Bourgelat l'avait reconnu ; pour la résoudre dans chaque cas particulier, on tiendra compte de la nature du sol, de l'état hygrométrique du climat, de la manière dont on veut cultiver la terre, du volume des animaux ; mais en outre, on aura égard à la culture générale du pays, au prix ordinaire des pailles, des foins, des racines, des grains, des féveroles, etc. Nous devons rappeler aussi la nécessité de donner beaucoup de marge pour le croît des haras : tantôt les élèves réussissent ; d'autres fois les femelles ne retiennent pas, avortent, ou les petits meurent ; il faudra supposer la réussite la plus complète possible, sauf à faire consommer les fourrages surabondants par des animaux accessoires à l'établissement, par des bêtes à l'engrais ou par des élèves qu'on achèterait.

Eaux. L'eau est un objet d'une grande importance. Il faut en avoir dans un haras qui puisse fournir une bonne boisson, qui ne soit ni trop fraîche ni trop chaude en été, et qui ne gèle pas en hiver. Il est bon aussi d'en avoir pour l'irrigation des terres à fourrages et pour faire prendre des bains aux animaux.

7° *Soins que réclament les chevaux dans les haras*. L'élevage et l'entretien des animaux dans les haras n'offrent rien de particulier. Nous renvoyons, pour ce qui concerne ce paragraphe, à ce que nous dirons plus loin sur la multiplication, l'élevage, l'éducation, l'entretien des divers animaux. Nous dirons seulement ici que les bâtiments des haras doivent comprendre des logements commodes pour les divers employés, des étables, pour les animaux des différents âges, pour les deux sexes, pour les malades, etc.; un hangar pour panser les animaux, un manége pour les faire promener en hiver et pour les dresser; une forge et une pharmacie pour le service de la maison.

Le *mobilier* doit se composer des instruments nécessaires pour le pansage, de lits pour faire coucher les palefreniers, d'une horloge sonnante, de harnais pour faire travailler les animaux et pour les dresser, de voitures, de charrues, de drapeaux, d'armes à feu, d'une caisse à tambour, pour habituer les animaux à la vue et au bruit de ces objets.

8° Nous n'avons pas à parler de l'*administration des haras* : c'est aux hommes qui s'occupent spécialement de cette question à signaler les avantages d'un système et les vices de l'autre. N'ayant qu'à tracer les régles d'après lesquelles on doit multiplier les animaux, nous dirons seulement que nous voyons avec plaisir réunir la production des chevaux à celle des autres animaux domestiques, ainsi que commence à le pratiquer en France l'administration des haras.

9° *Dépôts d'étalons.* Ces établissements diffèrent des haras en ce qu'on n'y entretient que des étalons; ces animaux sont destinés à couvrir les juments des particuliers. On place ces dépôts dans les pays où l'on s'occupe le plus de la multiplication des chevaux ; chaque dépôt est destiné à servir une circonscription déterminée, et il possède ou doit posséder les étalons les plus convenables à cette circonscription.

Les chevaux ne passent qu'une partie de l'année dans les dépôts. A l'époque de la monte, on les envoie dans les stations de la circonscription. L'établissement garde seulement ceux qui sont nécessaires pour couvrir les juments du voisinage. Les haras en France ont beaucoup plus de mâles qu'il n'en faut pour les femelles de l'établissement et ils en destinent une partie aux juments de la circonscription.

Il faut placer les étalons des haras et des dépôts au centre des localités les plus productives en chevaux, afin que les propriétaires de juments aient toutes les commodités possibles. Ce point est important à cause de l'indifférence des éleveurs, qui, pour éviter de faire un peu plus de chemin, font saillir leurs cavales à l'étalon le plus rapproché.

La distribution des étalons doit être faite avec soin. Toutes nos races ont quelques défectuosités ; les unes pèchent par les formes, par la taille ; les autres par les qualités. Il faut donner à chacune des mâles qui puissent les appareiller. « Si le succès des haras, disait le règlement des haras de 1717, dépend particulièrement de la nature de la nourriture, du fond du terrain, de la taille, qualité et tournure des juments, tout cela se trouve en France. Chaque province a ses propriétés, et si elles diffèrent d'un canton à l'autre dans la même province, il ne s'agit que de connaître l'espèce d'étalons qui convient à chaque canton pour profiter de tous les avantages que possède le pays. »

Chaque station doit recevoir les mêmes étalons pendant plusieurs années consécutives : il ne faut les changer que lorsque les femelles qu'ils ont produites sont dans l'âge d'être fécondées, afin d'éviter la consanguinité. On cherche alors d'autres mâles, mais il faut toujours les prendre dans la même race et ayant les mêmes qualités, afin de continuer le plan primitivement adopté. Ce n'est pas toujours sans raison qu'on a reproché à nos haras de ne pas avoir de système suivi.

Bergeries royales ; dépôts de béliers. Les *bergeries* sont, d'après les idées qu'on attache vulgairement à ce mot, des établissements destinés à l'amélioration des bêtes à laine. En France, on appelle *bergeries royales* des *fermes* créées principalement en vue de l'amélioration de l'espèce ovine, où l'on cherche à acclimater les races étrangères, et à créer par leur croisement avec celles du pays les animaux appropriés à notre sol, à notre climat et au besoin de nos manufactures.

Les bergeries royales sont de véritables exploitations agricoles; elles ont même plusieurs caractères des fermes expérimentales. Leur mission est de faire des dépenses chanceuses que l'industrie particulière fait rarement dans l'état de division où se trouve la propriété en France, d'agir avec suite et persévérance et de vaincre des difficultés qui arrêtent souvent les agriculteurs; elles se rapprochent des exploitations particulières en ce qu'elles vendent les béliers étalons qu'elles produisent. Elles ont fait en France beaucoup de bien à l'agriculture et à l'industrie, en attirant l'attention générale sur les races les plus avantageuses; l'on ne se tromperait pas en disant avec M. Mathieu de Dombasles, que, si l'on pouvait calculer le nombre de millions que l'établissement de Rambouillet a ajoutés à la richesse nationale par l'acquisition de la race mérine à l'agriculture française, on trouverait sans doute que chaque écu dépensé pour le former a produit quelques milliers de francs.

On commence à s'occuper dans plusieurs bergeries d'autres innovations, parmi lesquelles on distingue celles qui ont pour objet la formation de races de moutons à laine longue.

Les bergeries soumises à l'influence d'un pouvoir central et généralisateur, peuvent quelquefois être entrainées hors des bornes dans lesquelles elles doivent rester. Nous en avons un exemple remarquable dans ce qui s'est passé autrefois pour les dépôts de béliers.

Dépôts de béliers. L'action excessive qui a été généralement attribuée à l'influence des reproducteurs sur l'amélioration des races, a produit bien des mécomptes. Malheureusement nous ne profitons pas même de l'expérience. C'est en vain que nous voyons tous les jours des étalons très-mauvais et des juments les plus communes produire d'excellents chevaux, tandis que les plus beaux arabes ne donnent que de mauvaises bêtes. Comme la plupart de nos agronomes amateurs, Napoléon croyait que l'amélioration d'une race ne provenait que des mâles employés pour la multiplier, et il s'était persuadé que pour avoir des laines superfines et faire concurrence aux Anglais, il n'y avait qu'à répandre, qu'à propager les moutons espagnols. Ayant appris qu'on châtrait des béliers de cette race, il le fit défendre. « C'est un crime, écrivait-il au ministre de l'intérieur, comme de châtrer les chevaux arabes; je veux l'empêcher : je procurerai *gratis* des béliers à ceux qui en voudront; vingt millions, s'il le faut, seront consacrés à cela. » Vainement Tessier représenta que ce serait décourager les éleveurs qui avaient des béliers de race pure à vendre, par une concurrence qu'ils ne pourraient pas soutenir. On passa outre. Plus de 80 dépôts de béliers furent créés en Hollande, en Belgique et en France. Que sont devenus, quels effets ont produits ces précieux animaux? Un grand nombre périrent faute de soins, ainsi que Tessier l'avait prédit.

C. — *Fermes modèles; fermes expérimentales.*

L'ignorance des propriétaires est une des principales causes de l'abâtardissement des animaux domestiques, et l'instruction répandue dans les campagnes serait le plus puissant moyen de hâter le perfectionnement des races.

Ce n'est pas, cependant, l'enseignement théorique que nous réclamons comme le plus urgent. Sans doute, ce mode d'instruction peut être fort utile; mais on peut y suppléer par de bons ouvrages imprimés : or, nous possédons sur l'économie rurale, sur l'agriculture, des livres où les hommes qui désirent apprendre la manière de diriger les exploitations rurales trouveront toutes les indications désirables. Et pour une science technique, de détails, d'applications, les leçons imprimées sont préférables aux dissertations orales. On peut réfléchir sur les premières, les consulter toutes les fois qu'on a besoin de leurs lumières.

C'est par l'exemple qu'il faut enseigner l'agriculture; presque tous nos propriétaires sont persuadés qu'ils suivent le meilleur système agricole possible, et que tout autre mode d'exploitation serait ruineux; si on leur enseignait une autre méthode, ne comprenant pas les théories qu'on pourrait développer devant eux, ils douteraient des résultats qu'on leur prédirait et négligeraient de suivre les principes qu'on voudrait leur conseiller.

Il faut qu'ils voient opérer, qu'ils soient témoins de l'exécution des pratiques nouvelles si l'on veut qu'ils changent leur manière de cultiver. On devra même leur présenter l'exemple d'une certaine manière. S'ils voient bouleverser tout-à-coup l'exploitation d'une ferme, construire de belles étables, importer de belles races d'animaux, ils se moqueront d'abord de l'exploitant, et si l'entreprise n'est pas heureuse, ils se glorifieront de leur prévoyance, de leur perspicacité et se féliciteront de leur sagesse, de la bonté de leur méthode; si les modifications produisent de bons résultats, ils attribueront les succès à l'argent qu'il a fallu dépenser pour les obtenir et ils n'adopteront les opérations qui auront le mieux réussi qu'avec indécision, en tâtonnant. C'est ainsi que dans nos haras, tout en démontrant la manière de créer de beaux et bons chevaux, on a « dégoûté de l'élève de ces animaux, » par la raison, dit M. Huzard, que tout le monde voit qu'il est dépensé un argent considérable pour faire des chevaux de prix , et que , d'après cela , on est porté à croire que de très-fortes dépenses sont nécessaires pour élever de tels animaux.

Mais si les modifications sont faites graduellement, avec prudence , d'abord elles n'entraîneront jamais de revers bien marqués, ce qui est de la plus grande importance pour convaincre les partisans de la routine; ensuite les propriétaires, témoins du succès, ne pourront l'attribuer qu'au mérite des méthodes qu'ils verront pratiquer et ils les adopteront avec d'autant plus de facilité qu'elles n'éxigeront aucun moyen dont ils ne puissent disposer.

Un grand avantage des exploitations rurales, pour provoquer l'amélioration des animaux domestiques, serait la possibilité de donner aux agriculteurs, tout en leur enseignant la manière d'élever, d'entretenir le cheval, le bœuf, le mouton, etc. , des leçons pratiques sur les opérations agricoles, et d'opérer dans l'art de cultiver des perfectionnements sans lesquels il n'est pas possible d'améliorer les herbivores domestiques. Le gouvernement pourrait éprouver dans ces établissements si les races qu'il préconise, les mâles qu'il fournit aux particuliers, conviennent à la localité; il verrait en même temps à quel prix reviennent les chevaux dont il a besoin pour les remontes.

Les haras, les bergeries ne produiront jamais les résultats qu'on pourrait obtenir d'exploitations agricoles dans lesquelles on pratiquerait toutes les opérations rurales. Les fermes ont sur les établissements spéciaux que nous venons d'examiner, les avantages suivants :

Elles permettent de pratiquer des cultures variées plus appropriées à la terre et par conséquent d'améliorer le sol tout en lui faisant rendre une plus grande quantité de produits;

Elles fournissent des fourrages revenant au plus bas

prix possible, au prix de production ; une nourriture en racines, en tubercules, en grains, en fèves, eu pois, fourrages herbacés, etc., plus variée, plus saine que celle que peut acheter un établissement obligé de suivre, dans ses acquisitions, les formes administratives ;

Elles font profiter du travail qu'il convient d'exiger des animaux pour les entretenir en santé, et du temps que perdent les domestiques en promenant les étalons. Dans les haras ce point est très-important, car avec la valeur de nos terres, les prix des loyers, de la main d'œuvre, les taux des impositions, la valeur de tous les objets qu'on consomme dans les exploitations rurales, il faut, pour élever des animaux sans perte, profiter de toutes les ressources dont on dispose ; pour élever sans perte, surtout des chevaux, il faut faire travailler les reproducteurs et même les poulains avant l'âge auquel il doivent être soumis au service pour lequel ils sont destinés. Il n'y a d'exception à cette règle que pour quelques chevaux de selle. Mais personne n'ignore que ces animaux reviennent aussi à un prix excessif.

Les fermes ont sur les haras l'avantage de réunir dans le même établissement un nombre de chevaux, de bœufs, de moutons, etc., etc., relatif aux besoins de l'exploitation et aux produits qu'elle fournit ; de permettre de profiter de tous les fourrages, des pâturages, du résidu des fabriques, de la manière la plus avantageuse. Cette agglomération des diverses espèces domestiques dans une ferme est aussi utile aux terres qu'aux animaux ; elle permet de fournir à chaque sole l'engrais qui lui est le plus approprié et de lui demander la récolte qu'elle est le plus apte à produire.

Les établissements qui n'entretiennent que des chevaux sont dans les plus mauvaises conditions. D'abord, ces animaux nuisent aux pâturages ; la plupart des propriétaires d'herbages, dit Tessier, n'aiment pas que leurs fermiers élèvent des poulains : on spécifie dans les baux le nombre de chevaux qu'un fermier pourra mettre dans un herbage ; ensuite ces animaux sont d'un entretien difficile, surtout s'ils sont nombreux ; ils sont très-exposés à faire des glissades, des écarts, à se donner des coups de pieds ; plus que les bêtes à cornes ils souffrent des épizooties, et il n'est pas rare de voir des maladies détruire en peu de temps un haras.

Le prix auquel reviennent le peu de chevaux qu'on produit dans un haras nous démontre ce qu'il en est à cet égard. L'Autriche en a fait l'expérience ; mais plus en grand que nous. Elle avait jadis des établissements où elle produisait en grande partie les chevaux de ses remontes. Elle avait jusqu'à 20,000 têtes à Mezohégyés. Ces animaux, nourris dans les pâturages, étaient médiocres, et les maladies y faisaient, de loin en loin, les plus grands ravages. Aujourd'hui, ce vaste établissement occupe 300 charrues, dont la moitié est attelée avec des bœufs, l'autre avec des chevaux. On y entretient pour produire les étalons que l'établissement doit fournir, « 1,000 juments poulinières et 48 étalons. 200 juments et 600 bœufs sont employés à la charrue. » (1) A Babolna 10 étalons et 200 juments sont employés à la reproduction, et 280 bœufs plus 40 juments aux labourages et aux transports. L'établissement est organisé de manière à se suffire à lui-même pour tous les genres de besoins. L'Autriche possède cinq fermes organisées sur ce pied. Entretenues par le gouvernement pour produire des chevaux, elles donnaient anciennement de mauvais résultats. Aujourd'hui elles ne coûtent rien ; au contraire, l'état en retire par an 400 étalons qu'il dissémine dans les différentes provinces de la monarchie.

(1) *Voyage du duc de Raguse.*

Ne pourrions-nous pas fonder des établissements semblables dans l'Algérie? En France, nous ne devons pas y songer. Il ne faut pas même imposer aux directeurs de nos fermes, du moins au début de l'exploitation, l'obligation d'avoir des haras considérables. Ce serait une charge qu'on ne devrait imposer qu'aux fermes qui feraient de grands bénéfices. Dans tous les cas les hommes chargés de l'exploitation devraient pouvoir choisir les animaux qu'ils croiraient les plus avantageux. Il est probable que tous ou presque tous voudraient, cependant, avoir quelques étalons pour couvrir les juments de l'établissement et pour spéculer sur le prix de la saillie. M. de Dombasle a tracé avec sa haute expérience la marche que nous avons à suivre à cet égard. «On pourrait cependant, dit-il, dans les cantons qui manquent de bons étalons, exiger du directeur qu'il en entretînt un nombre déterminé, par exemple 3 ou 4 pour le service des juments du pays; comme on le laisserait libre de choisir la race qui serait la plus recherchée des cultivateurs et que le prix du saut se fixerait de gré à gré entre lui et ces derniers, les étalons lui seraient probablement profitables, et ce serait un moyen d'apprendre aux cultivateurs le parti qu'ils pourraient tirer d'une spéculation très-utile pour l'amélioration des races, et qui a été jusqu'ici étouffée par les mesures irréfléchies de l'administration. (1)

Ces exploitations seraient peu dispendieuses; elles devraient être multipliées, elles exerceraient en peu de temps une grande influence sur les progrès de l'art agricole et sur l'amélioration de toutes nos races.

Une rétribution passable serait assignée au directeur de chaque *ferme*, et il serait obligé de rendre compte à l'état des ses opérations, de communiquer sa compta-

____

(1) *Annales de Roville*, t. vi, p. 189.

bilité aux cultivateurs qui voudraient l'imiter ou se convaincre par eux-mêmes des bénéfices de l'exploitation. M. de Dombasle voudrait qu'on ne donnât au directeur d'autre traitement qu'une partie du produit net annuel, établi par des inventaires vérifiés et contrôlés soigneusement. Le célèbre agronome pense qu'en accordant la moitié dans le produit annuel net des frais sur une exploitation de 300 hectares, on placerait le directeur dans une position fort lucrative et très-propre à satisfaire un homme d'un mérite distingué.

Il est bien difficile de déterminer la part de bénéfice que devraient avoir les directeurs des fermes. 100 hectares de terre rapportent plus dans certaines localités que 400 dans d'autres ; il y a même en France des contrées où, à cause du manque de débouchés, du prix de la main-d'œuvre, les propriétés rurales ne rendent aucun bénéfice. Si le directeur de la ferme est capable de remplir sa mission, il saura, avant d'entrer en fonctions, ce que pourra rendre l'exploitation dont il désire se charger ; et le devis qu'il présentera à cet égard, ses prétentions, la demande qu'il fera, permettront même d'apprécier sa capacité et son désintéressement.

Fermes modèles. Les fermes, pour être utiles, ne doivent pas être des établissements de luxe, mais des *modèles* de ce que nos cultivateurs les plus pauvres peuvent faire de leurs domaines. Avec du travail, du zèle et de l'économie, ces fermes donneraient l'exemple de ce que chaque fermier aurait à faire pour exploiter sa terre de la manière la plus lucrative pour lui et la plus utile au bien général.

Pour que l'enseignement fût efficace et produisît en peu de temps un effet sensible, il faudrait le donner à la fois dans un grand nombre d'établissements. Les fermes devraient être dirigées avec la plus grande économie. On ne leur accorderait aucune subvention, même les premières années : seulement au début de l'opération, on donnerait les fonds qui seraient nécessaires pour l'acquisition des bestiaux, des instruments indispensables à l'exploitation. Les directeurs devraient diriger les exploitations de manière non-seulement à ce qu'elles pussent se suffire à elles-mêmes, mais qu'elles réalisassent des bénéfices ; ils n'entreprendraient en grand aucune opération chanceuse, et ils tiendraient les animaux qui donneraient les plus grands bénéfices. Les réparations des bâtiments, les améliorations des instruments aratoires, l'établissement des clôtures, les défoncements, les assainissements, l'acquisition d'animaux étrangers, l'introduction d'assolements nouveaux, de plantes nouvelles, devraient, quoique nécessaires, être faits seulement à mesure que les bénéfices de l'exploitation le permettraient. On dira peut-être qu'avec ces conditions les progrès seraient trop lents ; mais si un homme choisi, instruit, ne peut pas, avec les ressources qui sont dans la plupart des fermes, trouver le moyen de faire des améliorations, comment les simples cultivateurs le trouveraient-ils ?

Des fermes modèles, telles que nous les comprenons, coûteraient fort peu à l'état ; peut-être même feraient-elles leurs frais les unes dans les autres. Mais faudrait-il un million par an pour en entretenir deux cents, ou seulement deux par département, que ce serait une dépense bien minime, eu égard au bien qui en résulterait : faudrait-il augmenter le budget des recettes pour la couvrir, qu'on devrait sans délai se mettre en mesure de pouvoir l'effectuer ; nous ne pensons pas que personne osât la critiquer, quand la France sacrifie quinze à dix-huit cent mille francs pour simple encouragement à une troupe de comédiens.

Fermes expérimentales. Les fermes expérimentales peuvent aussi avoir leurs avantages ; elles seraient utiles pour faire des essais, pour expérimenter en grand sur des innovations chanceuses. On pourrait en établir dans les contrées dont l'agriculture nécessite des changements radicaux. Sous ce rapport il ne peut pas y en avoir de mieux placées que l'institut de la Saulsaie : situé au milieu de la Dombes, il fait sur la suppression des étangs, sur les rotations agricoles, sur l'assainissement d'une contrée que la fièvre rend presque déserte, des essais qu'aucun particulier n'oserait tenter.

Les fermes expérimentales doivent être peu nombreuses. Elles sont dispendieuses, et leur utilité est le plus souvent problématique. D'abord il est rare qu'on ait besoin de faire subitement des changements radicaux dans la culture d'une contrée ; ensuite très-peu de propriétaires pourraient, sans s'exposer à se ruiner, chercher à imiter ce qu'on y pratiquerait. Sous ce rapport des exploitations modèles sont infiniment préférables.

D. — *Étalons départementaux ; étalons communaux ; étalons des particuliers.*

L'état n'a jamais possédé assez d'étalons pour féconder les juments du pays. Anciennement les provinces avaient des haras provinciaux, des étalons qui leur appartenaient ; de nos jours quelques conseils généraux, quelques communes, quelques villages, trouvant que les étalons du gouvernement n'étaient pas assez nombreux ou ne convenaient pas, en ont fait acheter aux frais des départements. La même mesure a été pratiquée pour l'espèce bovine, pour les moutons et pour le porc. Elle est surtout avantageuse sur les espèces dont les propriétaires ne possèdent pas assez de femelles pour occuper un mâle. Après avoir démontré les avantages de l'élevage des mules dans le département de l'Hérault, M. Miquel conseille aux communes, aux cantons, de se cotiser pour faire venir des baudets reproducteurs.

Nous avons signalé parmi les avantages des fromageries de société (1) la facilité qu'elles donnent d'avoir un taureau banal. Le conseil administratif de l'association fromagère en fait l'acquisition, et le fait soigner de la manière la plus avantageuse à tous : si la vaine pâture est usitée, on l'envoie avec le troupeau communal ; dans le cas contraire, on charge un particulier de l'entretenir. Ce qui se passe au village de Gerhardsbrunn (Bavière Rhénane) peut être pratiqué dans tous les pays. « Le taureau appartient à la commune, dit M. F. Villeroy (2), il est acheté à ses frais, vendu à son profit quand on le réforme; chaque habitant est chargé de l'entretenir à son tour pendant un an, et reçoit pour cela une indemnité en argent, et la jouissance d'un pré communal affecté à cette desti_ nation. Cet usage est tout différent de celui suivi dans presque tous les villages où la fourniture et l'entretien du taureau sont adjugés au rabais, et où l'on n'a le plus souvent que de mauvais taureaux. »

L'importation de reproducteurs par les administrations locales offre généralement des garanties de succès; car les hommes qui sont sur les lieux connaissent les besoins et les ressources de la contrée. Cependant l'achat d'étalons pour l'espèce chevaline n'a pas été généralement approuvé.

Quelques personnes craignent que les conseils généraux sacrifient l'intérêt public à l'intérêt des départements, et qu'ils négligent la production des chevaux de selle pour encourager les races faciles à élever et à vendre. Cette objection a peu de valeur. Les départements importeront

---

(1) *Recherches sur les fromageries de société.*
(2) *Journal d'agriculture pratique*, par M. A. Bixio, t. iv, p. 439.

la race qui donnera les plus grands bénéfices ; c'est à l'état
à acheter ses remontes de manière que les chevaux dont
il a besoin se trouvent dans cette catégorie. De bonne foi
oserait-on exiger que les départements propres à produire
des chevaux de selle en fissent par patriotisme?

On cite le département des Ardennes comme ayant
fait, depuis une dizaine d'années, beaucoup de progrès
dans l'amélioration des chevaux. Il a acheté une cinquan-
taine d'étalons dont les produits, dit-on, lui font honneur; des hommes dévoués parcourent les campagnes,
instruisent les éleveurs, combattent les mauvaises habitudes, font voir les avantages des meilleurs chevaux. L'auteur qui nous fait connaître cet exemple si digne d'être
imité, craint que cette prospérité ne soit que factice,
qu'elle disparaisse avec les hommes qui l'ont amenée, à
moins que les mauvais chevaux entiers ne soient coupés.
Cette crainte fait peu d'honneur aux agriculteurs des Ardennes. Nous ne la partageons pas; nous sommes bien
persuadé que, si les étalons introduits par le conseil général donnent plus de bénéfices que les autres, c'est-à-dire
s'ils sont convenables, et nous les croyons tels, on conservera leur descendance avec soin. Dans le cas contraire,
le conseil général n'aurait pas introduit la bonne race, et
alors il serait lui-même le premier à changer ses reproducteurs, à revenir, au besoin, à l'ancienne race du pays.

Les agriculteurs trouveront toujours de l'avantage à
posséder les reproducteurs qu'ils peuvent employer; ils
auront la faculté de choisir la race qui leur convient, et
de créer chez eux des types fixes. L'administration ne
peut pas toujours faire ce qui conviendrait le mieux :
souvent elle est obligée d'abandonner un système de
croisement avant d'être arrivé à toutes les conséquences
qu'il peut produire. C'est pourquoi nous avons vu si
souvent les étalons des différents pays se succéder alter-

nativement, et quitter le pays avant d'avoir créé une race fixe. Il est certain, comme le dit M. Huzard, que le possesseur d'un haras peut avoir de l'avantage à tenir l'étalon qui lui convient. En accouplant le père avec ses filles et avec ses petites filles, il produira en peu de temps des animaux semblables entre eux, et semblables au type qu'il veut introduire chez lui.

Mais si l'on peut, en opérant ainsi, espérer d'avoir à la troisième génération des productions assez belles pour n'avoir plus besoin de chercher autre part que parmi elles tous ses reproducteurs, l'on aura à craindre les effets de la consanguinité. Les étalons communaux, départementaux auront dans l'espèce chevaline, même dans les bêtes bovines, les plus grands avantages. Toutes les vaches d'une ferme, toutes les juments, n'en possédât-on qu'un petit nombre, ne sont jamais semblables ; pour les appareiller, il faut toujours pouvoir choisir entre plusieurs mâles.

E. — *Gardes étalons ; ventes publiques d'animaux.*

Nous ne pouvons pas indiquer ici de quelle manière les étalons départementaux ou communaux, et le troupeau banal devraient être entretenus. Tantôt les administrations les gardent à leur compte, les placent chez des propriétaires qui se chargent de les entretenir moyennant certaines conditions ; tantôt elles vendent publiquement leurs animaux, imposant aux acheteurs l'obligation de les employer à la reproduction à telles ou telles conditions.

Les placements des étalons aux frais de la commune ont moins d'inconvénients que ceux qui ont lieu aux frais de l'administration centrale. Les autorités locales savent ce qu'un animal coûte d'entretien et ce qu'il rapporte ; elles connaissent tous leurs administrés, peuvent choisir des fermiers actifs, intelligents et probes, et dans tous les cas veiller à ce que les conditions du dépôt soient exécutées soigneusement, et que le dépositaire ne mésuse pas du dépôt : on peut du reste intéresser les gardes étalons à la conservation des animaux qui leur sont confiés, en mettant ces animaux à leurs risques.

La manière dont le troupeau banal serait entretenu pourrait varier selon les communes. Il est probable que chaque fermier voudrait avoir à son compte les béliers dont il aurait besoin, et alors il n'y aurait qu'à trouver le moyen de les faire garder en commun. Cependant des mâles communaux, même de l'espèce ovine, pourraient être utiles si l'on voulait faire des essais sur les races étrangères. Dans tous les cas la réunion en un seul troupeau de tous les béliers d'un village, d'une paroisse, procurerait aux fermiers l'avantage bien grand de pouvoir faire couvrir les brebis seulement au moment le plus favorable. Nous verrons qu'il y a de graves inconvénients à laisser les mâles et les femelles dans le même troupeau pendant toute l'année.

Gardes étalons. On appelle ainsi les agriculteurs qui se chargent de garder les étalons que l'autorité fait placer dans les campagnes. Les uns prennent les étalons seulement pour la saison de la monte, et d'autres pour une ou plusieurs années. On doit être difficile sur le choix des gardes étalons ; ils doivent faire soigner convenablement les animaux confiés à leurs soins, et noter exactement toutes les saillies faites par les animaux qu'ils ont en dépôt, afin de tenir compte du prix, pour faciliter les recensements, pour faire apprécier la convenance, l'utilité des stations, pour faire connaître la généalogie des animaux nés dans le pays, et donner ainsi le moyen de faire plus tard des croisements raisonnés. Pour faciliter le travail des gardes étalons, on doit mettre à leur disposition des registres à colonnes sur lesquels ils inscrivent le nom, le domicile des propriétaires des juments, l'âge de celles-ci, leur aptitude, le nom des étalons qui les ont couvertes, etc.

Les gardes étalons devraient être assez instruits sur l'art d'améliorer les animaux et d'appareiller les sexes, pour donner des conseils aux cultivateurs; pour apprécier quel est parmi les mâles placés à la station celui qui convient le mieux à chaque femelle qu'on présente, il est à désirer que le garde étalons soit de la localité où il doit résider, et qu'il connaisse le climat, la nature, la fertilité du sol de chaque ferme; qu'il sache même quelle est l'aisance des propriétaires, leur manière de soigner, de nourrir et de faire travailler les animaux.

Les conventions entre les propriétaires des étalons et les gardes doivent varier selon la race des animaux, selon les localités et l'opinion que l'on a des dépositaires. Anciennement les gardes étalons, les *étalonniers royaux* jouissaient de plusieurs priviléges : ils étaient exempts de la milice, des corvées, de la collecte, de l'impôt du sel, des tailles, du logement des gens de guerre, etc. Aujourd'hui on ne peut plus leur accorder ces avantages; il faut leur donner une rétribution suffisante, les autoriser à faire travailler les animaux, à profiter du fumier, de la laine, du prix de la monte, en prenant à ce sujet des garanties convenables contre l'abus. La difficulté d'intéresser les gardes étalons à soigner les animaux est très-grande; quelques-uns les font travailler avec excès, abusent de leur force, de leur ardeur; d'autres leur font couvrir un trop grand nombre de femelles; la surveillance à cet égard est extrêmement difficile. Heureusement que si le garde étalons est bien payé, il est intéressé à bien soigner les animaux, afin que les inspecteurs et le public les trouvent en bon état, qu'on lui en laisse le dépôt, et qu'on conduise chez lui beaucoup de juments.

La difficulté de faire surveiller les animaux engage souvent l'autorité à ne pas les garder à son compte, à les vendre à des propriétaires qui s'engagent à les employer à la reproduction pendant un délai de....

Vente publique des animaux reproducteurs. Beaucoup de départements font vendre leurs étalons sur enchères, en imposant à l'acquéreur l'obligation d'employer ces animaux à la reproduction pendant un certain nombre d'années au moins. Les possesseurs des animaux les soignent généralement mieux que de simples gardes étalons; ils sont intéressés à les soigner convenablement afin d'avoir de beaux mâles pour leurs juments, afin d'en conserver et même d'en accroître la valeur. Enfin, si les étalons sont en bon état, on leur conduit un plus grand nombre de femelles, et le propriétaire peut exiger une plus forte rétribution de la saillie.

L'achat et la vente publique ont déjà été employés pour des étalons, pour des taureaux, pour des béliers et pour des verrats; après l'encouragement des cultures fourragères et l'achat des animaux produits, ce moyen d'encouragement est le meilleur qu'on puisse employer : d'abord, les animaux étant choisis par les conseils généraux, par une commune, par une société savante, conviennent souvent mieux que ceux qui sont envoyés par ordre d'administrateurs qui habitent Paris; ensuite, le moyen est d'une pratique facile et peu dispendieux, quoique les animaux soient livrés à bas prix relativement à ce qu'ils ont coûté; enfin l'avantage qu'en retire l'acheteur ne produit ni les jalousies, ni les récriminations qui suivent si souvent la distribution des prix et des primes, puisque les ventes ayant lieu aux enchères et étant annoncées longtemps d'avance, chacun a la faculté d'acheter.

Ce mode d'encouragement est en général approuvé. M. de Dombasle pense qu'une somme de 100 à 200,000 francs, employés à des achats de ce genre, produiraient, tout en laissant à l'industrie privée toute la liberté d'action dont elle a besoin, infiniment plus de bien qu'on ne pourrait jamais le faire en consacrant plusieurs millions à l'entretien d'étalons pour le compte du gouvernement. Cette opinion, vraie en général, pourrait-elle être appliquée aux chevaux de race? Il serait fort difficile de vendre et de placer quelques animaux d'un prix excessif, qu'on est cependant obligé de tenir pour l'amélioration des races; sous ce rapport des établissements publics sont nécessaires dans les pays où la propriété est divisée.

Le gouvernement a employé avec le plus grand succès le moyen que nous examinons pour l'amélioration des bêtes à laine et la propagation du mérinos. Il le met en usage dans ce moment pour les bêtes bovines et pour le mouton à laine longue. Après avoir importé et multiplié quelques races précieuses de ces animaux, il les fait vendre publiquement. Cette vente étant faite sans conditions diffère de celle que font les départements, mais le prix élevé des animaux fait que les acquéreurs les conservent pour la reproduction, comme s'ils en avaient pris l'engagement, et c'est la meilleure garantie qu'ils puissent donner.

Sous ce rapport la vente est certainement préférable à la distribution gratuite des animaux. Car en donnant un taureau, un bélier, on les livre souvent à des personnes qui ajoutent peu d'importance aux races exotiques, les négligent, et les laissent périr; tandis que les propriétaires qui achètent fort cher sont presque toujours en état de bien nourrir, de soigner convenablement et ont la volonté de travailler au perfectionnement de leurs cheptels; d'ailleurs, ils sont intéressés à conserver, à propager et à vendre ce qu'ils ont payé fort cher.

F. — *Castration des chevaux; étalons autorisés et étalons approuvés;
juments approuvées.*

Castration des chevaux. Il y avait anciennement en
France des étalons autorisés ou approuvés, entretenus
par des propriétaires qui faisaient une spéculation sur le
prix de la monte.

Lorsque l'administration des haras accordait par privilége le brevet de *garde-étalons,* d'*étalonnier royal*, il était
défendu d'entretenir des chevaux mâles pour la reproduction, sans y avoir été spécialement autorisé par écrit.
Les propriétaires qui voulaient employer des chevaux à
la reproduction devaient préalablement obtenir une autorisation qui n'était accordée qu'après l'inspection des animaux. Diverses ordonnances à ce sujet avaient été rendues
en 1665, 1683, 1695, 1717, 1718, etc.; il était défendu,
sous peine de 300 livres d'amende et de la confiscation
des animaux, d'employer à la reproduction des étalons
non approuvés. Un propriétaire ne pouvait pas même
faire saillir ses propres juments par ses chevaux sans en
avoir obtenu l'autorisation par écrit du commissaire des
haras. Il y avait des ordonnances qui proclamaient la confiscation des poulains et des juments lorsque celles-ci n'a-
vaient pas été fécondées par les étalons qui avaient été
désignés. Si un poulain entier âgé d'un an et plus était
trouvé non entravé avec des juments, il était confisqué et
le propriétaire condamné à l'amende. On ne pouvait livrer au baudet que les cavales de la taille de quatre pieds
et au-dessous, celles seulement qui étaient trouvées impropres à produire des poulains.

De nos jours on a conseillé d'employer aussi des mesures coërcitives pour obtenir l'amélioration des chevaux.
On a dit que l'action de l'administration, bornée aux

moyens de persuasion, de libéralité, restera insuflisante, quelque extension qu'on puisse donner à ces moyens, et quelque bien combinés qu'ils soient, tant qu'ils ne seront pas appuyés par des mesures répressives. On a demandé une loi qui punisse d'une amende toute personne qui emploierait un étalon non approuvé. Quoi! se demande-t-on, la société n'aurait pas le droit de défendre la saillie des étalons tarés et d'empêcher les races de s'abâtardir? Les autorités ont le droit de faire abattre un cheval morveux, et elles ne pourraient pas empêcher un mâle vicié d'infecter l'espèce?

Plusieurs personnes ont proposé de faire châtrer tous les chevaux qui sont impropres à donner de bons produits. « Le goût de la généralité des éleveurs français pour une mauvaise espèce de chevaux est la seule cause qui annihile toutes les dépenses et paralyse tous les efforts faits pour produire des chevaux de selle. Un moyen peut arrêter ce mal à sa base : c'est la castration en France de tous les chevaux entiers qui ne possèdent pas les qualités de bons reproducteurs. » On rapporte que plusieurs étalons de race n'ont pas dans les stations leur nombre de saillies. On cite Eylau, à Alençon, qui cependant est un régénérateur du premier mérite et de la plus heureuse conformation; on se demande « à qui la faute? est-ce à l'administration? Il y a-urait de l'injustice à la lui attribuer. Le mal vient du peu d'empressement et de connaissance des éleveurs. La guerre prétend mieux faire : je lui prédis à l'avance qu'elle n'aura pas plus de succès que les haras. » Tout cela est vrai, à l'exception des accusations lancées contre les éleveurs et des remèdes qu'on propose contre cet état de choses.

On fait valoir une foule de raisons pour prouver que la société a le droit de faire châtrer un cheval capable d'engendrer de mauvais produits; on rapporte l'exemple

de la loi qui oblige chaque individu à servir personnelle-
ment l'état ; on cite l'exemple de l'expropriation pour
cause d'utilité publique ; de la défense de cultiver le tabac
dans certaines terres où il prospérerait parfaitement bien.
Tout cela est inutile. Certes, en présence des innombra-
bles modifications qu'a éprouvées le droit de propriété, il
serait puéril de soutenir qu'on ne pourrait pas contraindre un propriétaire à faire châtrer un mauvais cheval. Ce
n'est pas là la question. C'est la convenance, surtout l'efficacité de la mesure, qui doivent être examinées.

Serait-il équitable de contraindre certains propriétaires
à élever une race de chevaux plutôt qu'une autre ? à leur
imposer une industrie ruineuse ? Et quand nous voyons les
industriels, les fabricants de toutes les espèces lutter entre
eux de finesse (pour ne pas employer d'expressions plus convenables), afin de tromper les acheteurs, de faire paraître
excellents les produits les plus médiocres, de vendre du
coton pour de la laine, etc., oserait-on empêcher les
cultivateurs de faire l'opération la plus licite, la production des animaux qui leur rapportent le plus, parce qu'ils
n'agissent pas dans le sens le plus favorable à l'état, qui
pour ces remontes a besoin de chevaux de selle? mais,
dira-t-on, on veut indemniser convenablement ces cultivateurs ; eh, bien ! prenez des mesures pour cela, et vos
moyens de contrainte seront inutiles.

Mais, supposons qu'on veuille ne tenir compte ni de
l'équité, ni des convenances, comment rendrait-on les
mesures efficaces? Ordonnerait-on la castration de tous
les chevaux entiers qui ne seraient pas destinés à la reproduction? Serait-il défendu de faire travailler des chevaux entiers? voudrait-on priver la société de l'énergie, de l'adresse dont jouissent ces animaux, de leur
aptitude à remplir certains services beaucoup mieux que
ceux qui ont été dégradés par une opération barbare?

les Turcs, les Andaloux, les Arabes ont-ils eu besoin d'employer la castration forcée pour créer de précieuses races de chevaux? Quant à nous, nous concevrions plutôt qu'on défendît de châtrer aucun cheval; si quelques services réclament des bêtes molles, paisibles, qu'on y emploie les juments.

Mais, dira-t-on, il n'est pas question de faire châtrer tous les chevaux, on laissera entiers ceux qu'on voudra faire travailler. Comment empêcher alors les propriétaires de ces animaux de les employer pour couvrir des juments? Mettrait-on à l'amende le propriétaire d'une jument qui mettrait bas sans avoir été conduite à l'étalon de l'état? Mais, vous punirez donc le voyageur dont la monture aurait été couverte à son insu et malgré lui, la nuit, dans une auberge, par un cheval qui s'est accidentellement détaché? Non, la castration forcée n'est pas réalisable, quoiqu'elle soit souvent préconisée de nos jours comme indispensable.

Mais, en supposant même qu'on employât ce moyen extrême, on n'obtiendrait peut-être d'autre résultat que la diminution du nombre des chevaux; car il y a beaucoup de propriétaires qui préféreraient ne pas faire porter leurs juments que de les faire saillir par les étalons que l'administration recommande le plus.

Si les mesures de libéralité, de persuasion sont inefficaces, c'est que les encouragements sont mal choisis ou insuffisants. Mais qu'on emploie les bons moyens, qu'on achète cher les chevaux, qu'on encourage la culture des fourrages, etc., et qu'on s'en rapporte à l'intérêt et à l'intelligence des éleveurs.

Étalons approuvés. Des mesures coërcitives seraient impraticables, contraires à nos mœurs; elles sont même inutiles et seraient inefficaces. C'est une erreur de croire que les éleveurs ne connaissent pas leur intérêt; jusqu'à ce jour il nous ont prouvé qu'ils le connaissent très-bien, en résistant à toutes les promesses qu'on leur a faites pour les engager à élever des chevaux fins. Ils sont disposés à adopter tous les changements avantageux qu'on leur proposera, et prêts à profiter des instructions qu'on leur donnera.

Qu'au lieu de contraindre les propriétaires en quoi que ce soit, le gouvernement demande à visiter les étalons qu'on veut employer à la reproduction ; qu'il s'engage à faire publier dans chaque commune la liste des agriculteurs qui auront des étalons capables de faire de bons reproducteurs ; et bientôt tous les propriétaires qui ont des chevaux de quelque valeur s'empresseront de les faire approuver, et les éleveurs de leur côté auront soin de ne conduire leurs juments qu'à des mâles dont les qualités auront été constatées par des hommes compétents. Mais que l'autorité ne se mêle pas d'imposer une race plutôt qu'une autre. Les éleveurs savent parfaitement ce qui leur convient à cet égard. Ce qui leur manque c'est la connaissance des vices de conformation, des maladies héréditaires. L'autorité peut être utile en faisant connaître ces défauts, en faisant visiter les chevaux qu'on lui présenterait et en déclarant bons ceux qui n'auraient pas de vices, quelle que fût leur race.

Ce moyen suffirait. Les propriétaires seraient intéressés à soumettre leurs étalons à l'approbation d'un jury compétent. Les animaux qui auraient été approuvés, offriraient des garanties. Les possesseurs pourraient exiger une plus forte rétribution de la saillie, et ils auraient un plus grand nombre de juments à faire couvrir. L'approbation ainsi entendue serait un acte volontaire qui aurait une grande influence si l'on avait soin de composer le jury d'hommes du pays, bons connaisseurs, capables d'apprécier ce qui convient à la localité et jouissant de la confiance des éleveurs.

Peut-être même pourrait-on défendre à un propriétaire d'employer comme reproducteur un étalon qui n'aurait pas été approuvé. Dans tous les cas ce ne serait pas attenter à la propriété, ce serait au contraire, comme le dit M. le marquis de Faudoas (1), empêcher le propriétaire d'un mauvais étalon de nuire à autrui et protéger les cultivateurs incapables d'apprécier le mérite d'un cheval contre leur propre ignorance. Mais quelles mesures coërcitives employer? Nous n'en connaissons pas qui puissent être efficaces; nous croyons qu'il suffirait de déclarer dans la loi que le propriétaire qui aurait livré un étalon non approuvé n'aurait pas le droit de réclamer le prix de la saillie.

Mais nous avons des mesures beaucoup plus faciles à employer que les coërcitives, et dont l'efficacité est certaine. Qu'on accorde aux possesseurs de bons étalons, des étalons appropriés aux localités, une prime, une indemnité assez forte et proportionnelle au mérite, à l'utilité de ces animaux. Une approbation des étalons et une rétribution suffisante accordée aux propriétaires seraient de tous les systèmes d'encouragement le mieux entendu. L'argent dépensé pour les haras, l'intérêt du capital représenté par les étalons de l'état, par les établissements où l'on nourrit ces animaux, employés de cette manière et équitablement répartis selon la valeur des animaux primés, peupleraient le pays de tous les étalons nécessaires. Ces primes seraient plus utiles que les saillies gratuites, qui n'ont même été rendues nécessaires que par la concurrence qu'établit le gouvernement, dans la spéculation des étalons, aux moyens de ceux qu'il entretient pour son propre compte.

Juments approuvées. On a aussi proposé dans ces dernières années d'instituer un conseil des haras qui tous les

____

(1) *Mémoire de la Société vétérinaire du Calvados, etc.,* N° 5, p. 189.

ans ferait inscrire sur un livre à souche les signalements, les qualités des juments poulinières qu'on croirait propres à la production des chevaux de luxe ou de cavalerie. Les poulains de ces juments seraient, à l'âge de deux ans, présentés à un jury qui ferait châtrer ceux qui paraîtraient propres à l'armée.

Ce moyen a pour but d'encourager la production des chevaux de selle, il est selon nous inutile, il suffit de payer les animaux ce qu'ils ont coûté aux éleveurs.

G. — *Ecoles vétérinaires; écoles d'équitation; écoles des haras.*

Les *écoles vétérinaires* s'occupent du traitement des maladies et des moyens d'entretenir les animaux en santé; sous ce double rapport elles doivent être mentionnées dans cet Ouvrage.

Pendant longtemps elles ont semblé avoir été fondées exclusivement pour s'occuper des maladies et de la maréchalerie, et à cet égard elles nous ont rendu les plus grands services : depuis que ces établissements existent, les épizooties apparaissent beaucoup plus rarement, et quand elles se montrent, elles font infiniment moins de ravages. Les écoles vétérinaires ont popularisé l'art de traiter les animaux; elles ont exercé leur salutaire influence même sur les guérisseurs les plus ignorants : on ne pratique plus de nos jours une foule d'opérations barbares, inutiles, qui servaient seulement à faire souffrir les malades, souvent à les estropier et à occasionner des dépenses aux propriétaires; tandis que beaucoup d'opérations rationnelles qui sauvent les animaux et en prolongent les services, enseignées par les écoles vétérinaires, sont aujourd'hui pratiquées, quoique graves, par les empiriques et même par les propriétaires des bestiaux.

L'influence de la médecine vétérinaire sur la conservation des animaux est incontestée et pouvons-nous dire incontestable ; mais si l'on ne peut faire aucun reproche à la science, on critique dans la personne des jeunes vétérinaires la manière dont elle est enseignée. Des hommes du plus grand mérite, des agriculteurs éminents ont avancé dans des recueils scientifiques, même à la tribune de la chambre des députés, que les empiriques sont plus habiles dans le traitement des maladies au moins de certains animaux que les vétérinaires. Je ne veux pas opposer une dénégation à une affirmation, ni démontrer, ce qui me serait facile, les avantages que doit avoir l'homme instruit sur celui qui est incapable de raisonner. Je préfère signaler, dans l'intérêt de la conservation des animaux, quelques imperfections qui existent dans notre enseignement ; c'est aussi le meilleur moyen de diminuer la concurrence que les empiriques font à nos jeunes confrères.

Nos élèves ne suivent aujourd'hui dans les écoles que la pratique d'un professeur, et quand les jeunes vétérinaires vont commencer l'exercice de leur profession, ils ne connaissent en pratique que la méthode d'exploration, de traitement, de l'homme dont ils ont suivi les leçons.

Ce n'est pas ici le lieu de prouver qu'un seul médecin ne peut pas approfondir l'étude de toutes les maladies ; qu'un praticien, qui a un trop grand nombre de malades à traiter, les voit sans fruit ; que quelles que soient les facultés des hommes, ils ont toujours leurs préventions ; que l'un voit le plus souvent des altérations du sang, un second des affections de poitrine, un autre des gastro-entérites, un quatrième des fièvres, un cinquième des maladies nerveuses, des tubercules, etc., etc. ; que même le praticien qui se croit le plus exempt de système, donne la préférence à certaines méthodes de traitement et néglige des moyens qui seraient utiles ; que le jeune vétérinaire qui aurait suivi plusieurs maîtres, aurait de l'avantage sur celui qui n'aurait vu pratiquer qu'un seul professeur.

Mais supposons que le mode de traitement que voit suivre l'élève, ne convienne pas à sa localité, soit à cause de la nature des maladies régnantes, soit à cause des caractères que le climat imprime à ces maladies, combien de temps faudra-t-il au jeune vétérinaire, souvent sans bibliothèque bien garnie et sans fortune, pour changer de méthode? changera-t-il même avant d'avoir perdu la confiance du cultivateur, et ne sera-t-il pas obligé d'abandonner une profession dans laquelle réussit cependant un homme ancien, vétérinaire ou autre, qui a beaucoup moins de connaissances que lui? De nos jours, ces inconvénients sont moins à craindre qu'anciennement à cause de l'instruction plus grande des vétérinaires et à cause de la facilité que nous avons de nous tenir au courant de la science par les journaux; mais combien ne trouverions-nous pas encore de praticiens qui, sortis des écoles dans le temps où la doctrine de Broussais régnait en souveraine, se croyant théoriciens profonds, veulent tout expliquer, expliquent tout, ne voient que des inflammations, n'emploient que des débilitants et traitent pendant des mois entiers des maladies que d'autres guérissent en quelques jours.

La partie des études qui a pour but le traitement des maladies, fait tous les jours des progrès dans les écoles vétérinaires, le gouvernement fait sans cesse des améliorations : dans ces dernières années il a pris quelques dispositions qui facilitent l'entrée des bœufs, des moutons, etc., dans nos infirmeries; il serait bien à désirer qu'on adoptât dans l'enseignement les modifications qui seraient nécessaires pour faire fructifier tous les éléments d'instruction que nous possédons.

Nous ne devons pas tracer ici un plan de ce qu'il conviendrait de faire, mais nous demanderons, pourquoi ne fonderait-on pas dans les écoles un cours de clinique externe et un cours de clinique interne , et ne mettrait-on pas les élèves à même de suivre pendant les deux ans qu'ils fréquentent les infirmeries la pratique de quatre professeurs au moins? Ce système serait favorable aux progrès de la science et à l'enseignement de toutes les branches de la médecine , car il serait à désirer que tous les professeurs des écoles vétérinaires fussent praticiens. Ce changement est d'autant plus facile qu'il faut seulement adopter à cet égard ce qui est pratiqué pour les médecins. Tous les élèves en médecine, ne voulussent-ils être que simples officiers de santé , suivent au moins la clinique de cinq à six professeurs, même dans les écoles secondaires; quand ils veulent ensuite exercer leur profession , ils peuvent, si les débilitants échouent, employer les excitants, les purgatifs, les contre-stimulants. Ayant vu employer tous les modes de traitement , ils peuvent conseiller, d'après ce qu'ils ont vu faire, la méthode qui doit être mise en usage , soit qu'ils se trouvent dans le nord , soit qu'ils exercent dans le midi. Il est inutile de faire ressortir le désavantage du débutant qui aurait suivi la pratique d'un seul maître et pendant deux ans seulement : tel est cependant le cas des vétérinaires, avec la différence que la médecine est plus difficile à pratiquer sur les animaux que sur l'homme.

Nous avons dit que les écoles vétérinaires avaient beaucoup contribué à la conservation des animaux. Nous espérons même qu'à l'avenir elles feront plus de bien qu'elles n'ont fait dans le passé; un grand nombre de leurs élèves n'ayant pas eu assez de persévérance pour soutenir, au début de leur carrière, la concurrence contre les empiriques, ont abandonné leur profession après avoir obtenu leur diplôme. Les dépenses faites par l'état pour leur instruction sont perdues , et de grandes contrées ont pour cette raison été toujours exploitées par les charlatans. **M.** le ministre de l'agriculture vient de promettre une loi qui fera cesser cet état.

Mais nous craignons que les difficultés de rédiger un bon travail retardent encore une mesure que nous sollicitons moins dans l'intérêt de notre profession que dans l'espérance de voir cesser des pratiques barbares qu'on exerce encore sur nos malheureux animaux; de voir mettre nos cultivateurs à l'abri de leur simplicité, de leurs préjugés et de l'ignorance astucieuse des guérisseurs.

Toutefois, s'il est difficile de résoudre complètement la question, il serait fort aisé d'adopter des mesures transitoires qui auraient cependant une grande influence : ainsi, il pourrait facilement être défendu de se qualifier *vétérinaire*, d'en prendre le titre, sans en avoir obtenu l'autorisation par un diplome; être ordonné aux autorités administratives, judiciaires et militaires de ne commettre que des vétérinaires pour visiter les animaux, pour dresser les actes, les rapports, les procès-verbaux relatifs aux épizooties, aux cas rédhibitoires, etc.

Il pourrait également être déclaré que les maréchaux, les guérisseurs n'ont pas le droit de se faire payer les visites, les opérations chirurgicales, les traitements de maladies faits sur les animaux domestiques.

La partie de la médecine vétérinaire qui se rapporte à l'hygiène est moins avancée que celle qui traite des maladies ; pendant que les vétérinaires ont fait faire à celle-ci les plus grands progrès, l'autre est restée presque stationnaire. Mais il n'est pas étonnant qu'il en soit ainsi : —

Les élèves vétérinaires ne peuvent pas, sous ce point de vue, recevoir un enseignement aussi complet que sous le rapport médical proprement dit. — Les écoles qui sont placées ou dans de grandes villes, ou dans le voisinage de grandes villes, ce qui leur est indispensable pour l'enseignement médical, qui sans contredit est le plus important, ne peuvent avoir les moyens-pratiques qui doivent servir de guides toutes les fois qu'il s'agit de l'enseignement de quelque partie que ce soit de l'économie rurale.

Sortis des écoles les vétérinaires sont d'ailleurs appelés par leur état bien plus à traiter les animaux malades qu'à diriger l'élevage des bestiaux.

Cependant, en considérant combien leur concours peut quelquefois être utile, on a voulu de tout temps faire entrer l'enseignement de l'économie rurale dans l'enseignement vétérinaire ; nous sommes persuadé que cette tendance existe maintenant plus que jamais. — L'administration fait et fera, sans doute, des efforts pour réaliser cette amélioration.

Mais quand on réfléchit mûrement à cette question, qu'on tient compte de la nécessité de laisser les écoles vétérinaires près des villes, des difficultés qu'offrent leur position, le nombre considérable et le régime cloîtré des élèves, on se demande s'il ne serait pas à désirer qu'on établît dans une campagne, dans un pays d'élevage, une succursale de nos écoles, véritable école d'application et de perfectionnement, où l'on enseignerait ce qui ne peut s'apprendre que d'une manière incomplète aux environs des cités populeuses.

Sans s'occuper spécialement d'agriculture, les élèves se familiariseraient, dans cet établissement, avec les pratiques agricoles qu'ils auraient journellement sous les yeux ; sans études pénibles, ils acquerraient sur toutes les parties de l'économie rurale des connaissances positives, qu'ils répandraient ensuite dans les campagnes.

Il serait difficile de prévoir quelles seraient les conséquences sur l'agriculture et sur le perfectionnement des races d'un enseignement vétérinaire complet ainsi associé aux pratiques agricoles. Si cela avait lieu, les méthodes de Backewel, de Charles Culling, sur la production des animaux, seraient bientôt perfectionnées et popularisées, comme nous avons répandu et simplifié plusieurs opérations chirurgicales : l'inoculation du claveau, la ponction du rumen, etc.

La pratique de la maréchalerie a joué un grand rôle dans l'énfance de l'enseignement vétérinaire, et elle a contribué, ainsi que l'enseignement théorique de la ferrure, à augmenter l'utilité des animaux. Il serait même bien à désirer que tous les vétérinaires fussent habiles dans l'art de ferrer; car la maréchalerie ne peut leur être utile que lorsqu'ils auront l'habileté nécessaire pour bien parer un pied difficile, pour ajuster convenablement un fer et pour brocher les clous sur un mauvais pied.

Sous les rapports de l'application, les avantages de cette partie de notre enseignement sont quelquefois contestés, mais il n'en est pas de même de la partie théorique; celle-ci est plus facile à apprendre et en nous faisant connaître l'influence des divers fers appliqués sous les pieds des animaux, en indiquant le genre de ferrure qui convient selon la direction des membres, l'état des pieds; en nous enseignant l'âge auquel il eonvient de commencer à ferrer les poulains, elle peut contribuer à la conservation des solipèdes et même des ruminants; elle peut rendre le travail du cheval surtout plus sûr, plus agréable, plus régulier et partant plus productif.

Ecoles d'équitation. (1) L'équitation en nous enseignant la manière de dresser, de conduire les chevaux, nous

(1) Le besoin de démontrer combien la question de l'entretien des animaux et du perfectionnement des races est compliquée, nous a engagé à placer dans ces considérations générales sur l'amélioration des espèces domestiques un article concernant des établissements qui ont cependant très-peu de rapport avec l'*Hygiène vétérinaire appliquée.*

apprend à les conserver, à éviter les accidents qu'occasionne ordinairement le travail. Les hommes qui dirigent bien un cheval, soit à la selle, soit à la voiture, en tirent, en le fatiguant moins, de meilleurs services que ceux qui le dirigent sans principes. Ensuite, en dressant bien les animaux, on les rend plus forts, plus adroits, plus dociles; on leur communique des qualités qui se transmettent de cheval à cheval par imitation, et du père aux enfants par la génération. Sous ces rapports les écoles d'équitation sont incontestablement favorables à la conservation et au perfectionnement des chevaux. Nous voudrions même que l'enseignement ne se bornât pas à l'éducation du cheval de selle; mais qu'on apprît la manière de conduire, de dresser les chevaux de voiture.

Les écoles d'équitation sont considérées par quelques hippologues comme des moyens d'encourager la multiplication des chevaux de selle. Le nombre de ces animaux diminue en France de jour en jour, par la facilité de voyager en voiture. Ils sont cependant pour l'état, pour la défense du pays, de première nécessité. Mais indépendamment de la facilité de voyager en diligence et sur des bateaux à vapeur, il y a contre l'usage des chevaux de selle les mœurs actuelles qui, malgré les plus larges allocations, sont et seront, dit avec raison M. de la Roche-Aymon (1), l'obstacle le plus difficile à vaincre pour obtenir l'usage, et partant la production du cheval de selle; « on ne peut voir sans douleur, continue M. le lieutenant-général, la quantité de tilburys, bogheis, cabriolets, dont se servent *même les officiers de nos régiments de cavalerie*. Il serait peut-être nécessaire de les leur interdire : les officiers en seraient mieux montés, et n'auraient pas

____

(1) *De la Cavalerie*, t. ii, p. 209.

tant de ces chevaux à deux mains qui nuisent au bien du service. En défendant ces voitures aux officiers subalternes dans leurs garnisons, ils s'occuperaient plus exclusivement d'être mieux montés, et monteraient à cheval plus souvent. Cet exercice deviendrait leur distraction et leur amusement. Je m'étonne que le ridicule n'ait pas encore fait justice de l'emploi de ces sortes de voitures par des officiers de cavalerie. » Quels que soient les inconvénients de cet état de choses, nous ne saurions les apprécier, nous croyons qu'il faut l'accepter et ne pas chercher à changer le goût de l'époque, ce qui serait fort difficile ; car, comment pourrait-on exiger que des savants paisibles, qui ont passé toute leur vie à étudier, s'amusassent à faire caracoler un cheval comme le faisaient les nobles chevaliers, les lanciers de Charles VII ?..

« L'élève du cheval en France, dit un de nos hippologues les plus érudits, n'est arrêté que par l'ignorance, l'incurie, l'inhabilité soit de l'éleveur, soit du consommateur ; il y a impossibilité de produire le cheval, parce que l'homme de cheval manque dans toutes les classes, dans toutes les professions, et l'homme de cheval ne saurait exister, en aucune manière dans ce pays, sans l'écuyer qui le forme et l'instruit. Sans l'homme de cheval, impossibilité de créer le cheval, impossibilité de s'en servir. C'est là qu'est le mal, c'est là qu'il faut chercher le remède. En vain l'agriculture perfectionnée nous prodiguera ses ressources ; en vain l'hippologue instruit voudra nous apprendre l'art des croisements, le choix des races, les secrets de la production ; en vain l'administration du pays voudra créer de nouveaux systèmes d'encouragement et des débouchés faciles ; en vain on imaginera de nouvelles lois sur nos routes, des modes particuliers de roulage ou de harnachement, ou un bouleversement complet dans l'industrie et dans le commerce, tous les efforts viendront se briser contre les obstacles qu'apporte à tout le manque d'hommes de cheval.

« L'équitation une fois répandue, cultivée, perfectionnée, honorée, la passion du cheval se réveille ; les connaissances se multiplient, se généralisent ; le goût s'épure ; on recherche les bons chevaux, on s'applique à les produire. On apprend à les utiliser, à multiplier leur nombre, à accroître leur durée, par un régime sage, un dressage raisonné, une bonne manière de les monter et de les conduire. » (1)

Ce passage est aussi profondément pensé que bien écrit ; cependant nous ne pouvons pas en accepter les conséquences, et nous regrettons que la grande sagacité de l'auteur ne lui ait pas fait approfondir davantage les causes du mal. Des écoles d'équitation suffiraient-elles pour répandre le goût du cheval ? pour former des hommes de cheval ? Est-ce la possibilité d'étudier l'équitation qui nous manque ? Mais pourquoi les amateurs de chevaux ne trouveraient-ils pas des écuyers comme les amateurs de mélodie trouvent des maîtres de musique ? Ce qui nous manque pour avoir des hommes de cheval, ce sont de nombreux majorats de 300,000 livres de rente , et exempts des charges publiques ; ce sont de riches seigneurs insouciants de leur sort, à l'abri des créanciers, et sûrs de l'avenir de leur noble progéniture. Mais des écoles d'équitation ? à quoi ont abouti les essais que nous en avons faits ?

Nous pouvons appliquer à toutes les classes de la société ce que nous avons dit des militaires : il n'est pas aujourd'hui un fils de famille, quelle que soit sa fortune et la position de ses parents , se croyant capable de quelque chose, qui renonce à l'étude pour devenir homme de che-

____

(1) Baron de Curnieu, *Journal des Haras*, juillet 1842, p. 241.

val ; et nous devons ajouter que notre état social, nos institutions ne le permettent pas.

Considérées comme moyen d'encourager la production des chevaux, des écoles d'équitation nous paraissent contraires à l'intérêt public. Qu'on enseigne les principes de l'art de monter à cheval qui a longtemps contribué à la gloire de la France, cela se conçoit, et cela doit être, à condition qu'on cherchera à rendre l'enseignement utile en réunissant ces écoles à des établissements militaires ou aux écoles vétérinaires. Mais vouloir créer des cavaliers pour avoir plus tard besoin de créer des chevaux, serait peu raisonnable ; car, quelle serait l'utilité des uns et des autres? si le goût du cheval devenait général, comme celui des bijoux, de la musique, quelle perte n'en résulterait-il pas pour la société? Les chevaux serviraient pour l'armée en cas de besoin, dira-t-on. Et il faudrait nourrir, en vue de ce besoin, vingt-cinq ou trente mille chevaux de luxe, qui coûteraient peut-être plus de 1,000 fr. chacun d'entretien? Il n'est pas nécessaire de déduire quelles seraient les conséquences de ce système ; ce serait imposer bien chèrement les riches sans profit pour les pauvres. Il vaut beaucoup mieux qu'on accorde au ministère de la guerre quelques millions de plus pour entretenir pendant la paix les chevaux qui peuvent être nécessaires en temps de guerre. Nous avons vu, en parlant des remontes, que cet entretien serait facilement réalisable, et qu'il n'entraînerait pas de trop fortes dépenses.

Mais pourquoi le gouvernement ne se féliciterait-il pas, quelques sommes qu'il lui en coûte pour ses remontes, d'un état de choses si favorable au bien général? Au lieu de tenir des chevaux de selle qui ne peuvent être utiles qu'à l'âge de cinq à sept ans, nous en avons qui payent leur nourriture à vingt-quatre, vingt-six mois; et quand on ne peut pas les vendre à une foire, au lieu d'être obligé de les donner pour rien, ou de les nourrir sans les faire travailler jusqu'à la foire suivante, comme on le fait pour les chevaux de selle, on les occupe, on leur fait gagner leur entretien.

Non, on ne doit pas chercher à arrêter les tendances de l'époque ; ce serait en vain, car « la facilité des communications intérieures, l'impossibilité des grands équipages de chasse par suite du morcellement des propriétés, le peu d'activité de la jeunesse, et, pour ainsi dire, son éloignement pour monter à cheval, en diminuant la consommation des chevaux de selle, augmenteront nécessairement celle des chevaux de trait, de voiture, de cabriolet et des chevaux à deux mains. » (1) C'est un bien que le commerce, le luxe et même l'armée réclament à peu près les mêmes animaux ; car les chevaux de poste peuvent être utiles à la cavalerie. Dans tous les cas, au lieu de combattre inutilement cette tendance que n'avait pas à vaincre l'ancienne administration, il est plus facile et plus avantageux de mettre les cultivateurs à même de fournir les chevaux que la consommation réclame.

Mais si l'on ne doit pas, hors du service, forcer les hommes qui aiment à aller en voiture à monter leurs chevaux, on doit tenir la main à ce que les employés des diverses administrations aient le nombre de chevaux dont ils reçoivent les rations. « Dans la cavalerie, dit un correspondant du *Journal des Haras* (2), tous les officiers supérieurs touchent trois rations, et, à très-peu d'exceptions près, ils n'ont que deux chevaux.

« Les capitaines trésoriers, les capitaines d'habillement, n'en ont pas du tout. Il en est de même des généraux et de leurs aides de camp. Chacun a pu les voir prendre des

(1) De la Roche-Aymon.
(2) Septembre 1842, p. 90.

chevaux de louage lorsqu'une circonstance particulière les force à monter à cheval. Je me rappelle encore une revue du roi dont j'ai été témoin lors de mon dernier voyage à Paris. L'état-major, *aussi brillant que nombreux*, qui suivait sa majesté, ne brillait certes pas par la beauté de ses chevaux ; c'étaient de misérables locatis, dont un commis-marchand un peu fashionable n'aurait pas voulu pour se promener le dimanche.

« Il me semble, Monsieur, que si le budget accorde à certains officiers des rations de fourrages, c'est pour nourrir des chevaux ; il n'en est rien cependant, et ce sont **MM.** les officiers les plus fortement rétribués qui font l'économie de leurs rations. En consultant l'*Annuaire militaire* et en calculant au plus bas, j'ai trouvé que le trésor payait ainsi la nourriture de plus de deux mille chevaux qui n'existent pas. Ces deux mille chevaux d'officiers, au prix moyen de 1,200 fr., donneraient la somme de 2,400,000 fr., dont on fait tort au commerce. En comptant le remplacement au 6e, ce serait plus de 444,000 fr. qui seraient versés chaque année dans les pays où l'on élève le cheval de selle ; pour qui connaît la situation des éleveurs du Limousin et de l'Auvergne, où l'on prendrait les chevaux d'officiers, il est évident qu'un tel encouragement aurait les plus grands résultats sous le rapport de l'amélioration et de la production. »

Ecole des haras. On a fondé en 1840 une école des haras ; cet établissement peut avoir de bons résultats sur l'administration de nos haras et sur l'entretien des animaux qu'on y nourrit. Mais contribuera-t-il beaucoup à l'amélioration des chevaux en France ? L'école des haras mettra-t-elle les agriculteurs à même de soigner convenablement leurs élèves ? l'expérience résoudra ces questions. Nous croyons cependant que cet établissement aurait été beaucoup plus utile, si on l'avait réuni à une ferme modèle, pour en faire une école d'agriculture , ou plutôt aux écoles vétérinaires. Peut-être aurait-on dû le considérer comme une école d'application et y envoyer , sinon tous, du moins quelques élèves sortis, avec leur diplôme, des écoles vétérinaires; alors nous aurions eu des hommes réellement capables de bien comprendre l'amélioration des animaux et de bien diriger un haras , mais en France , nous divisons toutes nos forces, nous faisons rarement quelque chose de complet et de réellement utile.

CHAPITRE III.

Moyens d'améliorer les animaux.

—

Il nous reste à étudier les moyens que doivent employer les fermiers pour perfectionner leurs animaux. Ces moyens ont pour but de modifier les races indigènes ou de les remplacer par des races étrangères.

SECTION Iʳᵉ. *Moyens d'améliorer les races indigènes.*

Les changements éprouvés journellement par les bêtes bovines, par les moutons, nous prouvent, quoique l'époque de la domestication de ces animaux soit inconnue, que les races qu'ils présentent ne sont pas sorties des mains du créateur telles qu'elles sont parvenues jusqu'à nous. « Les animaux domestiques sont, dit M. I. G. Saint-Hilaire, de véritables ouvrages de l'homme ; ils présentent, dans toutes les modifications qui les éloignent des types primitifs, autant de traces irrécusables de l'influence du pouvoir humain dans les âges antérieurs. » Nous avons dû transformer comme par une seconde création, selon les expressions du savant naturaliste, en esclaves et en compagnons, en amis quelquefois, des êtres que la nature avait placés au-devant de nous indifférents ou hostiles, leur imposant de nouveaux instincts, diminuant, augmentant, modifiant à notre gré leurs organes ; en un mot, changeant la nature même des espèces, pour faire du bouquetin et du mouflon la chèvre et la brebis, du sanglier le porc, du chacal et du loup le chien, et du cheval sauvage le plus noble, le plus beau et, si le chien n'existait pas, le plus docile des animaux domestiques (1).

Mais ce n'est pas seulement en comparant les animaux domestiques aux espèces sauvages, que nous pouvons reconnaître les effets de la domestication ; c'est encore en comparant les races des nations civilisées à celles des peuples sauvages. On pourrait presque juger du degré de civilisation d'un peuple aux modifications qu'il a su imprimer aux espèces zoologiques qu'il élève. Ainsi nos races canines, diffèrent de leur type par des caractères spécifiques, tandis que les chiens des peuplades à demi sauvages ne savent pas aboyer, ont le museau allongé, le crâne étroit, comme le loup, le chacal dont ils présentent les allures et la physionomie.

L'influence de la domesticité est démontrée aussi par la transformation qu'éprouvent les animaux domestiques quand ils redeviennent sauvages : ils reprennent graduellement une taille uniforme, un pelage simple et les habitudes de leurs congénères qui vivent à l'état de nature. Quelques générations, à l'état de liberté, ont suffi pour faire disparaître les variétés que présentaient les chevaux introduits en Amérique par les Espagnols : ces animaux offrent tous les mêmes caractères, ils ont un pelage uniforme, et quoique descendus des petites races d'Europe, ils sont plus petits que leurs ancêtres ; et même, dans chaque localité, nous pouvons constater l'influence de la domesticité, si nous comparons les animaux bien tenus à ceux qui ne reçoivent pas des soins convenables. La comparaison des haras sauvages, des demi-sauvages, avec les haras domestiques, démontre encore que la perfection des animaux est en rapport avec les soins que nous leur donnons. Dans les haras demi-sauvages com-

____

(1) *Encyclopédie nouvelle,* article *Domestication.*

mencent à apparaître des chevaux grands, bien conformés et de couleur variable , supérieurs à ceux qui vivent dans l'état de nature ; mais c'est dans les haras domestiques que l'influence des appareillements , des croisements, de la distribution des aliments , etc. , se montre par les différences de forme, de volume, d'aptitude, de couleur que présentent les animaux.

Ainsi il est bien reconnu que l'homme a créé les races domestiques qui lui sont les plus utiles ; et quand nous voyons, dans la même localité, de belles et de mauvaises bêtes bovines , des chevaux distingués et de mauvais porteurs de choux être , les uns et les autres , notre ouvrage, nous pouvons dire avec M. Huzard , que l'homme peut produire partout de bonnes races.

Toutes les espèces animales ne sont pas également susceptibles d'être modifiées ; elles nous offrent à cet égard des différences qui dépendent de la manière dont elles se reproduisent.

Comme le fait observer Buffon , les espèces monogames offrent à l'état de nature moins de variétés que les polygames dont les femelles changent continuellement de mâle ; dans les polygames chaque mère produit un nombre plus considérable de variétés. Mais sous l'influence de la domesticité , l'homme en contrariant les animaux , en mettant en rapport des mâles et des femelles , qui , abandonnés à eux-mêmes, ne se seraient jamais rencontrés, produit en partie l'effet que la polygamie détermine sur les espèces sauvages.

La longévité des animaux , leur fécondité sont aussi des circonstances qui influent sur la production des races et sur les effets de la domesticité : les espèces qui vivent longtemps , qui sont unipares, peu fécondes , changent peu et très-lentement ; tandis que celles qui vivent peu de temps , qui engendrent plusieurs fois tous les ans , éprouvent des variations rapides ; les années sont sous ce rapport, pour l'espèce du chien, beaucoup plus que les siècles pour celle de l'éléphant.

La facilité avec laquelle les animaux se multiplient à l'état de domesticité, exerce une grande influence sur la formation des races ou variétés nouvelles. Les espèces qui ne peuvent point se propager après avoir été privées de leur liberté, ont très-peu changé. L'éléphant si intelligent, si sociable, si facile à apprivoiser, n'offre que des variétés accidentelles très-légères et toujours individuelles, parce que, réduit à l'état de servitude, il ne se propage pas et ne peut pas transmettre à ses descendants les changements que nous lui avons imprimés.

Les modifications communiquées aux animaux ne deviennent héréditaires et ne constituent des types nouveaux que lorsque nous employons à la reproduction des individus qui les ont éprouvées. Si le taureau est si féroce après tant de siècles d'asservissement, n'est-ce pas parce qu'on le fait reproduire trop jeune, avant que la nature ait développé en lui et que l'éducation ait réprimé les instincts de son espèce ? La nourriture qu'il reçoit pendant les premiers temps de la vie ont modifié sa taille, son volume, ses formes ; mais rien n'a changé son caractère, son naturel, qui ne sont pas même développés quand nous le privons de la faculté de se reproduire. Il se propage toujours avec tous les attributs du bœuf sauvage, très-légèrement corrigés par l'influence de la mère qui les possède à peine, et il transmet à ses descendants son aptitude à devenir féroce. L'espèce aurait été plus profondément modifiée si on n'eût employé à la reproduction que des mâles dressés.

L'influence que l'homme exerce sur les animaux est en raison de leur degré de domesticité : quelques espèces qui nous sont à peine soumises n'ont pas éprouvé de modifications sensibles ; les insectes domestiques diffèrent-ils de leurs congénères sauvages ? Les poissons de nos étangs ressemblent à ceux des rivières ; les lapins, le chat, quoique un peu plus domestiques que l'abeille, que le brochet, diffèrent peu de leur type sauvage ; tandis que les bœufs, le cheval, surtout les chiens, qui nous sont si soumis, offrent une infinité de races et diffèrent radicalement des espèces sauvages d'où ils proviennent.

Nous pouvons améliorer les animaux en les modifiant par l'action des agents extérieurs et par la génération. Les moyens qu'il faut employer doivent varier selon les espèces, selon les perfectionnements que l'on veut produire et les circonstances dans lesquelles on se trouve.

Art. 1. *Amélioration des races par les agents extérieurs.*

La création des variétés dans les êtres organisés dépend beaucoup de la facilité avec laquelle ces êtres sont modifiés par le climat ; et ceux dont l'organisation est peu compliquée sont les plus subordonnés à l'influence de la nourriture, de l'air, etc. Le volume des végétaux est complétement subordonné à la fécondité de la terre où ils vivent. Par l'action de la culture, des engrais, nous pouvons non-seulement modifier l'ensemble de chaque plante, mais encore rompre le rapport qui existe naturellement entre ces diverses parties : ainsi, nous pouvons avoir du blé à tiges nombreuses, à feuilles larges, mais pauvre en grains, ou de bonnes récoltes de grains et peu de paille, selon que nous plaçons la semence sur une plaine riche en principes fertilisants , humide, ou sur un coteau amendé par des sels calcaires, bien travaillé et contenant des principes azotés.

L'influence des agents physiques est presque aussi marquée sur les animaux inférieurs , sur les zoophytes, que sur les plantes. Le développement des abeilles est com-plètement subordonné à la nourriture qu'elles reçoivent : les larves sont-elles largement logées et bien nourries, elles acquièrent tout leur accroissement et se transfor-ment en reines, c'est-à-dire, en femelles pouvant se re-produire; restent-elles dans des alvéoles étroites, rece-vant peu de nourriture, elles ne forment que des neutres. M. Edwards nous a démontré que des têtards privés d'air et de lumière ne peuvent pas subir leur transformation ; ils acquièrent un volume extraordinaire, mais sans chan-ger de forme (1). Dans les poissons, pour citer un fait connu des agriculteurs, nous rappellerons le brochet, qui acquiert un accroissement prodigieux s'il trouve une abondante nourriture, tandis qu'il reste stationnaire dans les eaux où il ne peut pas satisfaire sa voracité.

Les animaux à sang chaud sont moins facilement mo-difiés par les aliments, par le calorique, etc., que les êtres dont nous venons de parler; cependant on peut encore leur faire subir les plus grandes modifications, surtout en agissant sur eux dans les premiers temps de la vie. Car les animaux les plus parfaits présentent dans leur développe-ment des états qui correspondent aux différents degrés d'or-ganisation qu'on observe dans la série des êtres organisés ; l'homme est d'abord semblable à l'être dont l'organisa-tion est la moins compliquée et il n'acquiert que progres-sivement la composition qui le place à la tête de la créa-tion. Sous le rapport du mode de développement, les mammifères, les oiseaux, ressemblent à l'homme; or, lorsqu'ils offrent l'organisation des hydatides, des vers, etc., ils ressemblent à ces animaux par la facilité avec laquelle ils peuvent être modifiés. Enfin, il faut se rappeler que toutes les parties des animaux n'ont pas une

____

(1) *De l'Influence des agents physiques sur la vie*

vitalité égale et que celles qui , comme les poils, la corne, l'épiderme, ont une vitalité moindre, sont les plus faciles à faire varier.

Les causes qui modifient les animaux sont en général connues quoique souvent nous ne puissions pas en expliquer les effets. Nous savons que tout ce qui produit une influence salutaire ou nuisible sur la vie peut changer l'économie animale. Mais tous les objets qui peuvent faire varier les êtres organisés n'améliorent pas nos races, et tous ceux qui les améliorent ne doivent pas être indistinctement employés , car tous n'ont pas une influence égale et ne peuvent pas remplir le même but. Il y en a même dont l'action est au-dessus de notre puissance ; nous ne pouvons ni les faire agir quand ils seraient utiles, ni en arrêter les effets quand ils produisent de mauvais résultats. Il faut choisir les moyens selon les améliorations que l'on veut obtenir et les ressources dont on dispose , de manière à ne faire agir que ceux qui sont favorables et à diminuer par leur action l'influence de ceux qui sont nuisibles.

L'étude des agents extérieurs sur le perfectionnement des races a été beaucoup trop négligée. Si l'on s'est occupé de l'influence de l'air, du sol, de la nourriture, sous le rapport sanitaire des individus, on l'a très-peu étudiée relativement à l'action qu'elle exerce sur les espèces. Du reste c'est un reproche que l'on peut, avec Broussais, adresser aux médecins; ils n'ont pas suivi l'exemple qu'Hippocrate leur avait donné à ce sujet. Les modernes s'en sont cependant occupés depuis le siècle dernier. Nous commençons à comprendre qu'un des meilleurs moyens non-seulement d'améliorer l'état sanitaire des individus, mais de favoriser le perfectionnement de l'espèce, c'est le dessèchement des marais, la bonne disposition des maisons, l'élargissement des rues, l'établissement de vastes squares et la pratique de la gymnastique.

Nous renvoyons à nos *Principes d'Hygiène vétérinaire* pour l'étude de l'action que les climats, les saisons, les localités, la nourriture exercent sur l'économie animale en général, selon la composition du sol, la position des lieux, selon les climats, la nature des aliments, etc. ; nous allons seulement rapporter dans cet Ouvrage quelques faits pour démontrer l'influence qu'exercent sur le développement, sur les formes, etc., des animaux, les agents hygiéniques dont l'action est la plus puissante.

A. — *De la nourriture considérée comme moyen d'améliorer les animaux domestiques.*

La nourriture est une des causes qui modifient le plus l'économie animale. Comme le dit Buffon (1), c'est principalement par les aliments que les animaux reçoivent l'influence de la terre qu'ils habitent ; celle de l'air et du ciel agit plus superficiellement, et tandis qu'elle altère la surface la plus extérieure, en changeant la couleur de la peau, du pelage, la nourriture agit sur les formes intérieures.

Les aliments agissent par leur quantité et par leur nature. (Voyez *Principes d'Hygiène.*) Leur action se porte sur l'ensemble du corps, mais principalement sur l'appareil digestif. Le chien, le chat domestiques ont les intestins plus longs que les espèces sauvages d'où ils descendent ; les végétaux qu'ils prennent à l'état de domesticité leur ont donné en partie le caractère des omnivores.

La nourriture change non-seulement les individus, mais les races et les espèces ; car les effets qu'elle exerce sur les formes, le volume, le tempérament des repro-

(1) *Discours sur la dégénération des animaux.*

ducteurs se transmettent de père en fils, comme les caractères innés et forment dès la seconde génération des caractères originels. L'influence des aliments sur les races a été contestée ; on a dit : le régime peut modifier le caractère des individus, mais il ne peut pas changer les races ; il est difficile de concevoir que les modifications produites, n'importe de quelle manière, dans un mâle et dans une femelle, ne passent pas à leur descendant ; du reste l'expérience a prononcé à cet égard : elle a prouvé que des modifications apportées à des organes très-peu importants, à des organes qui ne paraissent avoir aucune influence sur la constitution, sur la santé des individus, se transmettent de père en fils. « Les chiens auxquels de génération en génération on a coupé les oreilles et la queue transmettent ces défauts en tout ou en partie à leurs descendants, » dit Buffon. Or, quand de pareils changements se communiquent, comment des modifications aussi radicales que celles apportées par le régime sur les humeurs d'abord et ensuite sur tous les organes et sur la constitution, ne se transmettraient-elles pas?

Nous avons une preuve de l'influence du régime dans la ressemblance que présentent les animaux nourris de la même manière pendant plusieurs générations. L'uniformité dans la manière de vivre qu'on observe chez les Arabes, chez les habitants de quelques vallées des Alpes, des Pyrénées, de la Bretagne, est la cause des ressemblances qu'ont entre eux les membres de ces peuplades. De même la nourriture peu variée des Juifs, qui s'abstiennent de la viande du porc, de certains oiseaux, de plusieurs poissons, etc., a contribué à la conservation des caractères qui distinguent dans tous les climats les descendants d'Israël.

D'un autre côté nous voyons des animaux d'une origine commune ne présenter aucune ressemblance s'ils ont été nourris d'une manière différente. Des chevaux nés de la même race dans la Flandre, dans le Poitou, dans la Bretagne, dans la Franche-Comté, deviennent propres au cabriolet, à la diligence ou au trait lent, selon la manière dont ils ont été nourris; ils diffèrent autant entre eux que s'ils provenaient de races différentes.

Nous avons vu, dans les *Principes d'Hygiène*, qu'une nourriture copieuse, bonne, bien réglée, est indispensable pour avoir des animaux robustes en état de rendre de bons services et de donner d'abondants produits ; nous allons voir qu'elle forme le meilleur moyen d'améliorer les races ; avec une alimentation bien choisie, convenablement administrée et avec l'emploi de quelques soins particuliers on pourrait à la longue imprimer aux animaux toutes les modifications qu'ils sont susceptibles d'acquérir ; tandis que sans une nourriture convenable tous les autres moyens sont inefficaces ou ne produisent que des effets passagers.

C'est principalement dans l'élevage qu'il est vrai de dire avec le baron Crud, que le propriétaire a intérêt à être généreux et même prodigue envers les bêtes, car c'est en les nourrissant abondamment qu'on les rend lucratives : un poulain bien nourri est plus tôt développé, il peut travailler 18 mois ou 2 ans plus tôt que celui qui n'a pas reçu une nourriture suffisante ; et une génisse qui a été bien entretenue peut porter 18 mois plus tôt que celle qui a été nourrie avec parcimonie. La précocité n'est pas le seul avantage d'une nourriture abondante, les animaux bien nourris acquièrent plus de valeur, on peut les vendre plus tôt, on diminue les chances de mort, et on améliore les races.

Dans le choix des animaux, quelle qu'en soit la destination, il faut avoir égard à la nourriture qu'ils doivent recevoir ; qu'on les destine à la reproduction, au travail ou à l'engraissement, il faut pouvoir les nourrir au moins aussi bien qu'ils l'étaient dans le pays où ils ont pris naissance : on devra, toutes choses égales d'ailleurs, accorder la préférence aux animaux mal nourris des localités pauvres ; il sera facile de leur donner une nourriture meilleure que celle à laquelle ils étaient accoutumés, ils prospèreront, produiront des descendants forts et robustes, donneront des produits abondants et s'engraisseront facilement. Les engraisseurs des environs de Paris recherchent les moutons élevés dans les plaines arides de la Sologne, du Berry ; les emboucheurs de la Loire, du Doubs, estiment peu les bœufs qui ont été nourris dans des contrées fertiles où les fourrages sont abondants et de bonne qualité.

Le déplacement des animaux produit et avec plus de rapidité les mêmes effets que les changements de régime. Les petites bêtes à laine élevées au sud de la Haute-Auvergne, conduites sur les montagnes de cette province, acquièrent en très-peu de temps un grand développement ; les brebis de la Sologne, du Berry, menées dans les pâturages du val de la Loire, pèsent après un an de séjour dans le bon pays un tiers de plus qu'avant. Le croisement d'une petite race par une grande produit sur la première un effet prodigieux, s'il coïncide avec une grande amélioration dans le régime des animaux.

B. — Influence des systèmes d'agriculture.

Dans les localités où l'on suit le système pastoral, l'influence des lieux est toute puissante. Les races du pays sont bien caractérisées ; elles ont un volume en rapport avec la fécondité et la nature du sol. Si le régime du pâturage ne dure qu'une partie de l'année, les animaux ont plus ou moins les traits de la localité, selon la durée du pâturage, l'abondance et la nature des fourrages qu'on donne au râtelier. Mais, quelle que soit la quantité de nourriture artificielle, les animaux destinés à paître une partie de l'année doivent être en rapport avec les richesses des paccages; il ne faudrait pas, dans l'espoir de suppléer à un pâturage insuffisant du jour, par une distribution d'aliments à l'étable la nuit, importer de gros moutons sur des pelouses arides, ni des bœufs sur des landes. Quelques races indigènes, dont nous méconnaissons le mérite, peuvent seules prospérer avec ce régime; mais des animaux qui n'y seraient pas habitués perdraient le fumier, s'épuiseraient pour ramasser une nourriture insuffisante, et périraient de misère, sans pouvoir élever leur progéniture. On choisira pour de pareilles localités de petites races, dont la bouche étroite puisse saisir les plus petits brins d'herbe; des animaux qui puissent prendre en peu de temps les aliments nécessaires à l'entretien du corps, et se reposer ensuite pour ruminer et digérer. (Voyez *Principes d'Hygiène*, pages 306, 437.)

Les pays peu fertiles, où l'on récolte peu de fourrages, doivent s'occuper de l'élevage et de l'entretien des bêtes ovines; celles à laine courte, superfine, y conservent leurs qualités, prospèrent si elles y trouvent une nourriture en rapport avec le poids de leur corps. La multiplication, l'élevage des bêtes à cornes est encore une bonne industrie pour ces pays si les pâturages sont assez abondants pour nourrir les vaches et les élèves; en ajoutant à la nourriture prise dans les pelouses quelques fourrages de médiocre qualité pour hiverner les génisses et les taureaux, on obtient à bon marché du bétail qui, vendu jeune, procure des bénéfices.

Lorsqu'on pratique la culture alterne, et que les fourrages sont abondants et les animaux nourris à l'étable, l'influence des localités s'efface et les caractères des races disparaissent. Le trèfle, la luzerne, le maïs, l'herbe des prairies naturelles, exercent bien des effets qui leur sont propres; les fourrages verts agissent bien autrement que les secs; les graines des légumineuses, l'épeautre, ne nourrissent pas comme l'avoine et le sarrasin; les betteraves, les carottes n'exercent pas la même action que les pommes de terre et les turneps; mais les différences produites par ces divers aliments sur les animaux sont à peu près les mêmes dans tous les pays, et l'on ne donne aucun de ces aliments pendant un temps assez long pour créer dans les animaux des différences bien grandes.

Les propriétaires qui soumettent leurs animaux au régime de la stabulation permanente peuvent entretenir des races qui ne subsisteraient pas si elles étaient obligées d'aller chercher leur nourriture dans les pâturages. En mêlant convenablement les grains avec la paille, avec le foin, on augmente ou l'on diminue à volonté les facultés alibiles des aliments, et en variant convenablement la quantité de nourriture, on rend les animaux légers ou lourds, on forme des chevaux de selle ou de gros limoniers, des bœufs de travail ou des bêtes d'engrais.

L'élévation de la taille, l'augmentation de volume des animaux, sont dans tous les cas la première conséquence de l'extension des cultures fourragères, et c'est seulement quand on améliore l'agriculture qu'on peut importer des races plus grandes que celles du pays. Toutefois l'introduction dans une ferme d'animaux plus volumineux devra être faite avec ménagement, par gradation. Cela est d'autant plus nécessaire, que l'augmentation des fourrages n'a jamais lieu subitement, et que dans tous les cas il vaut mieux rester au-dessous du possible que d'aller au-delà. Tous les cultivateurs devraient imiter M. Rieffel, qui, au début de son exploitation du Grand-Juan, loin de chercher à introduire des races supérieures à celles du pays, comme on le fait trop souvent, conserva les races des Landes, quelque chétives qu'elles fussent. Il savait que leur développement ne pouvait marcher qu'avec l'accroissement de la fécondité du sol, mais qu'il en serait une conséquence.

M. Poitevin, dans des observations intéressantes sur l'amélioration des chevaux dans les Landes, a publié (1) sur l'influence du climat, du régime et du croisement des races, des exemples qui confirment les considérations précédentes. « C'est dans ce pays inculte et sauvage, dit-il en parlant de la Lande, où le sol est si aride, la végétation si pauvre, que l'on encourage la production des chevaux de haute taille par des primes, et en fournissant pour les juments petites du pays le bel étalon limousin ou normand des haras royaux. Ce système d'amélioration est préjudiciable aux producteurs et à l'administration. Les uns produisent des chevaux décousus, à poitrine étroite, à tête volumineuse, mous, hébétés, qui, ayant perdu les qualités de la race indigène, ne sont plus recherchés des acheteurs ; l'autre déplace tous les ans en pure perte des reproducteurs qui, envoyés dans des localités où ils seraient appropriés, donneraient de bons résultats. Les agriculteurs qui nourrissent bien, quoique n'employant que les étalons du pays, obtiennent des chevaux bien corsés, vigoureux, agiles, qui, sous le nom de *doubles-bidets*, sont « vendus à un prix assez avantageux. »

« De riches propriétaires de la Lande, rapporte encore l'agronome vétérinaire que nous venons de citer, ayant voulu augmenter le volume de leurs bêtes à laine, employèrent à cet effet des béliers de grande taille pris dans d'autres localités. Leurs espérances furent réalisées au-delà de leurs souhaits. Ils vendirent d'abord leurs ani-

____

(1) *Mémoires* de la Société vétérinaire de Lot-et-Garonne, 1re série.

maux avec avantage à des marchands qui tous les ans achètent les bêtes ovines de la contrée pour les conduire dans le haut pays ; mais quelques années après, ces produits, d'un croisement malheureux, caractérisés par des jambes longues, par un corps grêle, une tête grosse, des conjonctives pâles, infiltrées, ne trouvèrent plus d'acheteurs. Ces animaux périssaient de la pourriture, du tournis, etc., dans les localités où les petites bêtes qui n'avaient pas été mésalliées acquéraient en peu de temps un très-grand développement.

« Les choses se passeront toujours ainsi, ajoute avec raison M. Poitevin, tant que le régime ne sera pas pris pour base de toute amélioration, le croisement n'étant considéré que comme un moyen secondaire. »

On doit surtout s'en tenir à la race du pays, quelque chétive qu'elle soit, et n'employer d'autres moyens d'amélioration que le perfectionnement de l'agriculture, quand les animaux ne réclament d'autres modifications que l'élévation de la taille : car par de bons aliments, une petite race acquiert du développement avec une rapidité surprenante ; il suffit d'une génération si l'on nourrit abondamment les femelles pleines, les nourrices et les élèves, pour donner tout le volume que la localité comporte. L'augmentation du corps des animaux suit toujours la même progression que l'augmentation des fourrages. Dans le 17ᵉ siècle les Anglais avaient de mauvaises races d'animaux qu'ils ne pouvaient pas même nourrir toute l'année, ils les tuaient en grande partie en automne et les salaient, ils ne gardaient en hiver que les bêtes dont ils avaient besoin pour le travail et pour la reproduction. Mais la culture des fourrages ayant acquis en peu d'années un grand développement, produisit une révolution complète sur tous les herbivores domestiques : en 1710 on ne consommait dans la grande Bretagne que

99 livres de viande par tête, et en 1801, malgré l'accroissement de la population, la consommation était de 165 kilogr. par homme ; le poids moyen des animaux a doublé à peu près dans cet espace de temps. Les effets des perfectionnements dans le système agricole n'ont pas été moins remarquables en France, dans le Bourbonnais, dans la Bretagne, dans la Lorraine, etc., sur l'espèce bovine et sur les chevaux.

C. — *Influence des lieux.*

Les lieux agissent sur les animaux par la nature du sol, par l'état ordinaire de l'atmosphère, par l'élévation et la direction de la surface de la terre, par l'abondance et la qualité des eaux, et enfin par les plantes, par les fourrages. Il n'est pas toujours facile d'expliquer l'influence des lieux : nous voyons souvent des provinces, des vallées peu éloignées l'une de l'autre, offrant en apparence les mêmes conditions hygiéniques, mais ayant des animaux complétement différents ; cependant si l'on étudie avec attention les circonstances appréciables, qui agissent sur l'économie vivante, on reconnaît presque toujours la cause des différences qu'on observe.

Les animaux sont toujours en rapport avec l'étendue des localités qu'ils habitent : les poissons, comme les espèces terrestres, sont plus grands quand ils vivent dans des lieux étendus, vastes ; quand ils ont à leur disposition beaucoup d'aliments. Ces remarques sont faciles à vérifier, en comparant les animaux des continents à ceux des îles, et même en comparant les uns aux autres ceux des différents continents.

Indépendamment de l'influence que les localités exercent sur l'ensemble du corps animal, sur le volume des espèces, elles agissent, chacune d'une manière particulière, sur les formes, sur la constitution, sur le tempérament des individus, et produisent des variétés des races, etc. Ainsi s'expliquent les différences si aisées à saisir que présentent les animaux de montagne, quand on les compare à ceux des lieux bas, marécageux, et même à ceux qui vivent dans les plaines.

« On ne se trompe guère, dit Buffon, sur le pays naturel des animaux, en les jugeant par ces rapports de conformité ; leur vraie patrie est la terre à laquelle ils ressemblent, c'est-à-dire à laquelle leur nature paraît être entièrement conformée.

« Les cerfs de plaines, de vallées ou de collines abondantes en grains, ont le corps beaucoup plus grand et les jambes plus hautes que les cerfs de montagnes sèches, arides et pierreuses : ceux-ci ont le corps bas, court et trapu ; ils ne peuvent courir vite, mais ils vont plus longtemps que les premiers ; ils sont plus méchants, ils ont le poil plus long sur le massacre ; leur tête est ordinairement basse et noire, à peu près comme un arbre rabougri dont l'écorce est rembrunie, au lieu que la tête des cerfs de plaines est haute et d'une couleur claire et rougeâtre, comme le bois et l'écorce des arbres qui croissent en bon terrain. L'influence des lieux sur les animaux domestiques est moins marquée que dans les espèces sauvages, mais elle est de même nature et facile à constater. Les solipèdes, les bêtes bovines de montagnes diffèrent de celles des mêmes espèces qui vivent dans les lieux bas, par des caractères semblables à ceux qui distinguent le cerf de plaines de celui qui vit dans les lieux escarpés. »

D. — *Des climats et des saisons.*

Quoique les saisons soient passagères, qu'elles semblent modifier à peine les individus, elles agissent profondément sur les espèces; dans les climats où le temps est toujours semblable, les animaux se ressemblent beaucoup. Les froids continus du nord et les chaleurs perpétuelles des tropiques tendent à produire des tempéraments très-marqués et des êtres qui diffèrent beaucoup moins les uns des autres que ceux des zones tempérées. « Cette masse de chair et de graisse dont ils surabondent (les Scythes) les rend tellement semblables les uns aux autres, disait Hippocrate, qu'on n'aperçoit presque aucune diversité parmi les hommes ni parmi les femmes. Cela provient de l'uniformité des saisons, qui ne produit aucun changement, aucune modification, ni dans les formes des individus, ni dans le principe qui perpétue l'espèce. »

Ce que le froid produit chez les Scythes nomades des monts Riphéens, des déserts de la Tartarie, de la Sarmatie, dit Tourtelle, l'été permanent des bords du Nil l'opère sur les Egyptiens. Partout où les influences hygiéniques sont peu variables, les êtres organisés se ressemblent, tandis que dans les pays tempérés où le temps est variable, les individus diffèrent selon les circonstances dans lesquelles ils se trouvent; et ils procréent des êtres différents par suite de l'effet exercé par les saisons sur la semence, celle-ci variant même dans chaque individu de l'hiver à l'été, des temps humides aux temps secs.

E. — *Influence de l'exercice sur l'amélioration des races.*

L'exercice d'une partie en y faisant affluer le sang en active la nutrition , en augmente la force et la rend plus habile à se mouvoir ; de sorte que par le travail la puissance des organes devient plus grande en même temps que par l'habitude les animaux deviennent plus adroits. Les individus qui, jeunes, font beaucoup d'exercice , ont les muscles développés et forts, les articulations des membres souples, la poitrine ample, la respiration étendue et facile ; ils sont susceptibles d'exécuter des mouvements étendus, variés, et peuvent faire des travaux longtemps continués ; les chevaux qui ont été longtemps entraînés avant d'être soumis à l'épreuve définitive de l'hippodrome , ont beaucoup d'avantage sur ceux qu'on fait courir pour la première fois.

On attribue généralement la force , la vigueur des animaux de montagne à l'exercice qu'ils font dans des pâturages escarpés ; cette cause , du reste puissamment secondée par un air vif et pur , par une nourriture riche et stimulante , exerce une grande influence , mais elle n'est pas indispensable à la production des belles races ; car le cheval, celui de nos animaux auquel la force musculaire et la vitesse sont le plus nécessaires, en raison de sa destination exclusive au travail , le cheval peut être élevé à l'écurie , sans le secours des pâturages , et devenir cependant fort et vigoureux si on l'exerce convenablement.

Si un organe est plus exercé que l'ensemble du corps , il prend un accroissement anormal ; le service de la selle, du bât , allonge le corps, tiraille les muscles de la colonne épinière et rend la croupe horizontale ; mais s'il est trop pénible, il rend les animaux ensellés ; le tirage raccourcit le tronc , rend les lombes doubles, larges , droites, convexes même, la croupe oblique et courte, les jarrets courbés et les paturons droits. Quand on tiendra compte de ces influences, on ne conseillera plus d'entraî-ner un cheval reproducteur dont la conformation le des-tine exclusivement à la course; on comprendra qu'il se-rait préférable, si c'était possible, de le faire tirer pour corriger ses défauts, tandis qu'on devrait faire galoper les animaux de trait.

Les glandes, les organes de la nutrition peuvent, comme l'appareil locomoteur, acquérir par l'exercice un grand développement. Les vaches qui ont nourri plusieurs veaux, celles qui ont donné du lait pendant longtemps ont des mamelles grandes et actives, surtout si la sécrétion du lait a été facilitée par l'usage d'aliments alibiles, mêlés à une quantité suffisante de principes aqueux.

En tenant les animaux dans le repos et en les nourris-sant copieusement avec des substances plutôt riches en principes nutritifs qu'excitantes, on développe le système graisseux et la propension à engraisser; les tissus, sous l'influence de ce régime, perdent de leur fermeté et se pé-nètrent de graisse. Ces changements sont avantageux dans les animaux dont la chair est naturellement maigre, dure, coriace, et nuisibles dans ceux dont la viande est en-trelardée, sapide, à grain fin : un bœuf, une vache qui ont beaucoup travaillé, ont la viande plus succulente après un long engraissement qu'avant ; mais le sanglier dépourvu de lard a une chair meilleure que celle du porc domestique.

M. Lauvergne, qui a longtemps exercé la médecine sur des hommes bien différents les uns des autres et qui les a particulièrement observés, a remarqué que la forme de la tête change lorsque les individus quittent la vie agreste des Alpes pour vivre dans une cité. Dès la troisième génération, dit-il (1), on reconnaît à l'inspection de la tête « que si le grand-père devait avoir des déterminations rudes et instinctives, son fils les a amendées au profit de l'intelligence, et que le petit-fils en a pris le caractère phrénologique pour le transmettre à sa race qui le conservera tant que les circonstances ne le feront point absolument dévier. »

L'influence de l'exercice sur l'encéplale des animaux a été remarquée aussi : le cheval domestique a plus d'intelligence que ne le comporte son angle facial. « Nous ne doutons pas, dit Dugès, que cet avantage ne provienne d'une transmission héréditaire des dispositions produites par l'éducation. » (2) Le cheval anglais, élevé avec douceur, auquel on parle souvent, a le front large et une grande intelligence pour son espèce. Les chiens domestiques sont beaucoup plus intelligents que les espèces sauvages dont ils descendent. « Leur encéphale, principalement leurs hémisphères cérébraux, leur crâne, se sont accrus et leur museau est devenu un peu plus court. » (3) Parmi les animaux sauvages on remarque que les herbivores dont la nourriture est abondante, facile à saisir, sont paresseux et stupides, tandis que les carnassiers, les chats, les renards, obligés de vivre de vols, de rapines, sont courageux, intelligents et rusés; la nécessité leur fait opposer la ruse, les combinaisons aux précautions et aux obstacles, et suppléer par la hardiesse des entreprises à la difficulté des occasions. Les besoins, les résistances augmentent les facultés et développent l'industrie surtout dans les animaux qui ne se meuvent très-probable-

(1) *Les Forçats considérés sous le rapport physiologique, moral et intellectuel*, p. 316.

(2) *Physiologie comparée*, t. I, p. 301

(3) I. Geoffroy Saint-Hilaire.

ment que par les impulsions de leur instinct et de leurs sentiments.

Les aptitudes acquises par l'exercice se transmettent des pères aux enfants. La faculté de courir avec une très-grande rapidité passe souvent de l'étalon à ses descendants; la génisse issue d'une vache qui donne beaucoup de lait est presque toujours bonne laitière ; qui ne sait combien l'aptitude qu'ont certains chiens à chasser, à conduire les troupeaux, influe sur le mérite des descendants de ces animaux ?

Nombre d'exemples que l'on a pris parmi les animaux domestiques, dit Hartmann, prouvent que les inclinations, les habitudes, la direction , le pli que l'art a fait prendre pour l'utilité et le plaisir des hommes, deviennent quelquefois héréditaires comme les bonnes et les mauvaises qualités originelles; que telle capacité particulière , ou du moins la disposition, l'aptitude à l'acquérir , qui vient originairement de l'éducation, se transmet aux descendants; c'est ainsi qu'en Amérique on perpétue l'allure des chevaux et mulets qui vont à l'amble, en empêchant seulement qu'ils se mêlent dans les haras avec les animaux qui vont au trot. Le même hippiatre recommande (1) de n'employer dans les haras que des étalons dressés. Le trot, si commun parmi nos chevaux, qu'on le croit un pas naturel , ne provient que de l'éducation; mais depuis l'usage des voitures on fait trotter si souvent les chevaux, que cette allure est devenue héréditaire.

(1) *Traité des Haras*, p. 75.

*F. — Influence de l'action de paître et de la préhension des ali-
ments à la crèche et au râtelier.*

L'influence que les *pâturages* exercent sur les animaux,
dépend de la nature du sol, de l'abondance des plantes, etc.; mais ce sujet a déjà été étudié. Nous devons
examiner seulement ici l'effet qui résulte de l'habitude
de paître et du séjour à l'air. Les animaux qui pâturent
sur des sols horizontaux allongent l'encolure, baissent la
tête et fléchissent plus ou moins les membres antérieurs;
ils prennent une position qui, gardée pendant longtemps,
rend, surtout chez les chevaux de taille élevée, la tête
volumineuse, le dos horizontal, le poitrail enfoncé, les
épaules droites, les genoux arqués, les boulets droits.
M. de Sourdeval attribue les défauts de l'avant-main des
chevaux du Marais de la Vendée au séjour presque continuel de ces animaux dans les prairies; « car, dit-il,
l'attitude du cheval paissant exige que toutes les lignes
d'en haut s'allongent, que le garrot soit ramené en avant,
tandis qu'au contraire les lignes d'en bas se contractent. » (1)

Les animaux qui pâturent sur les terres en pente se
tournent vers le sommet de la montagne; il ont les membres antérieurs moins bas que les postérieurs et presque
toujours les quatre extrémités rapprochées; le tronc tend
à se porter en arrière, d'où résulte le raccourcissement
de la colonne vertébrale et la prééminence des ischions.
L'encolure est tantôt allongée tantôt raccourcie et la peau
forme des replis, des fanons sous le cou; ces animaux
font de petits pas et les membres restent courts, surtout
les antérieurs.

(1) *Journal des Haras*, août 1842, p. 301.

Les animaux qui restent exposés au grand air, à la pluie, à la neige, au vent des montagnes, ont le corps ramassé, la peau épaisse, froncée; le froid agit comme tonique, et si son effet se prolonge le tégument reste rude, épais; les bulbes des poils prennent du volume et la bourre est volumineuse, longue; les crins sont gros et nombreux. Sous l'influence de la chaleur, le corps se dilate, la peau s'étend, devient mince, souple; les poils diminuent. Le séjour dans les bergeries, l'usage des couvertures rendent la laine du mouton fine et la peau des chevaux mince.

La *stabulation* produit des effets qui résultent du repos, de l'influence d'un air chaud, humide, constamment tempéré, et de la position que prennent ces animaux pour tirer leur nourriture des râteliers ou des crèches.

Par le repos les animaux deviennent mous, faibles, lymphatiques, la corne des pieds ne s'usant pas, les ongles s'allongent et la direction des membres change. L'atmosphère des étables tend à ramollir les animaux, à rendre la peau souple, mince, molle; les poils, les crins, la laine flexibles, doux, mais sans ressort, sans élasticité.

La nécessité de prendre les aliments dans un râtelier élevé et incliné fait contracter l'habitude de tenir l'encolure renversée, de porter le bout de la tête en avant et la nuque en arrière ; si les animaux mangent dans une crèche élevée, profonde, ils rouent l'encolure et s'accoutument à porter la tête selon une direction verticale; si la mangeoire est plate ou peu profonde, sans être trop haute, les animaux tiennent la tête et l'encolure à une élévation moyenne. Quoiqu'un cheval qui porte le nez au vent, qui a le bord supérieur de l'encolure concave, soit peu agréable à la vue, il serait préférable de lui laisser prendre cette conformation plutôt que de lui faire contracter l'encolure de cygne; car la respiration est facile quand l'encolure est renversée, tandis que les animaux ne peuvent pas rouer cette partie et tenir la tête verticale sans que le passage de l'air dans le larynx soit gêné et sans que le garrot soit porté en avant, le poitrail en arrière et l'épaule raccourcie.

La chaleur douce et humide, l'obscurité des bergeries rendent la peau des bêtes ovines pâle, molle, souple et la laine fine, douce ; le parcage, le grand air la rendent ferme, élastique. C'est en faisant succéder alternativement le séjour à la bergerie et le régime du parc, que nous avons créé ces bonnes races de brebis dont la toison est à la fois fine et élastique, forte et soyeuse, douce et lustrée. On a même proposé d'habiller les moutons pour en rendre la laine plus belle ; l'essai a été fait, il a réussi, mais le moyen est dispendieux.

Art. 2. *Amélioration des animaux domestiques par la génération.*

Considérations générales. On appelle *espèce* en histoire naturelle une collection d'individus ayant entre eux beaucoup de ressemblance, et pouvant faire des accouplements féconds. L'espèce, dit Cuvier, comprend tous les individus qui descendent les uns des autres, et ceux qui leur ressemblent autant qu'ils se ressemblent eux-mêmes.

On donne le nom de *races* à des variétés que présentent les espèces, variétés qui dépendent des lieux, du régime, et dont les caractères souvent bien prononcés, sont assez fixes pour se transmettre presque constamment par la génération.

Enfin on nomme *variété* des individus qui ne se distinguent des autres individus de leur espèce, que par des caractères très-fugaces, se transmettant rarement des pères aux descendants.

En créant le germe, et en lui communiquant la vie, le père et la mère lui transmettent leur conformation et leurs caractères, leurs défauts et leurs qualités; de sorte que par la génération il s'établit entre les individus qui engendrent et ceux qui sont engendrés une ressemblance constante qui établit le caractère des espèces.

La génération nous donne le moyen de créer des races, des sous-races nouvelles, d'établir des variétés dans celles qui existent, de les améliorer en perpétuant les modifications que les influences si puissantes et si variées de la domesticité exercent sans cesse sur les formes, sur le tempérament, sur les qualités des animaux. A l'état sauvage, c'est aussi par la génération que les effets du climat, de la nourriture établissent des variétés, des sous-races, des races parmi les espèces animales. Des animaux viennent-ils à émigrer, ou survient-il dans le climat sous lequel ils vivent, dans le sol qu'ils habitent, des changements, ils éprouvent aussitôt des modifications proportionnelles à celles qui sont survenues dans les agents hygiéniques, et ces modifications, transmises de père en fils, deviennent le caractère de variétés, de races nouvelles.

La génération est pour l'éleveur de bestiaux ce que la gravure, l'imprimerie sont pour l'artiste, pour l'écrivain : à force de soin et de persévérance, Backewel crée-t-il une modification dans les formes, dans la taille, etc., d'un animal de sa ferme, l'œuvre ne restera pas individuelle, elle ne sera pas détruite par la mort du mouton qui a été modifié; par la génération elle sera multipliée, s'étendra et formera un nombre infini d'exemplaires qui la perpétueront et la feront connaître à tous les peuples civilisés. Pour bien imprimer à une race nouvelle les caractères qui doivent la distinguer, il faut d'abord avoir recours à la propagation par la consanguinité, faire reproduire ensemble pendant quelques générations des animaux de la même famille; ainsi ont agi les éleveurs anglais pour créer les races précieuses qui font notre admiration.

La génération ne reproduit pas seulement les modifications résultant du régime, elle en crée et forme, sans le secours des agents hygiéniques, des races nouvelles. Il suffit souvent pour obtenir ce résultat d'appareiller convenablement les reproducteurs, de faire reproduire ensemble un mâle et une femelle ayant une conformation déterminée, différant de celle des individus de leur race. Le produit de la génération ressemble aux reproducteurs s'ils se ressemblent entre eux, et il a une conformation intermédiaire s'ils diffèrent l'un de l'autre. On obtient des effets marqués en faisant accoupler deux reproducteurs appartenant à deux races différentes. Le verrat à courtes jambes et la truie de nos pays créent des porcs qui, comme la race paternelle, s'engraissent facilement, et comme la maternelle deviennent grands, forts, pouvant aller chercher leur nourriture dans les bois. Le bélier mérinos et la brebis cauchoise ont produit une race dont la laine est supérieure à celle des bêtes à laine commune, et dont la viande est meilleure que celle des moutons espagnols. Nous verrons, en parlant du croisement des races, de l'appareillement, que la génération est un puissant moyen d'améliorer nos animaux et de corriger leurs défauts.

Avant de chercher à modifier les animaux par la génération, il faut distinguer parmi les améliorations que l'on désire celles qui tiennent au volume, aux formes générales du corps, de celles qui consistent dans la conformation particulière d'un organe, dans l'activité d'une fonction. Tout ce qui tient au développement de l'ensemble du corps est subordonné au climat, et surtout à la nourriture. Vainement chercherait-on à améliorer une race en croisant des femelles petites avec des mâles d'une taille élevée, on n'obtiendrait que des produits décousus, ou des améliorations passagères. L'importation d'une belle race, des mâles et des femelles, n'aurait pas de meilleures chances ; il faudrait s'attendre à la voir dégénérer dès la première génération. Tandis que si l'on conserve la race du pays et que l'on améliore les pâturages, qu'on donne une nourriture plus abondante, les animaux deviendront plus fournis, et après quelques générations, ils auront acquis tout le développement que comporte le régime auquel on les soumet. Mais si préalablement on a amélioré la nourriture, un croisement peut opérer sur le développement d'une race ce que le régime ne produirait qu'après plusieurs générations.

Lorsqu'on veut communiquer à une race des qualités, des améliorations, tenant à la forme d'un organe, ou d'une partie du corps, on doit employer la génération. A force de soins on pourrait peut-être corriger une encolure trop longue, des pieds trop évasés, créer une race de vaches bonnes laitières, rendre la laine d'un troupeau superfine, mais ces résultats seraient longs à obtenir ; tandis qu'en choisissant bien les reproducteurs, en important des mâles étrangers ayant les qualités que l'on désire, on les produirait en très-peu de générations.

C'est même par la reproduction seule qu'on peut donner à nos races certaines perfections : il serait très-difficile en employant le régime seul d'élever la taille des moutons, et de rendre en même temps leur toison plus fine ; car, quand on augmente le volume d'un animal, on accroît dans le même rapport tous ses organes ; et si c'est un mouton, on rend la peau plus épaisse, les bulbes des poils plus volumineux, la laine plus grosse. De sorte que pour produire un beau troupeau, il faut chercher à augmenter le poids du corps par le régime, et à rendre la laine plus belle par l'emploi de bons reproducteurs.

L'influence de la génération sur l'amélioration des

races n'a jamais été méconnue : on y a même presque toujours ajouté trop d'importance. On n'a pas voulu se rappeler que généralement elle ne fait que reproduire les modifications créées par le régime. On a cru qu'il suffirait d'importer des taureaux suisses, des béliers dishley, des étalons arabes, pour améliorer nos vaches, nos moutons et nos chevaux, et l'on a fait à plusieurs reprises les plus grandes dépenses pour introduire des races étrangères, sans obtenir aucun bon résultat. Il ne pouvait le plus souvent en être autrement, tellement est grande la différence qui existe entre les animaux importés et ceux que tend à produire notre climat.

§ Ier. INFLUENCE DU PÈRE ET DE LA MÈRE SUR LE PRODUIT DE LA CONCEPTION.

Les êtres organisés ont la faculté de transmettre leurs formes , leurs qualités aux individus qu'ils engendrent , d'où il résulte que les animaux ressemblent toujours plus ou moins à ceux qui les ont produits. Nous avons vu que la formation de nouvelles races n'est pas en contradiction avec la loi de la transmission des formes ; car les modifications produites par la nourriture , par l'air dans les animaux , doivent se transmettre comme la conformation originelle.

L'influence des reproducteurs sur le produit de la conception varie selon les sexes , les races , l'âge , l'état des individus ; il existe à cet égard des lois dont nous devons tenir compte dans l'appareillement des sexes et dans le croisement des races.

Influence des reproducteurs d'après leur sexe. Le mâle et la femelle tendent à transmettre leurs caractères aux êtres qu'ils engendrent : les deux sexes exercent quelquefois une influence égale sur les produits de la conception ;

d'autres fois il y a une prédominance tantôt en faveur du père, tantôt en faveur de la mère. On croit cependant que le mâle communique le plus souvent la conformation, surtout celle des parties antérieures du corps et des extrémités, la force et l'énergie musculaires, l'aptitude au travail, etc.; tandis que le produit a plus de ressemblance avec la femelle, par la taille, le volume du corps, et par les formes du train postérieur. On dit que le père donne les formes, la mère la taille.

On a observé dans les bêtes bovines que le plus souvent la faculté lactifère se transmet par les mâles; qu'un taureau issu d'une vache bonne laitière engendre des femelles qui donnent beaucoup de lait; il paraît également, que les produits d'une vache de race commune et d'un taureau sans cornes sont plus souvent dépourvus de ces appendices que les bêtes issues d'une vache sans cornes et d'un mâle de nos pays.

On considère les béliers comme influant le plus souvent sur la laine, et les brebis sur les formes et sur l'aptitude à engraisser; le métis né d'un mérinos et d'une mère de race commune a une toison plus belle et une viande meilleure que celle de l'individu issu d'un père de nos pays et d'une brebis espagnole; le premier a aussi des formes plus belles, il est plus facile à engraisser.

Dans les produits de l'accouplement de deux individus qui se ressemblent beaucoup, qui appartiennent à la même race, l'influence des sexes est souvent difficile à saisir; mais on peut la constater aisément sur les métis et surtout sur les mulets. Buffon, qui d'abord n'avait eu égard qu'au volume du corps, avait dit que « dans l'ordonnance commune de la nature, ce ne sont pas les mâles mais les femelles qui constituent l'unité des espèces; nous savons, par l'exemple de la brebis qui peut servir à deux mâles différents et produit également du bouc et du bélier, que la femelle influe beaucoup plus que le mâle sur le spécifique du produit, puisque de ces deux mâles il ne naît que des agneaux. Aussi le mulet ressemble-t-il plus à la jument qu'à l'âne, et le bardot à l'ânesse qu'au cheval. » Mais plus tard l'illustre écrivain avait reconnu que si le produit de la conception tient plus de la mère que du père par la grandeur, la grosseur, la forme du corps, il n'en est pas de même de la tête, des membres, des oreilles. Le bardot plus petit que le mulet a l'encolure plus mince, le dos plus tranchant, la croupe pointue, étroite, avalée comme l'ânesse ; tandis qu'il a la tête plus longue, moins grosse que sa mère ; il tient du cheval par son encolure et sa queue garnie de crins, par ses oreilles courtes, par ses membres forts et par ses sabots volumineux. Le mulet a la tête grosse, les oreilles longues, la queue, l'encolure presque nues comme l'âne ; il a aussi la force, la vigueur, la sobriété du père ; tandis que son avant-main bien conformé, son encolure belle, fournie de crins, ses côtes arrondies, sa croupe pleine, ses hanches unies le rapprochent de la jument. Le mulet du bouc et de la brebis a aussi les jambes longues, la queue courte, le chanfrein droit du père.

Dans les plantes, dans les animaux inférieurs, une fécondation sert pour plusieurs générations ; une femelle dont la mère ou la grand-mère a été fécondée, peut engendrer sans avoir des rapports avec un mâle. Dans d'autres espèces la fécondation n'exerce son influence que pendant une génération, mais les femelles qui ont été imprégnées une seule fois du principe fécondant peuvent engendrer toute leur vie ; dans les animaux supérieurs, chaque copulation vivifie seulement les germes qui doivent constituer une gestation : de sorte qu'après chaque mise-bas il faut que les femelles des mammifères reçoivent encore le mâle pour engendrer de nouveau. Mais si le sperme ne peut vivifier qu'une génération de germes, il peut agir sur les ovules qui restent adhérents à l'ovaire, de sorte qu'un mâle qui a fécondé une femelle étend son influence sur tous les descendants de cette femelle, même sur ceux qu'elle a dans la suite avec d'autres mâles. Une jument arabe (1) fécondée par un couagga fit en 1815 un mulet rayé comme le père ; on la fit saillir ensuite par un étalon noir, et au grand désappointement du propriétaire, elle fit un poulain tigré, ressemblant plus au couagga qu'à son père ; on la fit porter de nouveau et elle donna plusieurs produits ressemblants, quoique à un moindre degré, au mâle qui l'avait une fois fécondée (2). Il n'est pas rare de voir des chiennes donner des produits ayant de la ressemblance avec les mâles qui les ont fécondées la première fois ; aussi voyons-nous fréquemment dans les campagnes une chienne et un chien tout-à-fait impropres à la chasse donner des produits qui suivent très-bien le pied du gibier. On cite l'exemple d'une truie, qui, après avoir été fécondée par un sanglier, fit dans la suite avec des verrats des petits ayant les taches brunes du porc sauvage. Les brebis blanches qui ont été couvertes par un bélier

(1) On rapporte que cette jument avait été vendue à un Anglais par un Arabe, parce qu'elle n'avait jamais produit, quoiqu'elle eût été saillie fort souvent ; que la personne qui avait fait connaître à l'Anglais l'état de la jument lui avait conseillé de la faire couvrir par le couagga, lui assurant qu'après avoir fait un mulet, elle ferait des poulains. Si ce fait est vrai, ne doit-on pas en conclure que les Arabes connaissent l'influence des mâles sur toutes les portées d'une femelle, et qu'ils ont voulu tromper le chrétien en lui faisant mettre sa jument hors d'état de donner de beaux poulains ? Si les Arabes conseillaient de bonne foi la copulation avec l'âne, pourquoi ne l'auraient-ils pas mise en pratique eux-mêmes ?

Cette question mérite d'être étudiée. Il pourrait être avantageux d'obtenir des poulains offrant, au moins en partie, les caractères du mulet.

(2) *Journal des Haras*, 1838, t. 23, p. 61.

noir , saillies ensuite par des mâles blancs , donnent assez souvent des agneaux pies ou ayant les paupières, les lèvres, les jambes noirâtres.

Il ne faut donc pas supposer qu'il y ait, sur la transmission des formes, des lois connues, absolues et constantes. Si le mulet a le plus souvent les oreilles plus petites que son père, il les a plus grandes que sa mère , et si sa taille est plus élevée que celle de l'âne , elle est moindre que celle de la jument ; de même que si le bardot est plus petit que le cheval , il est plus volumineux que l'ânesse. Si le plus souvent le père donne les formes, l'énergie , les organes locomoteurs , et la mère la vie animale, l'aptitude à engraisser , il arrive aussi que le mâle transmet la faculté de se bien nourrir, comme le disent les Anglais; et des faits nombreux prouvent l'exactitude des deux opinions : si les bêtes à laine , issues de mérinos et de nos brebis, engraissent facilement et donnent de la très-bonne viande , qualités qui leur ont été communiquées par les mères qui les possèdent à un plus haut degré que la race des pères , les descendants du verrat à courtes jambes et de notre truie tiennent du père l'aptitude à se bien nourrir et à s'engraisser facilement.

Ainsi les descendants ont tantôt de la ressemblance avec le père et tantôt avec la mère. M. Malingié, qui croise les béliers New-Kent avec des races mérinos , a remarqué que la majeure partie des produits présente à peu près à un même degré les caractères des deux races , et que si dans quelques individus l'influence du mâle prédomine, dans d'autres c'est celle de la femelle. J'ai vu , dit Hartmann , une grande chienne terrière , qui , ayant été couverte par un lévrier , mit bas deux lévriers et deux bassets (1). Dans le cheval, l'influence de la mère est égale-

____

(1) *Traité des Haras*, p. 48.

ment aussi forte quelquefois que celle du père. Nous voyons souvent des juments qui impriment tellement leur conformation à tous leurs poulains, qu'on peut reconnaître leurs descendants lors-même qu'ils n'ont pas la robe de leur mère et qu'elle a été fécondée par différents étalons. Il est inutile de rappeler que la race arabe se conserve depuis un temps immémorial par les femelles principalement.

Doit-on considérer l'influence des sexes comme une conséquence du rôle que le mâle et la femelle jouent dans l'acte de la génération? Si le père transmet aux descendants les formes et l'énergie, la mère la taille et l'aptitude à se nourrir, cela provient-il de ce que la femelle fournit dans l'acte de la conception le germe, l'ovule, la trame cellulo-vasculaire du nouvel être, et que le père ne donne que le principe excitateur du germe, l'étincelle qui anime l'ovule, un animalcule qui devient le rudiment du système nerveux? Ces questions nous intéressent peu; il faut nous en tenir à l'observation. Or, elle nous démontre que sous l'influence de la domesticité et avec le régime auquel sont soumis nos animaux, l'influence du mâle est plus puissante que celle de la femelle; c'est ce qui paraît le mieux démontré, mais rien ne prouve que l'action des sexes soit une conséquence des rôles qu'ils jouent dans l'acte de la génération. La différence, qui dans nos pays est en faveur du sexe mâle, provient probablement des conditions dans lesquelles se trouvent ordinairement les animaux reproducteurs : l'étalon est presque toujours plus vigoureux et moins fatigué que la jument, soit parce qu'il est plus fort, qu'il offre plus de résistance, qu'il appartient à une meilleure race, soit parce qu'on le fait moins travailler et qu'on le nourrit mieux. Cette opinion est d'autant plus probable que plus la différence qu'il y a entre le mâle et la femelle est grande, plus la mère est mauvaise, *mal-née*, *worse-bred*, *bradly-bred*, disent les Anglais, plus le mâle est bon, *bien-né*, *well-bred*, plus le produit ressemble au père par les formes et par les qualités.

Il arrive même que, si l'état ordinaire des sexes est interverti, l'influence ne s'exerce plus comme cela se passe ordinairement: la vigueur, une grande propension à l'acte génital peuvent donner à un mâle une influence acquise plus grande que celle qui lui est naturelle; tandis que s'il est trop jeune, faible, peu porté à se reproduire, et la femelle vigoureuse, celle-ci exerce une influence presque absolue.

Influence des reproducteurs d'après leur force, leur âge, leur vigueur. Nous venons de voir que l'influence des sexes peut dépendre de l'état dans lequel ils se trouvent. Le reproducteur fort, vigoureux, jouissant d'une bonne santé, est bien disposé pour imprimer ses caractères au produit de la conception et il les lui imprime constamment s'il s'accouple avec un individu faible, lymphatique, ayant une constitution altérée, exténué par la privation d'aliments, par l'excès du coït, du travail, etc. Le descendant ressemble en général au parent qui est dans la force de l'âge, si, du reste, ce parent est dans des conditions favorables et surtout s'il s'est accouplé avec un individu jeune, faible. D'après M. Girou, l'âge, la vigueur ont même de l'influence sur le sexe de l'être créé: pour avoir des mâles il faut donner à des femelles jeunes, faibles, des mâles plus âgés, vigoureux; tandis que l'on obtient des femelles quand les pères sont plus jeunes, moins forts que les mères. Suivant ce célèbre physiologiste, tout ce qui développe la force musculaire dans les deux sexes, l'exercice, le travail modéré, une nourriture bonne sans être trop copieuse, tend à faire produire des mâles. L'état de santé a-t-il de l'influence sur le sexe créé? D'après **M. Girou de Buzareingues**, sous l'influence d'une affection du foie les femelles produisent des mâles , et sous celle d'une maladie pulmonaire elles engendrent des femelles. C'est le contraire des mâles , du moins dans certaines espèces (1).

Influence des reproducteurs d'après leur race. La ressemblance entre les reproducteurs et leurs descendants n'est jamais parfaite. Les caractères des familles, des variétés sont toujours fugaces, dépendent du régime, du climat et maintes fois de circonstances inconnues. Ils se montrent souvent sur quelques individus, disparaissent pendant une ou deux générations pour reparaître ensuite sans causes appréciables. Ainsi, même dans des races bien établies, on voit des poulains, des taureaux ne ressembler ni au père, ni à la mère; presque toujours alors, ils ont les caractères de l'un de leurs aïeux ou bisaïeux.

Des variations se font surtout remarquer lorsque les caractères des familles et des variétés ne sont pas bien fixés; les animaux, si leur race est nouvelle, si on la forme par croisement, sont soumis à deux ordres d'actions opposées entr'elles qui prédominent, tantôt l'une , tantôt l'autre : les agents hygiéniques tendent à modifier les individus, à perpétuer la race ancienne , primitive, et les reproducteurs importés tendent à propager leurs caractères. Si l'on essaie d'améliorer une race par le régime, l'inverse a lieu, la nourriture tend à modifier les animaux et les reproducteurs tendent à les perpétuer. Dans tous les cas, les animaux dont la race n'est pas bien formée manquent souvent d'harmonie ; les divers organes du corps sont rarement en rapport exact, les formes propres à chaque partie, très-variables, ont peu de tendance à se transmettre par la génération, même

____

(1) *Journal de physiologie,* par M. Magendie, t. x.

lorsque les reproducteurs appartiennent à la même race.

Quand les races sont bien constituées, tous les organes du corps ont entre eux les plus grands rapports possibles, ils sont dans une dépendance réciproque, se nécessitent presque les uns les autres, et les caractères passent sans être modifiés des pères aux enfants. Mais les qualités comme les défauts ont alors une grande tendance à se perpétuer, et autant les unes se transmettent avec facilité, autant les autres sont difficiles à détruire. Et s'il arrive souvent qu'on obtient des produits plus parfaits que les reproducteurs qui les ont engendrés, il arrive aussi que lorsqu'à force de soins, d'appareillements judicieux, on croit avoir amélioré un cheptel, on rétrograde tout-à-coup, on voit reparaître des défauts qu'on croyait détruits depuis plusieurs générations.

L'influence de la race sur la reproduction est bien sensible quand on croise deux races dont l'une est ancienne, bien formée, et l'autre nouvelle, sans caractères fixes. On voit alors que les individus de celle-ci influent très-peu sur la forme de leurs descendants; que le produit de la conception ressemble principalement à la race ancienne et qu'il peut n'avoir aucun rapport avec l'autre. Ce dernier fait s'observe surtout si le reproducteur dont les caractères sont variables a été dépaysé, s'il a été importé dans un climat différent de celui où sa race se forme. De cette observation résulte la nécessité de n'importer pour le croisement des races que des animaux appartenant à des types bien formés, anciens.

Il ne faut pas confondre l'ancienneté des races avec la généalogie des familles. Pour former d'excellents reproducteurs une longue descendance de parents irréprochables, quoiqu'à désirer comme offrant plus de chances, n'est pas toujours indispensable. On voit des femelles, dit lord Spencer, dont les parents sont inconnus donner des produits d'un très-grand mérite, qui forment eux-mêmes de très-bons reproducteurs. Un mâle descendu de ces femelles doit être considéré comme très-bien né du côté maternel. Nous observons souvent des faits semblables : des étalons, des taureaux issus des races les plus communes donnent souvent de très-bons produits ; ce sont même les excellents poulains qui naissent d'un père sans valeur qui engagent nos éleveurs à ne pas faire de frais pour donner à leurs femelles des mâles distingués. Toutefois ces cas heureux sont des exceptions, et nous les expliquerons.

Influence des reproducteurs d'après leur aptitude à se reproduire. Pour apprécier l'influence qu'exerce le penchant générateur, il faut avoir égard à la cause qui le produit. S'il est dû à une surabondance de vie qui porte les animaux à multiplier leur espèce, il est signe de vigueur et indique que les individus qui le présentent exerceront une grande influence sur le produit de la conception. Mais si la propension à l'acte de la génération est la conséquence d'une disposition maladive, d'une surexcitation, d'un développement excessif de l'appareil reproducteur, si la fonction génitale a plus d'activité que ne devrait le comporter la constitution de l'individu, celui-ci peut être épuisé et n'agit alors que comme les êtres faibles. Le plus souvent les animaux domestiques que nous faisons reproduire sont sains, bien constitués, jouissent d'une bonne santé ; de sorte que ceux qui ont le plus d'aptitude à se reproduire sont aussi ceux qui influent le plus sur le produit de la conception.

Influence des reproducteurs d'après leur conformation. Lorsque le père et la mère ont la même conformation, ils donnent naissance à un produit qui leur ressemble autant qu'ils se ressemblent eux-mêmes ; si l'un des sexes diffère beaucoup de l'autre, s'il présente un caractère bien marqué, s'il a une encolure beaucoup plus longue, une tête beaucoup plus grosse, le descendant lui ressemble par ce caractère; mais si la dissemblance est fondée sur un caractère peu sensible, sur une particularité fugace, l'être engendré ressemble au parent qui présente au plus haut degré la conformation de la race. Dans l'appareillement des reproducteurs, il faut avoir égard aux formes pour corriger les défauts, pour imprimer des qualités, pour conserver les races et pour en créer de nouvelles.

Influence du sexe créé. On dit vulgairement que le fils ressemble à la mère, la fille au père ; mais cette opinion, quoique assez répandue, n'est pas générale, ni toujours conforme à l'observation. Dans tous les cas, s'il y a le plus souvent une ressemblance entre la fille et le père, il est difficile d'en expliquer les causes et nous en ignorons les lois.

§ II. QUALITÉS, DÉFAUTS, CHOIX DES REPRODUCTEURS.

A. — *Qualités et défauts des reproducteurs.*

Il faut distinguer les qualités et les défectuosités des reproducteurs en absolues et en relatives. Les premières sont indépendantes de l'état dans lequel se trouvent les animaux et du but auquel on les destine : les signes d'une bonne santé, une belle conformation de la poitrine sont des qualités absolues ; l'existence de maladies héréditaires, les défauts de caractère, le bassin étroit et mal conformé dans les femelles, sont des défauts absolus qu'on ne doit jamais rencontrer dans les reproducteurs, quelle que soit la destination des animaux.

Les qualités et les défectuosités relatives dépendent du rapport qui existe entre les deux sexes, car le choix doit avoir pour but l'appareillement des reproducteurs : le pied plat de la jument mulassière du Poitou est un défaut quand on fait reproduire cette femelle avec un mâle de sa race.

et une précieuse qualité quand on l'accouple avec le baudet; ce que nous disons du pied s'applique à toutes les régions du corps, et tous les vices de conformation qui ne sont pas des signes de faiblesse, d'un état maladif, sont des qualités, si les animaux qui les représentent doivent être accouplés avec des individus présentant une conformation opposée.

Les reproducteurs ont souvent des défauts relativement à la destination de leurs descendants. Une taille élevée serait un défaut pour des animaux destinés à paître sur de mauvais pâturages ou à recevoir au râtelier une nourriture peu abondante et à travailler dans des chemins mauvais, montagneux : dans ces circonstances l'aptitude à vivre dans des pâturages maigres, des membres courts sont, quoique du reste les animaux donnent peu de produits, des qualités; tandis qu'ils seraient des défauts si les animaux devaient vivre dans une contrée fertile et travailler sur de belles routes. Une poitrine un peu troite mais haute, l'avant-bras et la jambe longs, le pied petit, le ventre très-peu volumineux, qui sont des défauts pour presque tous les chevaux de service, sont des qualités pour ceux de course.

La mollesse, le manque de rusticité sont des défauts pour des bœufs qui doivent travailler au mauvais temps, dans les montagnes; tandis que des bêtes dures, sobres, vives, ne sont jamais bien précieuses pour la boucherie, ni pour donner du lait. Enfin certaines particularités sont des défauts ou des qualités selon qu'elles nuisent à la vente des animaux, ou qu'elles la facilitent : dans telle contrée on recherche les vaches couleur froment, dans telle autre on les estime moins que les brunes dont les lèvres et les paupières sont noires; ici on estime les béliers cornus, à large fanon; ailleurs les cornes, les replis de la peau déprécient les animaux.

B. — *Choix des reproducteurs.*

De la ressemblance qui existe entre les reproducteurs et leurs descendants, résulte la nécessité de choisir les animaux que l'on veut employer à la multiplication des espèces. Le choix pour être rationnel, doit même être fait de manière que les qualités que l'on veut propager se trouvent, sinon dans les deux sexes, du moins et de préférence, sur celui qui est le plus apte à les transmettre au produit de la conception.

Dans le choix des animaux il faut avoir égard à l'état de santé, à la taille, aux formes, aux qualités, à la race, à l'âge et à la couleur.

État de santé. Les reproducteurs doivent avoir une bonne constitution, être robustes, surtout jouir d'une bonne santé. Toutes les parties du corps doivent être saines, mais principalement les organes qui, comme les poumons, les intestins, sont essentiels à la vie.

Les signes de la santé varient selon les animaux, mais en général la souplesse, la mobilité de la peau, l'aspect brillant des poils, un embonpoint médiocre indiquent que les fonctions principales s'exécutent avec régularité, que la digestion se fait bien.

Les *maladies* seront considérées comme dès défauts absolus; mais on placera en première ligne celles qu'on regarde comme héréditaires. D'après Demoussy, depuis qu'on choisit mieux les reproducteurs, la fluxion périodique des yeux et la myopie sont moins communes dans nos races équestres. La mélanose doit aussi faire exclure les animaux de la reproduction; on connaît des provinces où cette affection a été importée par des étalons qui en étaient atteints. On considère aussi, comme pouvant se transmettre du père aux enfants, la phthisie pulmonaire :

M. Magnol a publié des observations qui prouvent qu'elle est héréditaire dans les poules. On place dans la même catégorie certaines affections qui attaquent les poils, la peau; la gale est connue dans la Sologne pour être héréditaire sur les moutons. On cite, comme pouvant se transmettre par la génération, le cornage, le resserrement des talons, le volume excessif, la mauvaise conformation des pieds. Le premier de ces défauts était jadis très-commun en Normandie, mais des appareillements judicieux, de bons croisements, l'ont rendu plus rare de nos jours; le second se remarque sur les chevaux andaloux et sur quelques-unes de nos races du midi et des pays montagneux; le troisième est commun dans les chevaux de la Flandre et dans ceux du Poitou.

Ce n'est pas ici le lieu d'examiner si les animaux transmettent réellement leurs affections, si les germes morbides passent des pères aux enfants; ou si les reproducteurs communiquent seulement une conformation vicieuse, une constitution altérée, une disposition organique ou vitale qui prédisposent à contracter les maladies. Il est reconnu qu'en transmettant la conformation, les reproducteurs communiquent des affections qui, dans la plupart des cas, ne sont pas héréditaires. Demoussy cite un étalon sujet aux coliques, à cause d'un retrécissement de l'intestin grêle, qui a transmis ce défaut à plusieurs de ses poulains.

Il faut distinguer les défauts originels des défauts acquis : les premiers supposent une modification profonde de l'organisme, et passent plus souvent des pères aux enfants. Parmi les affections acquises, les unes sont accidentelles, les autres viennent spontanément : celles-ci étant la conséquence d'une prédisposition des animaux, on doit exclure de la reproduction ceux qui en sont affectés. Les simples maladies des membres, les exostoses, les tumeurs molles, les déviations des rayons osseux sont graves, si elles sont venues sans causes accidentelles. Mais il faut même considérer comme plus ou moins héréditaires, les maladies qui sont la conséquence d'un accident, quand on voit que les formes et les qualités acquises se transmettent des pères aux enfants.

Mais serait-il démontré que les maladies organiques des viscères, de la peau, des membres, ne se transmettent point; qu'un jeune animal issu d'un père et d'une mère poitrinaires ne contracte pas plutôt la phthisie que s'il provenait de parents sains, que ces affections devraient faire exclure les animaux de la reproduction; car elles altèrent la constitution des individus, et les rendent incapables de créer des germes vigoureux. De parents maladifs on ne peut espérer que des produits faibles. Sous ce rapport les affections locales sont plus graves dans les femelles que dans les mâles; une femelle qui souffre, qui mange peu et digère mal, peut-elle nourrir convenablement le fœtus, et après le part a-t-elle assez de lait pour bien élever sa progéniture?

Dans l'examen des *formes* il ne faut pas s'attacher exclusivement aux contours gracieux, arrondis, qui donnent au corps un aspect agréable, régulier; on doit les étudier pour apprécier le volume, l'état des parties intérieures; l'étendue, la convexité de chaque région font reconnaître la capacité des cavités splanchniques, le volume des viscères, la grosseur des muscles. On recherchera de préférence la perfection des parties qui jouent le rôle le plus important dans les phénomènes de la vie, et de celles qui créent le lait, qui fournissent la viande, qui exécutent les mouvements. Le tronc sera examiné avec attention : le thorax doit être ample, la côte ronde et allongée, car une poitrine spacieuse suppose des poumons développés, une respiration facile, prompte, capable d'élaborer les matériaux fournis par les aliments et d'imprimer au sang les qualités nécessaires pour bien nourrir, pour former de la viande et pour donner la force qu'exigent les exercices pénibles. Une poitrine ample fait présumer que le cœur est fort, et peut exécuter ses fonctions avec aisance ; les animaux qui ont la région sternale épaisse, les côtes longues, les coudes écartés, se nourrissent bien, et supportent de rudes fatigues sans être exposés à suffoquer.

L'épine dorso-lombaire doit être examinée avec soin : les appophyses transverses des vertèbres lombaires doivent être longues ; car des reins larges supposent dans les animaux de la force et beaucoup de viande.

L'abdomen doit être souple, sans être trop volumineux, et l'excrétion des matières alvines doit se faire avec facilité et régulièrement.

On recherche en général un système osseux peu développé, une tête petite, des membres grêles plutôt que gros ; mais les articulations doivent être saines, souples, fortes, les saillies osseuses bien prononcées, et les tendons gros, éloignés des os. Des muscles volumineux indiquent dans tous les animaux de la force, et promettent beaucoup de viande entrelardée dans les bêtes grasses.

Il y a des vices de conformation qui, quoique compatibles avec une bonne santé, doivent faire exclure les animaux de la reproduction. De ce nombre sont l'exiguité de la poitrine, le manque des aplombs, la faiblesse des membres, la mauvaise conformation des organes génitaux, le volume trop considérable du ventre, la tension trop forte des parois abdominales, le manque de proportions bien caractérisé, etc.

D'après la race, « il ne faut pas seulement avoir égard aux défectuosités et aux qualités individuelles des animaux reproducteurs, mais on doit prendre aussi en considération celles de la race à laquelle ils appartiennent ; car il est très-probable qu'elles reparaîtront à un degré plus ou moins prononcé dans les générations suivantes. C'est pour cette raison qu'on ne doit pas employer un animal, quelque bon qu'il paraisse, si l'on n'est point assuré qu'il provient d'animaux qui, depuis plusieurs générations, possèdent à un haut degré les qualités que l'on désire. » (1) Cette règle est trop absolue. Nous verrons que le principe sur lequel elle repose peut offrir des exceptions, mais il est bien reconnu que dans le choix des reproducteurs il ne faut pas s'attacher exclusivement aux formes et aux qualités individuelles : il faut prendre en grande considération la famille, car le sang ne se perd jamais, comme disent les Anglais. En général, plus la race d'un reproducteur est ancienne, plus ce reproducteur influe sur le produit de la conception.

L'*âge* auquel il convient d'employer les reproducteurs varie selon les espèces, les sexes et la destination des animaux qu'on veut obtenir. En général c'est lorsque les individus ont pris tout leur développement qu'ils peuvent sans inconvénient pour eux employer une partie de leurs forces à multiplier leur espèce. Mais la faculté génératrice ne vient pas, ne se développe pas instantanément ; elle existe avant que l'accroissement du corps soit complet et augmente d'une manière graduelle.

L'âge auquel les animaux peuvent se reproduire varie selon leur longévité ; ceux dont l'accroissement est rapide et la vie courte peuvent engendrer fort jeunes. Les femelles peuvent se multiplier plus tôt que les mâles ; mais si on les fait porter trop jeunes, la gestation, l'allaitement, les épuisent. Quelques accouplements faits de loin en loin nuisent peu aux jeunes mâles qui sont bien nour-

(1) *London's Encyclopedia of agriculture.*

ris ; mais il faut, surtout dans les grandes espèces, soigner l'opération, afin de prévenir les efforts de reins, les distensions du jarret.

L'âge auquel il convient d'employer les reproducteurs varie selon la destination des produits que l'on attend. Si l'on veut obtenir des bêtes robustes, fortes, propres au travail, on recherchera des mâles parvenus à l'âge adulte; mais pour faire naître des animaux mous, riches en tissu adipeux, ayant des chairs tendres, plutôt que des muscles énergiques, on se servira de reproducteurs qui ne soient pas encore bien formés. Les vaches issues de jeunes taureaux sont les meilleures laitières ; les agneaux donnent de plus beaux agneaux que les vieux béliers.

Une *taille* élevée est tantôt un défaut, tantôt une qualité. Nous verrons, en parlant de l'appareillement, qu'il ne faut pas chercher à augmenter le volume des animaux en employant des reproducteurs de grande corpulence.

Une taille élevée donne de l'avantage aux animaux dans la progression. Les leviers, formés par les rayons des membres, produisent plus d'effet à chaque contraction des muscles quand les animaux sont grands que lorsqu'ils sont petits : le pas est plus allongé et l'allure moins précipitée, moins fatigante, plus aisée. Dans les bêtes de boucherie, une taille élevée peut aussi être avantageuse.

Mais pour apprécier le mérite des animaux, eu égard à leur taille, il faut considérer leur destination et les circonstances dans lesquelles on se trouve ; il faut que la taille soit en rapport avec les services et avec l'abondance des fourrages ; il faut aussi que les diverses parties du corps soient proportionnées les unes aux autres ; que la grosseur de chaque région soit relative à ses autres dimensions. Il faut surtout comparer la valeur, les produits des animaux avec ce qu'ils consomment. « Il est des races, dit Crud, et l'expérience nous prouve tous les jours qu'il en est ainsi pour les individus, qui consomment moins de nourriture que d'autres, sans pour cela leur céder en rien ni en force ni en activité. » On observe aussi pour la production de la graisse, pour celle du lait, que les animaux sont loin d'en donner constamment en proportion de leur volume et de la nourriture qu'ils consomment.

Défauts, qualités. Une bonne santé, une belle conformation, une taille convenable, ne sont pas les seules qualités qu'il faille rechercher dans les reproducteurs: ils doivent avoir de la force, de la vivacité, de l'énergie, être dociles, obéissants, avoir un bon caractère, n'être méchants ni envers l'homme, ni envers les autres animaux de leur espèce.

Les défauts de caractère se transmettent avec la vie. On croit avoir observé dans l'espèce chevaline que la femelle communique plus souvent la méchanceté que le mâle; car il est rare qu'une jument qui frappe du pied, qui mord, ne donne pas ses défauts à ses descendants. Cette opinion est opposée à ce qu'on observe généralement, à savoir, que le mâle communique principalement le caractère, la force. Mais il faut remarquer que la méchanceté des étalons dépend souvent de leur force, de ce qu'ils sont trop drus, trop vigoureux; ils ont besoin d'agir, de s'amuser, et ils mordent, frappent du pied plutôt pour jouer que pour satisfaire un mauvais penchant. Il n'en est pas de même dans les femelles, du moins le plus souvent; médiocrement nourries, travaillant beaucoup, peu vigoureuses, si elles cherchent à faire du mal, c'est une conséquence de leur organisation cérébrale. Il est bien reconnu que les mâles réellement vicieux engendrent des poulains qui leur ressemblent. M. le docteur Bottex a vu à Meximieux un étalon méchant qui communiquait son défaut à tous ses produits; Demoussy cite le *Cardinal*, le *Curde*, dont les arrières petits-fils se reconnaissent à leur susceptibilité et à leur naturel irascible.

Il ne faut pas faire reproduire les animaux ombrageux, sauvages, indomptables, difficiles à dresser, à conduire; cette âpreté de caractère, cette haine de l'homme, cet esprit d'indépendance, forment, dit Demoussy, un héritage inaliénable que les pères ne manquent jamais de léguer à leurs enfants. La mollesse, le manque de docilité, le caractère tracassier, l'habitude de battre les autres animaux, doivent être des motifs d'exclusion.

Pour s'assurer de l'existence des qualités dans les animaux, il faut les essayer, leur mettre les harnais, les faire travailler, les placer à côté d'autres animaux, traire ou toucher les pis des femelles, etc.

La *couleur* des animaux est une de leurs particularités les plus fugaces, elle varie selon les climats, les saisons, les sexes, les âges, etc.; en histoire naturelle, elle a peu de valeur comme caractère; et sous ce rapport elle en a encore moins dans les animaux domestiques à cause des nuances infinies que prennent les poils sous l'influence de la domesticité.

Si la couleur intéresse l'éleveur, c'est comme indice de qualités et de défauts, comme faisant connaître le tempérament des animaux; il faut aussi avoir égard à la robe des solipèdes, des bœufs, à la couleur des moutons à cause de la valeur que certaines nuances généralement recherchées donnent aux chevaux, aux vaches, aux bêtes à laine.

On regarde généralement le noir et les nuances foncées comme un des caractères du tempérament sanguin, de la force, de l'énergie des individus; on recherche ces couleurs dans les bêtes de travail.

Les couleurs pâles, le froment, le blanc, sont plutôt recherchées dans les vaches à lait, dans les bêtes d'engrais et dans le mouton, à cause de la facilité qu'a la laine blanche de prendre par la teinture toutes les autres couleurs. Les bêtes blanches ont la peau mince, les poils fins.

Il paraît, dit Buffon, que le blanc pur et sans aucune tache est le signe du dernier degré de dégénération, et qu'ordinairement il est accompagné d'imperfections et de défauts essentiels. On remarque que dans l'espèce humaine les albinos sont en général faibles et ont les sens imparfaits, et quoique cette imperfection soit plus fréquente dans les animaux domestiques, elle se rencontre dans les espèces sauvages, les souris, les taupes, les singes, et elle « est toujours accompagnée de plus ou moins de faiblesse et d'hébétude des sens. »

Dans l'examen des couleurs, comme indices des qualités du tempérament, il ne faut pas s'attacher seulement à la nuance du poil, il faut examiner la couleur de l'épiderme, de la corne, du derme même ; celle des poils est excessivement fugace, elle varie continuellement, depuis le moment où le poil commence à paraître jusqu'à l'instant où il tombe ; c'est celle des couches du derme, toujours en rapport avec celle de la corne, de l'épiderme, qui peut donner des indices sur les animaux ; elle dépend de leur constitution, de leur tempérament, et elle diffère souvent de celle des poils. Ainsi nous avons dans nos pays beaucoup de chevaux dont la robe est blanche, cependant les animaux de cette nuance ayant la peau blanche et les qualités des animaux de cette couleur sont excessivement rares : nous en avons seulement de gris, dont le poil est devenu blanc avec l'âge, mais dont le derme est brun et la corne noire ; ils ont les caractères, le tempérament des animaux à couleur foncée. La plupart des chevaux dits blancs ont seulement quelques parties blanches aux lèvres, aux paupières, aux pieds, etc. ; mais ces parties, appelées ladres, sont très-limitées et influent peu sur les qualités des animaux. En parlant du cheval, nous verrons que parmi les meilleures races de ces animaux, beaucoup ont le poil blanc, et que cependant elles ne manquent ni de force ni d'énergie, leur nuance étant le plus souvent une conséquence de circonstances particulières, et non de la constitution.

Nous devons seulement prévenir que les animaux bicolores dans l'espèce chevaline et dans les moutons sont très-peu estimés; que « les taches blanches des chevaux qu'on fait servir à la propagation deviennent pour l'ordinaire, de génération en génération, toujours plus grandes, dans les descendants et à la fin il en naît des chevaux pies; » (1) qu'il suffit qu'un étalon ait une simple tache sur le front ou sur un membre pour produire des poulains ayant la face blanche, de grandes balzanes; que les béliers tête de maure, ceux qui ont le pourtour des yeux noirs, les lèvres, la membrane muqueuse de la bouche noirâtres, engendrent le plus souvent des agneaux pies ou noirs, etc.

Serait-il démontré que les couleurs n'ont aucun rapport avec les qualités des animaux et qu'on ne doit pas y avoir égard, dans le choix des bêtes qu'on achète pour son service, qu'on devrait cependant les prendre en considération dans les reproducteurs; car la couleur des animaux peut être par elle-même une qualité ou un défaut, cela dépend de la mode, des préventions, des préjugés. Nous n'avons pas de règles à donner à cet égard, les éleveurs doivent se conduire selon les idées reçues dans leurs localités; si les vaches couleur froment et les chevaux sous poil rouan sont estimés, si les chevaux blancs, les gris sont dédaignés, il est inutile de rechercher la cause de la préférence ou du dédain donné à ces animaux, il faut

(1) Hartmann, *Traité des Haras*, p. 73.

seulement se mettre en mesure de répondre au goût des acheteurs.

Indépendamment des considérations qui précèdent et qui s'appliquent aux deux sexes, il faut dans le choix des reproducteurs examiner en particulier les mâles et les femelles.

Les mâles dont les testicules sont bien développés, ont en général une grande aptitude à propager leur espèce; ils doivent avoir les membres abdominaux solides et les lombes fortes pour se cabrer sans difficulté et sans accidents. C'est surtout dans ce sexe qu'on doit trouver l'énergie, la force, la vigueur. Ces qualités rendent le mâle capable de communiquer au germe une grande vitalité; il faut exclure l'étalon dont les testicules sont atrophiés, la verge mal conformée, etc.

Les femelles concourent à la formation du germe , peut-être même le fournissent-elles ; dans tous les cas elles le logent et le nourrissent après la conception ; elles donnent au petit, après la naissance et dans l'âge où il est le plus impressionnable, sa première nourriture. Sous ce triple rapport, le choix des femelles est de la plus grande importance.

Elles doivent offrir les formes, la force, les qualités qu'on désire de retrouver dans les produits de la conception ; elles doivent avoir le corps long, les hanches, les tubérosités des ischions écartées , la base de la queue relevée, le bassin ample ; avec cette conformation elles offrent au fœtus une place où il peut se développer convenablement , et elles mettent bas sans de trop grandes difficultés.

Quand la femelle a le corps court, le bassin exigu, le fœtus est gêné et l'accroissement en est irrégulier : les parties dures, les os, les membres, acquièrent seuls leur volume normal ; les parties moins résistantes, les cavités , le thorax, les viscères, le cœur, les poumons étant com-primés restent étroits, petits. La gestation est pénible si le bassin est étroit : aussitôt que le fœtus a pris un peu de développement, ne pouvant plus être contenu dans la région pelvienne, il tombe dans l'abdomen, s'avance d'une manière extraordinaire vers le diaphragme, pousse ce muscle en avant et gêne la respiration, si le thorax n'a pas une très-grande ampleur. Le part est difficile, avec la conformation que nous supposons : les muscles abdo-minaux excessivement distendus ne peuvent pas réagir avec efficacité sur la matrice, et celle-ci a d'autant plus de peine à expulser le fœtus, que le bassin n'offre qu'un passage généralement trop étroit. Un bassin exigu, la déviation du sacrum sont des motifs d'exclusion d'un haras.

Les femelles doivent bien se nourrir, n'avoir ni souf-frances ni maladies locales capables de nuire aux fonc-tions organiques. Elles doivent boire abondamment, re-chercher les aliments aqueux, manger beaucoup et digé-rer bien ; elles doivent avoir les mamelles grandes, actives et sécréter de bon lait : à ces conditions elles doivent réunir la douceur, la patience, la sollicitude maternelle, qui constituent les bonnes nourrices. L'atrophie des ma-melles doit faire exclure les femelles.

Une femelle qui fournit un mauvais germe, qui loge et nourrit mal le fœtus, qui manque de bon lait, ne don-nera jamais de bons produits, quel que soit le mérite des mâles qui l'auront fécondée. Le peu de soin qu'on apporte dans le choix des femelles contribue beaucoup à produire l'état d'abâtardissement de nos races : le prix des vaches étant en général peu variable à cause de leur destination définitive, on garde le plus souvent pour multiplier l'espèce les génisses qui donnent les meilleures espérances ; mais comme il existe une très-grande différence entre la valeur d'un excellent cheval et celle d'un mauvais, les propriétaires vendent presque toujours les plus belles pouliches, et ne gardent pour poulinières que celles qui sont tarées, estropiées, dont ils ne trouvent pas le placement. Ce calcul est mauvais, il peut occasionner de grandes pertes, à cause du grand nombre de poulains que fait quelquefois une jument.

Si l'on a plusieurs femelles il faut, autant que possible, qu'elles soient égales, pouvant convenir à un même mâle.

Essai des animaux. Toutes les fois qu'on tiendra à avoir de bons reproducteurs, on devra les essayer en petit avant de les employer en grand. A cet effet on donnera aux jeunes mâles des femelles dont le mérite est connu, et réciproquement aux femelles des mâles dont tous les produits ont été bons. Nous avons vu que l'examen de la conformation ne peut donner que des probabilités sur le mérite des animaux, et qu'il faut les essayer pour apprécier leur caractère et leurs qualités, comme bêtes de travail; à plus forte raison les essais sont nécessaires quand on veut connaître le mérite d'un animal comme reproducteur; car l'on voit les meilleurs animaux sous les rapports des formes et des qualités, donner de très-médiocres produits : l'expérience seule peut apprendre d'une manière positive le mérite des animaux. En employant les reproducteurs à titre d'essai, on s'assure non-seulement s'ils donnent de bons produits, mais s'ils sont féconds; si les mâles couvrent toutes les femelles, si celles-ci n'avortent pas, si elles sont bonnes mères, douces, non chatouilleuses; si le lait est bon, si elles en ont beaucoup, etc.

§ III. DE L'APPAREILLEMENT.

L'appareillement est une opération qui consiste à choisir, d'après certaines conditions, des animaux pour les réunir et les faire concourir ensemble à un but commun.

Ce mot s'applique à la réunion des animaux qu'on veut faire travailler sous le même joug, au même timon, et de ceux que l'on fait accoupler après les avoir assortis, de manière que les qualités de l'un compensent, corrigent les défauts de l'autre. L'appareillement, considéré dans ce dernier sens, serait parfait si l'on pouvait réunir deux individus sans défauts; mais comme on ne trouve jamais des animaux qui remplissent cette dernière condition, on dit qu'il y a appareillement quand on donne à une femelle qui a certaines défectuosités, un mâle qui présente en excès des perfections correspondantes, c'est-à-dire un mâle qui a des défectuosités opposées.

Les mots *appareillement*, *appareillage*, *assortiment*, *appatronement*, *appatronage*, sont regardés par la plupart des auteurs comme synoymes; cependant **M.** Gayot appelle appareillement l'accouplement de deux individus d'une même race dans le but d'une amélioration, et il nomme appatronement l'accouplement d'un mâle et d'une femelle de la même race, possédant le plus haut degré de perfection possible. « Ainsi, dit-on (1), le rapprochement de deux individus du sang arabe le plus pur serait nommé appatronement. » Mais si les deux individus du sang arabe le plus pur ont des défauts, aura-t-on un appatronement? Comme il est prouvé que les races les mieux établies, les plus parfaites ne peuvent être conservées qu'en dirigeant l'accouplement de manière à corriger les défauts qui existent, et à prévenir ceux qui tendent à se produire; que dans le cas où il n'y aurait aucun défaut il faudrait toujours assortir les sexes dans des vues de perfectionnement; qu'il y a toujours, dans tout appareillement, plus ou moins de défauts à combattre et des perfections à développer, par conséquent nécessité d'appareiller,

(1) *Le Propagateur agricole du Cantal.*

nous pensons, avec **M.** Huzard, que les termes appareillement, appatronement, etc., doivent être considérés comme synonymes, comme désignant l'acte qui a pour but l'appareillement, l'assortiment des reproducteurs, quels qu'en soient la race, les perfections, les défauts, etc.

1° *Nécessité de l'appareillement.* Toutes nos races d'animaux domestiques sont artificielles : fruits de nos travaux, elles se distinguent par des qualités acquises que ne possèdent pas leurs congénères sauvages; elles présentent, au lieu de l'agilité, de la sobriété, de la rusticité quelles avaient en vivant dans les déserts, de la mollesse, beaucoup de propension à manger et à s'engraisser, de la docilité et une délicatesse qui ne leur permet pas de vivre sans des abris. Pour conserver les modifications que la domesticité a très diversement empreintes sur les individus d'une race, il faut faire accoupler les mâles et les femelles qui les présentent au plus haut degré, enfin apporter beaucoup de soins au choix des reproducteurs; « L'assortiment est l'opération fondamentale d'un haras, a dit De Lafont-Pouloti; sans elle on peut augmenter le nombre des individus, mais jamais les perfectionner. » Est-on encore bien assuré que les races les plus communes, celles qui ressemblent le plus aux espèces sauvages, pourraient être conservées à l'état de domesticité, si l'on n'apportait aucun soin à leur appareillement ?

Dans l'état de nature les espèces se perpétuent saines, quoique l'appareillement ne soit réglé que par l'instinct des animaux, parce que les intempéries qui font périr les mères, incapables de porter et de nourrir leur progéniture, détruisent les individus faibles, mal constitués, avant l'âge où ils pourraient se reproduire; parce que l'instinct des femelles et le droit du plus fort écartent de la reproduction les mâles qui ont résisté aux accidents du jeune âge, mais qui ne possèdent ni assez de courage pour combattre leurs rivaux, ni assez de force pour les vaincre.

Les espèces sauvages se conservent sans altérations, parce qu'étant toujours soumises aux influences qui les ont fait naître, elles en éprouvent peu de modifications : tous les individus, présentant à peu près les mêmes caractères, peuvent s'accoupler indistinctement sans qu'il en résulte des dissemblances profondes dans l'espèce.

A l'état de domesticité les animaux sont dans des conditions bien différentes : les soins que nous donnons aux mères, aux petits, aux malades, prolongent la vie d'un grand nombre d'individus dont la constitution, quoique compatible avec un état apparent de santé, les rend incapables de créer des descendants robustes. Et les travaux, la distribution irrégulière d'aliments secs, tantôt trop nutritifs, d'autres fois indigestes, la privation du grand air et de la liberté, combien n'engendrent-ils pas d'infirmités, de maladies inconnues à l'état sauvage qui anéantiraient les espèces, si nous n'écartions de la reproduction les individus qui en renferment les germes? Accouplées au hasard, les races améliorées dégénéreraient, parce qu'elles sont soumises à des influences excessivement variées et opposées, la plupart, à l'organisation des animaux. La nature contrariée mais non vaincue par la domesticité tend par son action continuelle à ramener les êtres organisés aux types qu'elle a créés. Nous ne pouvons lutter contre sa persévérance qu'en mettant une persévérance égale à écarter de la reproduction les individus sur lesquels son influence se manifeste par un commencement de dégénération.

Enfin l'appareillement est nécessaire pour prévenir les conséquences de la consanguinité. Dans l'état sauvage, les animaux sédentaires changent de canton vers le temps du rut ; les loups, les renards, les lièvres, sont coureurs, vagabonds ; plusieurs espèces quittent même leur patrie ; il s'opère ainsi une fusion, un croisement de races, favorables à la conservation des espèces ; mais « les bêtes des parcs qui ne peuvent faire ces excursions, ni se mêler avec des races étrangères, diminuent à chaque génération en grandeur et en force, malgré l'abondante nourriture qu'elles y ont. » (1)

2° *Règles de l'appareillement*. Les lois de la nature ne peuvent pas êtres observées sous l'influence de la domesticité. L'homme doit être la providence des espèces animales qu'il a soumises, des races qu'il a créées : il doit pour propager les qualités de ces animaux et pour corriger leurs défauts, exclure de la génération, par un bon choix des reproducteurs, les individus faibles, qui par ses soins ont résisté aux maladies du jeune âge ; ceux qui sont atteints de l'une des infirmités qu'engendre la domesticité, et ceux, enfin, qui ne présentant pas à un haut degré les améliorations qu'il a imprimées à la race tendent à reprendre les caractères des animaux sauvages de leur espèce.

Les règles de l'appareillement ont toujours pour but de conserver, de modifier ou de créer une race, selon l'état des animaux et les convenances de la localité ; elles se rapportent à la taille, aux formes, aux défauts, aux qualités, à la race, à l'âge, à la robe, etc., des reproducteurs.

Pour effectuer un bon appareillement il faut prendre en considération l'influence que le mâle et la femelle exercent sur le produit de la conception. On ne doit pas oublier qu'indépendamment des qualités absolues que les animaux doivent toujours posséder, il en est de relatives au pays, à la race que l'on veut conserver, à l'état de l'individu du sexe opposé. S'il arrive si souvent qu'un étalon donne de

____

(1) Hartmann, *Traité des Haras*, p. 63.

bons produits avec une femelle et de mauvais avec une autre, cela dépend presque toujours de ce qu'on oublie dans l'appareillement que les particularités d'un mâle qui sont des qualités dans un cas, peuvent être des défauts dans un autre.

Appareillement sous le rapport de la taille. Un chirurgien anglais, H. Cline, dans un traité sur l'élevage des animaux domestiques, a conseillé de donner toujours aux femelles des mâles plus petits qu'elles ; et il a appuyé son précepte de considérations physiologiques qui paraissent fort plausibles : Le germe, dit-il, tient toujours du père, et si celui-ci est grand, le fœtus est volumineux ; or, si la mère est petite, elle ne peut fournir au produit de la conception ni un espace convenable, ni une nourriture suffisante ; le fœtus mal nourri se développe incomplètement et d'une manière défectueuse ; les parties flexibles, peu résistantes du corps, les cavités splanchniques, les viscères, le cœur, le poumon, comprimés, ne peuvent pas acquérir un volume convenable, et les organes durs, résistants, les os, les membres, prennent relativement un trop grand développement ; la femelle met bas ensuite avec d'autant plus de difficulté qu'elle est plus petite et son produit plus mal conformé. Après la naissance le nouveau-né ne trouve dans le lait de la mère qu'une nourriture insuffisante ; sa nutrition se fait mal, sa constitution devient mauvaise et il ne forme jamais un animal d'un bon produit. Lorsque la mère est plus grande que le père, le fœtus prend un accroissement régulier, toutes ses parties prennent le volume qu'elles doivent offrir ; le crâne, le thorax deviennent spacieux, et le poumon, le cœur, le cerveau, volumineux. Les animaux sont ensuite vifs, hardis, élaborent bien leur nourriture, se nourrissent facilement, ont la circulation régulière, facile, font de très-bons services et donnent beaucoup de produits.

Des faits nombreux semblent confirmer cette théorie et la plupart des auteurs admettent que les appareillements de mâles un peu plus petits que les femelles donnent des productions mieux faites, d'un ensemble plus agréable, que des appareillements faits avec des mâles grands et des femelles petites. On cite de nombreux exemples pour prouver que des races de chevaux, dé bœufs, de moutons, etc., qu'on avait voulu améliorer par l'importation de mâles de taille élevée ont dégénéré, et que des races précieuses avaient été créées en donnant à des femelles de taille élevée des mâles plus petits.

Mais pour que la doctrine de Cline fût incontestable, il faudrait que les femelles, dans toutes les races, fussent plus grandes que les mâles. C'est le contraire qui a presque toujours lieu; or pour soutenir une hypothèse, on ne voudra probablement pas accuser la nature d'imprévoyance. D'ailleurs, en analysant les théories du chirurgien anglais, en appréciant les faits qui semblent l'appuyer, on arrive à des règles tout à fait conformes à ce qui a lieu dans l'ordre naturel.

Ainsi, on peut d'abord avancer *à priori* que les mâles peuvent sans inconvénient être plus grands que les femelles, puisque dans presque toutes les espèces d'animaux ils ont une taille plus élevée : on observe même, en général, que les petites femelles recherchent instinctivement des mâles grands.

Les faits rapportés à l'appui de la doctrine du chirurgien anglais ne sont pas rigoureusement concluants; les auteurs qui les ont publiés n'ont jamais démontré que les mâles de taille élevée, dont l'emploi a été désavantageux, fussent du reste bien propres par l'ancienneté de leur race, par leur énergie, à modifier des animaux acclimatés dans le pays; ils n'ont surtout pas prouvé que les races dont on voulait élever la taille, améliorer les formes, ne fussent pas aussi grandes, aussi bien conformées que le comportaient les fourrages du pays et l'état des routes. Il est probable, au contraire, que tous les faits invoqués en faveur des mâles de petite taille se rapportent à des animaux qu'on avait importés dans une localité où ils ne pouvaient pas trouver les conditions nécessaires à leur existence.

Les observations de M. Cline, dit M. le comte Spencer, ne peuvent se rapporter qu'au croisement entre deux races dont l'une est grande et l'autre petite, et dans ce cas le mâle devrait être pris dans cette dernière. Il n'est pas possible qu'on ait voulu que dans la même race le mâle fût plus petit que la femelle; cela serait contraire aux usages de la nature, et en suivant cette méthode peu de générations suffiraient pour réduire la taille des mâles et des femelles et pour en diminuer considérablement la valeur. Je puis dire que quelques uns des plus beaux animaux que j'aie élevés provenaient d'une méthode opposée. (1)

A l'appui de son opinion, lord Spencer cite l'exemple d'un bœuf qui a obtenu le premier prix à une grande exposition et qui provenait du plus grand taureau et de la plus petite vache que possédait ce célèbre agriculteur. La vache était si petite, qu'il la réforma à cause de la petitesse de sa taille aussitôt qu'elle eut élevé ce veau.

La doctrine de Cline peut même présenter des exceptions dans le croisement des races. Le plus heureux croisement que j'aie observé, continue M. Spencer, entre deux races différentes, avait été opéré par M. C. Colling, entre un taureau de Durham et une vache de Galloway Scotch. Les produits ont été vendus des sommes énormes, et la plupart des meilleures bêtes courtes-cornes existant aujourd'hui en proviennent.

(1) *The Journal of the english agricultural society.*

Dans l'appareillement, au lieu de rechercher des mâles plus petits que les femelles, je préfère, continue toujours M. Spencer, les femelles de taille élevée pour la reproduction ; mais si je veux en faire porter une qui me paraisse trop petite, je la fais couvrir par le mâle le plus grand que je possède, pourvu qu'il soit bien conformé. Mon opinion, résultat de ma pratique, est que si un homme trouve que les femelles qu'il possède sont plus petites qu'il ne voudrait, il peut sans inquiétude leur donner un mâle de taille élevée, pourvu qu'il soit de bonne race, qu'il ait de bonnes qualités et qu'il soit bien conformé.

Les faits et les opinions que nous venons de rapporter sont faciles à expliquer, quoique contradictoires, si nous avons égard à l'influence du régime. Nous pouvons même, en tenant compte des agents extérieurs, trouver les règles qu'il convient de suivre : ne vouloir avec Cline que les mâles les plus petits, c'est renoncer aux avantages obtenus en élevant de beaux, de grands individus ; c'est méconnaître les vues de la nature qui fait les mâles plus grands que les femelles, et qui n'accorde qu'aux plus forts le droit de propager les espèces ; c'est renoncer à l'avantage de pouvoir, quand par des améliorations agricoles on a produit des fourrages convenables, avancer par un bon croisement le perfectionnement des animaux de plusieurs générations.

Mais lorsqu'on a des femelles petites, vouloir élever la taille de leurs produits par des mâles de haute stature, c'est dans la plupart des cas s'exposer à des mécomptes inévitables ; le moyen ne réussira que lorsque les femelles seront petites par le fait d'une disposition particulière et quoiqu'elles reçoivent une nourriture copieuse et succulente ; si la petitesse est un défaut individuel, ainsi que cela avait très-probablement lieu dans la ferme de Nothingam où le noble propriétaire, aussi opulent qu'habile éleveur, soigne son bétail de manière à lui faire acquérir tout le développement qu'il est susceptible de prendre, un mâle de taille élevée peut corriger une imperfection individuelle; mais lorsque la petite race est en rapport avec la nourriture qu'elle reçoit, avec la nature du sol qu'elle habite, si l'on appareille les femelles avec des mâles d'une race plus grande, on aura des produits auxquels ni la mère ni la terre ne fourniront jamais une nourriture suffisante.

On a cité des faits nombreux pour démontrer que des mâles de petite taille donnent de très-bons résultats, améliorent de grandes races; mais ces faits, faciles à expliquer, prouvent seulement qu'un corps volumineux n'est pas toujours une perfection, qu'il peut être une défectuosité; qu'un étalon petit peut donner des qualités particulières, de l'énergie, des formes étoffées à une grande race; qu'un taureau de taille peu élevée a pu rendre une race de vaches d'un entretien facile, bonnes laitières, etc.; et si le volume des races croisées a augmenté, l'accroissement a été la conséquence non pas des mâles de petite taille, mais d'un perfectionnement agricole, de l'administration d'aliments copieux, succulents, circonstances qui ont coïncidé avec l'influence du sang étranger et ont avantageusement modifié les races habituées à des régimes moins favorables. De nos jours l'introduction d'animaux étrangers produit assez souvent de bons résultats, parce qu'on soigne généralement mieux les cheptels, on neutralise par le régime l'influence du climat, surtout parce qu'on a multiplié les récoltes fourragères. Nous comprenons également pourquoi les races d'animaux introduites par le gouvernement et distribuées à des fermiers prospèrent rarement, tandis, qu'ainsi que nous l'avons dit, on voit réussir assez souvent celles qu'importent des particuliers, disposés à perfectionner leurs instruments aratoires, à étendre leurs cultures fourragères, etc.

L'expérience a confirmé l'influence du régime sur les conséquences des appareillements de mâles de taille élevée avec des femelles petites. Les brebis de la Sologne, donnant de 12 à 15 livres de chair, et de 6 à 700 grammes de laine, conduites dans le val de la Loire et accouplées dans le bon pays avec des mâles de forte race, donnent des produits de 25 à 30 livres de viande et de 1750 à 2000 grammes de laine. M. Masson a perfectionné les brebis berrichones par les moutons dishley : il avait craint que la disproportion qui existe entre le poids de la race anglaise et celui des femelles ne nuisît à la conformation des métis ; ses prévisions ne se sont pas réalisées. Les agneaux ont comme leurs pères les jambes courtes, les jarrets larges, le corps épais, carré, le thorax bien développé. L'agronome qui rapporte ce fait cite deux bergeries dans lesquelles on a amélioré les animaux par l'emploi de béliers grands et de brebis petites, et il conclut de ses observations qu'une exacte proportion entre la race des mâles et celle des femelles n'est pas aussi rigoureusement nécessaire dans la race ovine que dans la race chevaline (1). Nous ne croyons pas qu'il y ait à cet égard une différence entre les bêtes à laine et les chevaux ; les exemples de croisements malheureux entre de grands béliers et de petites brebis, sont très-nombreux, tandis qu'on voit souvent de grands étalons donner de bons produits avec des juments de petite taille.

Appareillement sous le rapport des formes. L'appareillement doit être réglé de manière à produire les formes les plus convenables à la destination des animaux. Comme on ne rencontre jamais des reproducteurs parfaits, on doit chercher à corriger les défectuosités qu'ils présentent. A

(1) *Le bon Cultivateur de Nancy*, janvier 1841.

cet effet, on doit faire accoupler l'individu qui a un organe trop petit avec celui qui l'a trop volumineux.

Il ne faut pas toujours rechercher les individus les mieux conformés : de très-beaux mâles peuvent convenir moins bien pour certaines femelles, que d'autres qui pécheraient par quelques-unes de leurs parties, mais qui auraient des défauts opposés à ceux des femelles. Un père et une mère ayant la même défectuosité, quoique à un degré très-peu prononcé, produiraient des descendants défectueux ; tandis que s'ils avaient des défauts graves, mais opposés, ils pourraient donner naissance à des êtres très-bien conformés. Lord Spencer a souvent employé des reproducteurs défectueux, mais pouvant compenser les imperfections de l'autre sexe, et ce moyen de corriger les défauts, dit-il, a été fréquemment suivi de succès. Cependant il est en général plus sûr d'éviter les oppositions trop tranchées, les dissemblances trop prononcées, et si l'on a des animaux dont les formes varient beaucoup, on doit faire accoupler les plus ressemblants et chercher à atteindre graduellement le but que l'on se propose. Il faut pouvoir espérer que les formes se fondront les unes dans les autres, et produiront une conformation moyenne. Lorsque les disproportions sont trop grandes, l'on obtient souvent des produits décousus, qui font dire que plus l'étalon est beau, c'est-à-dire pur sang, distingué, plus le poulain est mauvais si la jument ne vaut rien, c'est-à-dire si elle est de race commune.

Appareillement eu égard aux défauts et aux qualités. Pour corriger les défauts, imprimer des qualités, on suivra la marche que nous avons indiquée en parlant des formes : tout en cherchant des individus qui se complettent, on évitera les contrastes frappants, susceptibles de produire des êtres disproportionnés, sans harmonie ; ainsi, une jument qui a la croupe carrée, lourde, avalée, les jambes chargées de crins, les pieds énormes, saillie par un étalon fin, produit souvent des poulains dont le poitrail est étroit, le pied lourd, la jambe grêle, la tête, l'encolure énormes; tandis qu'elle donne de beaux descendants si elle est accouplée avec des métis. De même les mâles très-distingués produisent également mieux avec des métisses qu'avec des juments communes. Toutefois il y a certains défauts auxquels il faut remédier directement. Ainsi, il n'y a aucun inconvénient à donner à une vache qui se nourrit mal, à une brebis dont la toison est légère, un taureau, un bélier ayant au plus haut degré les qualités opposées.

On ne doit jamais chercher à combattre plusieurs défauts à la fois. Lorsqu'une race pèche par la conformation de plusieurs régions du corps, il faut d'abord remédier à la défectuosité la plus grande en dirigeant dans ce sens les appareillements jusqu'à ce qu'elle ne reparaisse plus dans aucun produit. Si l'on voulait rendre la toison d'un troupeau plus tassée et la laine plus fine, il faudrait donc, après avoir opté pour la qualité qu'on veut primitivement obtenir, choisir les individus qui la présenteraient au plus haut degré; une fois cette qualité définitivement fixée dans la race, on chercherait à produire la seconde.

On rencontre bien difficilement des animaux ayant une qualité donnée bien prononcée et n'offrant du reste aucun défaut qui doive les faire exclure de la reproduction; de sorte que si l'on cherchait deux qualités réunies sur le même individu, on ne les trouverait que très-rarement à un degré bien prononcé sur des sujets offrant d'ailleurs les perfections qui doivent se présenter sur les reproducteurs. Si l'on voulait corriger deux défauts en même temps, l'on serait donc obligé de faire reproduire des individus médiocres et l'on n'obtiendrait aucun bon résultat; et si l'on voulait combattre les défauts alternativement, un pendant une génération et l'autre pendant la suivante, il arriverait que les succès obtenus dans un sens par l'accouplement des pères auraient disparu dans les produits des enfants.

Race. Il est souvent avantageux de faire accoupler deux individus appartenant à des races différentes ; les règles de l'appareillement n'offrent à cet égard rien de particulier. Il faut toujours faire en sorte que le mâle et la femelle aient des formes assorties, ne pas réunir ceux qui, différant beaucoup, pourraient donner naissance à des produits décousus. On ne doit pas oublier que les caractères des races ont plus de tenacité que ceux que présentent deux variétés d'une même race, et qu'on ne doit pas espérer que les formes des deux reproducteurs se fondent aussi facilement que s'ils descendaient de la même souche.

Appareillement d'après l'âge. On a toujours remarqué que les mâles qui ont couvert un grand nombre de femelles sont plus habiles à faire la monte que ceux qui s'accouplent pour la première fois. D'un autre côté, on sait que beaucoup de femelles jeunes, n'ayant jamais porté, ne se laissent couvrir qu'avec difficulté. On doit donc donner aux mâles qu'on emploie pour la première fois à la reproduction, des femelles ayant déjà donné des produits et bien disposées à se laisser féconder.

Selon quelques physiologistes, l'âge des reproducteurs influe sur le sexe créé ; il faut, pour avoir des produits du sexe masculin, donner à des femelles jeunes des mâles adultes, et *vice-versâ* pour obtenir des femelles.

Appareillement d'après la robe. A ce que j'ai dit en parlant du choix des reproducteurs, j'ajouterai que si l'on fait reproduire ensemble des individus dont les robes diffèrent par des nuances très-tranchées, les produits sont assez souvent bicolores ; or, comme les robes pies sont toujours

peu recherchées, il faut faire accoupler autant que pos_
sible des animaux ayant des nuances à peu près semblables.

Appareillement pour la conservation des races. Si la race
que l'on possède a toutes les qualités voulues, il faut faire
accoupler les individus qui en présentent les caractères
au plus haut degré : on doit écarter de la reproduction
ceux qui s'éloignent du type, fussent-ils même supérieurs
sous certains rapports ; car ils appartiennent à une famille dont les caractères ne sont pas fixes, et ils offrent
peu de garanties pour la transmission de leurs caractères
à leurs descendants.

On doit surveiller les défauts avec la plus grande attention, les combattre aussitôt qu'ils paraissent : les maux
naissants sont les plus faciles à guérir. De même qu'un
danseur de cordes, disent les Anglais, ne doit jamais perdre trop fortement l'équilibre pour qu'il puisse se maintenir, de même l'éleveur doit arrêter la dégénération de
ses animaux aussitôt qu'elle commence. Presque toujours
les races pèchent par quelques vices particuliers occasion-
nés par l'influence de la localité, du régime : il importe
de surveiller ces vices avec soin ; on ne doit jamais employer à la reproduction un individu qui les présente,
à plus forte raison ne doit-on pas appareiller un mâle qui
les possède, avec une femelle qui est dans le même cas.
Les défauts accidentels sont moins dangereux, fussent-ils
plus graves ; cependant on doit le moins possible appareiller deux individus ayant le même vice : il serait à
craindre que le produit le présentât à un degré beaucoup
plus marqué. Un croisement avec une race étrangère peut
être utile pour conserver une race.

4° *Appareillement pour créer des races.* Le régime est le
seul moyen qu'on doive employer pour modifier le volume des animaux, pour en accroître la taille ; mais par

la génération on change plus promptement la forme des organes que par le secours des agents hygiéniques.

Quand on veut créer une race par la génération, on emploie le plus souvent le croisement qui est beaucoup plus puissant, plus expéditif que le simple appareillement.

Celui-ci peut cependant, s'il est bien entendu, établir, dans une espèce d'animaux, des variétés assez bien caractérisées pour former des races nouvelles. A cet effet, après avoir modifié les individus par le régime, on cherche à fixer, à augmenter les modifications, en accouplant ensemble les mâles et les femelles qui les présentent. On est souvent obligé alors d'allier le père à la fille, le fils à la mère, le frère à la sœur, pour bien établir les caractères de la nouvelle tribu. On peut créer ainsi des formes parfaites.

§ IV. CROISEMENT DES RACES ET CROISEMENT DES ESPÈCES.

Le *croisement* est une opération qui consiste à appareiller deux individus de deux races ou de deux espèces différentes, dans le but de les faire reproduire.

A. — *Croisement des races.*

Ce croisement est encore nommé *métissage*, *métisation*; cependant quelques auteurs appellent plus particulièrement métissage le croisement des bêtes à laine, et d'autres celui qui a pour but, quelle que soit l'espèce d'animaux sur laquelle il est effectué, de créer une race intermédiaire entre les deux races croisées; une race « qui, émanant de deux races distinctes, n'a pas plus les caractères de l'une que ceux de l'autre. » Nous pensons, avec M. Huzard, que les mots croisement, métissage, sont synonymes, que les opérations qu'ils désignent sont identiques. Nous ne croyons pas qu'il soit nécessaire de donner à une opération des noms différents, selon qu'elle est effectuée sur le cheval, sur le bœuf, sur le mouton, etc. ; ensuite serait-il utile de distinguer l'accouplement de deux individus appartenant à deux races, selon qu'on attendrait pour résultats un produit semblable à l'un des reproducteurs, ou un produit qui leur serait intermédiaire, qui n'aurait pas plus les caractères de l'un des sexes que ceux de l'autre? Cette dernière condition, si on l'entendait d'une manière absolue, ne se rencontrerait jamais, et jamais il n'y aurait métissage. Et d'un autre côté, si l'on voulait attacher rigoureusement au mot croisement la signification qu'on lui donne, quand on veut le distinguer du métissage, on chercherait fort rarement à le pratiquer : car toutes les fois que nous réunissons deux races pour en obtenir des descendants, nous avons besoin d'une race qui ressemble à celles qui l'ont produite ; seulement dans quelques circonstances nous voudrions qu'elle ressemblât plus par sa conformation, par quelques qualités, à l'une qu'à l'autre. Mais nous désirons toujours, qu'elle en diffère, et qu'elle se rapproche de celle du pays par l'aptitude à résister à l'action du climat, du régime. Si l'on désirait rapprocher le plus possible « la race croisée de celle qui sert à la croiser, » on ne mettrait pas en usage le croisement, on importerait la race étrangère, soit par l'acquisition d'un troupeau, soit par l'importation de quelques individus, mâles et femelles, qu'on multiplierait par progression.

Ainsi dans le croisement, dans le métissage, nous n'attendons pas des résultats absolument différents, mais des degrés du même résultat : nous voulons toujours que le produit ressemble plus ou moins aux deux races qui l'ont créé. Enfin, ce qui nous engage encore à confondre le croisement et le métissage, c'est que le mélange de deux races réunies pour la reproduction doit être fait dans les mêmes conditions, entrepris dans les mêmes circonstances, selon les mêmes principes, et exige les mêmes soins, soit qu'on l'effectue sur les bêtes à laine, sur le cheval, soit qu'il ait pour but de créer une race aussi semblable que possible à celle qu'on importe, soit au contraire qu'il doive créer des animaux ressemblant également aux deux souches d'où ils émanent. Seulement dans ce dernier cas on le continue moins longtemps.

On appelle *mâle*, *étalon pur sang*, ou de *pure race : bélier pur sang : femelle*, *brebis*, *jument pur sang*, etc., l'individu de race étrangère importé pour améliorer, pour croiser les animaux du pays ; et on donne le nom de *race commune* à celle qu'on veut améliorer par le croisement. Les descendants de deux races croisées sont nommés, *premier métis*, *demi sang*, *moitié sang*, s'ils proviennent d'un premier croisement, c'est-à-dire de l'accouplement d'un animal pur sang avec un reproducteur de la race commune ; on appelle *trois quarts de sang*, *deuxième métis*, le descendant d'un premier métis et d'un pur sang. Le *troisième métis* provient d'un pur sang et d'un deuxième métis ; il n'a plus qu'un huitième de sang de la race commune. Le *quatrième métis* descend d'un troisième et toujours d'un pur sang, il a un seizième du sang de la race du pays. Les produits des croisements plus avancés sont appelés cinquième, sixième, etc., métis.

Le croisement des races intéresse le physiologiste, le vétérinaire et l'agronome : le premier peut, en étudiant les métis, apprendre à connaître les ressemblances qu'il y a entre les reproducteurs et leurs descendants ; comme le père et la mère n'appartiennent point à la même race, ils offrent souvent de grandes différences qui permettent de saisir l'influence que chacun d'eux exerce sur le descendant. Le croisement fournit à la médecine vétérinaire le moyen d'améliorer la constitution des animaux, de faire cesser certaines dispositions aux maladies. Enfin l'agriculteur peut, en croisant ses bêtes à cornes, ses chevaux, etc.; les améliorer, introduire dans ses troupeaux, à peu de frais, les qualités des races étrangères.

1° *But, avantages, inconvénients du croisement des races.* Quand on ne peut pas renouveler des races qui cependant réclament des améliorations, ou lorsqu'une race étrangère supérieure à celles du pays ne peut pas supporter le climat que l'on habite, on emploie le croisement pour communiquer aux animaux indigènes les qualités qui distinguent les exotiques. Ainsi, supposons qu'on importe des mâles, ce qui est le plus avantageux, on les fait d'abord produire avec des femelles communes, et l'on obtient des métis supérieurs à la race du pays. Lorsque les premières métisses sont en état d'engendrer, on leur donne des mâles pur sang et l'on réforme les mères; à la troisième génération on n'emploie que des métisses de trois quarts de sang, auxquelles on donne toujours des mâles de la race régénératrice. On continue suivant ce système, et l'on ne cesse que lorsque les caractères de la race pur sang se transmettent sans s'affaiblir dans la multiplication des métis entre eux.

Dans les croisements, on augmente ou l'on diminue l'influence de la race étrangère, selon qu'on l'appareille avec des métis ou avec des individus de la race commune. En donnant à un étalon anglais une jument normande, on obtient des produits qui possèdent l'encolure, le chanfrein de la mère; mais en faisant accoupler le même cheval avec des métisses les caractères du père deviennent beaucoup plus prédominants.

Ainsi, par le croisement, on peut créer les races les plus appropriées à chaque localité; associer dans les bêtes à cornes la faculté de travailler à l'aptitude à s'engraisser, donner à la laine le degré de finesse le plus convenable; créer des chevaux qui réunissent, en grande partie, à la force, à la stature des limoniers, la vitesse, l'énergie des races propres à des allures rapides.

Sous ces rapports le métissage est souvent préférable à l'importation d'une race, celle-ci dût-elle se conserver facilement dans le pays. Si la race pur sang est supérieure à toutes celles qu'on pourrait former, on continue le croisement avec des métisses de plus en plus avancées, jusqu'à ce que les produits possèdent les qualités, les caractères de leurs ancêtres étrangers. On a ensuite une race qui a tous les avantages des animaux régénérateurs, et qui, en outre, est naturalisée, a été introduite sans frais considérables, et sans faire courir les chances de perte qu'entraîne souvent l'importation en grand d'animaux non acclimatés.

Un des grands avantages du métissage, c'est de créer des variétés d'animaux possédant le mérite des deux races qui les ont produites, et supérieures même à la race régénératrice. Le mâle transmet aux produits de l'accouplement les qualités qui font rechercher sa race, et la femelle donne la faculté de résister à l'influence du climat; elle communique aussi la taille, le volume du corps toujours en rapport avec la localité : le métis du verrat chinois et de notre truie est plus facile à engraisser que ses ancêtres maternels, et plus grand que la race paternelle. Le croisement de la jument normande avec l'étalon de course produit des extraits qui réunissent en partie à la corpulence, à la douceur, à la souplesse des allures qu'on remarque dans les mères, l'énergie, la force, la tête carrée qui caractérisent les pères.

Le mélange des races est également favorable dans l'espèce ovine : les moutons du Lincolnshire, grands, robustes, mais mal conformés, croisés avec les dishley ont produit les lincolns perfectionnés, qui réunissent à la rusticité de l'ancienne race la belle conformation, l'aptitude à engraisser qui caractérisent la race de backewell. Le mouton new-kent est aussi le résultat d'un heureux mé‑tissage. En France, le bélier mérinos et les brebis cauchoises, picardes, le bélier new-kent et des femelle mé‑rinos ont donné des produits supérieurs, sous beaucoup de rapports, aux races croisées ; les bons effets du croisement ont également été démontrés sur les bœufs, sur les chèvres...

Il est presque toujours plus avantageux de créer une race métisse que d'importer une race étrangère. Les animaux exotiques importés donnent des produits qui en naissant sont assez semblables à leurs ancêtres ; mais qui, étant ensuite, à moins qu'on ne leur donne des soins extraordinaires, modifiés dans leur jeune âge par l'influence du climat, donnent, si on les fait reproduire, des descendants qui ont déjà beaucoup dégénéré : il est rare que dans les produits de la troisième ou quatrième génération on reconnaisse les caractères de la race importée ; les animaux ressemblent presque toujours complètement à ceux des pays dans lesquels ils sont nés.

Les métis ont même quelquefois plus de valeur que les produits de race pure, quels que soient les soins qu'on donne à ces derniers. Bourgelat avait fait la remarque qu'«un mâle et une femelle, transplantés d'Angleterre et *appareillés* en France, ne donneront jamais d'aussi belles productions que si le mâle eût été assorti à une jument française ou à une cavale de toute autre nation. » (1) « Un cheval et une jument d'Espagne, dit Buffon (2), ne produiront pas ensemble d'aussi beaux chevaux en France que ceux qui viendront de ce même cheval d'Espagne avec une jument du pays. » « Des chevaux anglais avec des juments

____

(1) *Traité de la conformation extérieure du cheval*, p. 440.
(2) *Animaux domestiques.* (Cheval.)

de leur patrie n'engendrent pas en Allemagne, rapporte Hartmann (1), d'aussi beaux chevaux que si on les accouple avec des juments allemandes. On a aussi fait la même observation sur des chevaux barbes dans d'autres climats. » Nous faisons de nos jours les mêmes remarques : les chevaux anglais pur sang nés en France ne valent pas sur les hippodromes ceux qui les ont créés, ni les métis anglo-français. Il est bien reconnu que la belle race de course a été formée par croisement.

On a souvent importé des races étrangères en France pour croiser celles du pays, et toujours les métis ont dégénéré. L'expérience, depuis quelques siècles, a été bien des fois renouvelée sur des chevaux barbes, arabes, espagnols, napolitains, etc., accouplés avec nos juments; et si dans quelques cas on a obtenu de bons produits, ceux-ci, employés à la reproduction, ont rarement donné de bons résultats. Les beaux taureaux suisses n'ont pas produit de meilleurs effets. Les agronomes témoins de ces faits les ont attribués avec raison aux circonstances hygiéniques, à la nourriture, etc. ; et l'on a supposé que chaque climat présente une influence qui est malfaisante sous quelques rapports, qu'il tend à communiquer aux animaux une conformation, des formes qui pèchent par quelque excès ou par quelque défaut; que dans le climat chaud il se trouve ce qui manque dans le froid, et réciproquement.

Buffon, Bourgelat, etc., croyaient que le croisement des races était indéfiniment nécessaire, qu'il fallait toujours le renouveler pour détruire ce que l'influence des climats a de mauvais, pour empêcher les animaux de dégénérer et pour entretenir dans les individus une constitution tempérée, nécessaire ou du moins favorable à la

_____

(1) *Traité des Haras.*

santé. Ils admettaient qu'il se faisait une compensation lorsqu'on réunissait pour la reproduction des animaux du midi à ceux du nord.

« Il semble, disait Buffon, que le modèle du beau et du bon soit dispersé par toute la terre, et que dans chaque climat il n'en réside qu'une portion, qui dégénère toujours, à moins qu'on ne la réunisse avec une autre portion prise au loin : en sorte que pour avoir de bons grains, de belles fleurs, etc., il faut en échanger les graines et ne jamais les semer dans le terrain qui les a produites ; et de même, pour avoir de beaux chevaux, de bons chiens, etc., il faut donner aux femelles du pays des mâles étrangers, et réciproquement aux mâles du pays des femelles étrangères ; sans cela les grains, les fleurs, les animaux dégénèrent. En mêlant au contraire les races, et surtout en les renouvelant toujours par des races étrangères, la forme semble se perfectionner, et la nature se relever et donner tout ce qu'elle peut produire de meilleur. » (1)

On a admis la nécessité des croisements dans les poissons comme dans les animaux terrestres. « De même, dit Hartmann, dans les viviers on aime à employer pour le frai des poissons étrangers ; ils font toujours mieux dans d'autres eaux et dans d'autres terres que dans celles où ils ont été élevés. »

Buffon supposait même que les défauts se compensaient d'autant mieux, que les produits étaient d'autant plus parfaits, qu'on mettait ensemble des animaux de climats plus opposés, que les excès ou les défauts de l'habitude du père étaient plus opposés aux défauts ou aux excès de l'habitude de la mère.

« Dans le climat tempéré de la France, il faut donc, pour avoir de beaux chevaux, faire venir des étalons des

_____

(1) *Histoire des animaux domestiques.*

climats plus chauds ou plus froids : les chevaux arabes, si l'on en peut avoir, et les barbes, doivent être préférés, et ensuite ceux d'Espagne et du royaume de Naples ; et pour les climats froids, ceux de Danemark et ensuite ceux de Holstein et de Frise : tous ces chevaux produiront en France, avec les juments du pays, de très-bons chevaux, qui seront d'autant meilleurs et d'autant plus beaux, que la température du climat sera plus éloignée de celle du climat de la France ; en sorte que les arabes feront mieux que les barbes, les barbes mieux que ceux d'Espagne ; et de même les chevaux tirés du Danemark produiront de plus beaux chevaux que ceux de Frise. Au défaut de ces chevaux de climats beaucoup plus froids ou plus chauds, il faudra faire venir des étalons anglais ou allemands, ou même des provinces méridionales de la France pour les septentrionales. » (1) Buffon croyait qu'en croisant les races les plus éloignées, on avait non-seulement de plus belles productions, mais des mâles en plus grand nombre. Bourgelat partageait l'opinion de Buffon. « Pour avoir de bons grains et de belles fleurs, disait-il, il faut changer les grains ; pour avoir de beaux chevaux, il faut nécessairement croiser les juments nationales avec des étalons étrangers, ou nos femelles des départements méridionaux avec des mâles des départements septentrionaux. » (2)

Hartmann craignait tellement l'influence du climat, qu'il ne voulait employer dans un haras que des étalons de la première ou tout au plus de la seconde génération. « Car, disait-il, la première est toujours la plus pure ; c'est dans les premiers descendants que l'influence du climat et de la nourriture sur les parties organiques et sur

<hr>

(1) *Des Animaux domestiques*, t. III, p. 43.
(2) *Eléments de l'art vétérinaire ; Traité de la conformation extérieure du cheval.*

la forme est toujours le moins sensible. L'effet de cette double influence se déclare déjà plus fortement dans les poulains à la seconde génération ; et à la troisième, où les mêmes causes ajoutent encore de nouvelles défectuosités à celles de la précédente, les caractères de la souche se perdent pour l'ordinaire entièrement. » (1)

Le croisement entre individus de pays différents est moins nécessaire dans notre espèce que dans les animaux. Les agents hygiéniques, l'air, la chaleur, le froid, la pluie, les vêtements, les habitations, l'exercice, les travaux si nombreux et si variés, la nourriture si dissemblable par sa nature, par les préparations qu'elle subit, les plaisirs, les passions, influent sur les hommes d'une manière si différente, qu'ils établissent dans chaque localité, dans chaque ville, entre les divers habitants, des variations aussi grandes que celles que présentent les diverses espèces d'animaux dans les différents climats ; de sorte que les mélanges des familles d'une même ville produisent sur le genre humain les effets qui résultent dans les animaux du croisement de races venues de climats différents. Et cependant on sait par des expériences mille fois répétées, qu'en croisant les races on ennoblit notre espèce et que ce moyen seul peut la maintenir belle et même la perfectionner selon Buffon.

Le mélange des différents peuples est, en effet, très-favorable au développement de l'homme ; on reconnaît toute son influence en comparant la population des villes de garnison, des localités qui sont fréquemment envahies par les armées, des cités commerçantes, des ports de mer, à celle des contrées isolées, des vallées alpines et pyrénéennes qui sont sans voie de communication et dont les habitants se marient entre eux depuis des siècles. Ce

(1) *Traité des Haras,* p. 71.

n'est pas sans motifs que Vandermonde attribue la prospérité des villes populeuses au grand nombre d'étrangers
qui les fréquentent.

« La grande quantité de gens de province qui s'établissent à Paris, dit-il, contribue beaucoup à rendre cette
capitale la rivale de l'ancienne Rome. Les grands génies,
les hommes d'esprit, les gens à talents qui s'y trouvent,
doivent sans doute leur naissance aux mariages fortuits
de leurs pères avec des parisiennes. Ces alliances se sont
croisées successivement ; le hasard, quelquefois la nécessité, ont réuni des gens de climats très-différents et ont
produit de très-bonnes races. Plus il y a d'étrangers dans
une ville, et plus elle devient célèbre. C'est en partie pour
cela que les villes maritimes, qui sont presque toujours
florissantes et qui abondent en étrangers, possèdent plus
de génies à proportion que les autres villes. » (1)

Des raisonnements et des faits rapportés par les auteurs il résulte incontestablement que le croisement des
races contribue à perfectionner et même à conserver
toutes les espèces animales. Mais, est-il nécessaire, indispensable pour entretenir le cheval, le bœuf, le mouton, etc., en état de très-bon rapport? Non ; et malheureusement, depuis Buffon, on lui a attribué trop d'importance et l'on a trop négligé l'influence du climat et du
régime. D'abord la dégénération n'est pas aussi générale
que le prétendent Buffon, Bourgelat, Hartmann, Se-
bright, etc. Les races ne renferment pas en elles-mêmes
un principe de destruction réclamant absolument le
croisement. Si elles changent en allant dans des climats
nouveaux, les changements sont une conséquence des
influences hygiéniques auxquelles les animaux sont soumis ; par des soins suffisants donnés aux reproducteurs et

____

(1) *Essai sur la manière de perfectionner l'espèce humaine*, p. **108.**

aux élèves, par l'usage de couvertures, de logements, d'aliments choisis, en évitant la consanguinité, on peut prévenir l'influence des climats et conserver les races les plus éloignées du type sauvage. Mais ces soins sont d'autant plus nécessaires en France, en Allemagne, sur les chevaux anglais et sur les arabes, que ces animaux ne sont conservés avec toutes leurs qualités, sous les climats où ils sont nés, que par des précautions extrèmement minutieuses que l'homme apporte à leur entretien et à leur multiplication.

L'efficacité des soins sur la conservation des races sans le secours du croisement a été démontrée dans tous les animaux. Si les Anglais ont eu recours aux étalons orientaux pour créer leur race de coursiers, ils pourraient la conserver aujourd'hui sans importation de reproducteurs exotiques. Les chevaux arabes, les barbes peuvent être conservés en Europe. M. le baron de Fechtig en a élevé dans la Russie; quelques-uns de ces animaux ont été introduits en France comme reproducteurs; ils prouvent, dit le *Journal des Haras*, qu'avec une hygiène convenable et intelligente la dégénération du cheval oriental peut être, sinon complètement arrêtée, du moins retardée (1). M. Herbert a introduit, il y a plusieurs années, des mâles et des femelles arabes au haras de Babolna, où il les a fait reproduire et il en a obtenu des produits plus grands, plus forts et mieux faits que les pères et les mères nés en Arabie. Il est inutile de rappeler que la race mérine, introduite depuis un siècle, loin de dégénérer, s'est perfectionnée sous plusieurs rapports.

L'argument qu'on a tiré des végétaux ne prouve pas non plus la nécessité absolue des croisements. Serait-il prouvé que « toutes les plantes qui ne sont pas dans leur

(1) Mars 1843.

climat naturel, dégénèrent peu à peu, même dans les meilleurs terrains, et portent d'année en année une semence moins bonne, » (1) qu'il ne faudrait pas en conclure la nécessité de croiser sans cesse les animaux domestiques pour les conserver. Remarquons d'abord que tous les végétaux importés n'ont pas dégénéré; le pêcher, le noyer, la pomme de terre, se sont, au contraire, très-bien conservés. Mais la dégénération des plantes serait-elle constante, qu'elle ne prouverait pas celle des animaux. Les premières, placées sous l'action directe du soleil, de la terre, de l'eau, de l'air, sont complètement soumises à l'influence du climat; tandis que par des logements, par une nourriture choisie donnée au râtelier, etc., nous pouvons neutraliser l'action des agents physiques et soumettre les races de bœufs, de chevaux, etc., à des circonstances semblables à celles qui les ont créées dans d'autres pays.

On a reproché au croisement de nécessiter des soins nombreux pour marquer les animaux à leur naissance, pour les enregistrer, en surveiller l'appareillement, quand ils sont en état de se reproduire, etc. On a dit aussi que le métissage entraîne des dépenses considérables en exigeant toujours l'importation de nouveaux individus de la race régénératrice.

La nécessité de marquer les jeunes animaux, d'appareiller avec beaucoup de soins les reproducteurs quand on améliore une race par le métissage, offre un inconvénient grave, mais qui existe également quand on veut multiplier une race par progression. Même dans l'entretien des animaux indigènes il faut tenir note des naissances, des généalogies, si l'on veut améliorer une race ou la conserver améliorée; de sorte que sous ce rapport·

____

(1) Hartmann, *Traité des Haras,* p. 62.

le croisement ne présente pas des inconvénients plus graves que les autres moyens d'améliorer les animaux.

Quant à la nécessité d'importer sans cesse de nouveaux individus, elle est beaucoup moins absolue qu'on ne l'avait cru. En supposant même que l'on désire une race ayant la plus grande ressemblance possible avec les animaux importés, le croisement, après un certain nombre de générations, cesse d'être nécessaire et les métis peuvent se propager par eux-mêmes sans dégénérer. Il est bien reconnu que dans le cas où une race régénérée tendrait à reprendre les caractères de la race commune, la race régénératrice ne conviendrait pas au pays, elle aurait dégénéré si on l'eût importée. Nous possédons en France des métis dans toutes les espèces qui se conservent très-bien et dont l'entretien n'exige d'autres soins que des appareillements dirigés de manière à prévenir les conséquences de la consanguinité et à écarter de la génération les êtres défectueux, ceux qui semblent avoir une tendance à dégénérer.

Non-seulement le croisement indéfini des races n'est pas toujours nécessaire, mais il y a souvent avantage à l'arrêter après une, deux ou trois générations, selon le but que l'on veut atteindre. M. Polonceau a remarqué que le métissage des chèvres du Thibet avec celles d'Angora doit être limité à une génération, car à la deuxième les produits ont déjà trop de ressemblance avec la race qui est entrée deux fois dans le croisement.

Les Anglais accouplent leurs étalons de chasse avec des juments de la race commune pour avoir des bêtes de trait; mais ils ne poussent jamais le croisement au-delà de la troisième génération. Les métis qui ont trois quarts ou sept huitièmes du sang du cheval fin, réunissent à la taille, à la force d'une race, la vitesse, la beauté de l'autre. A un degré plus rapproché du sang paternel ils sont trop légers, ils manquent de corps.

En France, les trois quarts de sang et même les premiers métis sont quelquefois préférables pour croiser la race de nos carrossiers aux individus de pure race et aux métis qui ont beaucoup de sang.

Nous possédons, dans les environs de Paris surtout, des bêtes à laine métisses du deuxième ou du troisième degré, qui sont préférables à celles qui ont une plus grande quantité de sang mérinos; en poussant davantage le croisement, elles perdent sous le rapport des formes, de la santé, de l'aptitude à se nourrir, plus qu'elles ne gagnent sous le rapport du lainage. Dans le croisement des béliers de new-kent avec les brebis picardes ou mérines, on conseille d'arrêter le métissage à la première génération. M. Malingié a trouvé excellente la laine des premiers métis new-kent mérinos qu'il a obtenus à la ferme de la Charmoise; l'habile éleveur regrette que ses produits ne ressemblent pas un peu plus à la race anglaise par leur conformation, par leur aptitude à engraisser et par la rapidité de leur accroissement.

Les bons résultats obtenus dans l'espèce ovine nous indiquent ce que nous devons faire pour les bêtes à cornes de race anglaise. Il ne faut pas chercher à importer dans la plupart de nos départements le taureau de Durham ni même celui de Lincolnshire; mais nous pouvons les employer avec avantage pour croiser quelques-unes de nos races et pour créer des métis rustiques ayant de belles formes, propres au travail, supportant les privations, prospérant bien dans nos campagnes peu fertiles, se développant rapidement et s'engraissant dans le jeune âge avec facilité.

Quel serait le degré de métissage nécessaire si l'on voulait donner à des métis les caractères de l'une des races qui les ont formés? A quel degré une race créée par croisement peut-elle se multiplier par elle-même sans dégénérer? Les uns disent après six, sept générations; d'autres après huit, neuf. On peut arrêter le croisement plus tôt lorsque les deux races croisées se ressemblent beaucoup et quand la race importée est bien en rapport avec le climat et le régime du pays. Deux croisements communiqueraient plus tôt le caractère de la race mérine au mouton roussillon, que quatre à celui de la Flandre. D'après Demoussy, quatre croisements entre des juments anglaises et des chevaux arabes ont créé, vers la fin du siècle dernier, le cheval de chasse si renommé en Angleterre; mais pour conserver ces précieux coursiers, on a continué pendant plusieurs générations l'alliance des juments d'élite qui en provenaient avec des chevaux orientaux. Ce n'est qu'après un laps de temps très-long qu'on a pu greffer les uns sur les autres les produits indigènes (1). Dans l'espèce humaine on a remarqué que les caractères de la race nègre croisée avec la blanche ou de la blanche avec la noire, ont disparu après quatre générations.

Il est rarement avantageux de pousser très-loin le croisement avec les races les plus difficiles à entretenir. Le cheval anglais pur sang, la race mérine à laine superfine, le bélier à longue laine, les bêtes à cornes de Durham, etc., sont souvent inférieurs pour le travail et la valeur des produits aux métis qu'ils forment. Quelques-uns des animaux que nous considérons comme les meilleurs sont des êtres dégénérés relativement à leur type sauvage. Pour les rendre meilleurs nous leur avons fait éprouver des transformations qui leur sont très-peu avantageuses. Que deviendrait le cheval de course qui toute sa vie a été bien nourri, entouré de flanelles, abreuvé au blanc, s'il était obligé de pâturer toute l'année dans des

____

(1) *Traité complet des Haras*, p. 30.

déserts? Ce que nous disons de l'espèce chevaline s'applique aux bœufs, aux moutons les plus propres à la boucherie. Les individus que nous considérons, dans ces espèces, comme les meilleurs, ont perdu la force, la vigueur, la rusticité que présentent leurs congénères sauvages; ils ont la peau tendre, délicate, sont vieux avant l'âge. Si l'on continue à multiplier ensemble les animaux ainsi modifiés, en les soumettant toujours à un régime favorable à l'état dans lequel ils sont, ils dégénèrent, deviennent faibles, maladifs, d'une constitution moins bonne, d'une santé moins robuste. « Les maladies deviennent alors, dit M. Huzard (1), fréquentes dans les races et les qualités mêmes qu'on avait développées chez elles, celles d'être bonnes laitières et d'être propres à la boucherie, s'altèrent dans les individus. » Il en est de même pour les chevaux de course; la conformation que l'on recherche dans ces animaux étant portée trop loin est une preuve de dégénération. Or, non-seulement le croisement avec les races ainsi améliorées ne doit pas être poussé indéfiniment, mais il faut avoir recours à des animaux plus rustiques, plus rapprochés de l'état de nature, pour donner aux races de la force et de la santé, sans lesquelles les bœufs, les chevaux ne peuvent ni se nourrir, ni courir. Ainsi s'explique pourquoi certains reproducteurs donnent d'excellents produits, tandis que ceux-ci n'engendrent qu'une descendance médiocre; pourquoi des métis du cheval anglais sont préférables au pur sang. Les contemporains de Backewel accusaient cet agriculteur célèbre de ne vendre que les animaux qui avaient un commencement de pourriture, afin de conserver le monopole de la production de ses précieux moutons. Mais on conçoit, d'après ce que nous venons de dire, que

______

(1) *Du Métissage dans les races d'animaux domestiques.*

cet état maladif était la conséquence de la disposition qui rendait les animaux de l'habile fermier si recherchés.

Mais si l'on était obligé, pour conserver les races importées ou obtenues par métissage, de les renouveler ou de les croiser sans cesse avec la race régénératrice, il faudrait que les métis fussent très-précieux, qu'on pût se procurer facilement et à peu de frais des sujets de pure race, pour qu'il ne fût pas préférable d'abandonner le croisement plutôt que de le continuer indéfiniment. Du reste l'expérience seule peut apprendre si les soins particuliers qu'exige la conservation de la nouvelle race, le prix des mâles pur sang, sont plus considérables que les avantages procurés par les métis.

Le croisement peut être utile pour corriger des défauts : il serait peut-être possible de remédier aux vices de conformation, en soignant le régime des animaux pendant un grand nombre d'années, en les appareillant avec soin ; mais les succès seraient lents ; il faudrait plusieurs générations avant que la nourriture, l'appatronement eussent produit sur la forme du thorax, des jarrets, de la tête du cheval normand, les résultats qu'on obtient d'un premier métissage avec de bons étalons anglais. Les effets du croisement des races ne sont pas moins remarquables sur le perfectionnement des laines, sur l'amélioration des formes des grands ruminants, des porcs, etc. Lorsque les défauts et les qualités ne dépendent ni du climat, ni de la nourriture, le métissage est de tous les moyens d'amélioration, sans contredit, le plus prompt, le plus facile et le plus efficace. Il y a même des races dont les défauts, affectant tous les individus, ne peuvent guère être détruits que par l'influence du sang étranger. Mais les améliorations qui tiennent à l'augmentation de la taille, du poids du corps, sont bien rarement produites avec avantage par le croisement.

17.

2° *Convenances et règles du croisement des races.* L'amélioration des animaux par le régime, par les appareillements, est plus longue et plus difficile à obtenir que par le croisement. Pour perfectionner une race par elle-même, il faut beaucoup de connaissances en anatomie, en physiologie, et une grande persévérance, car les perfectionnements sont lents à obtenir; tandis que par le croisement l'opération, si elle réussit, est beaucoup plus simple et surtout plus expéditive. L'éleveur qui perfectionne une race par le régime imagine et crée des qualités dans les animaux, et celui qui croise n'a qu'à reconnaître les qualités produites et à les reproduire, à les copier en quelque sorte. Le point le plus difficile du croisement des races, c'est de savoir dans quelles circonstances il est utile; c'est l'appréciation de l'influence de tous les objets qui font varier les bénéfices des animaux en agissant soit sur la production, soit sur la vente.

Climat. Il est reconnu que toutes les races d'animaux sont une conséquence des influences hygiéniques au milieu desquelles elles vivent; mais par des soins bien employés, nous pouvons entretenir en France toutes les variétés de nos espèces domestiques et les métis qu'elles forment. La seule question qu'on peut avoir à résoudre, c'est de savoir s'il est plus avantageux de soigner les animaux pour en prévenir la dégénération que de les abandonner à l'influence du climat et de les renouveler lorsqu'ils ont dégénéré, ou enfin s'il est préférable de conserver pure la race du pays; mais ce sujet ne peut pas être traité *à priori*. Chaque agriculteur doit régler sa conduite d'après les circonstances dans lesquelles il se trouve. Toutefois nous devons prévenir que lorsqu'on croise une race qui a changé de climat, deux causes tendent à la faire dégénérer : l'action des agents extérieurs et l'influence de la race indigène.

On a fait un précepte, pour l'espèce chevaline surtout,
de tirer les reproducteurs du midi. On a attribué aux animaux des pays chauds plus d'influence sur la forme et le
tempérament des descendants qu'à ceux des pays froids :
Les poulains d'un étalon barbe ou espagnol, dit Hartmann (1), et d'une jument allemande tiennent plus du
père que de la mère ; tandis que ceux d'un étalon danois
et d'une jument napolitaine auront plus de ressemblance
avec cette dernière.

Tous les animaux, de même que l'homme, supportent
mieux les climats froids que les chauds. Les races expor-
tées d'orient s'acclimatent en Europe, et s'habituent au
froid de la Russie, de la Pologne ; mais celles du nord, conduites dans le midi, contractent fréquemment des maladies.
Nos armées ont souvent eu occasion d'observer que les
chevaux souffrent en se rapprochant des climats chauds.
Des étalons normands, importés dans la Péninsule pour
croiser la race andalouse, n'ont donné aucun bon résultat. « Une longue suite de faits a donc prouvé une vérité
trop peu connue, écrivait Huzard en 1802 (2), que l'intérêt mercantile cherchera toujours à cacher : c'est que
les races du midi, transportées au nord, améliorent, ré-
génèrent les races du nord ; tandis que ces dernières,
transportées au midi, font dégénérer promptement celles
avec lesquelles on les allie, et disparaissent bientôt elles-
mêmes ; c'est que les étalons des pays méridionaux, quelles que soient les juments avec lesquelles on les a accouplés, n'ont jamais produit des chevaux inférieurs en qualité à la mère ; que ces qualités ont presque toujours été
améliorées ou augmentées dans les productions, et que

---

(1) *Traité des Haras*, p. 51.
(2) *Instruction sur l'amélioration des chevaux en France*, p. 80.

l'exemple du contraire a eu constamment lieu pour les étalons du nord. C'est par cette suite d'observations, qui n'est pas particulière à l'espèce du cheval seulement, qu'il a été facile d'expliquer pourquoi des étalons danois de la plus belle conformation, de très-beaux chevaux anglais, ont donné en France, en Espagne, en Italie, des productions très-médiocres; pourquoi toutes les tentatives qu'on a faites pour améliorer les bêtes à laine de France avec des béliers et des brebis d'Angleterre et de Hollande ont été infructueuses, quelque beaux et parfaits que fussent les animaux choisis pour ces améliorations; pourquoi les animaux des parties septentrionales de l'Europe, tels que le renne, l'élan, etc., ne peuvent exister sous des climats même tempérés... La première règle constante et sûre pour les croisements, celle dont en général on ne doit pas s'écarter, est donc de *croiser les races du nord avec des races du midi.* »

Cette règle est trop absolue. Il est vrai que tous les animaux, même l'homme, se portent mieux dans les contrées froides que dans les pays chauds; mais lorsque la différence entre les climats n'est pas très-grande, il est facile d'en neutraliser l'influence. Et si des animaux importés du nord de la France au midi, de chez nous en Espagne, de l'Angleterre, de l'Allemagne, dans nos départements, ont donné de mauvais résultats, il faut l'attribuer plutôt à la nourriture qu'à l'air et au calorique. Si les grands étalons du Danemark, du Holstein, du Méklenbourg, ne réussissent pas en France, si la race normande dégénère dans le Limousin, si le coursier anglais fait mal en Auvergne, dans la Navarre, c'est que ces animaux ne trouvent pas dans les pays où on les introduit une nourriture suffisante.

Influence du régime sur les résultats du croisement des

races. Les succès du métissage sont toujours subordonnés à l'influence du régime. Si l'on veut modifier une race en la croisant sans changer le mode d'entretien auquel elle est soumise, on réussit très-rarement; le croisement n'est alors, comme le dit M. de Dombasle, qu'un effort pour sortir de la route que la nature elle-même avait tracée, ou pour faire sortir d'un régime donné autre chose que ce qu'il peut produire (1). Mais si, en même temps qu'on tente de changer une race par l'introduction du sang étranger, on modifie le régime dans le sens des améliorations que l'on veut produire, on obtient en très-peu de temps tous les changements que l'on désire.

C'est surtout quand on veut augmenter le volume des animaux qu'il est vrai de dire que l'adoption de la culture alterne, l'extension des cultures fourragères et le changement de régime qui en est la conséquence, doivent être la base de l'amélioration, et que le métissage n'est qu'un moyen secondaire; car une meilleure nourriture seule produirait les changements que l'on désire, tandis que sans elle des reproducteurs de taille élevée, étoffés, donneraient des produits qui, mal nourris, seraient mal conformés, décousus, auraient une constitution faible, et la race qu'on voudrait changer serait plutôt détruite qu'améliorée.

Débouchés. Il ne faut jamais négliger de prendre en considération les services qu'on attend des animaux et la facilité de vendre les élèves, les bêtes grasses, etc. On doit toujours se demander si les races améliorées payeront par le travail, par la laine, par la viande, les frais qu'elles occasionneront. Tout croisement tenté avec une race qui ne serait pas en rapport avec les besoins du pays aurait de mauvais résultats; et c'est parce qu'on a négligé ces

(1) *Ann. de Roville*, 6e livraison, p. 131.

considérations que les dépenses énormes qui ont été faites pour introduire des reproducteurs exotiques ont eu si peu de succès. (Voyez *choix des améliorations.*)

Convenances des races croisées. Lorsqu'on se dispose à croiser deux races, on doit les comparer l'une à l'autre, les appareiller comme l'on doit appareiller les sexes dans tous les accouplements, afin qu'il n'y ait pas entre elles de trop grandes différences et que les défauts de l'une soient compensés par les qualités de l'autre. Le cheval athlétique qui convient pour le roulage ne doit pas être accouplé avec la jument svelte propre à la selle ; si l'on a vu des mâles fins , de petite taille , donner de bons produits avec des femelles massives , le plus souvent on n'obtient de pareils appatronements que des extraits décousus , ayant fort peu de valeur.

Si les deux races diffèrent beaucoup l'une de l'autre, ce n'est ordinairement qu'après plusieurs générations qu'on obtient de beaux produits. Les premiers métis sont presque toujours fort médiocres , mais ils donnent de beaux produits quand on les fait reproduire avec des individus de race pure. Une jument de nos races communes , saillie par un cheval arabe , donne , comme le fait observer Demoussy , des poulains moins beaux que si elle est appatronée avec un étalon premier ou deuxième métis. En général on obtient les plus beaux résultats « en combinant, selon le précepte du général Collot (1), graduellement le sang avec jugement et intelligence ; les Anglais , à cet égard , n'ont fait qu'imiter les Arabes. »

De la nécessité d'assortir les mâles et les femelles par leur conformation résulte celle de persévérer dans le croisement pendant plusieurs générations , en faisant toujours reproduire les métisses avec des individus pur sang. Avant

____

1) *Essai sur la manière de relever les races de chevaux en France,* p. 14·

d'entreprendre l'amélioration par métissage, on doit s'assurer que l'on aura des reproducteurs de pure race pour mener à fin l'opération ou, du moins, pour la continuer pendant le temps nécessaire pour avoir un résultat définitif en bien ou en mal. Il est toujours désavantageux d'interrompre prématurément le croisement ; car certaines métisses, accouplées avec des mâles de race commune, donnent des produits inférieurs aux animaux de la race commune pure. L'assortiment des races doit avoir lieu dans toutes les espèces. L'accouplement des béliers mérinos avec les brebis communes produit quelquefois de très-mauvaises toisons où l'on trouve mêlées de la laine très-grossière et de la laine superfine.

Il est en général avantageux d'importer une race plutôt petite que grande, relativement à celle du pays. Cette dernière a probablement un volume en rapport avec la nourriture qu'elle reçoit, avec le climat et la surface du sol, avec l'état des routes ; il convient donc de la prendre pour modèle. Si l'on introduit des animaux de taille élevée, il est à craindre qu'ils manquent de nourriture, que le pays, l'air, les chemins ne lui soient pas favorables, et qu'elle dégénère ; il y aurait peu d'inconvénients à ce qu'elle fût petite, car si les descendants recevaient une nourriture bonne et abondante, à l'époque de leur accroissement, ils prendraient de la force, de la vigueur et un grand développement qu'ils communiqueraient à leur progéniture, et à la deuxième génération l'on aurait des animaux ayant le volume que comporterait la localité : l'introduction d'un système agricole perfectionné, l'extension des cultures fourragères, l'entretien des animaux à l'étable, pourraient seuls faire réussir des animaux de taille élevée.

Les reproducteurs, surtout ceux qu'on importe pour un croisement, doivent appartenir à une race ancienne, avoir des caractères fixes, se transmettant depuis plusieurs générations de père en fils, sans éprouver des variations ; on voit assez souvent des métis donner de beaux produits dans le pays où ils sont nés, surtout s'ils sont accouplés avec d'autres métis ; mais quand ils sont soumis à l'influence d'un nouveau climat, qu'on les fait reproduire avec une race ancienne, qu'ils ont à lutter contre l'influence de cette race et contre l'action d'un changement de régime, ils transmettent rarement leurs caractères à leurs descendants.

Avantages de l'importation des mâles. L'importation des mâles pour le croisement des races est plus avantageuse, plus économique et plus rationnelle que celle des femelles. Elle offre surtout de grands avantages dans les espèces unipares. Un étalon peut donner aisément de vingt à trente métis par an, et il faudrait au moins de trente à cinquante juments pour produire ce résultat; car de celles qu'on fait couvrir plusieurs restent infécondes, quelques-unes avortent et d'autres ont des parts laborieux qui font périr les fœtus et quelquefois les mères. Ces accidents sont toujours plus fréquents et plus graves dans les femelles non acclimatées.

Or, comme il est difficile de se procurer dans une race quelconque des reproducteurs exempts de défauts et ayant les qualités qu'on doit désirer, comme il faut toujours les payer fort cher et faire quelquefois de grandes dépenses pour les faire venir, on a un grand avantage à importer des mâles.

L'emploi des mâles est plus rationnel que celui des femelles, car ils sont généralement énergiques, robustes; ils forment le type de leur espèce et transmettent mieux que les femelles les formes, les qualités de leur race , la force et la vigueur qui caractérisent leur sexe.

Les mâles sont plus faciles à acclimater que les femelles; les soins qu'il faut leur donner, bornés à un petit nombre d'individus sont peu dispendieux ; l'acclimatement des femelles herbivores est d'ailleurs plus difficile : elles réclament plus impérieusement le régime du pâturage pendant la plénitude comme lorsqu'elles allaitent ; elles sont plus influencées par le sol, par l'air, par les plantes, que les mâles qu'on peut tenir dans des étables et nourrir avec des aliments convenables. Ensuite les indispositions, l'épuisement qu'occasionnent la gestation, le part, l'allaitement, rendent les femelles très-sensibles aux influences du climat.

Ces considérations nous expliquent la préférence qu'on accorde toujours à l'importation des mâles dans nos grands animaux domestiques, sans justifier cependant l'exclusion absolue qu'on a voulu prononcer contre les femelles. A la vérité, l'emploi fréquent qu'on a fait des juments pour croiser nos races, a souvent été malheureux, mais cela ne dépendait pas exclusivement du sexe, c'était une conséquence des mauvaises conditions dans lesquelles l'importation avait eu lieu. Du reste les cavales ont quelquefois donné de bons produits : la belle race de chevaux de trait des Anglais descend des juments flamandes importées dans la Grande-Bretagne; d'ailleurs combien de croisements par les mâles n'ont eu aucun succès !

Acclimation de la race. Les animaux dépaysés souffrent toujours plus ou moins des changements de climat ; arrivés au lieu de leur destination, ils sont indisposés et quelquefois même atteints de graves maladies : dans tous les cas ils sont mal disposés, peu propres à créer de beaux descendants. Pour diminuer ces inconvénients, si les animaux viennent d'un pays qui diffère beaucoup de celui où on les a conduits, il faut les faire séjourner en route. Les étalons qu'on amène de l'orient doivent rester quelque temps dans le midi de la France; il faut les accoutumer au climat de l'Europe ; on doit la première année les entourer de soins minutieux, les tenir dans des habitations convenables, au besoin les couvrir de flanelle, de camails, de couvertures pendant le premier hiver, ensuite, au retour de la belle saison, les exposer graduellement à l'influence du climat, et ne les faire avancer vers le nord que lorsqu'ils sont bien habitués à notre climat du midi.

Nous l'avons dit pour l'appareillement, il ne faut jamais tendre à corriger deux défauts à la fois, ou à communiquer deux qualités. Quand on a commencé le métissage avec une race, il faut le continuer jusqu'à ce que la race régénérée possède toutes les qualités que peut lui communiquer la race régénératrice. On pourra ensuite, s'il reste des défauts à corriger, des qualités à acquérir, s'adresser à un autre type; mais on ne doit jamais se proposer deux buts à la fois.

B. — *Croisement des espèces.*

On appelle *mulets*, *mules*, et plus particulièrement *hybrides* dans le règne végétal, les produits engendrés par des individus appartenant à des espèces différentes.

On donne à quelques mulets des noms particuliers selon les espèces qui les ont formés. On appelle *bardot* le produit du cheval avec l'ânesse; *jumart* le descendant du taureau et de la jument, ou du cheval et de la vache; *baf*, *buf* celui du taureau avec l'ânesse, et *bif* celui de l'âne avec la vache. On n'a donné aucun nom particulier au mulet de l'âne avec la jument, ni à celui du bouc avec la chèvre.

Le croisement des espèces est fort intéressant sous le rapport de l'histoire naturelle. Il importe à la science de savoir jusqu'à quel degré de dissemblance les espèces peuvent engendrer, et de nombreuses expériences ont été faites à cet égard dans les deux embranchements du règne organique.

On a observé que les hybrides sont ordinairement féconds, que quelquefois ils tiennent le milieu par les formes entre les espèces qui les ont formés, et que d'autres fois ils ressemblent beaucoup plus à l'une d'elles. Les hybrides peuvent devenir l'origine d'espèces, de races ou de variétés nouvelles qui se propagent comme les autres végétaux; cependant il arrive assez souvent que les hybrides, perdant leur fécondité après quelques générations, ne peuvent pas former race.

On a cité plusieurs faits d'accouplements féconds entre des solipèdes et de grands ruminants. Mais ces faits sont extrêmement rares, et au moins la plupart peu dignes de foi. On a considéré le plus souvent comme des jumarts des êtres mal conformés, des monstres tantôt nés de juments ou d'ânesses, et ayant avec des ruminants quelques ressemblances, tantôt issus de vaches et ressemblant par quelques parties aux solipèdes.

« On a vu à l'école vétérinaire de Lyon, rapporte le professeur Grognier (1), un animal à formes de mulet, à cela près que le front et la mâchoire antérieure ressemblaient à ces mêmes parties dans le taureau. La langue était couverte de papilles comme dans l'espèce bovine : cet animal singulier n'avait ni le mugissement du taureau, ni le hennissement du cheval, ni le braiement de l'âne ; mais il faisait entendre un cri grêle et aigu qui tenait de celui de la chèvre. »

La plupart des mulets sont inféconds. Ceux que pro-

____

(1) *Précis d'un cours de multiplication et de perfectionnement des principaux animaux domestiques.*

duisent les solipèdes témoignent cependant des désirs vénériens très-ardents : « Les mâles, dit Buffon, ont à peu près la même véhémence de goût pour la mule, pour l'ânesse et pour la jument; » mais la copulation est presque toujours stérile, quoique l'illustre naturaliste ait écrit : « il est bien certain que le mulet peut engendrer et que la mule peut produire : » la fécondité du mâle n'est pas prouvée, mais des faits bien avérés démontrent que la femelle peut être fécondée.

Le croisement des espèces donne lieu, en général, à des produits robustes, et à plus de mâles que de femelles, d'après ce que Buffon avait observé sur des quadrupèdes et sur des oiseaux. La cane commune avec le canard de Barbarie procréent plus de mâles que de femelles. Le mode de reproduction entre espèces différentes a été peu étudié sous le point de vue de l'économie rurale. Cette question peut être cependant d'un grand intérêt. Il paraît bien démontré (ce qui prouve que les germes existent avant la fécondation), qu'un mâle qui féconde une femelle, imprime, à un degré plus ou moins marqué, ses caractères même aux descendants que cette femelle aura dans la suite avec d'autres mâles. Or, ne pourrait-on pas profiter de l'influence que peuvent ainsi exercer les mâles et produire des espèces ou des races particulières? Ne pourrait-on pas créer des brebis aussi bonnes laitières que des chèvres, des chevaux aussi sobres et aussi robustes que l'âne, etc. ?

§ V. AMÉLIORATION DES ANIMAUX PAR LA PROPAGATION EN DEDANS.

Les Anglais appellent *breeding in and in*, *propagation en dedans*, la multiplication des animaux par des accouplements incestueux. On l'effectue quand on fait reproduire ensemble le père avec la fille, le fils avec la mère, le frère avec la sœur, le cousin avec la cousine. Ce mode de génération peut être fort utile quand on entreprend l'amélioration d'une race ; il donne le moyen d'étendre les qualités d'un individu, de les fixer, de créer dans les animaux la *constance* à produire les mêmes formes et d'établir ainsi de nouvelles races.

C'est en employant la consanguinité que les Anglais ont créé leurs races les plus précieuses. A cet effet, quand ils ont eu un taureau possédant de grandes qualités, ils l'ont fait accoupler avec ses filles, et la consanguinité renouvelée pendant plusieurs générations a augmenté et fixé ces qualités. Backewel a obtenu les plus beaux résultats en suivant cette méthode, en appareillant, pendant plusieurs générations, les animaux d'une même famille ; persuadé que tel est le père, tel est le fils, il accouplait entre eux les individus qui montraient la plus grande propension à s'engraisser et dont les formes faisaient espérer de grandes quantités de viande, fussent-ils descendus les uns des autres ou de parents communs. Les magnifiques résultats de cet éleveur célèbre l'avaient conduit, ainsi que ses compatriotes Colling, Culley, Young, Hunt, etc, à professer que non-seulement les accouplements entre individus de race différente sont inutiles, mais qu'ils est avantageux d'accoupler les animaux les plus parfaits sous le rapport des formes, sans s'inquiéter s'ils appartiennent ou non à la même famille.

Il faut un grand nombre de générations pour établir invariablement les caractères d'une race nouvelle, si elle doit différer beaucoup de l'ancienne, si le régime auquel les animaux sont soumis n'est pas très-favorable au but que l'on veut atteindre ; mais on doit toujours diriger les appareillements dans le sens des résultats que l'on veut obtenir, sauf, si l'opération dure longtemps, à chercher des reproducteurs dans une autre famille, afin de prévenir les conséquences de la consanguinité.

La propagation en dedans exerce sur les races une action débilitante qui dans quelques cas particuliers peut être utile : elle crée, en affaiblissant les animaux, des êtres débiles, ayant un squelette petit, des tendons grêles, des chairs un peu molles et très-disposées à devenir tendres ; les bœufs, les moutons qui proviennent d'accouplements incestueux, sont adultes, vieux même, et peuvent être engraissés à l'âge où les autres individus de leurs espèces ne sont pas encore développés. La consanguinité peut aussi contribuer à rendre la peau mince, souple et la laine fine.

La génération *in and in* est plus rarement utile dans les animaux dont la force et l'énergie forment le principal mérite ; cependant elle peut servir à créer une race de chevaux ; et elle a même contribué à produire le cheval de course, car l'on trouve dans le *stud-book* des Anglais les noms de très-bons chevaux issus de parents appartenant à la même famille.

Mais la consanguinité ne doit pas être poussée trop loin, et elle ne doit être mise en usage, dit Cline, que par des éleveurs intelligents et expérimentés. Longtemps continuée, elle entraîne les conséquences les plus funestes. Elle affaiblit la santé, la vigueur ; accroît les vices de conformation, les défauts de famille, soit que les individus qui proviennent du même sang, étant affectés des mêmes maladies, donnent naissance à des produits ayant ces maladies à un plus haut degré, soit que la reproduction entre membres de la même famille produise l'altération des humeurs, détériore la constitution, corrompe le tempérament ; après un certain nombre d'accouplements incestueux on n'a que des produits faibles, petits, mous, stupides, impropres même à se reproduire et mourant de vieillesse avant d'avoir acquis leur accroissement.

La génération en dedans est nuisible à tous les animaux : on a constaté ses effets sur le bœuf, sur le mouton, le porc, le chien, le lapin, les poules, les pigeons et même sur les poissons dans les viviers ; mais, sans être poussée bien loin, elle nuit principalement aux bêtes de travail. Si elle a donné quelques bons chevaux lorsque la belle race anglaise se formait, depuis elle a souvent produit de très-mauvaises bêtes.

Buffon se demande pourquoi dans aucune religion, ni dans aucun gouvernement, on n'a jamais autorisé le mariage du frère avec la sœur ? Les hommes, dit-il, auraient-ils reconnu, par une très-ancienne expérience, que cette union était moins féconde que les autres, ou qu'elle produisait des enfants plus faibles ou plus mal faits? Il est bien reconnu que la consanguinité est aussi nuisible à l'homme qu'aux animaux domestiques. Si l'orgueil du trône l'avait admise pour les rois d'Assyrie et de Perse, quels rejetons impurs ne sont pas sortis de ces branches incestueuses, dit Demoussy (1). Jefferson qui, comme ambassadeur a été longtemps à même d'étudier les familles qui régnaient de son temps en Europe, attribue en partie le peu d'intelligence qu'on remarquait en elles, malgré tous les moyens qu'elles avaient de développer leurs facultés naturelles, à la difficulté qu'elles trouvaient à se croiser convenablement à cause de leur petit nombre et de l'orgueil qui les empêchait de se mésallier. Ne voulant pas déroger, les grands se tiennent isolés des autres hommes; mais, « la nature se venge de leur éloignement en leur retirant peu à peu les dons qu'elle avait prodigués à leurs pères. Nous ne pouvons transgresser impunément ses lois, et, membres de la grande famille du genre hu-

(1) *Traité complet des haras.* p. 42.

main, rien de ce qui regarde nos frères ne peut, ni ne doit nous être étranger. » (1)

Mais le croisement entre races différentes n'est pas indispensable pour prévenir les effets nuisibles de la consanguinité, ainsi que le croyaient Buffon, Bourgelat ; on peut maintenir les animaux en très-bonne santé en croisant seulement les diverses familles de chaque race ; à cet effet, les cultivateurs qui sont contents de leurs chevaux, de leurs bœufs, etc., doivent, après chaque génération, pour couvrir les filles des mâles qu'ils mettent à la réforme, acheter des étalons, des taureaux, etc., de la même race, mais d'une autre famille. Lafont-Pouloti conseille, pour éviter la consanguinité dans les haras, de marquer les poulains à leur naissance, afin qu'on puisse au moment de les appareiller savoir quels en sont les ancêtres ; cette méthode était pratiquée jadis dans les haras d'Italie. Nous la remplaçons aujourd'hui avec avantage par le livre des généalogies que les Anglais et depuis peu les Français tiennent avec beaucoup de soin pour les races nobles de certains animaux ; un *stud-book* exact est d'une grande utilité.

Quel est le degré de parenté auquel on peut sans inconvénients réunir deux reproducteurs ? Les Anglais citent de très-bons chevaux issus de parents à la quatrième et même à la troisième génération, et ils pensent que ce degré « est à coup sûr une distance tout-à-fait rassurante, sur le tort que la consanguinité pourrait faire (2). A cet égard, il ne peut pas y avoir de règle fixe : si deux familles d'animaux ont été élevées dans des conditions différentes, si, quoique provenant de la même souche, seulement à la troisième génération, elles diffèrent beaucoup

(1) Demoussy, lieu cité.
(2) *Journal des Haras*, septembre 1841, p. 128.

l'une de l'autre , s'il n'y avait pas eu des rapports incestueux entre les ancêtres , elles peuvent sans inconvénients se croiser réciproquement ; tandis qu'un étalon et
une jument, quoique parents seulement au cinquième
ou au sixième degré, donneraient de mauvais produits si
leurs familles, élevées de la même manière , provenant
d'une souche consanguine, avaient la même constitution,
les mêmes qualités et les mêmes défauts. Ainsi il est toujours nuisible de multiplier ensemble dans les haras ,
dans les bergeries, les animaux de même race , lors
même qu'ils ne s'accouplent pas à un degré de parenté
rapproché ; dans l'Andalousie , où a été formé le type du
cheval espagnol, les riches propriétaires , les seigneurs ,
les couvents, qui, pour conserver leurs races chevalines
pures , n'ont pas voulu les mésallier, ont vu leurs haras
se détériorer , perdre sous tous les rapports. Tous les animaux entretenus dans des parcs dégénèrent de génération en génération , disent les auteurs, si l'on n'a pas la
précaution de renouveler de temps en temps le sang en y
introduisant des mâles étrangers.

SECTION IIe. *Importation d'animaux étrangers.*

Nous pouvons introduire dans les exploitations rurales
de nouvelles espèces d'animaux ou des races appartenant
à quelques-unes des espèces que nous possédons déjà ;
parmi les premières, le nombre de celles dont la domestication pourrait être utile , « surpasse de beaucoup assu-
rément celui des espèces déjà conquises par l'homme ; »
(Isidore Geoffroy Saint-Hilaire) nous citerons seulement le *buffle*, dont nous possédons à peine quelques individus, le *bison* qui est presque inconnu parmi nous , le
chameau sur lequel il nous serait facile de faire des essais
dans le nord de l'Afrique.

18.

Quant aux races étrangères de bœufs, de moutons, de chevaux, de porcs, etc., nous pourrions importer toutes celles qui existent; notre sol, notre climat nous permettraient de les entretenir, si l'introduction en était avantageuse, si elles devaient payer les soins qu'elles réclameraient; cette question doit être résolue conformément aux principes dont nous avons parlé en traitant des améliorations et du croisement des races. L'introduction assez récente du mouton mérinos prouve que l'importation d'animaux exotiques peut offrir de grands avantages.

L'introduction définitive d'une race doit être faite seulement lorsque des essais, des expériences ont prouvé qu'elle serait avantageuse; on ne doit pas s'en rapporter à cet égard aux données spéculatives de la science, aux apparences de convenance; il ne faut pas oublier que les animaux importés dégénèrent dans les pays et que le croisement est souvent préférable à la multiplication des bêtes pur sang.

Quand on est assez convaincu que la nouvelle race convient, on la substitue à celle que l'on possède; si les animaux qu'on veut remplacer sont peu nombreux, ont peu de valeur, le changement est facile; on les vend et on les remplace par des mâles et des femelles importés. Mais s'il faut renouveler un nombreux troupeau, s'il faut importer des animaux qui reviennent à un prix fort élevé, ce moyen est dispendieux et peut entraîner de grandes pertes; car il y a toujours des chances à courir, les essais en petit ne pouvant jamais faire connaître si les animaux que l'on veut introduire supporteront longtemps le régime auquel on les soumettra quand on en possédera un grand nombre. Il est presque toujours plus avantageux d'opérer graduellement, de n'acheter que quelques mâles et quelques femelles, ou des femelles pleines, et de réformer des animaux indigènes à mesure que le nombre des exotiques augmente. La manière de substituer les mérinos aux bêtes à laine de race commune a été décrite avec détail par Morel de Vindé ; quand on la pratique comme il l'a indiquée, l'on a ce qu'on appelle, depuis cet agronome, un troupeau de progression : on fait marcher de pair le croisement et le renouvellement de la race.

Ce moyen a été conseillé pour le mouton , mais il est applicable à toutes les espèces qu'on ne renouvelle pas ordinairement tous les ans ; pour celles dont on vend annuellement tous les individus, comme pour celle du porc, on doit agir différemment.

Pour renouveler les moutons , les chevaux , les vaches par progression, on importe de la race étrangère quelques femelles , et , si c'est possible , assez de mâles pour couvrir toutes les femelles que l'on possède. On châtre ou l'on vend les mâles indigènes. On obtient la première année quelques individus de pure race issus des femelles importées et des premiers métis provenant des femelles que l'on possédait. On châtre tous les mâles croisés, et quand les premières métisses et les agnelles pur sang peuvent se propager, on les fait couvrir et l'on réforme un nombre égal des bêtes du pays. A la deuxième génération , les femelles achetées et leurs filles donnent des produits de pure race et des deuxièmes métis ; on châtre ensuite les métis mâles et l'on emploie les femelles concurremment avec celles pur sang , après avoir retranché un second lot d'animaux du pays. On continue d'opérer ainsi jusqu'à ce que tout le troupeau ait été renouvelé ; quand on a réformé toutes les femelles indigènes , on réforme les premières métisses , ensuite les secondes , etc. , et l'on n'a ainsi, après quelques années, d'abord que des bêtes pur sang et des métis supérieurs aux animaux indigènes , et un peu plus tard tout le troupeau est composé de bêtes pur sang.

En opérant par progression , avec deux ou trois béliers, et dix , quinze brebis , on peut, tout en améliorant les races indigènes par le métissage, créer un troupeau pur sang , qui bientôt remplace l'ancien. Morel de Vindé a prouvé , et l'expérience a démontré que, pour renouveler les bêtes à laine d'une ferme par progression , il faut moins de temps que pour convertir un troupeau commun en métis du cinquième degré.

Cette marche graduelle offre de grands avantages ; il n'est pas nécessaire d'acheter à la fois un grand nombre d'animaux étrangers et de faire de fortes dépenses ; ensuite l'on a le temps d'acquérir de l'expérience, d'apprendre graduellement à soigner les animaux importés, de les étudier , de voir le régime qui leur nuit , et l'on évite des pertes considérables ; en troisième lieu on n'a pas besoin d'acheter plusieurs fois des mâles de pure race , tandis que si l'on opère par métissage seulement , il faut les renouveler à chaque génération , ce qui est quelquefois fort dispendieux ; quatrièmement on n'a pas à craindre la dégénération qui se fait souvent remarquer sur les métis , même sur ceux qui paraissent les plus beaux , qui ont au plus haut degré les caractères de la race pure ; et cependant dès la première année on profite pour tout le troupeau, par les métis, des avantages de la race qu'on importe. Il est bien entendu que ce moyen n'est applicable que lorsque les animaux pur sang sont supérieurs aux individus croisés.

———

Nous allons passer à l'hygiène spéciale. Nous la diviserons en autant de parties que nous aurons d'espèces animales à étudier.

DU CHEVAL.

—

CHAPITRE Ier.

Choix d'une race de chevaux.

—

§ Ier. AVANTAGES DES RACES COMMUNES SUR LES RACES NOBLES.

Le sol de la France convient à l'élevage de toutes les races de chevaux : nous avons des plaines fertiles, bien cultivées, riches en grains, en excellents foins, aptes à la production des bêtes de roulage; des départements montagneux, secs, où les fourrages sont rares mais sapides, convenables pour élever des chevaux de selle; enfin des contrées qui, tenant le milieu entre les montagnes et les plaines, donnent le moyen de produire des animaux réunissant à la force une agilité assez grande pour faire le service des postes, des diligences, et pour servir à l'artillerie, et même à la grosse cavalerie. Mais notre sol n'est pas seulement apte à l'élevage des chevaux de toutes les races; il peut en produire de supérieurs à ceux de toutes les nations voisines : cela est incontestable pour les chevaux de trait; et quoique, feignant d'oublier les excellentes races qui, sans soins, croissaient jadis dans la Navarre, dans le Limousin, les Anglais, pour conserver en Europe le monopole de la vente des chevaux fins, disent que leur climat, leurs pâturages sont plus favorables que les nôtres à la santé des chevaux, et plus convenables à la production de ces nobles quadrupèdes, nous en produirons, pouvant rivaliser avec les leurs, quand nos éleveurs trouveront qu'il est avantageux de faire les dépenses que nécessite la production de ces animaux.

On se plaint en France de ce que « les nuances sont bien tranchées » entre nos chevaux : de ce que ceux « qu'emploient l'agriculture et le commerce sont d'une espèce particulière tout-à-fait impropre à la selle; » tandis que « dans la Pologne et quelques autres pays la richesse des ressources en chevaux de selle tient à la localité. » (1) Nous nous félicitons de ce que la France n'est pas obligée d'employer le même cheval à tous les travaux; car les animaux ne sont réellement bons qu'autant qu'ils sont bien adaptés aux services pour lesquels ils sont destinés. Non seulement la France peut élever des chevaux pour la selle, pour la poste, pour le roulage, mais ses ressources lui permettent d'en produire de chaque race en proportion de ses besoins; car, si la plupart de nos provinces sont particulièrement propres à produire des bêtes de trait, les services qui emploient ces animaux en consomment plus que la cavalerie, que les voyageurs à cheval. Ainsi, pour avoir des chevaux de selle, il n'est pas nécessaire d'en encourager spécialement la production; il n'y a qu'à laisser les éleveurs libres et à payer les animaux un prix relatif à la valeur des autres produits de l'agriculture, afin que les cultivateurs de la Navarre, du Limousin, de l'Auvergne, etc., soient intéressés à cultiver des fourrages et à ne pas les faire consommer par des mulets, par des bœufs, etc.

Si les chevaux doivent être nourris à l'écurie, il importe souvent peu qu'ils soient en rapport avec le sol et

____

(1) De la Roche-Aymon, *de la Cavalerie*, t. ii, p. 211.

avec la fertilité des pâturages. Par le secours des fourrages artificiels, par un régime et par l'emploi de soins convenables, par le choix bien entendu des reproducteurs, on peut élever presque dans tous les pays les diverses races de chevaux, ceux de hâlage comme ceux de course, ainsi que nous l'ont prouvé les Anglais en produisant dans leur île brumeuse une race plus élancée que celle des sables de l'Arabie.

Mais si les animaux doivent fréquenter les pâturages, il faut qu'ils soient en rapport avec le climat, avec la fécondité de la terre. On essayerait en vain d'élever des races nobles avec des fourrages grossiers, ligneux, ou en les faisant pâturer sur des terres humides; et il est toujours désavantageux de produire des chevaux lourds, lorsque le climat est sec, le terrain aride, la nourriture plutôt sapide qu'abondante. Il y a constamment avantage à faire consommer les produits du sol par des races qui, étant faciles à élever et utiles au pays, coûtent peu à produire et se vendent facilement.

Le travail que les animaux doivent exécuter, l'état des routes où ils doivent être employés sont; dans le choix d'une race, des motifs puissants de détermination. On ne doit pas chercher à créer des chevaux organisés pour les allures rapides quand on a des services qui exigent plus de force que d'agilité, quand on a de lourds fardeaux à faire traîner sur des chemins en pente. Mais il serait également peu judicieux d'élever des bêtes lourdes, fussent-elles fortes, rustiques, si l'on a de belles routes à parcourir, et des voitures légères à faire traîner.

Aucune règle absolue ne fait connaître la race que nous devons préférer, ce qui explique les grandes différences d'opinion qui existent entre les personnes qui s'occupent de l'élevage des chevaux : les uns veulent propager les races fines, à allures rapides; les autres les chevaux

communs , propres aux besoins du commerce , de l'industrie , de l'agriculture. Parmi les personnes qui tiennent
au cheval fin , se trouvent les amateurs , les riches propriétaires qui entretiennent , élèvent des chevaux plutôt
pour s'amuser que pour s'enrichir ; les militaires qui,
voyant avant tout les besoins de l'armée et comprenant
la grande importance des troupes à cheval , sentent la nécessité de bien monter la cavalerie plutôt qu'ils n'étudient
les moyens d'y parvenir. Les raisons que font valoir les
uns et les autres , c'est que les chevaux fins ont plus de
valeur que ceux de race commune ; qu'ils ne coûtent pas
beaucoup plus à produire ; qu'ils sont utiles non seulement pour le luxe , mais pour l'armée. Qui peut le plus
peut le moins, dit on : cherchons à donner à nos races la
plus grande perfection possible ; nous aurons toujours
assez de chevaux peu distingués pour les services communs. On ajoute que les chevaux fins sont plus robustes,
moins disposés à la morve , au farcin , que les autres ; le
cheval gros, étoffé , le cheval de charrette disait un correspondant du *Journal des Haras* (1), est ignoble , lymphatique ; c'est une masse informe , sans allures, sans ardeur, un amas d'humeurs suant le virus morveux par tous
les pores. On croit enfin que le cheval pur sang est nécessaire pour communiquer des qualités, donner de l'ardeur,
de l'énergie aux races communes.

De l'autre opinion sont les agriculteurs qui élèvent
des chevaux pour vendre avantageusement les fourrages ,
les agronomes économistes qui recherchent les opérations
agronomiques lucratives , les hommes qui parlent du cheval comme d'un objet destiné à donner des bénéfices à l'é-
leveur et à rendre des services à la société. Or , ils savent
que si le cheval fin a une grande valeur, il coûte aussi

____

(1) Mai 1840.

beaucoup à cause des soins nombreux, de la nourriture choisie dont il a besoin. Ces soins sont d'une grande importance pour le fermier qui n'a qu'un petit nombre de chevaux : le propriétaire qui élève plusieurs poulains peut charger de les soigner un homme dont le salaire augmentera fort peu le prix de revient des animaux; mais il n'en serait pas de même pour le cultivateur qui n'aurait qu'un ou deux élèves. Le prix excessif des beaux chevaux de race, la rareté de ces animaux, prouvent du reste qu'il est difficile de les élever.

Nous savons que selon beaucoup de personnes les chevaux fins peuvent convenir aux services des postes, aux messageries. Cette proposition n'est pas démontrée pour nous, quoiqu'on invoque, à ce sujet, l'exemple des diligences anglaises : la comparaison n'est pas exacte; le poids de nos voitures, l'état de nos routes, l'élévation et la pente de nos montagnes, établissent une différence immense entre nos messageries et celles de l'Angleterre. Nous avons vu des chevaux anglais, quoique attelés à des voitures légères et ne faisant que des relais très-courts sur des chemins admirables, être essoufflés, haletants de fatigue, inondés de sueur, sans aller cependant d'une vitesse excessive; ces animaux sont même plus fréquemment atteints de molettes, de vessigons, d'engorgement des boulets que les nôtres; certainement, dans l'état actuel de nos routes, de nos habitudes de voyager avec de lourdes malles, ils seraient incapables de faire le service de nos diligences, et en encourager la production pour cet objet, c'est induire le pays en erreur.

Dans aucun cas, ce ne sont pas les chevaux de rebut qui peuvent convenir à l'armée, ni au service des voitures publiques. Et nous sommes loin de partager l'opinion de ceux qui conseillent d'élever des chevaux fins dans l'espoir que les beaux seront achetés pour le service du luxe, et payés fort cher, et que les médiocrités, les mauvais, serviront aux divers services. Il convient au contraire d'élever pour chaque service les chevaux qui lui conviennent, d'avoir seulement les chevaux pur sang qui sont nécessaires comme étalons ou comme objet de luxe, et de leur donner les soins nécessaires pour qu'ils remplissent convenablement leur but. Mais ne comptons pas sur les médiocrités : c'est parce qu'elles n'ont aucune valeur et qu'elles ne trouvent pas d'acheteurs, que la plupart de nos éleveurs ne veulent pas multiplier les races de luxe; ils savent que la moindre tare déprécie complètement les poulains, et fait perdre tous les fruits d'un élevage long et dispendieux. Les chevaux communs seuls ont le grand avantage d'être encore utiles et de pouvoir être vendus, même à des prix passables, quoique étant tarés.

Les chevaux fins, nobles, sont-ils plus robustes, moins exposés aux maladies que ceux de race commune? Remarquons d'abord que les observations faites à cet égard ont peu de valeur, à cause de la différence des régimes auxquels on soumet les deux races : les chevaux fins, de prix, étant placés dans de très-bonnes conditions hygiéniques, serait il étonnant qu'ils ne fussent malades que très-rarement? Mais est-il bien démontré que les races communes soient affectées de la morve et du farcin plus souvent que les chevaux fins, quand les uns et les autres sont élevés, entretenus dans la même localité et de la même manière? Si les chevaux de hâlage sont si souvent malades, c'est plutôt une conséquence de leur service que de leur race, car ceux de roulage, quoique de même origine, deviennent assez rarement morveux, farcineux, et cependant ils sont continuellement exposés aux causes de maladie les plus actives. D'un autre côté, les chevaux fins, soumis au service pénible des fiacres, sont très-souvent affectés de farcin et d'un farcin incurable. Si les chevaux de remonte, et en particulier ceux qui sortent des dépôts de poulains, sont exposés aux maladies, cela dépend du service, du changement de régime auxquels on les soumet encore jeunes. Peut-être sommes nous induits en erreur par le développement précoce des chevaux lourds, et affaiblissons-nous leur santé en les faisant travailler trop jeunes.

On veut même expliquer pourquoi les chevaux nobles sont moins exposés à la morve que les races communes ; on suppose que ces dernières sont la conséquence de là dégénération de l'espèce. Il est vrai que les animaux qui par l'effet d'un climat, d'une nourriture peu convenables, de parents mal constitués, sont mal organisés, ont un sang appauvri, ne peuvent pas créer des descendants vigoureux et sont eux-mêmes exposés à toutes les causes de maladie ; il est également incontestable qu'un croisement avec des individus robustes, bien constitués, venant de climats différents, produit des résultats salutaires et prompts. Mais les caractères de nos races communes, des crins gros et nombreux, des châtaignes volumineuses, une croupe avalée, sont-ils des signes pathognomoniques d'une constitution altérée? et la conformation du cheval pur sang est-elle constamment une preuve de bonne santé ? Ne tirons pas une conclusion générale de faits particuliers. Si parmi les chevaux de race commune nous en trouvons beaucoup qui succombent sous les influences morbifiques auxquelles ils sont soumis, cela dépend de la manière dont on les élève, dont on les entretient, de même que la vigueur des chevaux pur sang est une conséquence des soins dont ils sont l'objet. Ainsi, pour avoir des races rustiques, robustes, des étalons capables de produire de bons chevaux, il n'est pas nécessaire de donner à nos races les caractères des coursiers de l'Angleterre ou de l'Arabie.

Mais l'expérience a prouvé que nos races chevalines, même les plus éloignées du prétendu cheval noble par les formes, sont les plus robustes au moins de l'Europe occidentale. Après la mortelle campagne de Russie, en 1813, de l'innombrable cavalerie que l'Espagne, la Hesse, la Saxe, le Hanovre, le Mecklenbourg, la Prusse, la Pologne, même la Russie, avaient formée, n'étaient-ce pas des chevaux originaires de la Creuse, des Ardennes, de la Bretagne qui avaient résisté, « comme pour attester la supériorité de leurs races au milieu de ce grand rassemblement de chevaux de presque toutes les parties de l'Europe ? » (1)

Mais l'argument le plus puissant contre les chevaux de selle, c'est la difficulté de les vendre : ce qui prouve qu'ils sont inutiles depuis que des voitures publiques, partant de nos plus petites villes, ont fait perdre l'usage de voyager à cheval. Les agriculteurs qui, dans quelques campagnes isolées, se servent encore de leurs juments ou d'un mauvais bidet pour aller au marché voisin, ne fourniront jamais un débouché suffisant à une race de chevaux. Il ne faut pas compter non plus sur les amateurs qui tiennent aux beaux chevaux par ostentation; ils sont assez puissants pour influencer le gouvernement, mais ils ne sont pas assez nombreux pour encourager, par leurs acquisitions, la multiplication de bêtes qui sont sans utilité réelle.

Ce sont principalement les chances de bénéfice offertes par les chevaux de trait, qui engagent les éleveurs à multiplier ces animaux et à les préférer aux races pur sang, malgré la saillie gratuite des étalons anglais et malgré les promesses de prix, de primes, etc. Un cheval commun mange sans doute autant qu'un cheval fin, mais c'est une

____

(1) Daldéguier, *Des Remontes,* p. 17.

erreur très-grave d'induire de là qu'ils coûtent autant à élever l'un que l'autre. Il est facile de prouver le contraire. Supposons que la dépense annuelle d'un cheval de trait soit, en y comprenant la nourriture, l'intérêt du prix d'achat, le décroissement annuel de sa valeur, etc., de 400 fr., et c'est le chiffre admis par M. de Dombasle dont personne ne contestera l'autorité, et nous trouverons qu'un poulain de cette race aura coûté au moment de sa naissance 30 fr., 10 fr. pour la saillie de la mère et 15 jours de repos donnés à celle-ci à l'époque du part, en admettant que le travail n'ait donné aucun bénéfice, qu'il ait payé seulement l'entretien de la jument. Or, a combien reviendrait un poulain de race anglaise à un propriétaire qui, n'étant ni cavalier, ni amateur de chevaux, n'aurait retiré de la mère ni utilité, ni plaisir? il reviendrait, sans exagération, à 5 ou 600 fr., somme représentée par la nourriture de la mère, par l'intérêt du prix toujours élevé qu'elle aurait coûté, par la diminution annuelle de valeur qu'elle éprouverait, etc. Mais les poulains ne peuvent pas être vendus à leur naissance, il faut les garder, celui de selle au moins jusqu'à cinq ans; or, combien auront-ils coûté l'un et l'autre au moment de la vente? Celui de trait aura gagné plus que son entretien de 2 à 5 ans, et l'autre n'aura jamais rien produit. Y aurait-il exagération à supposer que ce dernier aurait coûté 1,500 fr. de plus que l'autre? Non; et serait-il vendu 2,000 fr. et l'autre 500 fr., que celui-ci donnerait plus de bénéfice à l'éleveur. Ajoutons que celui de trait a suivi les attelages, n'a exigé ni frais de garde, ni frais de domestiques; que sa vente est assurée à un prix passable: que, lui serait-il arrivé un accident, aurait-il un suros, une molette, il n'aura pas diminué sensiblement de valeur; que, serait-il borgne, aveugle, il sera encore vendu ou sera utile à l'éleveur. Mais, que le cheval de luxe pour lequel on a tant dépensé et qui n'a rien rapporté, éprouve les mêmes accidents, et il y est plus exposé que le cheval de trait, ne fût-ce que parce qu'on ne peut pas le vendre si jeune, combien sera-t-il vendu?

Peut-on espérer, d'après la comparaison que nous venons de faire, que les hommes qui font de l'agriculture par besoin se laissent séduire par des promesses de prix et que les agriculteurs élèvent des chevaux de cette race? et ont-ils mérité d'être traités d'ignorants, de gens à préjugés, pour avoir résisté aux exhortations qui leur ont été faites? Ils ont très-bien jugé leur position et ont parfaitement bien compris ce qu'ils avaient à faire. Nous devons nous féliciter qu'ils n'aient pas voulu s'engager dans la voie de prétendues améliorations dans laquelle on voulait les attirer.

Mais la production des chevaux de trait intéresse autant les consommateurs que les éleveurs, et le gouvernement doit l'encourager. Car, qu'importe qu'il dépense tous les ans quelques millions de plus pour acheter ses remontes, si les agriculteurs, les entrepreneurs de voitures publiques, le commerce, l'industrie, y trouvent leur bénéfice? L'activité que prendront les affaires n'augmentera-t-elle pas le budget? et les contribuables ne seront-ils pas plus en état de supporter les charges qui leur seront imposées?

Il reste à examiner l'influence des chevaux fins sur l'amélioration par croisement des races communes. Ce sujet a déjà été traité dans d'autres articles : nous répéterons qu'on n'ajoute pas assez d'importance à l'influence du climat et du régime, mais que cependant l'emploi judicieux d'étalons pur sang anglais et arabes ou de leurs descendants peut exercer un bon effet sur nos races légères et même sur quelques chevaux de tirage; lorsque les marchandises aujourd'hui transportées sur les routes le seront sur des canaux, sur des chemins de fer, et que nos chemins ne seront plus dégradés par nos guimbardes lourdement chargées, que nous connaîtrons la valeur du temps et l'importance de voyager rapidement, l'emploi des chevaux fins deviendra plus général. Mais ce moment est peut-être encore fort éloigné, et jusqu'ici on a abusé des étalons pur sang, on a fait des dépenses inutiles, on a gâté quelques-unes de nos races et créé de mauvaises bêtes qui ne conviennent à aucun service.

Beaucoup d'éleveurs se plaignent des torts que leur ont faits les chevaux fins. Dans l'Est ces animaux n'ont produit aucun bon résultat. « Un très-petit nombre de propriétaires et de cultivateurs, dit le plus célèbre de nos agronomes, se sont laissé entraîner dans la route, aussi funeste à l'intérêt général qu'à l'intérêt des producteurs, dans laquelle s'efforçait de les engager l'administration supérieure par des encouragements de tout genre accordés à la production des chevaux de selle ou de course; presque tous ceux qui étaient entrés dans cette voie ont bientôt reconnu combien elle est ruineuse, et ont laissé la production des animaux de cette espèce à ceux qui font de l'élève du cheval un objet d'amusement ou d'ostentation. Ce que réclament principalement les besoins du pays, ce sont des chevaux de gros trait, de poste et de messageries; et la production s'en est beaucoup accrue et améliorée dans les cantons où la culture est assez avancée pour procurer à ces animaux une nourriture propre au développement de leur taille et de leur forme. »

Dans l'Ouest on fait entendre les mêmes plaintes.

« Les éleveurs du pays (des Deux-Sèvres) se plaignent de l'abâtardissement de la race indigène par de faux croisements opérés par l'administration des haras; ils trouvent qu'en général cette race excellente a perdu plutôt que gagné depuis l'établissement du dépôt de Saint-Maixent. » (1)

Ce n'est pas en France seulement que l'élevage des chevaux nobles a été désavantageux :

« Il y a à Gerhardsbrunn 75 chevaux et poulains. Le voisinage du haras de Deux-Ponts, peut-être un peu de vanité, ont engagé à s'adonner à l'élève des chevaux de race, et Gerhardsbrunn a eu des succès dans ce genre, il a obtenu de nombreuses primes, vendu de beaux élèves, et il possède encore aujourd'hui deux des meilleures juments de race arabe qui soient dans tout le pays de Deux-Ponts.

« J'ai élevé des chevaux de race, j'en ai même encore, et on pourra me dire qu'il ne convient pas de blâmer ce que je fais moi-même; je répondrai qu'au contraire je peux en parler en connaissance de cause parce que, en ceci comme en beaucoup d'autres choses, j'ai acquis de l'expérience à mes dépens. L'élève des chevaux de race est une grande folie pour la plupart des cultivateurs; ces chevaux sont trop fins, trop impressionnables, trop ardents, trop lents à se former; ils ne sont faits qu'à 6 ou 7 ans, ils sont surtout trop difficiles à vendre et trop mal payés. Il faut pour les travaux pénibles de nos montagnes et pour nos mauvais chemins de robustes ardennais, au cuir épais, au poil rude, durs, patients et pourtant agiles, francs de colliers, qu'on peut faire travailler dès l'âge de 2 ans et demi, employer à tous les travaux, confier à des valets grossiers, et qu'on peut, quand on le veut, vendre facilement et souvent plus cher que les chevaux de race. » (2) Ce que le cultivateur de Rittershoff dit de sa contrée relativement aux chevaux les plus convenables

____

(1) *Journal d'agriculture pratique*, t. vi, p. 175.
(2) F. Villeroy, *Journal d'agriculture pratique*, t. iv, p. 442.

n'est-il pas applicable à la plus grande partie de nos départements ?

Les plaintes des agronomes sont restées longtemps sans effet. Les hommes intéressés à l'amélioration des races utiles et qui savent de quelle manière devraient être accordés les encouragements, ont peu d'influence auprès du gouvernement ; tandis que les amateurs qui élèvent des chevaux pour se donner du ton sont tout puissants, et au lieu de répondre aux demandes des agriculteurs, traitent de routiniers les économistes qui voudraient que le cheval de luxe eût seulement une importance égale à son utilité. Depuis quelques années cependant, il tend à s'opérer un heureux changement : si l'administration centrale ne s'occupe pas spécialement des races de trait, beaucoup de conseils généraux ont, par des prix, par l'acquisition et la vente de bons étalons, montré la plus grande sollicitude pour les intérêts des cultivateurs.

§ II. CHEVAL DE COURSE COMPARÉ AU CHEVAL ARABE ; RACES DITES PUR SANG.

Il existe depuis longtemps une vive polémique entre les admirateurs du cheval anglais et les partisans de l'étalon oriental. La question ne paraît pas même encore devoir être résolue. Les observations qu'on publie à cet égard sont incomplètes, et elles paraissent souvent contradictoires. Il est difficile de concevoir que par l'influence du sang arabe la taille des chevaux ait diminué de génération en génération, ainsi que cela est arrivé, dit-on, en Allemagne, si les animaux ont reçu des soins convenables, et si les reproducteurs étaient bien appareillés ; il nous paraît peu probable d'un autre côté que la seule importation d'étalons anglais ait produit, sans le secours d'une amélioration dans le régime, les effets qu'on lui a attri-

19.

bués chez le duc Schleswig. Sans connaître la manière dont les poulinières et les élèves ont été soignés, il est difficile d'apprécier l'influence qu'ont eue les étalons et de déduire des faits qui ont été publiés quels sont les meilleurs types améliorateurs. Jusqu'à ce que nous possédions des observations assez nombreuses, il faut agir avec prudence. Toutefois, il est bien démontré aujourd'hui qu'il est avantageux d'employer l'étalon arabe dans quelques circonstances, mais que dans d'autres on doit lui préférer le cheval anglais.

Le cheval arabe a de précieuses qualités : il donne des métis doux, forts, robustes et maniables; il peut être utile pour former avec les juments du Limousin, de l'Auvergne, etc., de bonnes remontes de chasseurs; mais il est réellement un peu petit, et ses descendants n'acquièrent pas toujours, à la première ni à la deuxième génération, l'ampleur des formes qu'on veut trouver aujourd'hui dans les chevaux de luxe, et qui sont nécessaires pour monter convenablement quelques armes de notre cavalerie. Quoique nous ayons des exemples qu'il ait bien fait avec des races de la Normandie, nous devons lui préférer le cheval anglais pour tirer de grands chevaux de selle de nos juments des départements du nord. Les éleveurs anglais ont produit à force de soins des améliorations dont il est avantageux de profiter.

On a reproché à l'emploi des chevaux arabes la difficulté d'en trouver de bons pour la reproduction : ils ne sont pas en effet communs dans le pays où ils naissent; les Bédouins ne les vendent que rarement, et en veulent des prix excessifs. D'un autre côté, le voyage, le changement de climat, sont souvent nuisibles aux animaux qu'on importe; de sorte que ceux qui arrivent à bon port reviennent à des prix fort élevés; ensuite des circonstances particulières peuvent empêcher d'en avoir au moment où l'on en aurait besoin, et l'on peut ainsi être obligé de suspendre un croisement commencé lorsqu'on pourrait obtenir de meilleurs produits des métisses déjà formées. Les étalons anglais sont sous ce rapport préférables; il faut, à la vérité, les payer cher, mais l'on peut en avoir facilement; et quand on a commencé un genre d'amélioration avec ces animaux, on est sûr de pouvoir le continuer indéfiniment. Cependant, avec la facilité que nous avons actuellement de voyager, cette considération a moins d'importance qu'anciennement; il paraît même que de bons chevaux arabes, rendus en Europe, reviennent à un prix moins élevé que les anglais pur sang; M. Herbert en a amené qui, rendus en Autriche, ne revenaient qu'à 4,000 florins par tête (1).

Les chevaux pur sang anglais possèdent aussi de brillantes qualités, mais sont-ils propres au service de la cavalerie? On leur reproche d'être trop minces et trop irritables, difficiles à manier dans les manœuvres. Cependant ils peuvent être utiles en créant par métissage, dans la race normande, dans les chevaux bretons, dans les percherons, des animaux doux et vifs, dociles et énergiques, forts et légers, vites et maniables. Mais il ne faudrait pas communiquer aux métis les caractères de la race régénératrice à un trop haut degré. D'après les hommes compétents la cavalerie anglaise laisse à désirer sous le rapport des chevaux, et cependant elle n'est pas formée d'animaux pur sang. Nous avons vu dans ses régiments des chevaux grands, mais forts, étoffés; des chevaux communs améliorés par l'étalon de course, mais encore éloignés de ce type.

Le cheval anglais a aussi le défaut d'exiger beaucoup sous le rapport de la nourriture et des soins; introduit

____

(1) *Journal des Haras*, décembre 1840, p. 146.

dans l'Auvergne, dans le Limousin, il n'a donné de bons produits que chez les propriétaires riches qui l'ont abondamment nourri ; mais, en général, il produit des descendants décousus, étroits de poitrine, hauts sur jambes, ne pouvant faire aucun service et ne trouvant aucun acheteur. *Le Propagateur agricole du Cantal* parle de l'influence de l'étalon de course, quand il dit (1) : « La prospérité de nos races chevalines est généralement en raison inverse de la part que l'administration des haras prend à leur reproduction. Certaines ne reçoivent d'elle que des secours pécuniaires, elles prospèrent, l'étranger nous les envie ; celles au contraire qui reçoivent d'elle tous leurs reproducteurs, méprisées, s'effacent du sol qu'elles couvraient jadis. »

Un vétérinaire, grand admirateur du cheval anglais, mais sentant l'influence des agents extérieurs sur la formation des races, tout en conseillant fortement l'emploi de l'étalon de course, se demande si l'exemple que nous ont donné l'Angleterre, la Prusse, doit être perdu pour nous ; si, quand nous voyons nos voisins avoir employé le sang oriental pour créer une race précieuse et employer encore « l'entremise des chevaux arabes pour conserver leurs races dans le degré de pureté qu'elles ont acquis, » nous ne devons pas pratiquer ce qu'ils ont fait. Comme Demoussy, M. Hamont veut que nous employions les étalons orientaux, et nous aurons bientôt, dit-il, un pur sang français meilleur que celui des Anglais; car la France a des éléments de succès qu'aucun pays de l'Europe ne possède.

D'abord nous demanderons : qu'appelle-t-on pur sang ? et sans chercher inutilement une réponse à cette question, nous dirons qu'il n'y a pas de chevaux pur sang dans le

(1) Année 1840, p. 247.

sens qu'on ajoute à ces mots. Lawrence l'a prouvé pour le cheval anglais, il a démontré que la race de course ne descend pas directement et sans mésalliance du type barbe, du type arabe ; qu'elle a été formée avec du sang de chevaux venus tantôt du nord, tantôt du midi, selon les modes et les besoins du pays. Ce serait une grossière erreur, dit M. Huzard (1), de penser que les chevaux anglais de pur sang sont des chevaux arabes de pur sang. Nous sommes persuadés qu'il en est de même des chevaux qui naissent sous la tente du Bédouin. Malgré tout ce qu'on nous dit des soins que prennent les Arabes pour prévenir les mésalliances, personne ne croira, quand nous voyons les nombreuses variétés de chevaux qui peuplent l'Arabie, que tous les excellents coursiers du Nejd descendent directement des haras de Salomon, ou même des sept juments du prophète.

La pureté du sang est plutôt une curiosité qu'une nécessité. Le cheval anglais a été formé sans le secours exclusif de l'arabe, et peut-être conservé de même ; quoique nos voisins importent, quand ils en ont l'occasion, de bons étalons orientaux, il est bien prouvé que ces reproducteurs ne sont pas indispensables à la conservation du *horse race*. Or, puisque les Anglais peuvent se passer du sang arabe, pourquoi ne nous passerions-nous pas du sang anglais? Leur île ressemble-t-elle plus à l'Arabie que la France? Pourquoi n'emploierions-nous pas les moyens que les Arabes et les Anglais ont employés pour créer leurs races et qu'ils mettent encore en usage pour les conserver ?

Nous employons si souvent les expressions : il faut importer le sang arabe, le sang anglais, que beaucoup de personnes prennent ces expressions à la lettre ; elles

____
(1) *Des Haras domestiques*, 2ᵉ édit., p. 437.

croient qu'on peut introduire non-seulement les formes
d'un reproducteur, mais encore son sang, et elles attri-
buent une puissance absolue à l'influence du croisement
des races. Il importe de bien nous entendre sur le sens
de nos paroles.

Le sang est le produit direct de la nourriture, de l'air,
et il change comme les influences auxquelles les animaux
sont exposés. Non-seulement un étalon arabe importé en
France ne communique pas son sang à ses descendants,
mais il ne le conserve pas lui-même ; il peut transmettre
tout au plus ses formes et son aptitude à s'assimiler la
nourriture et à former le sang d'une certaine manière ;
mais ce fluide diffère du sang qu'aurait produit l'étalon
dans les déserts de l'Arabie. Pour obtenir un pur sang
français, c'est-à-dire une race de chevaux nobles, appropriés au sol, au climat de la France, à notre manière
d'entretenir les animaux, l'importation de reproducteurs étrangers peut bien donner le moyen de rendre l'o-
pération prompte , mais c'est un moyen simplement
auxiliaire.

Donnons au cheval l'orge, le lait, la viande que le Bédouin donne au sien ; tenons nos poulains propres, me-
nons-les avec douceur, caressons-les et nous aurons
bientôt un pur sang français, un sang aussi semblable à
celui du cheval arabe que le comporte notre climat ; nous
n'aurons plus à leur communiquer que les formes des
membres , de la tête, de l'encolure, de la croupe, etc. ;
ce que nous pourrons faire par le régime, par l'éducation
des reproducteurs , et par le croisement , etc.

CHAPITRE II.

Choix des chevaux pour le travail et pour la multiplication de l'espèce.

—

§ Ier. QUALITÉS ET DÉFAUTS DES DEUX SEXES.

Tous les solipèdes dans nos pays sont exclusivement destinés au travail. Nous étudierons d'abord les qualités qui doivent se rencontrer dans tous les chevaux, quel que soit le service auquel on les destine; nous ferons connaître ensuite les particularités qu'ils doivent offrir selon qu'on veut les faire tirer ou les faire porter. Ce que nous dirons des animaux considérés sous le point de vue du travail, s'appliquera à ceux qu'on veut employer à la propagation de l'espèce. Ces derniers doivent avoir nécessairement les caractères que l'on désire retrouver chez les autres. Nous diviserons les qualités qu'il faut rechercher dans les solipèdes, en celles qui dépendent de la santé, en celles qui tiennent à la conformation et en celles qui dépendent du caractère, du tempérament, des qualités, etc.

Une *bonne santé* est une condition sans laquelle on ne peut espérer ni force, ni vigueur, d'un cheval ; on reconnaît qu'elle existe aux caractères suivants : les animaux bien portants ont l'air gai ; sans être trop excités ils s'intéressent à ce qui se passe autour d'eux ; leur respiration, quand ils n'ont pas été excités par l'exercice, est libre, aisée, régulière; elle se fait sans bruit. Le flanc est presque plan, et il exécute des mouvements plutôt étendus que rapides; il présente cinq à six expirations et autant d'inspirations régulières et égales, mais suivies d'un mouvement plus étendu ; l'élévation et l'abaissement doivent se faire sans interruption ni secousses. — Dans la *pousse* l'expiration se fait en deux temps , ce qui produit une secousse dite *soubresaut*, que l'on aperçoit en· examinant le milieu du flanc ; la pousse est ordinairement plus sensible , quand la respiration est accélérée par l'exercice ou par l'action de manger l'avoine. Dans toutes les maladies, mais surtout dans celles des organes respiratoires , le mouvement du flanc est accéléré , souvent irrégulier , avec ou sans toux. On appelle *cornage* un bruit que font entendre certains chevaux pendant l'acte de la respiration ; il est produit par des causes qui s'opposent au libre passage de l'air qui entre dans la poitrine et à celui qui sort de cette cavité. Cette maladie est héréditaire. La poitrine doit être assez ample et symétrique ; si elle est plus petite d'un côté , c'est une preuve que les animaux étant jeunes ont été malades et sont restés longtemps couchés sur ce côté ; le poumon du côté le moins spacieux est rarement sain ; dans les hydropisies partielles de la poitrine , la cavité qui renferme le liquide est plus volumineuse que l'autre.

Les membranes muqueuses du nez, de l'œil , sont légèrement humectées et offrent une teinte rose dans les animaux sains ; la peau est souple , mobile, le poil lisse, brillant , et les yeux sont vifs. L'embonpoint doit être médiocre, les excrétions seront régulières , les crottins fermes , sans être durs, ni recouverts de mucosités. On rejettera surtout des haras les animaux qui présenteront des signes de l'une des maladies que nous avons désignées en parlant des défauts des reproducteurs ; ceux qui ont les yeux ternes , abattus ; ceux qui sont maigres, qui ont la peau collée aux parties sous jacentes , qui ont le ventre retroussé , tendu , le flanc cordé ; ceux qui ont des hernies , des éventrations ; ceux qui contractent des engorgements sous le ventre, au fourreau, aux membres, après quelques jours de repos ; enfin ceux qui présentent des traces de sétons, de vésicatoires, à l'encolure et même au poitrail, aux fesses, sous la poitrine, si l'on ignore les motifs pour lesquels ces exutoires ont été établis.

Dans le choix des étalons on ne saurait porter trop d'attention à l'examen des parties extérieures du corps ; la conformation des organes est souvent le seul moyen de constater le mérite des animaux ; on doit l'étudier comme indice de santé, de force, et sous le rapport de la beauté, de l'élégance.

La taille, *le volume* doivent être en rapport avec l'abondance des fourrages, avec l'état des routes et le genre de service auquel les animaux sont destinés ; les formes doivent annoncer la force et la légèreté : les muscles doivent être apparents, bien dessinés ; s'ils sont noyés dans le tissu cellulaire, dans la graisse, on dit que les animaux sont empâtés, et ils sont dans tous les cas plus faibles, ils ont moins d'énergie que si la fibre contractile est sèche ; les fluides qui la baignent dans les animaux empâtés, la ramollissant, s'opposent à son action. Un excès de graisse prouve souvent que les animaux ont été refaits : on ne doit jamais le rencontrer ; il rend les reproducteurs inféconds, stériles, et les chevaux de travail lents, faibles, suant au moindre exercice.

L'ensemble du corps doit être bien proportionné, la tête en rapport avec l'encolure, l'avant-train avec l'arrière-main et le tronc avec les membres.

La *tête* doit être sèche ; si elle est charnue elle est lourde, et elle indique souvent que les animaux sont prédisposés à la fluxion périodique des yeux. Elle doit être bien attachée ; il faut qu'il y ait un léger enfoncement entre la ganache et l'encolure, et que les branches de l'os maxillaire soient écartées en arrière l'une de l'autre ; avec cette conformation la gorge n'est pas gênée dans les différents mouvements de la tête et la respiration reste libre.

Les *yeux* seront bien ouverts , à fleur de tête , clairs ; la pupille sera dilatée dans l'obscurité et elle se resserrera à mesure que l'animal passera au grand jour. On appelle *yeux de cochon* ceux qui sont petits ; ils sont souvent mauvais ; dans tous les cas , ils doivent être égaux et ne présenter, à leur surface ni dans l'intérieur, aucune tache, aucun point opaque pouvant faire soupçonner qu'ils ont été malades et capable d'arrêter le passage des rayons lumineux.

Des *oreilles* droites , bien plantées, embellissent les chevaux et en augmentent la valeur ; si elles sont hardies , dirigées avec vivacité du côté d'où vient le bruit , elles indiquent l'énergie , la vigueur ; le cheval qui les couche en arrière veut mordre ou ruer.

Le *front* doit être presque plan et large ; «les oreilles les plus petites , les plus éloignées l'une de l'autre à leur base , donnent à la tête l'air plus distingué » dit Xénophon (1). Cette conformation dont les anciens avaient reconnu l'avantage , était propre aux chevaux *buchéphales* et en particulier à une race de chevaux thessaliens ; elle indique un grand développement du cerveau et beaucoup d'intelligence. Si le *chanfrein* est droit et épais , les cavités nasales sont spacieuses, et le passage de l'air qui va dans la poitrine est libre ; on doit désirer aussi que les *nasaux* soient grands, bien ouverts, avec des ailes flexibles ; il faut que les deux ouvertures du nez se dilatent et se resserrent également et que l'air traverse avec une égale facilité les deux côtés des fosses nasales.

(1) *De l'Equitation* , trad. de P.-L. Courrier.

La *bouche* et les *lèvres* seront moyennes : si la première est grande, si les secondes sont épaisses, elles indiquent presque toujours un animal vorace dont l'abdomen est souvent trop volumineux. Si les lèvres sont grandes, flasques, elles peuvent se replier sous le mors et préserver les barres de l'impression de la bride ; si elles sont trop épaisses, que la bouche ne soit pas assez fendue, le canon peut également n'appuyer que sur des parties molles, et il ne produit aucun effet ; si la lèvre inférieure est flasque, elle indique la vieillesse, le manque d'énergie, de ton. On doit rechercher des *barres* légèrement arrondies, dépassant en élévation la langue ; celle-ci doit ne pas sortir de la bouche pendant l'exercice, et avoir une épaisseur moyenne, afin que par son volume elle n'empêche pas l'appui du mors sur les barres.

Nous verrons que la forme de *l'encolure* doit varier selon le service auquel les animaux sont destinés ; elle est toujours plus épaisse, plus chargée de crins dans les chevaux entiers que dans ceux qui ont été châtrés jeunes, et que dans les juments. Une crinière épaisse, des crins gros sont les caractères des races communes.

Le *tronc* doit être presque cylindrique et avoir de la pointe du bras à la pointe de la fesse deux fois et demie la longueur de la tête ; si le corps se rapproche de la forme cylindrique, la *poitrine* est ample et le volume de *l'abdomen* n'est pas excessif ; alors la côte est longue et arrondie, les épaules sont épaisses. Si l'abdomen est trop développé, il indique que l'animal est un gros mangeur et souvent qu'il digère mal, qu'il a reçu une mauvaise nourriture et qu'il est mou, sans énergie. Un ventre volumineux repousse le diaphragme en avant, comprime les poumons et nuit à la respiration ; s'il est étroit, *lévretté*, si le flanc est retroussé, c'est un signe que les intestins souffrent ou ont souffert, et que la digestion ne se fait que médiocrement. Du reste , dans l'examen de l'abdomen , il ne faut pas oublier de le comparer au régime des animaux ; celui des femelles , surtout de celles de race commune , qui sont pleines, qui ont eu des gestations, est plus gros que celui des mâles ; une nourriture composée de foin , de paille , de racines peu nutritives, le distend , et celle formée de grains , de graines , de petites rations de bon foin le rend petit.

Le volume du *poitrail* doit varier selon les services que l'on attend des animaux; la largeur de cette région donne à peu près la mesure de l'ampleur de la poitrine ; s'il est très-étroit, il indique une poitrine resserrée. Les animaux ainsi conformés manquent d'haleine. Un poitrail enfoncé dépend presque toujours de ce que les épaules sont proéminentes et elles sont alors le plus souvent malades.

Si le *garrot* est élevé, les muscles y trouvent de larges points d'insertion , et étant eux-mêmes plus longs , ils se raccourcissent beaucoup quand ils se contractent, et produisent un grand effet sur l'encolure et sur les membres antérieurs. Si le garrot est bas, la selle a trop de tendance à se porter en avant , elle tiraille et blesse la base de la queue par la croupière, comprime les épaules et nuit aux mouvements des membres thoraciques ; la charge placée sur les animaux se porte en avant , surcharge l'avant-main, les pieds antérieurs sont difficilement soulevés et la marche est lourde , difficile , les animaux rasent le tapis ; un garrot bas est en outre un indice que la poitrine est peu développée, et s'il est charnu sur les côtés , il est exposé à être blessé par les harnais.

Le *dos* et les *reins* doivent être droits ou légèrement concaves en dessus ; leur longueur doit varier selon les services des animaux. Un dos court est un indice de force, mais les allures de l'animal sont dures.

Une *croupe* longue, horizontale, indique que les muscles

fessiers sont allongés et forment un angle plus ouvert avec le levier qu'ils doivent mouvoir, condition qui en augmente l'effet. On appelle *tranchante* celle qui est inclinée de chaque côté comme dans le mulet. Cette conformation qui se remarque sur les animaux supérieurs, sur les chevaux orientaux, n'est pas un indice de faiblesse ; mais elle est moins flatteuse à l'œil qu'une croupe un peu arrondie.

Lorsque la croupe est horizontale, la queue est attachée haut ; les animaux qui présentent cette conformation portent la queue en *trompe*, lorsqu'ils sont sous l'homme. Cette position de la queue est un indice de force, et donne de la grâce au cheval ; on ne la remarque que dans les chevaux de race. C'est pour donner un air distingué aux chevaux communs qu'on leur coupe les muscles inférieurs de la queue : cette opération barbare est inutile, elle n'ajoute rien à la valeur des animaux ; on appelle *anglaisés* ceux qui l'ont subie. Quand les muscles abaisseurs de la queue sont détruits, les releveurs soulèvent bien cette partie et les animaux en ont plus d'apparence, mais ils n'en ont pas plus de mérite. Si les muscles de la queue sont forts, que cet organe offre de la résistance quand on le soulève, c'est une preuve de force, d'énergie.

L'*anus* doit être médiocrement saillant et bien fermé ; sa bonne conformation est, d'après M. Gayot, un des points principaux qui annoncent les qualités essentielles d'un cheval : « un animal mou et sans énergie n'a jamais l'anus bien conformé et se contractant avec force ; à l'inspection seule de cette partie on pourrait connaître si l'animal se nourrit bien, si ses digestions sont bonnes et si par conséquent il a les viscères digestifs en bon état » (1). Le pourtour de l'anus, de la queue, est parfois dans les chevaux à robe claire, gris, blancs, etc., entouré de tumeurs

____

(1) *Guide du Sportman*, p. 9.

qu'on appelle *mélanose* à cause de leur couleur noire : elles s'abcèdent, suppurent, fournissent une matière noire très-désagréable ; cette affection est héréditaire , elle passe aux poulains qui héritent de la robe claire.

L'examen des *membres* est aussi important que celui du tronc. D'abord leur état sain est de la plus grande nécessité , et cependant ils sont fréquemment malades à cause des efforts qu'ils font continuellement. Ils sont formés de rayons dirigés successivement , les uns d'arrière en avant, les autres d'avant en arrière et qui , fléchis et étendus par les muscles , se raccourcissent ou s'allongent alternativement , selon la direction de la force qui les tire , et soulèvent le corps , le changent de place.

On trouve le même nombre de rayons dans les deux bipèdes ; mais dans l'antérieur ils ont une direction opposée à celle que présentent les rayons des membres postérieurs qui leur correspondent ; ainsi l'épaule est dirigée en avant, la hanche en arrière ; le bras en arrière , la cuisse en avant , etc. ; les uns tendent à porter le corps en avant, les autres en arrière, d'où il résulte que les animaux s'élancent verticalement s'ils font agir également les quatre membres , ou qu'ils peuvent se diriger en avant ou en arrière , selon qu'ils agissent principalement avec les membres postérieurs ou avec les antérieurs.

Le mode d'attache des membres au tronc ; leur force sont cependant en rapport avec le rôle principal qu'ils doivent remplir. Ils sont surtout conformés pour la progression en avant : les antérieurs sont destinés principalement à supporter le corps ; ils sont plus faibles que les postérieurs ; ils ne sont fixés au tronc que par des parties molles , élastiques, qui affaiblissent les réactions produites par le choc du corps sur le sol ; mais qui absorbent une grande partie de la force produite par l'extension de l'épaule , du bras, etc., lorsque les animaux veulent s'élancer en arrière.

Les membres abdominaux sont formés de rayons plus inclinés que ceux des membres antérieurs, et sont entourés de muscles puissants; quand ils agissent ils s'allongent beaucoup et avec une grande force, et étant fixés au tronc par des parties dures, résistantes, tout l'effort qu'ils produisent exerce un effet utile, se communique par les os du bassin et par le rachis, etc., à l'ensemble du corps.

Le jeu des membres dépend de l'intégrité, de la conformation des régions qu'ils présentent.

Les *épaules* doivent être longues et obliques, et avoir des mouvements libres. On appelle *pointe de l'épaule*, l'articulation de l'omoplate avec le bras; si cette partie est trop saillante, elle fait paraître le poitrail enfoncé. Cette conformation se remarque dans les chevaux fins qui sont vieux, usés, qui sont affectés de rhumatismes, dont les épaules manquent de liberté, dont les genoux sont arqués, les pieds encastelés, etc.

Le *bras* est bien conformé lorsque les muscles qui les recouvrent sont apparents, distincts : c'est une preuve que les animaux ne sont pas surchargés de tissu cellulaire; du reste, dans les bêtes de trait ce muscle doit être beaucoup plus volumineux que dans les chevaux de selle. *L'avant-bras* a une direction à peu près verticale; il doit être nerveux, recouvert de muscles distincts; lorsqu'il est épais, il indique la force des muscles qui font mouvoir les rayons inférieurs : les animaux qui ont cette conformation ne rasent pas le tapis. Le *coude*, placé en arrière de l'avant-bras, doit avoir une direction parallèle au plan médian du corps; s'il est allongé, il fait paraître l'avant-bras large et le rend beau; l'olécrane offre un long bras de levier aux muscles qui s'y insèrent, et qui sont destinés à étendre l'avant-bras et à fléchir le bras.

Le *genou* est une articulation qui jouit de grands mouvements; il doit être gros, presque plan en avant, large, placé sur la ligne des os qui l'avoisinent. On dit qu'il est *arqué* s'il est trop saillant en avant, *effacé* s'il est porté en arrière. Ces dispositions sont des défauts : elles indiquent que les animaux ont contracté des efforts, ont fait des travaux au-dessus de leur force, et que les tendons sont rétractés, malades. Lorsque les animaux s'abattent, le genou reçoit souvent le premier choc et peut être blessé; on appelle *couronné* le cheval qui présente des plaies sur cette région. Les blessures du genou sont en général peu graves par elles-mêmes, et déprécient peu les animaux si elles ont été produites par un accident, comme cela se rencontre quelquefois sur les étalons les plus vigoureux, qu'on n'a pas pourvus de genouillères; mais si elles proviennent de ce que les chevaux, étant faibles de devant, s'abattent souvent, elles doivent être considérées comme des motifs d'exclusion.

La région qui est au-dessous du genou est formée par l'*os du canon* et par le *tendon*; elle doit être large et offrir un sillon entre les deux parties qui la constituent. L'os ne présente rien de particulier, seulement il doit être sain et sans exostoses. Le tendon doit être détaché de l'os, fort, gros, sec, égal dans toute sa longueur, sans ganglions ni étranglements. S'il est faible il se fatigue bientôt, s'engorge, et le membre devient rond; on dit alors que l'animal a la *jambe de veau* : ce défaut est fréquent dans nos races communes soumises à des services bien pénibles. C'est par la largeur du canon, la forme des tendons que les chevaux distingués diffèrent des mauvais chevaux. On ne saurait, sous ce rapport, porter trop d'attention au choix des reproducteurs et à l'appareillement de nos races.

On appelle *boulet* l'articulation du canon avec le paturon. Il doit être net, bien dessiné, volumineux, et placé sur la direction du genou. Lorsque le tendon s'est racourci, le boulet est souvent porté en avant ; on dit alors que le cheval est *bouleté*, et *pied-bot* si le défaut est bien marqué : le boulet ne doit offrir ni *suros* ni *molettes*.

Le *paturon* sera bien conformé s'il a la longueur convenable : s'il est court, l'animal est dit *droit* sur ses membres ; alors les réactions sont dures, les os sont contus dans la marche, et les animaux sont exposés à avoir des exostoses aux abouts articulaires ; s'il est long, les animaux sont *long-jointés :* le paturon formant alors un angle élastique avec le canon, les réactions sont affaiblies ; l'allure des animaux est douce, mais les tendons sont tiraillés.

Le *pied* est formé de trois parties, de la *paroi*, de la *sole* et de la *fourchette*. La paroi ou corne forme l'enveloppe du pied ; elle doit être unie, lisse, brillante, n'avoir ni cercles, ni lignes droites, ni saillies, ni enfoncements, et offrir une inclinaison qui va en diminuant graduellement, à mesure qu'on s'éloigne de la partie antérieure pour se rapprocher des talons.

Au lieu d'être obliques en dehors, les parties latérales et postérieures dites *quartiers*, *talons*, sont souvent droites ou même inclinées en dedans. On dit alors que les talons sont resserrés ; si cette disposition s'étend en avant, le pied est *encastelé* : ces défauts proviennent d'une mauvaise ferrure, de la pratique de râper la corne et d'enlever le vernis qui la recouvre, du fer trop chaud appliqué sur le pied, de la marche pendant la chaleur sur un sol chaud et dur. Les ânes, les mulets, les chevaux espagnols ont fréquemment des pieds resserrés. Ces défauts mettent les animaux hors de service ; la corne comprime les parties molles, rend le pied douloureux et fait boiter les animaux. La sole doit être relevée en dedans, et le pied creux au milieu : si elle est plane, le pied est dit *plat*, et *comble* si la sole est saillante ; ces pieds sont sensibles : ils exigent une ferrure soignée, difficile; ils sont douloureux si les animaux marchent déferrés. La ferrure est d'autant plus difficile sur ces pieds, que la paroi étant alors faible, basse, très-inclinée et même fragile, la lame des clous la détache par éclats. La fourchette sera saine, sans suintements ni odeurs. Le pied doit être médiocrement volumineux; s'il est *petit*, la corne est sèche, la fourchette petite, il manque d'élasticité, et il est douloureux; s'il est trop grand, il est lourd, exige des fers pesants, fatigue les tendons. Presque toujours alors la paroi est de mauvaise qualité et fortement évasée, les talons sont bas, la sole plate, la fourchette grosse et molle. Les chevaux qui ont mauvais pied travaillent mal, et ne doivent pas être employés dans les villes, ni sur les routes ferrées; il faut les réserver pour les labours. Ces défauts se transmettent par la génération.

La *croupe* est, dans les membres postérieurs, la région qui correspond aux épaules; elle est couverte de muscles qui s'étendent de la colonne rachidienne au fémur, au tibia, etc. Nous avons dit qu'elle doit être horizontale et longue; quand cette conformation existe, les muscles sont longs, se raccourcissent beaucoup par leur contraction, et produisent beaucoup d'effet.

La *cuisse* forme le second rayon des membres postérieurs; elle doit se confondre avec les parties voisines. La *jambe* est bien faite quand elle est légèrement dirigée en arrière, et couverte jusqu'à sa partie inférieure de muscles qui doivent se terminer près du jarret d'une manière insensible.

Le *jarret* est une articulation qui supporte les plus grands efforts. Il doit être épais, large, net; les os qui le forment doivent être distincts: le jarret étroit, rond, empâté, est un signe de faiblesse; il doit surtout être large, se terminer en arrière par une pointe allongée. Quand cette conformation existe, les muscles qui se terminent sur le sommet du calcaneum et qui agissent par un mécanisme semblable à celui du levier du deuxième genre, ont plus de force pour étendre le canon et pousser la jambe en avant; car ils ont un bras de levier plus long et ils s'y insèrent sous une direction qui se rapproche davantage de la perpendiculaire.

Les quatre membres doivent avoir des articulations grosses, être exempts d'exostoses, de molettes, etc. Des tendons, des boulets, des paturons couverts de poils, gros, longs et nombreux, forment le caractère de nos races communes. Il faut rejeter les animaux qui ont le poil de la partie inférieure des membres hérissé. Cette disposition indique que la peau est malade, boursoufflée, crevassée : les crevasses s'étendent même quelquefois jusqu'au pli du genou, jusqu'au jarret; elles rendent les animaux d'un mauvais service, et peuvent se transmettre par la génération.

Aplombs. Les membres doivent avoir non-seulement les dimensions que nous venons d'indiquer, il faut encore que leur ensemble présente une position, une direction telles, que chacun supporte une partie du corps et produise une action proportionnelles à sa force.

Nous avons vu que les membres postérieurs sont plus forts que les antérieurs; que les uns et les autres ne sont pas fixés au tronc de la même manière; de là nous avons conclu que les premiers sont destinés à supporter le poids du corps, et les autres à le pousser, à le projeter en avant. Cette conclusion est confirmée par la position du centre de gravité qui, placé en arrière du diaphragme, est plus rapproché du bipède antérieur que du postérieur. Il résulte d'expériences faites par MM. Morris et Baucher que, dans une jument de selle, pesant 384 kilogr., assez régulièrement conformée, les membres antérieurs supportent 210 kilogr. et les postérieurs 174, la tête étant dans sa position ordinaire ; si l'on faisait baisser la tête, de manière que le nez fût au niveau du poitrail, l'avant-main pesait 8 kilogr. de plus que dans la position précédente, et 10 de moins si le bout du nez était élevé au niveau du garrot. Le poids d'un cavalier pesant 64 kilogr. se divisait de manière que les membres thoraciques du cheval portaient 18 kilogr. de plus que les postérieurs si le cavalier était placé dans une position académique, et 8 seulement s'il portait son corps plus en arrière en s'asseyant davantage.

La quantité de poids que supportent les deux bipèdes varie, du reste, selon la conformation des animaux. Dans les chevaux entiers dont l'avant-train est lourd, les membres postérieurs supportent relativement moins que les thoraciques ; dans les chevaux de trait ils en portent plus que dans ceux de selle. On dit qu'un cheval est d'*aplomb*, qu'il a les *aplombs*, quand les quatre membres sont dirigés de manière que chacun supporte une partie du poids du corps, telle que dans l'action, il n'a besoin que de produire un effet proportionnel à sa force. L'effort doit même être distribué d'une manière égale sur les quatre faces de chaque membre : les aplombs sont une condition sans laquelle les animaux ne font jamais ni un bon, ni un long service. Si l'une des extrémités supporte proportionnellement à sa force plus de poids que les autres, si elle dépense plus de force dans les allures, elle rend la marche discordante et se fatigue en peu de temps ; elle peut même être ruinée lorsque les autres sont encore en état de faire de bons services : quand les aplombs existent, le cheval auquel il n'arrive aucun accident dure jusqu'à ce que toutes ses parties soient usées.

C'est par l'inspection des diverses parties du corps qu'il faut apprécier les aplombs du cheval. Si les membres antérieurs paraissent trop reculés eu égard à l'ensemble des organes, l'animal est dit *sous lui de devant*. Cette disposition surcharge les membres et dans la marche les pieds, étant difficilement soulevés, rencontrent les inégalités proéminentes du sol, et le cheval bute, rase le tapis, est exposé à s'abattre.

Le cheval est appelé *campé* de devant, si les membres thoraciques sont trop avancés ; l'appui se fait alors sur les talons et les tendons fléchisseurs sont tiraillés. Avec cette conformation il se produit des bleimes, des molettes, des distensions de ligaments, etc. ; si ce défaut est léger, il nuit peu aux chevaux de selle ; il décharge le train antérieur sans surcharger beaucoup le postérieur.

Si les membres abdominaux sont trop en avant, le cheval est *sous lui de derrière*. Dans ce cas la détente des jarrets soulève la croupe plutôt qu'elle ne la pousse en avant, et les animaux ont des allures relevées mais peu rapides et souvent dures. Les membres abdominaux sont obligés de soulever la plus grande partie du corps et les jarrets sont ruinés prématurément ; les pieds postérieurs étant trop rapprochés des antérieurs les attrapent pendant la marche ; on dit alors que les chevaux forgent ; ils peuvent s'attraper et s'abattre, ils se blessent même quelquefois les tendons, les talons antérieurs avec la pince des fers de derrière, ou la couronne des membres postérieurs avec l'éponge des fers de devant. Si le cheval est *campé* de derrière, les membres thoraciques sont surchargés, mais les postérieurs sont bien disposés pour pousser le corps en avant, pour embrasser du terrain. Cette conformation, si elle n'est pas trop prononcée, rend les chevaux bons trotteurs, propres à la course.

Les membres doivent être dirigés dans le sens latéral à peu près selon le plan médian du corps, de manière que lorsqu'on regarde un cheval de face, soit en repos, soit pendant qu'il marche, on n'aperçoive que le bipède antérieur.

Quand les pieds de devant sont dirigés en dedans, les chevaux sont appelés *cagneux*; si ce défaut est bien prononcé, que les animaux soient étroits de devant, ils ont les deux extrémités rapprochées et ils frappent le boulet d'un membre avec la pince du pied opposé. Si le pied regarde en dehors, les animaux sont *panards*; dans ce cas l'animal se blesse les boulets avec les quartiers ou les talons. Ce défaut peut provenir d'une déviation du boulet, du genou, etc.; alors les animaux ont ces articulations tournées en dedans. Dans les animaux panards l'appui se fait principalement sur le quartier interne; or, cette partie étant en général faible devient serrée, contracte des bleimes, des seimes quartes, etc.

Les défauts que nous signalons peuvent provenir d'une mauvaise direction de tout le membre ou seulement des rayons inférieurs. Si les genoux sont tournés en dedans on les appelle genoux de bœufs.

Si le cheval est panard de derrière les jarrets sont rapprochés et l'animal est dit *clos de derrière*; on l'appelle *ouvert de derrière*, si, étant cagneux, les pointes des deux jarrets sont trop écartées l'une de l'autre.

Il est inutile de dire que si les animaux se coupent, frappent un genou contre l'autre ou le pied contre le boulet, ils peuvent s'abattre; que, dans tous les cas, il résulte des chocs, outre des blessures souvent graves, des frottements qui fatiguent les animaux et nuisent à la marche.

Les hippiatres qui se sont occupés des aplombs ont tracé des règles à ce sujet. Bourgelat a indiqué par des lignes les directions que doivent avoir les quatre membres. Malheureusement ses principes sont d'une application toujours très-difficile et ils seraient souvent inexacts. On ne peut établir à cet égard , à cause de l'infinité de différences individuelles que présentent les animaux et de leurs diverses destinations, que des règles très-générales et très-vagues. La pesanteur de la tête , la longueur de l'encolure , la force des épaules, l'élévation du garrot , le volume des viscères abdominaux , la longueur relative des membres nécessitent les plus nombreuses différences dans la direction des extrémités. Le cheval qui a la croupe légère , la tête lourde , peut sans inconvénient être sous lui de derrière et campé de devant. Pour les animaux de travail, la destination , la manière d'appliquer les harnais, la charge , la forme de la selle , des voitures , etc., compliquent encore ce sujet : les aplombs d'un animal de travail doivent varier selon le service auquel il est destiné ; ainsi on conçoit qu'un cheval qui , sous lui de devant aurait les membres thoraciques usés avant ceux de derrière s'il vivait à l'état sauvage, puisse , si on le soumet au galop à quatre temps, avoir les jarrets ruinés lorsque les extrémités antérieures seront encore saines ; de même tel limonier dont la tête lourde surcharge les genoux aura les membres abdominaux hors de service que les extrémités antérieures ne présenteront encore aucun signe d'usure. On peut pour les bêtes de travail remédier jusqu'à un certain point aux défauts d'aplomb en fixant convenablement la selle , la sellette , etc., en chargeant en arrière un cheval qui est sous lui de devant.

Proportions. Pour avoir de bons animaux de travail et de bons reproducteurs, il ne suffit pas qu'ils soient bien conformés ; il faut que les divers organes aient des proportions en rapport avec l'ensemble du corps ; que chacun ait une certaine activité relative nécessaire à l'existence de l'équilibre sans lequel la santé serait troublée : et que l'ensemble possède une certaine force , soit doué d'une certaine énergie absolue sans lesquelles les animaux ne seraient d'aucune utilité.

Qualités. Ce n'est pas seulement dans les chevaux destinés aux services de luxe qu'on doit rechercher la vivacité; tous les animaux de travail doivent avoir la démarche prompte, le pas allongé, les sens actifs; être vifs, forts et pourvus de membres musculeux, supportant le tronc sans gêne, faisant sur le sol un appui égal. Les extrémités sont souffrantes quand les animaux se portent tantôt sur un pied, tantôt sur l'autre, et qu'ils changent souvent; si un cheval ne souffre que d'un membre, il l'appuie très-rarement, le tient un peu fléchi et plus avancé que dans l'état normal.

Dans l'exercice les animaux doivent soulever les membres avec hardiesse et les poser sans hésiter. Si un cheval relève plus lentement une extrémité, s'il a l'air de tâtonner pour la poser sur le sol, il y a souffrance. Les pieds doivent être assez soulevés dans la progression pour ne pas *raser* le tapis; mais les chevaux ne doivent pas les lever en excès, *trousser*, et ils doivent les porter en avant sans les jeter de côté. Les déplacements latéraux, toujours inutiles, épuisent sans profit les forces et rendent les allures lentes; ils occasionnent quelquefois des atteintes.

Les extrémités doivent être relevées hardiment mais sans secousse. On dit que les chevaux *harpent*, qu'ils ont l'*éparvin sec* quand ils contractent convulsivement les muscles des membres abdominaux. Les mouvements doivent être unis, le déplacement des extrémités thoraciques doit être en rapport avec celui des postérieures. Quand il y a désunion, on dit que les chevaux se *bercent*; il existe alors des bercements, des déplacements latéraux, éprouvés par la croupe qui ne suit le train antérieur qu'en se balançant. Ce défaut indique la faiblesse des lombes ou une maladie de cette région.

La boiterie des membres antérieurs s'annonce principalement par les mouvements de la tête qui, au lieu d'être portée directement en avant, est rejetée, à chaque pas, sur le membre qui souffre le moins. Il ne faut pas, dans le choix d'un animal, négliger de le faire tourner et d'examiner, au moment où il tourne, le membre sur lequel il pirouette : si ce membre souffre, il se fléchit, il cède sous le poids du corps au moment où il en supporte la plus grande partie. « Il faut s'assurer encore, selon le conseil de Xénophon, si, étant lancés à toute bride, les chevaux forment un arrêt court et font volontairement la demi-volte. »

Enfin, on doit faire reculer les animaux afin de s'assurer s'ils sont capables de se porter en arrière et pour connaître leur obéissance et leur adresse. Les chevaux qui ont les reins malades, les jarrets faibles, reculent très-difficilement : ceux qui sont affectés d'*immobilité*, maladie qui ne leur permet pas même de faire un service passable, ne peuvent pas reculer ; et si on les oblige à le faire, ils traînent les pieds sur le sol et souvent même s'emportent, se jettent de côté.

Les animaux doivent avoir un bon caractère, n'être ni méchants, ni ombrageux ; mais être dociles, obéissants. On doit même désirer qu'ils soient intelligents, adroits. Dans l'entretien des reproducteurs, il ne faut pas manquer de leur donner les soins qui peuvent augmenter ces qualités. Il est bon « que les étalons soient dressés au manége ou tenus de quelque autre sorte en haleine, ne fût-ce que pour empêcher que le haras ne soit pas gâté par des étalons obstinés et vicieux. » (1) « L'expérience a appris, ajoute Hartmann, qu'il y a des chiens et des chevaux qu'on pourrait appeler chiens couchants nés, chevaux d'arquebuse nés, parce qu'ils descendent de parents qui avaient été dressés et dans lesquels les impressions de l'art et de

(1) *Traité des Haras.* p. 33.

l'éducation étaient converties en seconde nature et étaient devenues héréditaires. »

Age (1). Bourgelat veut qu'on emploie à la reproduction les chevaux du nord à quatre ans et ceux du midi à six. Autant que possible il faut attendre qu'ils soient bien formés, mais il ne peut pas y avoir de règle fixe à cet égard ; ils peuvent servir jusqu'à un âge avancé s'ils conservent leur énergie. Il y a du reste moins d'inconvénients

(1) On reconnaît l'âge des chevaux à l'état des dents. Le poulain n'a pas de dents incisives au moment de la naissance ; il met les deux pinces à l'âge de huit à quinze jours ; les mitoyennes, à un mois et demi ; et les coins, à huit mois environ. Ces dents rasent, les premières à un an, les secondes à quinze mois, et les coins à dix-huit. Les dents de la mâchoire inférieure ont plus tôt rasé que celles de la supérieure, parce qu'elles sont plus petites, et que leur cornet dentaire externe est moins profond.

A deux ans et demi, les pinces de lait tombent, et sont remplacées par celles d'adulte ; à trois ans et demi, les mitoyennes, et à quatre ans et demi, les coins, cèdent également leur place aux dents de remplacement.

A cinq ans et demi, les pinces de la mâchoire inférieure ont rasé, et le bord postérieur des coins est arrivé au niveau de l'antérieur ; à six ans et demi, les mitoyennes ont rasé, et le bord interne des coins est sensiblement usé ; à sept ans et demi, huit ans, les coins ont rasé (a). Les crochets, qui ordinairement n'existent que sur les mâles, commencent à paraître vers trois ans ; mais ces dents fournissent en général des signes de peu de valeur.

Les pinces de la mâchoire supérieure rasent vers neuf ans, les mitoyennes vers dix, et les coins vers onze. Ces caractères, assignés par les anciens auteurs, n'ont pas beaucoup d'exactitude, et doivent être considérés comme très-secondaires.

Indépendamment de ces signes, les seuls que l'on possédât pour connaître l'âge des chevaux, il n'y a pas encore bien longtemps, Pessina, N. Girard, M. Girard, ont fait à ce sujet de beaux travaux, à l'aide desquels on peut rectifier les données fournies par les signes que nous ve-

(a) Cette usure n'est pas constante. A cette époque, on trouve souvent aux coins de la mâchoire supérieure une échancrure caractéristique.

à employer de vieux étalons que de jeunes. On possède plusieurs exemples de vieux mâles qui ont donné de très-bons produits. Aristote nous parle d'un cheval qui à quarante ans faisait encore d'excellents poulains. Les Anglais ont remarqué que les plus célèbres étalons n'ont montré leur supériorité que dans un âge avancé. Ainsi le père d'*Eclipse* avait 14 ans; celui d'*Elis*, 16; celui de *Whalebone*, 17; celui de *Whisker*, 22, quand ces grands coureurs furent engendrés. (1)

La couleur des poils doit être considérée comme indice de qualités et de défauts et eu égard à la mode, au goût des acheteurs. On regardait jadis les diverses nuances de la robe, les taches de la tête et des membres comme les marques de certains caractères, de certaines qualités, etc.

nons d'indiquer, et faire connaître l'âge presque jusqu'à la vieillesse. A mesure que les animaux vieillissent, les incisives deviennent plus étroites de droite à gauche, et plus épaisses d'avant en arrière A huit ans, les pinces sont déjà devenues ovales, et à neuf elles sont presque rondes, les mitoyennes ovales, et les coins rétrécis; l'émail central de la dent est plus près du bord postérieur des dents que de l'antérieur; à dix, onze ans, les mitoyennes, les coins s'arrondissent; à onze ans, l'émail ne forme qu'un point peu visible près du bord postérieur; à douze ans, les incisives inférieures sont arrondies, et l'émail qui n'existe plus à la mâchoire inférieure est remplacé par l'étoile dentaire. A treize, quatorze, quinze, seize, dix-sept ans, les pinces, les mitoyennes, les coins inférieurs, deviennent successivement triangulaires, et l'émail disparaît dans les pinces et dans les mitoyennes supérieures. Passé cette époque, il serait difficile de préciser l'âge des chevaux; cependant, de dix-huit à vingt-quatre ans, les incisives deviennent successivement biangulaires, étroites de droite à gauche. A ces signes, ajoutons que les dents, à mesure qu'elles s'usent, deviennent plus courtes et moins contournées. Enfin la mâchoire inférieure devient horizontale, étroite, et le cercle incisif tout-à-fait déformé.

Après l'âge de huit à dix ans, la forme des dents est un guide bien plus sûr que les différentes dispositions qu'affecte le reste du cornet dentaire externe.

(1) *Journal des Haras*, juin 1841, p. 162.

Dans l'espèce humaine on a attribué aussi une grande influence à la teinte des cheveux, à celle de la peau, et la plupart des hippiatres ont écrit, par analogie, d'après ce que les poètes nous ont dit sur la brune et la blonde. Quoique l'expérience ait appris qu'il ne faut pas ajouter une grande importance à ce que les anciens ont écrit sur ce sujet, que les indications fournies par les couleurs des chevaux sont trompeuses, cependant c'est un point auquel il faut avoir égard, surtout pour le choix des reproducteurs, à cause de la facilité que donnent certaines robes de vendre les poulains.

On a toujours considéré les chevaux à poil clair, isabelle, soupe de lait, comme étant mous; on croit que les alezans sont chatouilleux, mordent, frappent du pied; Virgile avait déjà dit :

> « Du gris et du bai brun on estime le cœur,
> Le blanc et l'alezan clair languissent sans vigueur. (1)

« Le poëte avait-il en vue le cheval blanc de naissance? » se demande le professeur Grognier. Ces animaux sont très-rares et ceux qui prennent cette couleur avec l'âge sont loin de confirmer l'opinion des Latins. Les chevaux de la Camargue, ceux de l'Afrique, de l'Arabie, ont souvent une robe très-claire, et cependant ils sont beaux, plus énergiques que les noirs que nous trouvons en Suisse, dans la Franche-Comté. Les Arabes recherchent même les chevaux blancs et en Europe ces animaux sont préférés par quelques personnes à ceux des autres couleurs. On cite de grands personnages qui en ont eu d'excellents, mais la masse des acheteurs les trouve trop *voyants* et trop exposés à être tachés par la boue, par le fumier. Beaucoup de personnes n'aiment pas à avoir pour leur

____

(1) Traduction de Delille.

service un cheval blanc, surtout à l'époque de la mue,
à cause de l'inconvénient des poils, qui, se détachant,
paraissent sur les habits de couleur foncée. Les habitants
du midi surtout ne veulent pas des étalons gris, « d'ailleurs on évite ce poil dans les remontes. » (1)

Les chevaux blancs, gris, etc., sont les plus exposés à la
mélanose et l'on doit pour ce motif les exclure des haras,
car cette affection est héréditaire. On dit que la peau
blanche est tendre, exposée aux crevasses, aux eaux
aux jambes, et que l'ongle blanc est en général mou; de
sorte qu'on ne doit pas faire servir comme étalon un cheval qui a des balzanes, car la couleur de la peau qui recouvre la couronne s'étend sur le sabot. On ne doit pas
même employer à la reproduction un mâle ayant des taches blanches à la tête, car elles s'étendent par la génération et déprécient les poulains.

Nous croyons les courses, telles qu'on les pratique, inutiles, même nuisibles ; mais nous pensons qu'il ne convient
d'employer à la reproduction que les étalons qui ont fait
leurs preuves comme travailleurs. Nous disons de toutes
les races de l'espèce chevaline ce que M. de Montendre
dit des chevaux de race noble, il faut les soumettre à
l'épreuve « la plus difficile de celles qui peuvent se trouver renfermées dans la destination future du cheval. » (2)
On recherchera toujours de préférence les animaux qui auront donné des preuves de leurs qualités, ceux qui ont fait
des exercices pénibles sans en avoir nullement souffert.
Toutefois les choix doivent être faits à cet égard avec intelligence. Des succès brillants obtenus sur l'hippodrome ne
doivent pas être un motif absolu de prédilection : on devra
exclure l'étalon qui n'aura été vainqueur que parce qu'il

(1) De la Roche-Aymon, t. ii, p. 109.
(2) *Institutions hippiques*, t. i.

a été bien entraîné, qu'il est organisé uniquement pour les courses; parce qu'il a la poitrine étroite, le ventre léger, les jambes, les avant-bras longs et qu'il a eu beaucoup de feu quoique peu de fonds; mais ils feront rechercher celui qui, étant près de terre, qui, ayant le poitrail ouvert, les épaules couvertes de forts muscles, le flanc plein, n'a dû ses succès qu'à la force prodigieuse de son jarret, de ses reins et de sa poitrine. De même, pour les animaux de trait, s'il convient de rechercher ceux qui sont capables des plus pénibles travaux, il ne faut pas employer ceux chez lesquels un long service a rendu la croupe oblique, les jarrets coudés, les reins convexes, etc.; il ne faut confondre dans aucun cas les essais avec les travaux qui dégradent les animaux.

Comme le dit M. le lieutenant-colonel James Morisson, qui est allé plusieurs fois en Arabie, acheter des chevaux, pour les conduire dans les Indes, on se trompe souvent, on achète des chevaux fort cher, comme du sang le plus pur et le plus noble, qui n'appartiennent qu'à une race mélangée; tandis que des chevaux achetés pour simples chevaux de selle ou par des amateurs à des prix modérés, sont des chevaux de course des plus remarquables, appartenant aux *castes* les plus nobles.

Nous avons vu aussi que l'épreuve de l'hippodrome, de l'aptitude au travail, ne prouve pas toujours la faculté de donner de bons produits. Il faut préférer un cheval qui engendre de bons poulains à celui qui paraît devoir les engendrer tels. On doit donc, avant d'employer les animaux sur une grande échelle, essayer en petit leurs mérites comme reproducteurs. Pourquoi ne ferait-on pas l'essai d'un étalon avant de l'employer en grand, en lui livrant une cavale dont la bonté comme poulinière serait connue? Les juments qui ont fait leurs preuves comme portières, comme bonnes nourrices et bonnes mères, celles qui ont déjà donné plusieurs bons produits, surtout si elles ont été saillies par différents mâles, sont toujours les plus recherchées.

Dans les essais des chevaux qu'on achète pour le travail, comme de ceux qu'on destine à la reproduction, on se contente de les faire marcher au pas, au trot, pour s'assurer s'ils boitent ou non; quelquefois seulement on fait tirer ceux qu'on destine au tirage. Mais pourquoi ne suivrait-on pas le conseil de Xénophon et n'essaierait-on pas si le cheval se laisse mettre le mors dans la bouche, passer la tétière par dessus les oreilles; si étant monté il s'éloigne volontiers des autres chevaux; s'il n'a pas la bouche fausse, s'il est sensible à l'action de la gaule et de l'éperon? A ces essais si faciles et qu'on ne doit jamais négliger, nous ajouterons que le cheval doit se laisser seller, passer la croupière et le collier s'il doit être attelé, se laisser lever les pieds, ferrer, panser, sans chercher à se défendre.

§ II. CHOIX DU MALE ET DE LA FEMELLE.

Les considérations qui précèdent s'appliquent au mâle et à la femelle, et nous allons indiquer les qualités particulières que doit présenter chaque sexe. A cet égard, nous rappellerons qu'il faut prendre en considération l'influence que le père et la mère exercent sur le produit de la conception; que celui-là concourt à former le germe, lui donne une vie propre et lui communique le caractère, les membres; qu'il est nécessaire qu'il soit bien portant, fort, énergique, doux, obéissant et pourvu d'extrémités solides, nerveuses et bien d'aplomb.

L'étude des organes génitaux qui intéresse principalement pour la connaissance des animaux reproducteurs, peut donner aussi de précieuses indications pour le choix des bêtes de travail. Des testicules volumineux indiquent la force, la vigueur et une grande aptitude à la propagation de l'espèce ; s'ils sont petits, atrophiés de naissance, les animaux sont faibles, débiles. Le scrotum doit être modérément développé ; s'il est relâché, les testicules sont pendants et exposés à être comprimés ; la peau qui les couvre doit être souple, mince, ne contenir que ces glandes, ne renfermer ni sérosité, ni hernies. Les testicules doivent être apparents, bien dessinés ; il faut pouvoir distinguer par le toucher, même les épididymes et le cordon testiculaire qui ne doit pas être engorgé. Le pénis sera assez volumineux, et il doit sortir légèrement du fourreau toutes les fois que le cheval urine ; s'il est pendant il indique la faiblesse, un état maladif ; le canal de l'urètre doit, au moins dans les animaux reproducteurs, être placé à l'extrémité de la verge, afin que pendant l'éjaculation, dans le coït, le sperme soit dirigé en avant.

Les lèvres de la vulve présentent des cicatrices dans les femelles qu'on a bouclées pour les empêcher de se propager et dans celles qui ont eu des chutes de la matrice, du vagin, et dont les parties ont été, après la réduction, maintenues par des sutures. On ne doit pas faire couvrir une femelle qui a des cicatrices à la vulve produites par cette dernière cause ; car lorsque le renversement de l'utérus a eu lieu une fois, il se renouvelle souvent si l'on fait porter les femelles.

Les mamelles sont petites, peu développées, dans les juments qui n'ont pas été pleines. On recherchera de préférence les femelles qui ont ces glandes développées, saines.

On ne saurait trop conseiller aux éleveurs d'apporter dans le choix des femelles qu'ils font reproduire plus de soins qu'on ne fait généralement. Ce sont les juments poulinières, dirons-nous avec M. de la Roche-Aymon, qui assurent les qualités réelles du cheval. Les pères donnent bien la pureté de leur sang, la figure, la noblesse, l'apparence; mais les mères influent sur la taille par le germe dont elles fournissent la trame, sur les formes et la constitution du fœtus, qu'elles logent, moulent et nourrissent, et sur le développement, la santé des poulains qu'elles allaitent. Si les mâles suffisaient pour donner de bons produits, nos races ne laisseraient rien à désirer à cet égard; le gouvernement a assez fait pour en donner de bons aux éleveurs. Ceux qui reprochent à l'administration des haras l'infériorité de nos chevaux ignorent l'influence exercée sur les races par les mères et par le régime. La mère est la base de l'élevage du cheval, et sans de belles juments, les meilleurs étalons ne produisent rien de bon. Combien ne voit-on pas de juments qui donnent d'excellents poulains avec tous les mâles qui les fécondent, tandis que d'autres ne font jamais rien de bon, quel que soit le mérite des étalons qui les couvrent. Les anciens avaient apprécié l'influence des femelles, et recherchaient les meilleures juments pour la reproduction comme pour le travail. Il est assez connu de nos jours que les Arabes regardent les cavales comme donnant le mérite à leurs races; et s'ils vendent quelques mâles de distinction, on sait assez qu'ils ne veulent se défaire à aucun prix des bonnes femelles. Le ventre des belles juments est une mine d'or, selon les expressions du prophète. C'est par les mères que les Bédouins établissent la généalogie des poulains. L'Allemagne connaît aussi l'importance des bonnes femelles pour avoir de bons chevaux; pour diminuer le mal que les guerres de l'Empire lui avaient fait, à la Restauration elle acheta des poulinières en Normandie (1).

(1) *Annales de la Normandie*, 1843, p. 49.

M. Faudoas attribue (1) le dépérissement de la belle race contentinaise à l'habitude qu'ont les éleveurs normands de vendre les bonnes juments, et de ne faire reproduire que les médiocres et même les mauvaises; ensuite au travail forcé qu'on exige des poulinières et à la nourriture insuffisante qu'on leur donne; troisièmement aux mauvais étalons qu'on emploie. Ces causes agissent dans toutes nos provinces, et les cultivateurs ne font pas de plus mauvaise spéculation que celle qui consiste à vendre les pouliches d'espérance et à garder les autres; pour avoir 4 ou 500 francs de plus une année, ils perdent 4 ou 500 francs tous les ans pendant les quinze ou dix-huit ans que dure une bonne poulinière. Nous nous félicitons toutefois des progrès que nous remarquons à cet égard chez beaucoup d'éleveurs. A mesure que l'instruction se répand, ils comprennent mieux leurs intérêts; le prix excessif des chevaux depuis quelques années leur fait ouvrir les yeux; enfin les exemples de quelques éleveurs éclairés, dont les fermes servent de modèles, contribuent aussi à produire les heureux changements dont nous sommes les témoins.

Les juments doivent posséder les caractères qui distinguent les bons étalons; mais il faut, quand on les choisit, avoir égard aux différences de conformation que présentent les femelles dans l'espèce chevaline. Elles ont en général le corps un peu allongé, le cou mince, la tête petite et tout l'avant-main un peu léger; mais elles ont le ventre plus volumineux que les mâles. Toufefois ce caractère n'est sensible que dans celles qui ont mis bas plusieurs fois ou qui sont pleines. Dans beaucoup de juments, la pesanteur du fœtus et des viscères abdominaux rend l'épine dorsale concave supérieurement. La croupe est et

(1) *Mémoires de la Société vétérinaire du Calvados*, N° 3, 1840.

doit être large, le bassin ample, bien conformé, sans exostoses ni tumeurs molles pouvant nuire à l'accouchement. Si les deux hanches sont inégales, c'est une preuve que le coxal a éprouvé un accident qui peut avoir dérangé la cavité pelvienne. Dans les juments la croupe est ordinairement élevée et le garrot bas ; il ne faut employer à la reproduction que les pouliches dont l'accroissement est terminé ; si elles portent étant trop jeunes, obligées de fournir et au développement de leurs organes et à celui du fœtus, elles s'épuisent et ne donnent que des produits médiocres. On a d'ailleurs remarqué que les juments jeunes sont chatouilleuses, ont le bassin étroit et nourrissent mal les poulains.

Les hippiatres ont pendant longtemps cru et Hartmann, quoique homme d'expérience, dit que les juments *brehaignes,* celles qui ont des crochets sont stériles. Cette opinion n'est pas confirmée par l'observation.

Les juments doivent être bonnes nourrices, et celles dont le mérite sous ce rapport a été démontré par l'expérience, sont les plus précieuses. On recherchera celles qui sont douces, patientes, non chatouilleuses, fussent-elles un peu molles ; celles qui se nourrissent bien, qui boivent beaucoup, qui sont saines, exemptes même de maladies locales.

On voit des femelles très-propres à créer et à porter de beaux produits, mais incapables de les nourrir. Dans les haras on ne doit pas les réformer, mais les faire porter, et quand elles ont mis bas on fait nourrir le poulain par une bonne nourrice de race moins précieuse.

Les femelles des solipèdes sont aussi aptes à certains travaux que les mâles : elles sont même préférées à ces derniers par quelques personnes. Les anciens peuples, les Scythes, les Grecs, les Romains préféraient les juments aux chevaux ; de nos jours il y a des éleveurs qui crai-

gnent la naissance d'un poulain mâle. Les Bédouins nomades disent que les cavales sont plus dociles, plus patientes, plus rustiques, supportent mieux la chaleur, la
faim, la soif, ont plus d'haleine que les mâles : elles n'ont
pas comme ces derniers l'inconvénient de trahir la cara-
vane par les hennissements; ils les considèrent comme
pouvant exclusivement transmettre les qualités de la race.

En Provence on préfère les mules aux mulets. Les mâles
châtrés sont mous, et ceux qui sont entiers sont quelquefois difficiles à conduire et plus exposés que les femelles
aux hernies étranglées, aux rétentions d'urine et aux maladies qui affectent les organes externes de la génération.

CHAPITRE III.

Choix des chevaux selon les services auxquels ils sont destinés ;
examen des principales races de chevaux.

—

Les solipèdes nous fournissent pendant la vie leur travail et des engrais, mais comme la valeur de ces derniers est à peu près la même pour toutes les races, qu'elle dépend seulement de la nourriture, nous en ferons abstraction pour ne considérer l'espèce chevaline que sous le rapport des services qu'elle nous rend. Nous négligerons également les produits que nous retirons du cheval mort : leur valeur ne peut pas faire préférer une race à une autre.

Depuis Veltheim on divise généralement les chevaux, d'après leur aptitude, en deux sections principales : les uns sont propres à porter, les autres à traîner. Chacun de ces groupes se subdivise ensuite, les chevaux de selle en ceux qui conviennent pour la course et en ceux qui sont aptes à des allures plutôt souples que rapides ; les chevaux de tirage en chevaux destinés au service pénible du roulage, des postes, et en ceux qui conviennent aux attelages de luxe. Cette division est arbitraire : si le cheval boulonnais diffère du pur sang anglais, celui-ci de l'espagnol, le breton du carrossier normand, les différences s'effacent complètement quand on embrasse l'ensemble de l'espèce ; on peut arriver graduellement, sans transition sensible, du cheval le plus massif qui ne peut convenir qu'au tirage, au plus léger qui n'est propre qu'à la course. Même dans les contrées dont les animaux sont plus particulièrement aptes à un travail spécial, nous trouvons des individus qui diffèrent complètement du type général et qui seraient très-peu appropriés au service pour lequel leur race semble exclusivement destinée. Ainsi, parmi les chevaux d'attelage de la Normandie, nous en trouvons qui conviennent pour le trait ; parmi les boulonnais, les picards, il en est qui peuvent servir aux diligences comme nous en trouvons dans la Bretagne qui paraîtraient avec honneur dans des écuries de luxe. Nous avons même plusieurs races qui pourraient être classées aussi bien parmi les chevaux de diligence que parmi ceux de trait lent.

Section Ire. *Chevaux de tirage.*

§ Ier. CHEVAUX DESTINÉS A TRAÎNER DE LOURDS FARDEAUX.

Nous avons dans cet article les chevaux de roulage, chevaux de trait, dont les allures doivent être lentes ; et ceux de poste ou chevaux de trait rapide.

Tous ces chevaux sont faciles à produire. Les climats un peu humides, les plaines fertiles, les fourrages fournis par les légumineuses leur sont favorables. Si on les nourrit dans leur jeunesse copieusement et avec de bons aliments, l'accroissement en est rapide et avant l'âge de deux ans ils peuvent assez travailler pour payer leur nourriture. Si on les achète à cette époque, qu'on leur donne beaucoup de soins, du grain, et qu'on leur fasse faire des travaux légers, l'on a, après deux ans, deux ans et demi, des chevaux qui ont gagné leur entretien et qui sont toujours vendus avec de grands bénéfices. Nous pouvons dire de tous les chevaux de trait ce que M. Huvellier dit (1) de.

(1) *Revue de l'Orne.*

celui du Perche : « Le grand avantage de l'élève du cheval percheron, c'est de pouvoir convenir à la petite culture ; il ne lui faut ni herbages, ni fourrage de première qualité ; » nous ajouterons qu'il exige peu de soins et qu'il n'est pas étonnant d'en voir élever dans tous les pays.

Les chevaux de trait lent servent à des usages si répandus et si variés (aux diligences, aux postes, à l'artillerie, aux halages, à l'agriculture, pour tourner des mécaniques, etc.), que la vente en est toujours facile; lors même qu'ils ont eu des accidents, qu'ils sont tarés, ils ont encore une certaine valeur et l'on trouve souvent à les vendre si l'on ne veut pas les employer au service de la ferme.

Nos races de chevaux de tirage sont très-précieuses, quoiqu'elles aient quelques défauts; elles peuvent être améliorées par elles-mêmes. Il ne faudrait dans tous les cas les croiser qu'avec prudence; car nous en avons plusieurs qui sont supérieures à toutes celles avec lesquelles on voudrait les unir; et toutes, même les plus mauvaises, pourraient être améliorées par le régime. Il faut choisir convenablement les reproducteurs, ne pas donner exclusivement la préférence aux mâles les plus gros, les plus lourds; garder comme poulinières les pouliches saines, bien conformées, et vendre celles qui ont des défauts, des tares; exclure de la reproduction les individus vifs, ardents, qui ayant été soumis à des services trop pénibles, ont les reins plutôt saillants que droits, la croupe coupée, les membres postérieurs raides, trop rapprochés du centre de gravité; appareiller convenablement les individus choisis, même ceux qui n'ont pas des défauts principaux; ne pas abuser de l'ardeur des étalons, mais régler d'après leur faculté génératrice le nombre de saillies qu'ils doivent effectuer; enfin, il faut principalement bien nourrir les jeunes animaux, leur donner de bons fourrages, des grains; les élever avec douceur, les habituer aux caresses ; les faire travailler jeunes, mais ne pas abuser de leurs forces, de leur ardeur. On devrait soigner d'une manière particulière ceux qu'on destine à la reproduction : les soumettre à un travail capable de fortifier les parties faibles, d'augmenter l'ampleur de la poitrine, d'accroître la force des reins et des jarrets, de rendre les épaules libres, longues, la croupe horizontale, moins avalée, le pas allongé, etc.

ART. 1er. Chevaux de roulage, de halage, de brasseur, de meunier, etc.

Les mêmes chevaux peuvent servir à ces différents services ; ils doivent avoir une taille avantageuse, un corps lourd, épais, trapu ; un avant-main bien développé, une tête grosse ; une encolure large, épaisse ; des épaules fortement charnues, l'épine dorso-lombaire courte, les reins doubles ; un dos droit est celui qui offre la plus grande résistance dans le tirage ; le travail tend à rendre cette région courte et convexe.

Les membres doivent être plutôt forts que longs : les antérieurs peuvent sans inconvénient être plus en arrière que dans le cheval de selle ; plus ils sont reculés plus est allongé le bras de levier de la puissance qui agit dans le tirage, puissance qui est en partie produite par la pesanteur de la partie antérieure du corps. Les membres doivent être écartés : avec cette conformation le poitrail est large, la côte ronde, la poitrine ample ; mais en outre, la base de sustentation est plus large, l'appui plus solide, et les animaux étant moins exposés à tomber, emploient moins de force à se maintenir debout, à déplacer rapidement leurs pieds ; leur allure est plus ferme, moins précipitée et ils emploient toute leur force à tirer.

A ces caractères les étalons devraient réunir les qualités

qui indiquent une bonne race. La peau fine, peu garnie de crins, une croupe non avalée, annoncent de la distinction et sont aussi à rechercher; mais on les trouve bien rarement dans des chevaux de trait ayant du reste la conformation sans laquelle ils n'ont pas d'aptitude pour leur service.

Parmi les animaux d'un équipage de roulier, il faut distinguer le cheval qui dirige les autres, qui est en tête de l'attelage, et le dernier, le limonier. Celui-ci, placé entre les brancards d'une charrette lourdement chargée, fait un service qui réclame beaucoup de force : il retient les voitures dans les descentes, il les pousse pour les faire reculer, les traîne seul et les fait tourner dans les tournants quelquefois fort rapides des routes, enfin il résiste aux chocs, aux secousses produites par les inégalités du sol. Les limoniers doivent avoir une forte corpulence pour opposer une lourde masse aux mouvements brusques des voitures, un corps court, trapu, des reins droits, forts, doubles, des jarrets larges, solides, légèrement coudés.

Les chevaux destinés à guider les équipages doivent avoir plus d'adresse que de force: ils auront la vue bonne et ne seront pas ombrageux ; une bonne oreille est aussi nécessaire pour entendre la voix du conducteur ; ils doivent être intelligents, obéissants et adroits, pour saisir les ordres qu'on leur donne, vouloir les exécuter et savoir le faire.

Principales races de chevaux propres au trait lent. Dans l'étude des races nous allons suivre les divisions qui résultent des services et des produits que nous retirons des animaux, abstraction faite des localités qui les produisent. Cette marche généralement suivie aujourd'hui est la plus simple, et n'est pas sans avantages; par elle nous pouvons ramener à quelques types principaux les variétés presque infinies et indéfinissables qui existent dans nos départements, et donner à l'occasion de chaque groupe les règles générales qui se rapportent au choix, à l'entretien, à l'élevage et au perfectionnement des animaux propres aux divers services.

Nous ne parlerons que des races principales, et nous nous arrêterons même fort peu à la description de leurs caractères. Anciennement lorsque les animaux étaient soumis aux influences climatériques du régime pastoral, nous avions en France des types bien déterminés. Mais depuis que les pâturages sont presque supprimés pour le cheval, que le produit des prairies naturelles est remplacé par des fourrages artificiels, à peu près semblables dans tous les pays, nos animaux présentent des formes, des qualités qui, dépendant presque exclusivement de la manière dont on les a élevés et nourris, forment des races qui, indépendantes des lieux, tendent à prendre les mêmes caractères dans toutes nos provinces.

Il y a bien plus de différences aujourd'hui entre les divers groupes d'individus de chaque espèce qu'autrefois; car, ici la luzerne, là les féverolles, ailleurs un mâle qui a été importé ou simplement laissé en station pendant trois mois, plus loin une méthode particulière de nourrir, de soigner, etc., ont créé dans chaque canton une foule de variétés; mais elles diffèrent trop les unes des autres, pour qu'on pût en donner une description qui les comprît toutes. Les auteurs qui nous font connaître le cheval lorrain, le breton, celui des Landes, etc., ne nous parlent pas d'une race type, mais de chevaux propres à la selle, aux diligences, à la charrue, au roulage. Faire **connaître** individuellement les variétés d'animaux qui existent en France, ce serait décrire un objet qui existe aujourd'hui, et qui demain sera modifié, aura disparu. Ce travail, fait avec soin et souvent, peut intéresser sous le rapport de la stalistique, mais il serait d'une utilité secondaire dans notre ouvrage. S'attacher exclusivement aux individus qui ont conservé les caractères des anciennes races de nos provinces, ce serait donner comme types des animaux d'un pays des modèles déjà très-rares aujourd'hui, et qui bientôt n'existeront que dans l'histoire. Nos animaux sont, comme notre agriculture, dans un moment de transition; les races indigènes que le climat, la culture triennale avaient formées, s'en vont; la plupart ont disparu, ou ont été si profondément modifiées, qu'on n'en trouve plus les types, et celles que la stabulation, la culture alterne, les cultures fourragères, les croisements tendent à former, ne sont pas encore définitivement établies.

1° *Cheval boulonnais.* C'est la race de gros chevaux de trait qu'on élève dans les départements du Nord, du Pas-de-Calais, de la Somme, de l'Oise, de la Seine-Inférieure, de l'Eure, de Seine-et-Oise, de Seine-et-Marne, de l'Aisne. Ces animaux sont de la taille de 1 mètre 620 millimètres et souvent plus; ils sont courts, trapus, bien constitués; ils ont de fortes masses musculaires sur la croupe, au poitrail, sur les épaules et sur les bras; l'encolure est forte et paraît courte à cause de sa largeur. La crinière est double, la tête grosse, le chanfrein droit, la ganache saillante, l'œil plutôt petit que grand, le poitrail large, le garrot bas, l'épine dorso-lombaire courte, la croupe double, avalée; les membres sont courts, gros, forts. La race boulonnaise a la peau épaisse, chargée de crins longs et épais sur la face postérieure des membres et sur le bord supérieur de l'encolure. Les châtaignes sont très-prononcées.

Une partie des chevaux boulonnais naissent sur la frontière de la Belgique, dans les départements du Nord, du Pas-de-Calais et de la Somme; ils sont vendus à l'âge d'un an et conduits dans les départements de la Seine-Inférieure, de l'Eure, de Seine-et-Oise, de Seine-et-Marne, de l'Oise, de l'Aisne, où on les élève jusqu'à l'âge de quatre ans et demi avec les poulains nés dans le pays.

Dans la Seine-Inférieure, dans l'Eure, on donne aux poulains une bonne nourriture, des grains; ils acquièrent une constitution robuste et un bon tempérament; ils sont forts, vigoureux et capables de faire un léger travail dès l'âge de vingt mois, deux ans. Dans le commerce on appelle ces animaux *chevaux du pays de Caux*, *chevaux du bon pays*.

La race boulonnaise est donnée comme la meilleure race de trait connue : elle réunit la force à une grande énergie. Elle se conserve sans soins particuliers, et il serait difficile d'améliorer les animaux du bon pays. Quant à ceux qu'on élève dans la Picardie, il serait à désirer qu'on fit entrer les grains pour une plus forte proportion dans leur nourriture.

L'élevage du cheval boulonnais est lucratif : les juments poulinières font les travaux de l'agriculture dans les départements qui s'occupent particulièrement de la multiplication, et gagnent leur entretien et celui de leur suite. Dans les contrées où l'on élève, ce sont les poulains et les pouliches qui traînent la charrue et le tombereau; ils payent par leurs travaux les soins et la nourriture qu'ils reçoivent.

2° *Cheval poitevin (race mulassière).* La race de trait du Poitou, lourde, molle, lymphatique, se distingue par les caractères suivants : taille de 1 mètre 600 millimètres, corps gros, assez mal conformé; os volumineux, muscles saillants, tête carrée, grosse; poitrail large, épaules charnues, poitrine ample, ventre volumineux, flancs longs, croupe plate, courte; membres gros, fortement chargés de crins; peau épaisse, productions cornées très-développées, pieds plats, faibles.

On a voulu croiser cette race avec des étalons du dépôt de Saint-Maixent, très-peu assortis aux juments mulassières, et on lui a communiqué des tares et fait perdre l'ensemble qu'offrait sa conformation. Si les métis sont plus sveltes, ils n'offrent plus les formes, les allures qui rendaient les chevaux du Poitou excellents pour le roulage. On a créé au détriment de la race mulassière des bêtes propres au tirage rapide, et le Poitou fournit aujourd'hui des chevaux pour le service des diligences, pour l'artillerie, même pour les dragons et la cavalerie légère. Le croisement a fait perdre à la race l'ensemble qu'offrait sa conformation, et la liberté de ses allures (Plasse). Les étalons des haras ne sont pas approuvés par les éleveurs du Poitou. Pour donner aux juments de cette province des mâles qui leur conviennent, le conseil général a voté six mille francs de primes, destinées aux meilleurs étalons *mulassiers*. La société d'agriculture des Deux-Sèvres accorde aussi des encouragements à l'amélioration de cette race; mais c'est principalement par la diminution des pâturages humides, par la culture de bons fourrages, par un bon régime et une éducation bien entendue, qu'elle peut être perfectionnée. Le cheval breton, le percheron peuvent cependant être utiles pour couvrir les juments des cantons où l'élevage des mules n'est pas particulièrement approprié. On exporte du Poitou beaucoup de poulains qu'on élève dans la Normandie, dans le centre de la France.

3° *Cheval comtois.* Taille de 1 mètre 55 centimètres, os du bassin saillants, croupe avalée, courte, plate; corps moins gros, plus long, tête plus grosse, épaules et encolure moins épaisses, dos plus ensellé, corps moins musculeux, formes plus sèches et moins empâtées, extrémités et encolure moins garnies de crins que dans les deux races précédentes.

Les chevaux comtois naissent dans le département du Doubs. On élève rarement les plus beaux poulains dans le pays. Les Suisses en achètent à l'âge de 6, 8 mois, et nous les revendent à l'âge de 5 ans comme natifs de leur pays. On conduit aussi des montagnes du Doubs dans la Haute-Saône et dans le Nord des poulains qui, à l'âge de 4, 5 ans, sont livrés au commerce comme chevaux boulonnais. Les éleveurs de la Franche-Comté font travailler les poulinières et les poulains très-jeunes ; ils les élèvent assez mal : ils les laissent longtemps dans les pâturages et ne donnent au râtelier que du foin, de la paille : l'avoine rend les poulains trop vigoureux et les expose à se blesser, disent les cultivateurs des environs de Morteau, du Russey. Pour améliorer la race comtoise, pour lui donner des formes, de l'énergie, de la vivacité, il suffirait de soigner l'appareillement des reproducteurs, et de donner une nourriture substantielle, de grains, de graines, aux mères et aux poulains.

4° *Races diverses*. Aucune race étrangère de chevaux de trait n'est supérieure à celles de la France. Si le cheval *flamand, belge,* à tête grosse, à membres longs, peut, avec sa taille de 1 mètre 72 centimètres, convenir pour le halage, pour le service des commissionnaires-chargeurs, il est impropre à croiser nos races. Notre étalon boulonnais pourrait les croiser avec avantages; mais c'est principalement par le régime qu'on peut améliorer ces animaux. Les mêmes moyens seraient avantageusement appliqués au cheval empâté qu'on élève dans les pâturages humides de la Hollande, et dont les pieds sont grands, plats, mous.

Nous trouvons en Angleterre de gros chevaux lymphatiques qui par leurs formes musculaires sont très-propres au service des brasseurs. Ces animaux ordinairement gris, quoique ayant une tête assez belle, seraient incapables de perfectionner nos races.

Quelques-unes des races que nous allons étudier dans le paragraphe suivant, fournissent des chevaux de trait du plus grand mérite ; nous en trouvons même dans toutes, surtout depuis que l'extension des cultures fourragères permet de mieux nourrir les juments poulinières et les poulains.

Art. 2. Chevaux de poste , de messageries.

Nous plaçons dans cette section tous les animaux qui doivent avoir des allures rapides en traînant de lourds fardeaux. On les emploie pour le service des malles, des diligences, etc. : ils doivent réunir une grande force à beaucoup d'agilité ; il faut aussi qu'ils soient robustes et rustiques, car, soumis à des services réguliers, ils marchent à la pluie, à la neige, à la forte chaleur comme lorsque le temps est beau, doux ou froid. On choisit pour les messageries des chevaux conformés à peu près comme ceux de trait, mais ayant le corps moins lourd, le ventre moins développé ; moins forts, plus légers et bien disposés pour trotter. Du reste, la conformation des chevaux de poste doit varier selon l'état des routes, selon les habitudes des consommateurs. En Angleterre où les chemins sont plus beaux qu'en France, où les voyageurs ont moins de bagages que chez nous, où les canaux, les chemins de fer transportent toutes les marchandises, le service des diligences y est moins pénible que dans nos montagnes. Mais à mesure que nos voies de communication se perfectionneront, que nous ajouterons plus d'importance au temps, nos messageries accéléreront leur marche, et elles rechercheront des animaux moins forts mais plus élancés, plus rapides, ayant des allures allongées, se rapprochant davantage de ceux de selle.

Parmi les chevaux de poste, les uns sont attelés directement à la voiture, et d'autres placés devant. Ceux-ci tirent par de longs traits; les premiers, obligés de retenir dans les descentes, doivent avoir les reins courts, solides; les jarrets larges, qui indiquent la force. Le postillon est ordinairement monté sur un de ces chevaux qui alors porte et tire en même temps : il est inutile de dire qu'il faut choisir le plus fort, ou plutôt le plus robuste, pour remplir cette double destination.

1° *Cheval percheron.* Taille de 1 mètre 55 à 1 mètre 62 centimètres; corps assez distingué et cependant bien disposé pour la force; membres solides quoique les jarrets soient souvent clos. On trouve dans le Perche plusieurs espèces de chevaux : les uns sont nés dans la Normandie; d'autres dans le pays de Caux, en Picardie, dans le Poitou et d'autres en Bretagne; on compte qu'un dixième seulement est natif du Perche. Parmi les vrais percherons se trouvent de bons limoniers, de bons chevaux de poste et quelques métis provenant des juments du pays et des étalons des haras du Pin. L'arrondissement de Vendôme (Loir-et-Cher) est la patrie du cheval percheron le plus apte à tous les services qui, comme les diligences, les postes, l'artillerie, demandent de la force et de la légèreté. « Le véritable percheron est ardent, fort, nerveux; il trotte bien et vite et se fait remarquer par sa durée et par sa faculté à supporter les plus rudes fatigues; il a la tête carrée et petite, l'œil saillant et bien placé; l'encolure est suffisamment détachée du corps, les jambes sont sèches, nettes et sans poils; les jarrets larges mais souvent un peu serrés et clos, le garrot est bien sorti, le rein bien soutenu et bien fait, la croupe ronde, la queue bien attachée, les hanches larges et peu saillantes, la côte arrondie et le poitrail très-ouvert. » (1)

(1) *Journal des Haras*, décembre 1840.

On reproche au cheval percheron d'avoir l'encolure un peu courte, la tête un peu lourde ; mais ces défauts seraient bientôt corrigés si l'on soignait les appareillements. Il serait facile aussi de le perfectionner en améliorant son régime ; « car généralement sa nourriture a été peu délicate et peu coûteuse, son éducation bien simple : poulain il suit sa mère aux champs et tette par intervalle un lait échauffé ; ou bien, enfermé tout le jour dans un petit coin bien noir, bien malpropre, il ne revoit sa mère qu'aux heures des repas ; vers un ou deux mois il reçoit un peu de son et de fourrage ; d'autres fois après les travaux il suit sa mère aux champs, où il trouve le plus souvent d'assez mauvaise nourriture. » (Huvellier.) Ajoutons qu'on le fait travailler tout jeune. Il serait difficile de trouver un cheval meilleur que celui du Perche ; il se conserve avec toutes ses qualités dans des conditions qui ont fait dégénérer tant d'excellentes races qu'on trouvait jadis en France ; et il est toujours très-estimé, fort, vigoureux et robuste.

2° *Cheval breton.* C'est aux caractères suivants qu'on distingue le cheval breton : corps ramassé, arrondi ; taille de 1 mètre 50 à 1 mètre 60 centimètres ; tête courte, carrée, mal attachée, chargée de ganache ; chanfrein large, droit ou camus ; encolure droite, courte, épaisse, chargée de crins ; garrot épais, épaules charnues, droites ; poitrine ample, lombes larges, croupe courte, avalée, double ; membres forts, avant-bras larges, paturons courts, pieds grands, tendon et boulet chargés de crins, poil le plus souvent gris, quelquefois rouan.

La race bretonne présente plusieurs sous-races. M. Houel considère les chevaux des environs de Saint-Pol et de Morlaix, qu'il appelle chevaux de Leon, comme formant le type de la forte race bretonne. On en trouve, du côté de Lannion, de Treguier, de plus forts mais plus communs. La race de St-Brieuc et Lamballe offre des juments de trait fort distinguées; leur croupe n'est point avalée, leur poitrine a de la profondeur, leurs jarrets sont larges. La race dite de *Conquet* qu'on trouve du côté de Saint-Renan, de Treboln, possède les caractères extérieurs de la belle race contentine, mais elle a moins de taille; du reste même élégance, même douceur, même poil.

L'élevage du cheval breton est complètement négligé; on donne la préférence comme reproducteurs aux animaux les plus massifs, les plus communs. On les appareille au hasard ou plutôt on les fait couvrir sans les appareiller. Les étalons sont mal soignés et font tous les ans un nombre beaucoup trop considérable de saillies; on ne garde que les juments mauvaises, les tarées, qu'on ne peut pas vendre, et pleines ou non, elle sont pendant toute la saison livrées au mâle tous les quatre ou cinq jours; on les donne tantôt à un cheval tantôt à un autre, de sorte qu'on ne connaît pas même, à la mise-bas, les pères des poulains. Cette pratique met les étalons dans un état de faiblesse qui les rend incapables de créer de bons produits, échauffe les juments et les rend stériles. Les poulains se contentent de mauvais fourrages; c'est avec raison qu'on les appelle *élèves de misère*; malgré ce régime ils sont forts, vigoureux; mais quand on les exporte à l'âge de 30, 36 mois, ils contractent souvent la gourme ou des maladies plus graves; on attribue ces affections à la nourriture plus copieuse qu'ils reçoivent dans leur nouvelle patrie; quand il sont acclimatés, ils sont robustes, font des travaux longs et fatigants. Cette race pour être améliorée ne réclame que des soins, mais elle n'a aucun besoin du sang étranger.

3° *Races diverses.* La plupart de nos provinces, la Bresse, le Dauphiné, la Lorraine, les Ardennes, etc., fournissent aujourd'hui des chevaux de poste. L'emploi de l'étalon percheron, du breton, que plusieurs conseils généraux ont introduit dans leurs départements, en a créé de très-bons. Nous avons dans l'ouest, dans le sud-ouest, dans le nord, dans l'est et dans le centre de la France, d'excellentes races qui se forment, mais qu'il serait difficile de caractériser ; elles sont presque toutes fortes, vigoureuses, rustiques ; mais la plupart pèchent par les formes ; beaucoup d'individus bien corsés manquent de dessous, ont les membres un peu faibles ; ces races sont en général mal nourries, quelques-unes sont un peu petites. Parmi les races étrangères nous citerons celle de *la Suisse*, ordinairement sous poil noir ou bai brun, à tête un peu grosse et chargée de ganache ; dont le garrot est bas, le dos ensellé, la croupe plate et la queue attachée bas. Ces chevaux ont les membres un peu grêles, les tendons chargés de crins, les pieds lourds et les talons bas ; on les introduit en France comme bêtes de service, mais ils ne peuvent pas améliorer nos races.

L'Allemagne, *l'Angleterre* nous fournissent des chevaux hauts sur jambes, peu corsés, qui peuvent convenir pour le luxe, mais qui seraient peu propres à traîner nos diligences. Les voyageurs citent le cheval *russe* comme étant doux, sobre, intelligent, rustique, infatigable et résistant à tous les temps ; il parcourt de 14 à 15 lieues par jour et fait facilement trois, quatre lieues à l'heure ; le grand duc Constantin allait de Varsovie à Pétersbourg, faisait quatre cents lieues en quatre-vingts heures ; Alexandre ne mettait que 36 heures pour aller de Moscou à Pétersbourg, faisant cent quatre-vingts lieues par des relais de douze lieues. Les postillons n'emploient jamais que la voix pour faire marcher leurs attelages.

Les chevaux russes sont élevés sans soins ; ils ont plusieurs défauts, des pieds plats, une tête forte, qu'il serait facile de corriger par de bons appareillements.

§ II. CHEVAUX POUR LES ATTELAGES DE LUXE.

Nous plaçons dans ce paragraphe les chevaux qui font des services peu pénibles : si on les soumet souvent à des allures rapides, on ne leur fait jamais traîner que de légers fardeaux. Ils ne font que de très-petites journées. Ils doivent être grands, avoir l'avant-main bien développé, l'encolure assez forte, serait-elle légèrement rouée; la croupe arrondie, garnie de muscles qui la fassent paraître large. Avec cette conformation, les animaux ont de la grâce et les attelages une belle apparence.

Les chevaux employés pour le luxe sont du reste extrêmement variables. Nous en voyons dans des modestes demi-fortunes qui ne diffèrent en rien de ceux qui traînent nos diligences, tandis que les attelages de l'opulence sont composés de ce que l'espèce chevaline a de plus distingué. Lorsque nos routes seront améliorées, que nous pourrons voyager rapidement, les carrosses et les messageries employeront les mêmes chevaux; on choisira les plus beaux, les plus élégants pour les voitures de luxe, et les plus forts, les plus robustes pour les postes.

1° *Chevaux normands propres aux attelages de luxe.* La Normandie fournissait anciennement deux races de chevaux de luxe : l'une forte, grande, venait dans le Cotentin, dans le Calvados, dans la Manche, elle était propre au carrosse; l'autre, élevée dans les plaines d'Alençon, dans l'Orne, était plus svelte, convenait pour les voitures légères et pour la selle.

La première offrait les caractères suivants : Taille de 1 mètres 60 centimètres; ordinairement baie, avec des taches blanches à la tête, aux membres; corps ample, arrondi, un peu long, bien proportionné; tête grande, longue; chanfrein étroit, busqué; encolure forte, rouée;

poitrail large, garrot bas, poitrine arrondie, épaules courtes, musculeuses; flanc long, croupe ronde, queue bien attachée; jambes, avant-bras, forts, larges, longs, bien garnis de muscles; articulations solides, jarrets un peu coudés, paturons courts.

Le cheval normand se développe rapidement, on peut même le faire travailler jeune. Mais pour l'améliorer il faudrait faire un bon choix des poulinières et ne pas employer les reproducteurs mâles et femelles trop jeunes. Les juments qu'on vend à l'âge de 4, 5 ans ont souvent déjà fait deux poulains. On ne soigne pas convenablement les élèves; tantôt on les laisse sans travailler jusqu'à l'âge de 4, 5 ans, d'autres fois on les exténue de fatigue et on les engraisse quelques temps avant de les vendre. Les deux méthodes sont vicieuses. Il faut faire travailler les élèves, mais avec modération; il faut surtout les accoutumer au trot. Les prix fondés pour encourager cette allure auront probablement une heureuse influence. La mauvaise conformation des chevaux normands dépend en partie de ce qu'on les a châtrés trop vieux, quand les os de l'encolure, de la tête, ont acquis tout leur développement. L'opération pratiquée sur les jeunes poulains préviendrait le volume excessif de l'avant-main.

Le cheval normand a de l'apparence et, malgré ses défauts, il plaît généralement; cependant il laisse à désirer sous le rapport des formes. Il est docile, facile à dresser; mais il manque d'énergie, de vivacité et il est quelquefois affecté du cornage. Par de bons appareillements on pourrait remédier à ses défauts, mais on peut aussi employer avec avantage le croisement. L'étalon anglais peut l'améliorer sous le rapport des formes et lui donner des qualités. Par l'influence du sang anglais la race normande a acquis une tête carrée, mieux faite, un chanfrein droit, une encolure moins forte et moins rouée, un garrot plus élevé et une poitrine plus ample ; une peau plus fine et moins chargée de crins ; elle est devenue vive, ardente, vigoureuse, agile et plus vite. Les métis anglo-normands se vendent quelquefois très-cher ; nous en trouvons qui conviennent pour la selle, pour la course, d'autres pour les voitures de luxe.

2° *Chevaux anglais propres aux attelages.* Parmi les chevaux de race nous en trouvons en Angleterre qui sont propres aux attelages ; ils offrent les caractères du cheval de course avec plus de corsage. Ils réunissent à une taille élevée de l'énergie, du brillant ; ils ont la peau fine, la tête légère, l'encolure droite, la côte ronde et longue, la poitrine ample, la croupe longue, la queue bien plantée, les avant-bras larges, garnis de muscles bien dessinés ; les canons forts, les tendons gros, bien détachés ; les jarrets larges et très-solides, ainsi que toutes les autres articulations des membres.

Ces chevaux croisés avec des juments communes, plus corsées, donnent des métis de mérite, pouvant convenir pour les attelages de luxe.

Le bon étalon de carrosse anglais, le fort cheval de chasse, est un cheval magnifique qui peut corriger les défauts de la race docile, molle, à tête busquée, affectée de cornage, qu'on élève dans la riche Normandie ; on pourrait aussi l'employer pour donner de la distinction aux races des contrées dont le sol est assez fertile pour nourrir de forts chevaux de diligence ; d'après un correspondant du *Journal des Haras*, il a fait beaucoup de bien dans l'Anjou (1) ; par son avant-main léger, par ses épaules longues et obliques, ses avant-bras forts, par sa crinière soyeuse, peu fournie, par ses membres presque dépourvus de crins, par ses formes saillantes, ses muscles forts,

____

(1) *Journal des Haras,* octobre 1842, p. 172.

il peut donner à nos races communes des allures rapides,
du brillant, de l'énergie. Mais les croisements doivent
être faits avec précaution ; il ne faudrait pas y employer
des chevaux élancés, n'ayant d'autre mérite qu'une
grande vitesse, ni le pousser trop loin ; car il importe de
ne pas détruire le fonds, la force, la rusticité de nos races ;
il faut leur conserver en partie les formes un peu trapues
que réclament nos lourdes diligences et nos routes mon-
tueuses.

Les forts hunters anglais peuvent aussi être fort utiles
pour croiser les races allemandes du Mecklenbourg,
de la Prusse, du Holstein. Du reste l'expérience est faite
à cet égard, M. le duc de Schleswig-Holstein en a obtenu
les plus beaux résultats. On trouve aujourd'hui dans le
Mecklenbourg comme dans la Normandie des métis issus
d'étalons anglais qui ont la valeur de leurs pères. Mais il
faut employer les étalons de pur sang les plus corsés, ceux
qui réunissent la force à l'énergie. Le duc de Schleswig-
Holstein est convaincu que les plus forts sont les plus propres à l'amélioration des chevaux du continent.

3° *Chevaux allemands.* Il y a une grande différence
entre les races équestres de la Baltique et celles des bords
de l'Océan ; entre les chevaux remplis de qualités du
Mecklenbourg, du Hanovre, du Holstein et les chevaux
mous, lymphatiques de la Hollande, de la Frise, du duché
de Holdenbourg, etc. Les premiers doivent principalement
être placés dans cet article.

Les chevaux du nord ne sont pas supérieurs à ceux de
nos pays ; il n'en est aucun, pas même le mecklenbour-
geois, qui puisse améliorer nos races par le croisement ;
mais ils sont plus soignés que les chevaux français, surtout mieux dressés, et pour cette raison d'un service plus
agréable et d'une vente plus facile.

Cheval du Mecklenbourg. Il a une taille élevée, un corps

long , un poil bai brun, une tête bien faite, un chanfrein droit et une encolure droite. Il est mieux conformé, a le garrot mieux sorti que le carrossier du Calvados. Le cheval du Mecklenbourg est très-bon, mais il en vient peu en France. La race a été croisée avec le pur sang anglais, et elle a donné des métis dont quelques-uns sont fort estimés.

Cheval du Hanovre. Ce cheval est bai, avec des crins blanchâtres sur les tendons. Il est assez estimé en France comme cheval de service ; mais il a souvent les tendons faibles.

Le *cheval du Holstein* est massif, mais il peut cependant convenir pour traîner les plus fortes voitures de luxe.

Le *cheval danois* a quelque analogie avec le normand : il a les membres fins, dépourvus de crins, mais faibles, et les pieds forts.

Les *chevaux de la Frise* sont grands, à poil bai, pourvus d'une tête forte, d'un chanfrein busqué.

Section IIe. *Chevaux qui portent.*

Cheval de selle. Le cheval de selle doit être fort, organisé pour pouvoir sans inconvénient soutenir longtemps des allures rapides, et avoir le pas doux pour ne pas fatiguer le cavalier.

Le poids du corps, surtout celui de l'avant-main, n'est d'aucune utilité dans les services des chevaux qui portent ; les quatre membres et les reins sont les seules parties qui agissent dans les chevaux de selle ; il est donc inutile que ces animaux aient le corps chargé de tissu cellulaire ; qu'ils aient la tête lourde, l'abdomen développé ; ils doivent avoir les muscles locomoteurs forts, mais dépourvus de graisse.

Il faut rechercher dans les chevaux de selle une tête légère, sèche, large dans la région du cerveau, mais se terminant presque en pointe inférieurement; elle doit être bien attachée, d'abord pour que l'air qui pénètre dans la poitrine traverse le larynx sans difficulté, ensuite pour que l'animal la porte d'une manière convenable. L'encolure doit être droite; lorsqu'elle est convexe supérieurement, son bord inférieur forme une concavité; la trachée artère est comprimée, et la respiration, dans les allures rapides, n'a pas toute la liberté nécessaire; en outre, avec une encolure longue, rouée, les chevaux s'encapuchonnent, ils peuvent appuyer les branches du mors contre le poitrail, et se dérober ainsi à l'action de la bride; d'un autre côté, si elle est trop concave supérieurement, les chevaux portent le nez au vent, ont mauvaise grâce, et, la tête se trouvant presque sur la direction de l'encolure, le mors, quand le cavalier tire les rênes, appuie contre les dents molaires et ne produit aucune impression; elle doit donc être droite ou légèrement renversée, et même courte, légère. Une encolure longue, forte, une tête lourde, surchargent inutilement les membres antérieurs; l'animal les soutient difficilement; il porte bas, s'appuie sur les rênes, et fatigue la main du cavalier; il ne soulève les pieds antérieurs qu'avec difficulté; il est exposé à raser le tapis, à s'abattre, et les allures, toujours peu rapides, manquent de grâce, de brillant. Lorsque l'encolure est longue, de légères différences dans le poids de la tête produisent de grands effets à cause de la longueur du levier par lequel elles agissent.

Dans les chevaux de selle le garrot doit être haut et évidé pour rejeter en arrière le poids du cavalier et ne pas être blessé latéralement par les panneaux de la selle. Le poitrail doit être plus étroit que dans les chevaux de trait; la largeur de cette région nuit à la vitesse des al-

lures ; le dos sera long et même légèrement concave supérieurement : cette conformation n'est pas un signe de
force , mais elle rend les allures douces. Dans l'examen
des membres il faut avoir égard au rôle principal des
deux bipèdes , se rappeler que l'antérieur supporte le
corps et que le postérieur le pousse en avant, et l'on comprendra que si des membres abdominaux forts sont nécessaires pour rendre les allures rapides , les thoraciques
doivent être solides pour prévenir la chute du cheval et
du cavalier. Dans les quatre extrémités les tendons seront
bien détachés , dépourvus de crins ; les châtaignes peu
prononcées , les boulets portés en arrière , afin que les
paturons forment avec le canon un angle capable d'affaiblir le choc produit par le pied sur le sol et de rendre
ainsi les réactions insensibles et les allures douces. Ces
caractères sont ceux des races distinguées, mais on doit
désirer de les trouver dans tous les chevaux de selle ; cependant on doit tenir , surtout dans les reproducteurs , à
la force plutôt qu'à trop de finesse.

Les chevaux de selle doivent être vifs, intelligents ,
avoir les barres bien conformées, la barbe légèrement
arrondie , mais assez sensible pour être facilement im-
pressionnée par la gourmette.

Les chevaux de selle prospèrent dans les départements
peu fertiles ; ils ont une croissance lente et ne peuvent
travailler que fort tard. Nos races sont en général peu
distinguées , mais elles pèchent plutôt par les formes que
par les qualités; car, si elles sont mal faites, elles sont rustiques et fortes. Par des croisements convenables ou
peut en hâter le perfectionnement, mais il faudrait, en
même temps qu'on emploirait des étalons exotiques, améliorer le régime , changer la nourriture. On devrait faire
usage d'aliments très-substantiels, donner aux poulains des
grains , des graines , etc. , les traiter avec douceur , ne

les monter que fort tard et les dresser avec soin. C'est à nos races de selle et même aux plus communes que l'entraînement serait nécessaire : il leur allongerait le corps, rendrait la croupe horizontale, diminuerait leur abdomen; des exercices gymnastiques bien faits fortifieraient les muscles, rendraient les articulations souples, les mouvements étendus et libres.

Races de chevaux propres à la selle. Tous les chevaux destinés à être montés doivent présenter les caractères que nous leur avons assignés, mais il faut encore distinguer parmi ces animaux ceux qui sont destinés pour le voyage, ceux qu'on emploie pour la troupe, ceux qui conviennent pour les courses, et ceux qui sont aptes aux exercices du manége.

Le *cheval de voyage*, destiné à faire des travaux pénibles, longtemps continués, doit avoir une conformation qui indique la force, la solidité, plutôt que la beauté et l'élégance; pour porter le cavalier et la valise, il doit avoir les reins solides et cependant conformés de manière que les réactions ne soient pas trop dures.

Les *chevaux de troupe* doivent offrir les qualités du cheval de voyage; ils doivent être forts et solides sur leurs membres; il faut que les cavaliers puissent toujours dans toutes les circonstances compter sur leurs chevaux, qui doivent être vifs et assez patients pour ne pas s'émouvoir du tumulte des combats et pour supporter sans se dérouter les mouvements désordonnés qu'exécutent les cavaliers dans les moments critiques; ceux qui par trop de feu exigent beaucoup de ménagements et d'attention, embarrassent le cavalier dont ils occupent trop les mains, et le découragent dans le danger.

On attachera beaucoup d'importance au caractère : « il faudra faire en sorte que les chevaux soient sages et faciles à conduire; un cheval indocile n'aide qu'à l'ennemi, et tous ceux qui ruent sous l'homme ou donnent des coups de pieds doivent être renvoyés, rien n'étant plus embarrassant ni plus dangereux à la guerre. » (1) On réformera , continue Xénophon , les chevaux sujets à ruer, car il est impossible de les mettre dans les rangs ; quand on marche à l'ennemi ils vont seuls à la queue des autres, et le vice du cheval rend ainsi l'homme inutile.

Un bon cheval de troupe doit être peu difficile sur la nourriture , pouvoir se contenter d'aliments médiocres , et au besoin supporter la faim et la soif ; il doit être robuste et rustique , capable d'endurer les plus rudes fatigues et de résister à tous les changements de temps.

Cheval de course. Les chevaux de course doivent avoir la taille élevée et le corps long pour embrasser à chaque pas beaucoup d'espace ; il est à désirer qu'ils n'aient que la graisse et l'abdomen nécessaires à l'entretien de leur santé ; plus que les chevaux des autres services , ils doivent avoir la tête petite, sèche, légère , se terminant inférieurement en pointe ; une encolure grêle , mince , renversée comme celle du cerf ; il doit y avoir une gouttière entre la première vertèbre cervicale et l'os maxillaire , afin que la tête puisse se mouvoir facilement sans que le larynx soit comprimé ; le dos sera horizontal , allongé ; la poitrine sera ample , mais plutôt en hauteur qu'en épaisseur ; les côtes seront donc plutôt longues que rondes ; avec cette conformation le poitrail est étroit , les bras sont rapprochés , et dans l'allure l'équilibre debout étant peu stable, le corps n'éprouvant presque aucun balancement, les pieds devant se mouvoir avec célérité , la progression est très-rapide. L'abdomen sera peu développé afin de ne pas surcharger inutilement les muscles; la croupe sera longue , horizontale ; la queue haute, bien

(1) *Du Commandement de la Cavalerie.*

attachée et portée en trompe dans l'exercice comme indice d'énergie musculaire ; les épaules seront longues et obliques, les jambes et les avant-bras longs pour embrasser beaucoup d'espace pendant la course ; les jarrets seront forts, plutôt droits que coudés ; les chevaux doivent même être un peu campés de derrière, afin que, par leur détente, les membres postérieurs placés derrière le corps le poussent en avant et ne le soulèvent que le moins possible.

Dans ces animaux les qualités les plus précieuses sont une vigueur, une énergie excessives qui font user toutes les forces locomotrices en quelques minutes ; l'obéissance, la finesse de la bouche sont des qualités secondaires : les chevaux anglais ont la bouche dure et sont souvent difficiles à conduire ; cependant si l'on veut employer le cheval de course à la reproduction, il ne faut pas s'attacher exclusivement à sa vitesse, on conseille même d'exclure des haras les animaux les plus vites. Nous dirons avec M. de Montendre, des membres forts et vigoureux sont aussi indispensables que la vitesse excessive au cheval pur sang (1).

Chevaux de manége. Parmi les exercices des manéges, les uns sont faciles, peu fatigants ; les autres exigent l'emploi de toutes les forces des meilleurs chevaux ; mais tous réclament des animaux conformés pour effectuer des allures souples, harmonieuses et variées. On recommande de rechercher pour cet usage une épine dorso-lombaire longue, concave supérieurement ; des boulets bas, des membres abdominaux un peu avancés sous le corps, des jarrets légèrement coudés, des avant-bras et des jambes plutôt courts que longs, des genoux et des jarrets éloignés de terre. Avec cette conformation les allures sont douces, cadencées, et si elles ne sont pas rapides elles

____

(1) *Institutions hippiques*, t. i.

sont plus relevées, ont plus d'apparence. « Si le poulain en marchant fléchit mollement le genou, dit Xénophon, on peut conclure qu'au manége il aura les mouvements souples et moelleux, car dans tous les poulains cette souplesse augmente avec l'âge. La flexibilité des articulations est estimée avec raison, le cheval doué de cette qualité étant moins sujet à broncher et moins fatigant qu'un cheval dur. » (1) L'obéissance, l'adresse, l'intelligence, sont plus nécessaires dans les chevaux de manége que dans ceux des autres services : il faut que les barres, la barbe soient sensibles, que les animaux soient vifs sans être emportés, qu'ils sentent promptement l'action du mors, des aides, de l'éperon, et qu'ils obéissent sans témoigner aucune impatience.

On donne généralement le bel andalou comme le type des chevaux de manége ; c'est aussi celui qui, à cause de son dos ensellé et de ses membres longs jointés, doit être pris pour modèle du cheval destiné aux personnes délicates, aux malades, aux dames et en général à toutes les personnes que les allures dures font souffrir.

Animaux de bât. Les animaux destinés à porter de lourds fardeaux sur le dos doivent présenter la conformation qui indique de la force. Ils auront le corps trapu, court; les reins doubles, larges, droits ou même légèrement convexes : cette conformation, qui est un indice de force, rendrait les réactions dures ; mais ce défaut est peu à craindre dans les animaux destinés à porter le bât. On appelle dos de mulet le dos de cheval qui est ainsi conformé.

Dans les bêtes de somme qui restent chargées dans les descentes comme dans les montées, les deux bipèdes doivent être solides : l'antérieur pour résister au poids

____

(1) *De l'Equitation.* p. 239.

du corps, à celui de la charge et aux secousses occasionnées par la marche dans les descentes rapides, sur les chemins accidentés ; le postérieur pour soulever ces mêmes poids et les pousser en avant dans les montées comme dans les plaines.

1° *Cheval normand.* On le trouve principalement dans le département de l'Orne ; il a des formes saillantes, une peau mince, des veines apparentes, un poil fin, une tête grande, un chanfrein droit, des naseaux dilatés, la ganache peu prononcée, le cou mince, les épaules plates, le garrot élevé, la croupe horizontale et la queue bien attachée. Comme ceux dont nous avons parlé, p. 342, les chevaux de l'Orne sont dociles, manquent même de vivacité, et cependant ils sont difficiles à dompter ; on les élève dans les pâturages où il restent longtemps sans qu'on les fasse travailler et ils reviennent à un prix élevé. Il y aurait souvent avantage à hâter leur développement par une bonne nourriture ; ils seraient plus vigoureux et on les vendrait mieux. L'expérience a démontré les bons effets du sang anglais sur cette race ; l'étalon arabe et des juments normandes ont aussi donné de bons produits.

Le cheval de la Normandie a été introduit dans d'autres provinces pour en améliorer les races ; il a souvent donné des produits qui, sans être remarquables par leurs qualités, avaient des formes plus sveltes, une peau plus fine, une croupe moins ronde que les races maternelles. Si, avant d'employer le cheval de l'Orne comme reproducteur, on se rappelle le climat où il est né, on ne cherchera pas, quoiqu'il soit moins exigeant que celui du Calvados, de la Manche, à l'introduire dans les contrées où les pâturages sont maigres et les fourrages rares.

2° *Cheval limousin.* Le cheval limousin a un corps svelte, un peu long, une tête longue légèrement busquée, une encolure mince, rouée et peu garnie de crins ; le poitrail étroit, les hanches saillantes, les extrémités longues et minces, mais les saillies osseuses bien prononcées, les jarrets larges et les articulations nettes. Ce cheval est facile à dresser, il a des allures solides, souples, et il dure longtemps; mais il est léger, un peu petit comme cheval de luxe et lent à se développer.

La race limousine a été croisée de 1761 à 1791 avec des étalons barbes, et après 1806 avec le cheval arabe; ces reproducteurs ont donné de bons résultats qui ne se sont pas maintenus. De nos jours l'administration des haras entretient au haras de Pompadour des chevaux orientaux et des étalons anglais; les premiers, accouplés avec des juments un peu grandes du Limousin, donnent de très-bons produits pour la guerre, pour le manége et même pour le luxe. Des chevaux de course et des cavales limousines naissent souvent des produits décousus toujours difficiles à entretenir et ne se développant bien que chez les éleveurs riches qui nourrissent abondamment leurs animaux.

De bons appareillements, surtout une bonne nourriture donnée aux poulinières et aux poulains, rendraient le cheval limousin étoffé, bien fait et d'un développement prompt.

3° *Cheval navarrin.* Il a la tête un peu busquée, une encolure presque droite, le garrot peu sorti, le dos ensellé, une croupe de mulet, des extrémités sèches, des jarrets coudés; ses allures sont raccourcies, mais solides et souples. Le cheval de la Navarre avait comme l'andalou le corps étoffé, mais des appareillements suscités par l'appât des prix de course ont donné des produits grêles, longs, haut montés sur jambes, à poitrail étroit et de nul service. Par de bons appatronements et une nourriture convenable on retirerait de cette race de très-bons chevaux pour la cavalerie légère, pour le manége; on pourrait aussi la croiser avantageusement avec de bons étalons arabes et peut-être même avec des andalous.

4° *Cheval auvergnat.* Il offre un corps cylindrique, allongé, une tête petite, un poitrail étroit, un dos droit, une croupe de mulet, des fesses maigres, des extrémités longues, grêles, minces; des jarrets clos, des paturons longs, des pieds durs, resserrés; des talons hauts. ·

Le cheval auvergnat est plein de qualités; il est fort, sobre et robuste; s'il manque de corsage, cela provient de la manière dont on le nourrit; mais, qu'au lieu de le laisser errer dans des pâturages arides, on lui donne une nourriture convenable et il nous donnera des produits parfaits.

La race pourrait être améliorée par elle même; mais on pourrait aussi la croiser avec de bons étalons arabes, barbes et même avec des andalous et de bons navarrins, ayant les membres forts; quant aux étalons élancés, ils ne peuvent pas lui convenir. Dans le Cantal, dit M. Richard, on a adopté contre toute espèce de sens commun des grands lévriers de sang anglais qui, avec nos petites juments, nos montagnes et notre genre de nourriture, ont complètement dégradé et détruit notre sang auvergnat jadis si plein de qualités et si renommé (1). Les métis anglo-auvergnats ne peuvent convenir ni à la nature des pâturages ni au besoin d'un pays dont les chemins sont escarpés, mal entretenus.

5° *Bidets bretons.* On trouve dans les environs de Quimper, du côté de Corlay, de petits chevaux dont les formes sont saillantes, le corps ample mais petit, l'encolure courte, droite, mince; la croupe avalée, les épaules droites, les extrémités fines, les jarrets droits, forts, évidés; les genoux larges, les tendons détachés; ils sont forts, robus-

(1) *Propagateur agricole du Cantal*, mars 1840.

tes, d'un entretien facile ; ils vivent presque toute l'année dans des landes ; on ne leur donne des aliments au râtelier que lorsqu'ils travaillent et pendant les semaines les plus rigoureuses de l'année.

L'usage de ces petits chevaux diminue à mesure qu'on perce des routes nouvelles ; mais si l'armée voulait en donner un prix suffisant, il serait facile d'en obtenir, par le croisement et au moyen d'une nourriture convenable, de très-bons chevaux de troupe.

6° *Cheval des Ardennes.* Les chevaux de selle des Ardennes ont une petite taille, une tête sèche, un chanfrein droit, un œil saillant, des oreilles bien plantées, une encolure mince, droite ; un poitrail étroit, des épaules plates, un garrot élevé, les os du bassin saillants, les membres secs, les jarrets faibles, crochus. Ces animaux sont agiles, forts, robustes ; ils ont résisté aux plus rudes campagnes de nos armées mieux que tous les autres chevaux de l'Europe. Cette race est précieuse. On doit, en l'améliorant, chercher à lui donner du corps, des formes, sans anéantir ses qualités. Elle peut, à l'aide d'une bonne nourriture, être perfectionnée par elle-même. Les croisements doivent être tentés avec prudence.

7° *Cheval de la Camargue.* Le cheval du Delta du Rhône, ordinairement blanc ou gris, a le corps cylindrique, une taille petite, des formes arrondies, une tête forte, sèche ; un chanfrein droit, une encolure mince, une croupe de mulet, des membres grêles, des jarrets larges, des paturons courts. Ce cheval est susceptible de résister à de grandes fatigues. Il vit presque à l'état sauvage dans les pâturages salés du Delta du Rhône. Quand on le prend, il rend de bons services, mais il est difficile à dresser.

8° *Races diverses françaises.* Presque tous nos départements, le Lot, l'Aveyron, les Landes, etc., etc., produisent des chevaux de selle. La Lorraine en possède qui sont remarquables plutôt par leurs qualités que par leur conformation ; les étalons du haras de Rosières ont modifié la race de cette province; d'autres changements ont été produits par les cultures fourragères, et , s'il faut en croire les agriculteurs du pays, les améliorations qui ont été produites par le trèfle donnent plus de profit aux éleveurs que celles qui résultent du mélange du sang noble : les chevaux communs formés sous l'influence des fourrages artificiels réunissent aux brillantes qualités de l'ancienne race un corps plus avantageux, plus de force; ils son faciles à élever et se vendent très-bien ; tandis que les mé tis anglo-lorrains pèchent par les formes, sont difficiles à élever; ils sont impropres à satisfaire les besoins de la contrée, et manquent complètement d'acheteurs.

9° *Cheval espagnol.* C'est le cheval de l'Andalousie ; il se distingue par la conformation suivante : taille de 1 mètre 46 centimètres, corps long, étoffé; tête volumineuse, un peu convexe en avant; joues charnues , ganache grosse , oreilles longues, plantées bas ; encolure musculeuse, relevée gracieusement, rouée comme celle du cygne, garnie d'une crinière assez touffue; épaules chargées de muscles, poitrail large, côte arrondie, ventre un peu gros , épine dorso-lombaire basse, reins doubles , croupe et fesses bien garnies de muscles, avant-bras et jambes courts , articulations solides, pieds étroits, talons hauts; le cheval andalou est sous lui de derrière, il a les jarrets coudés , les paturons longs; les allures en sont agréables , souples , mais il fait peu de chemin. « Il est sage , docile , sincère , noble et plein de courage. » (Lafont-Pouloti.)

Le cheval espagnol a été employé pour croiser nos races du midi ; il corrigeait, disait-on , les défauts de celle de la Navarre, lui donnait de l'étoffe , des membres. Le duc de Newcastle en avait obtenu ses meilleurs chevaux de course. « Un étalon d'Espagne, écrivait le célèbre écuyer, fera avec des juments anglaises des chevaux bons à tous usages. » Cette ancienne opinion ne s'est pas confirmée; nous trouvons que le cheval andalou ne convient pour aucun service, on ne recherche plus de nos jours des allures plutôt brillantes que rapides; cependant pourrait-il, peut-être, corriger par un croisement quelques défauts des chevaux légers de l'Auvergne, de la Navarre, mais il ne faudrait pas qu'il imprimât trop fortement ses caractères.

10° *Cheval de course, cheval anglais.* L'Angleterre possède plusieurs races de chevaux : l'une d'elles est plus particulièrement adaptée au service de la selle; c'est le type du cheval de course. Elle n'est pas d'une origine fort ancienne. Les uns la considèrent comme étant descendue directement du cheval arabe qui, pendant plusieurs générations, a été modifié par une nourriture convenable et par des appareillements bien entendus; d'autres la regardent comme le produit d'anciens croisements entre des étalons arabes et barbes et des juments barbes ou européennes. Quoiqu'il en soit, nous trouvons aujourd'hui des chevaux de course en France et en Allemagne; mais c'est l'Angleterre qui doit toujours être considérée comme leur patrie.

Le cheval *pur sang, cheval de race, horse-race, cheval de course*, a une taille de 1 mètre 50 centimètres et plus; un corps long, svelte, haut monté sur jambes; une peau fine, mince; des poils doux, fins; des muscles fermes, bien dessinés; des vaisseaux sous-cutanés très-apparents, des saillies osseuses grosses; des articulations fortes, nettes.

Les formes ne semblent disposées que pour la vitesse de la course : la tête est sèche, légère, bien attachée, mais légèrement portée en avant; le crâne est large, le chanfrein droit et épais indique que les cavités nasales offrent à l'air qui va dans la poitrine une voie large; les yeux sont grands, vifs, bien ouverts; les oreilles longues, mais bien plantées; l'encolure est droite, mince, pyramidale; la crinière garnie de crins peu abondants, fins, soyeux; la poitrine est étroite, mais élevée et le garrot bien sorti; les poumons sont amples et les épaules longues, obliques; le ventre est cylindrique, le flanc court, le dos droit, la croupe horizontale, longue, garnie de muscles secs; la queue est bien attachée, se redressant dans les allures; les membres sont forts, l'avant-bras et les jambes longs et larges, les fesses charnues; les jarrets sont droits, ce qui rend les animaux campés de derrière, et les dispose aux allures rapides; les boulets sont ronds, les paturons d'une longueur moyenne; les tendons forts, bien détachés, sont dépourvus de crins.

Le cheval pur sang est intelligent, fort, vif et plein de vigueur. Il fait des prodiges de vitesse; fait des bonds de 5, 6 mètres. Cette rapidité, exécutée à travers l'atmosphère, par un corps aussi volumineux, aussi lourd qu'un cheval et son cavalier, suppose une force dont il est difficile de se faire une idée; aucun autre cheval connu ne peut produire des effets semblables. Mais à cette brillante qualité il réunit de grands défauts; il a la bouche dure, il est difficile à conduire, il a la poitrine étroite, il est haut monté sur jambes, il a les épaules froides, il pointe en avant, il exige pour être conservé des soins minutieux; il faut le couvrir de laine, lui donner une nourriture choisie; les efforts qu'il fait dans ses courses ne peuvent pas être répétés tous les jours; sous ce rapport il diffère du cheval arabe et des autres races orientales; il diffère aussi de nos bonnes races, de quelques chevaux russes qui, sans aucun entraînement ni préparatifs, peuvent faire 20, 30 lieues en un jour et pendant plusieurs jours de suite. Mais son plus grand défaut c'est de n'être pas maniable, d'être emporté, peu sensible au mors; de manquer d'une des principales qualités du cheval de guerre, et de n'être propre ni à l'armée, ni au manége, ni même pour le voyage; il convient presque exclusivement pour parader dans les villes, et encore il n'est bon que pour traîner les voitures légères; car ses allures dures sont fatigantes pour les cavaliers, et on ne peut le monter qu'en évitant ses réactions par des mouvements qui correspondent aux siens. C'est aux défauts du cheval anglais qu'on attribue l'infériorité de la cavalerie anglaise, cavalerie qui, malgré la bravoure des soldats, aura toujours le dessous, dit le général Foy (1), partout où elle sera engagée contre une cavalerie bien commandée; comment un soldat emporté par sa monture se défendrait-il contre un homme qui, monté sur un cheval souple, obéissant, comme le hongrois, l'arabe, le circassien, peut attaquer et se défendre librement?

Malgré ses défauts, le cheval anglais est un animal précieux; il jouit en Europe d'une grande faveur. Beaucoup de personnes croient qu'il est seul capable d'améliorer les autres races chevalines. Les amateurs de chevaux fins disent que l'étalon anglais est pour l'espèce chevaline ce que le bélier mérinos a été pour les bêtes à laine (de Biel); que l'emploi du pur sang, joint à l'usage des courses, forme le seul moyen infaillible d'améliorer les races de chevaux. D'après M. de Sauvagnac, le cheval de race a beaucoup amélioré l'espèce sur les rives de la Gironde, en fécondant les juments les plus étoffées et les plus membrées du pays. Mais cette cause d'amélioration n'a pas été la seule qui ait agi; car, dit l'auteur, les cultivateurs ont

____

(1) *Histoire de la guerre de la Péninsule*, t. i, p. 289.

dans ces derniers temps mieux choisi les poulinières, et ils ont donné aux élèves une nourriture meilleure et plus abondante : on leur a même donné de l'avoine. Il est positif que le cheval anglais a produit de bons et de beaux résultats dans la Normandie, dans le Mecklenbourg, etc.

D'un autre côté, les détracteurs n'ont pas manqué au cheval anglais. « J'ai vu dans nos haras, à Stutgard, à Carlsruhe, écrivait-on de Vienne en Autriche, en octobre 1839, au *Journal des Haras*, des restes de chevaux asiatiques, datant de plusieurs siècles, bien soignés, bien nourris, accouplés à des juments communes, et transmettre la tête, l'encolure et la fierté de l'œil de leurs ancêtres, mais les membres et le système musculaire plus en rapport avec les parties correspondantes de leurs mères; tandis qu'à côté et dans la même écurie, les chevaux anglais, accouplés aux mêmes juments, ne produisent que des chevaux décousus, ressemblant à la giraffe, montés haut sur des jambes grêles et minces, sans ventre ni culotte, de vrais levrettes, quand les autres auraient pu être attelés au chariot d'un brasseur. » Le rédacteur de l'intéressant recueil qui renfermait cette lettre la publiait, disait-il, afin de montrer les préventions qui existaient encore chez quelques personnes contre l'emploi des chevaux anglais; et il ajoutait : En France, il n'y a que deux ou trois ans, on pensait ainsi généralement; tandis qu'aujourd'hui la majorité des éleveurs recherche les étalons anglais de pur sang. A l'occasion des courses, nous avons vu aussi quelques-uns des reproches que l'on fait au cheval anglais; nous avons vu que les agriculteurs de la Lorraine, de l'Auvergne, de la Bretagne, etc., n'ont pas eu à se féliciter de l'avoir employé comme reproducteur. On avait essayé de l'introduire au Chili, en Portugal, dans les Indes orientales, etc., mais il a été abandonné, et on lui préfère généralement l'étalon arabe.

Les faits qui ont donné naissance aux opinions contradictoires que l'on a sur le mérite des étalons de course sont faciles à expliquer ; il eût même été possible de les prévoir et d'éviter ceux qui n'ont pas été avantageux. Malheureusement on n'a consulté jusqu'ici, pour diriger la multiplication et le perfectionnement des animaux domestiques, que la routine : on a cru que pour avoir en France un cheval semblable à celui du Yorkshire, du Lincolnshire, il n'y avait qu'à faire couvrir une jument normande par un étalon anglais, et que celui-ci pourrait produire des chevaux de course tout aussi bien à Aurillac, à Tarbes, qu'au Pin. Les résultats n'ont pas confirmé ces prévisions. Il n'y a là rien qui doive surprendre, si ce n'est de voir qu'un sujet aussi important que l'amélioration des races soit resté hors du domaine de la science. Mais si l'on a pu croire jusqu'ici qu'il suffit, soit de faire couvrir une jument française par un étalon anglais pour avoir un magnifique cheval de selle, soit d'introduire chez nous des courses analogues à celles de Newmarcket, pour créer une race semblable à celle du pur sang anglais, aujourd'hui l'expérience doit avoir détruit cette illusion.

Pour employer utilement le cheval de course, l'étalon léger, élancé, au perfectionnement de nos races, cherchons donc quels en sont les mérites et les défauts, et voyons à quelle jument nous devons l'accoupler pour produire des animaux utiles. Le cheval pur sang a de l'énergie, une tête et une encolure parfaites, comme on doit les désirer pour le service de la selle ; sa croupe et ses membres postérieurs sont très-bien aussi. Mais, que pouvons-nous en attendre si nous le donnons aux juments fines, ardentes, à poitrail étroit, du Limousin, de la Navarre, de l'Auvergne, qui vivent dans des terrains stériles et dont les poulains, élèves de la nature, ne peuvent être montés qu'à 6 ou 7 ans? Loin de corriger les défauts de ces races, il donnera des produits élancés, vites, indociles au mors, peu solides et faibles de constitution par leur conformation originelle et par défaut de nourriture; et en supposant, ce qui est loin d'être vrai, que les éleveurs du midi voulussent donner à leurs élèves la nourriture, les soins que réclame le cheval anglais, cet animal conviendrait-il pour faire un service quelconque dans des chemins montagneux? Il produira des chevaux de troupe, dira-t-on, et nous pouvons l'employer pour croiser les races communes de l'est, de l'ouest, qui remontent en partie notre cavalerie. Mais, nous demanderons avec M. Yvart si un coursier dont la rapidité forme le principal mérite est préférable pour la cavalerie à des chevaux moins brillants, mais plus solides, plus robustes et mieux conformés pour obéir à l'action de la bride? Comme nous l'avons dit en parlant du carrossier, il faut borner l'usage de l'étalon anglais aux races qui fournissent des bêtes d'attelage, et encore faut-il rechercher les individus qui s'éloignent par leur forme du vrai cheval de course.

11° *Cheval arabe.* D'après les relations des voyageurs les variétés sont aussi nombreuses parmi les chevaux du continent africain et de l'Asie, que parmi ceux de nos contrées. Nous confondons, en Europe, sous le nom de cheval arabe plusieurs races propres à la selle, qu'on trouve en Egypte, dans la Nubie, sur les bords de l'Euphrate, dans la Syrie, etc.; l'Arabie centrale elle-même en possède plusieurs différant beaucoup les unes des autres. On décrit cependant plus particulièrement comme cheval arabe un cheval qu'on trouve du côté de Bagdad, de Bassora, etc, et qui présente les caractères suivants : Taille de 1 mètre 50 centimètres; corps svelte, sec, an guleux ; embonpoint médiocre, peau fine, poil ras, soyeux ; saillies osseuses, muscles et vaisseaux sous-cutanés apparents, tête carrée, bien attachée ; front ample, chanfrein droit, yeux grands, oreilles un peu longues, bien plantées ; naseaux bien fendus, encolure droite presque renversée, se détachant subitement du garrot et formant le coup de hache ; garrot bien sorti, côte longue, poitrine ample, épaules allongées, obliques et jouissant de mouvements très-libres ; abdomen peu volumineux, croupe horizontale, inclinée de chaque côté comme celle du mulet ; queue attachée haut et relevée en trompe pendant la marche ; membres fins, tendons bien détachés, articulations fortes, jarrets larges, paturon un peu long, pied dur, solide, brillant ; crinière peu fournie et soyeuse, tendons presque dépourvus de crins, châtaignes peu développées. Bourgelat reprochait au cheval arabe de ne pas avoir une tête exactement belle et d'avoir les joues trop larges, défaut qui est extrêmement sensible, disait le grand écuyer, à cause de la minceur trop grande de la partie inférieure de la tête. Cette conformation est une qualité ; la largeur provient de l'écartement des branches de l'os maxillaire, écartement qui, dans les mouvements de la tête, loge le gosier sans le comprimer.

M. Hamont, qui a longtemps habité l'Egypte, où il s'est occupé de tout ce qui se rapporte aux animaux domestiques, signale parmi les races de l'Arabie centrale le cheval du *nedji*, *nejdi*, *nejd*, *le* cheval *déma*, comme le plus estimé et le seul digne de porter le nom du cheval arabe ; c'est le pur sang par excellence. Notre savant confrère décrit de la manière suivante ce coursier qu'il appelle nejdi : Taille moyenne, formes anguleuses, muscles dessinés, interstices musculaires prononcés, tête sèche, ayant la forme d'une pyramide renversée, ou d'un carré imparfait ; très-petites oreilles, grand front, grands yeux, narines très-

larges, extrémité inférieure de la tête pouvant être conte-
nue dans la main, encolure droite, souvent longue;
crinière très-fine, croupe d'une brièveté remarquable,
queue attachée très-haut et extrêmement relevée quand
le cheval se meut, ventre d'un très-petit volume, particularité qu'explique le genre de nourriture (1).

Les races de l'Arabie ne sont pas moins remarquables
par leurs qualités que par leur conformation; elles sont
intelligentes, dociles, sobres, fortes et vigoureuses, pou
vant supporter de longues fatigues, faire des courses pro
digieuses pendant plusieurs jours consécutifs, presque
sans boire ni manger. Le cheval nejdi, dit M. Hamont,
vit très-longtemps, il est encore jeune à 25 ans ; sa durée
moyenne est de 35 à 40 ans, beaucoup vont au-delà ;
l'exportation ne lui ôte pas de sa longévité. M. Hamont a vu
un étalon âgé de plus de 30 ans et qui faisait encore plusieurs fois la monte chaque semaine. Le cheval nejdi est
très-sobre, il peut marcher, courir 2, 3 jours de suite
sans prendre d'aliments, pourvu qu'en partant le maître
lui ait donné du lait de chamelle (2).

Pendant longtemps on a considéré unanimement le
cheval arabe comme le meilleur de l'espèce et comme ayant
*exclusivement le droit d'améliorer et de régénérer toutes les
races avec lesquelles on le croise et de perpétuer cette amélioration et cette régénération presque à l'infini.* On a même
cru que l'Europe ne pouvait avoir de bons chevaux qu'en
faisant couvrir les juments indigènes par des étalons
arabes. Beaucoup de personnes partagent encore cette
opinion des hippiatres du siècle dernier. Le reproducteur
arabe, dit-on, est partout nécessaire, et partout, en Europe, en Asie, dans les Indes, il donne des produits pré-

(1) *Mémoire sur la cause première de la morve et du farcin.*
(2) Hamont, lieu cité.

férables à ceux des mâles indigènes. L'on avait voulu et l'on voudrait encore croiser toutes nos races même les carrossières, même celles de trait, avec l'étalon de l'Arabie.

Ce cheval a donné et donne encore en effet de très-bons produits en Europe. La belle race de course en descend par ses pères, et les Anglais reviennent encore à la source du sang oriental toutes les fois qu'ils peuvent avoir de bons étalons. Il a plusieurs fois avantageusement croisé la race de la Navarre, celle du Limousin, de l'Auvergne. Il a donné aussi de bons produits dans le Wurtemberg, en Autriche où on le préfère à l'anglais. « Il y a quelques années, lisait-on dans le *Journal des Haras* (1), on fut obligé à Babolna d'employer, faute d'un nombre suffisant d'orientaux, des étalons anglais, et c'est dans leurs produits que se manifeste une infériorité très-marquée. Quelle différence entre les chevaux enfants d'une même mère mais produits par des pères orientaux et anglais ! d'un côté une constitution robuste et élégante en même temps, des jambes élastiques et un caractère très-doux ; de l'autre de mauvaises proportions, un air débile et le vice des natures faibles, la méchanceté.

C'est en vain qu'on espérait que le cheval arabe ferait bien avec toutes nos races même avec celles qui sont plus grandes que lui et de figure tout-à-fait différente ; qu'en fondant ses formes avec celles de la race croisée il lui communiquerait ses qualités. L'expérience à prouvé qu'il donnait au contraire souvent des produits décousus quand le croisement était disparate. Croisé avec des juments carrossières, il a l'inconvénient de faire trop petit, de créer des poulains dont les membres sont trop faibles relativement au poids du corps. Nous en avons eu des exemples

(1) Octobre 1840.

en France, et les Allemands en ont constaté aussi. Tant que les haras de l'état ont voulu suivre l'ancienne méthode, employer des étalons orientaux, la source des revenus fournis par l'élevage des chevaux était tarie pour l'Allemagne. Les millions qu'on prodiguait n'avaient pas fait avancer d'un pas l'éducation des chevaux; ils avaient pour but unique de produire, au moyen de prétendus étalons orientaux, de petits chevaux d'une jolie conformation, mais dont la taille diminuait de génération en génération, et qui étaient incapables de satisfaire ce qu'en temps de paix et de guerre notre siècle s'est accoutumé à exiger. Les princes et les gens riches continuaient à faire venir d'Angleterre les chevaux de service ; nous demeurions les tributaires de ce pays (1). C'est vers 1820 que M. le duc de Schleswig monta un haras en étalons anglais, et ces étalons ont produit, dit l'auteur dont nous venons de rapporter les paroles, de bons résultats.

On aurait dû prévoir et éviter la plupart des insuccès qu'on a obtenus du cheval arabe. En voulant propager sans raison l'emploi de ce bel étalon, on a produit un effet opposé ; aussi depuis plusieurs années a-t-on voulu lui substituer, même pour le midi, les étalons anglais, et l'on a donné des chevaux de course à nos races du Limousin, de l'Auvergne, de la Navarre. On dit que le cheval arabe est trop petit, qu'il n'a pas assez de corps, qu'il est difficile d'en avoir de première qualité; M. Hamont soutient même que nous n'avons jamais eu en France de véritable nejdi.

Le défaut de donner des produits trop petits, décousus, qu'on reproche au cheval arabe, n'est pas absolu; si les premiers métis ne sont pas très-bien conformés, les irrégularités disparaissent à la 2ᵉ ou à la 3ᵉ génération. L'é-

---

(1) *Notice sur le haras de S. A. le duc de Schleswig-Holstein-Sou-denbourg-Angustenbourg; Journal des Haras*, janvier 1841, p. 264.

talon d'orient donne même souvent de beaux résultats dans une partie de la Normandie, comme l'a prouvé la vente faite en 1842 des chevaux composant le haras de M. Souchey. Ces animaux issus d'un étalon turc et d'un arabe ont été vendus on peut dire au poids de l'or; des poulains, des pouliches de l'année ont été payés 2,600, 2,800 fr.; on a vendu une jument 3,700 fr,, et une autre ayant fait 11 poulains 1,500 fr. Du reste le cheval anglais descendu plus ou moins directement de l'arabe prouve que ce dernier est capable de donner des produits de haute taille.

C'est en comparant les qualités et les défauts du cheval arabe aux qualités et aux défauts de nos races que nous pourrons savoir les résultats qu'il est permis d'en attendre comme reproducteur; nous verrons qu'il peut améliorer celles de nos races de selle qui ont la tête lourde, l'encolure courte, épaisse, chargée d'une énorme crinière; les membres courts, garnis de poils nombreux, longs, forts; celles qui manquent de brillant, de feu, de vivacité. Il produit avec ces femelles des chevaux qui réunissent aux formes étoffées de la mère, l'énergie, la douceur, l'adresse, qui sont le principal caractère de sa race; il peut encore améliorer nos races fines dont la tête est longue, busquée, l'encolure rouée, la poitrine étroite. Il serait d'autant plus utile pour féconder toutes les juments propres à remonter la cavalerie légère, qu'elles ont plus de corps que lui, et que les poulains trouveraient dans le pays une nourriture suffisante. Sous ces rapports, et pour former des chevaux de troupe, il est, comme le dit M. de Curnieu, préférable aux meilleurs étalons d'Europe; mais il faut que les cultivateurs soient disposés à mieux soigner les métis qu'ils ne soignent leurs produits indigènes; car des chevaux fins, élevés comme le sont les petites races qu'on trouve dans les départements de l'Ain, de la Loire, du Dauphiné, du Morbihan, etc., n'auraient aucune valeur.

On a conseillé l'étalon arabe pour créer un pur sang français ; mais pour obtenir ce résultat, nous n'avons qu'à imiter ce que font les Bédouins pour conserver leur cheval. Ce quadrupède est élevé sous la tente de ses maîtres, où il reçoit du lait de chamelle, de l'orge et souvent des substances animales ; nourriture qui, quoique peu volumineuse, lui fournit d'abondants principes réparateurs ; l'animal devient fort, musculeux, tout en conservant un ventre peu volumineux. Les enfants du Bédouin s'amusent avec le poulain ; celui-ci, toujours en rapport avec son maître et n'en recevant que de bons traitements, reste doux et devient ami de l'homme. Une fois adulte, le jeune cheval est soumis à un entretien qui n'est qu'une suite des soins minutieux qu'il avait reçus dans sa jeunesse. Manière de le traiter, logement au grand air, bonne nourriture, travaux assez pénibles, tout concourt à le rendre doux, bien portant, bien conformé et habile aux travaux pour lesquels il est destiné. A l'époque de la génération on donne les soins les plus scrupuleux à l'appareillement ; l'on a égard à l'ancienneté de la race, on tient compte de la généalogie et l'on ajoute plus d'importance à celle de la mère qu'à celle du père. On choisit les plus belles cavales et on les fait couvrir par les meilleurs étalons ; la monte des animaux précieux est faite avec toutes les précautions qui sont nécessaires pour éviter les mésalliances.

12° *Cheval persan.* Ce cheval était connu en Europe avant l'arabe, qu'il surpasse en beauté ; les auteurs en tracent le tableau suivant : taille de 1 mètre 52 centimètres, corps gracieux, formes élégantes, tête légère, oreilles bien faites, bien plantées ; encolure un peu longue et rouée, tête courte, légère ; poitrail étroit, croupe arrondie, membres fins , canons grêles , tendons forts, bien détachés ; pied petit, ongle dur.

Le cheval persan peut gagner l'arabe à une course de peu de durée , mais il résiste beaucoup moins aux longues fatigues. On trouve dans la Perse beaucoup de races équestres , mais c'est celle que nous venons de décrire, qu'on a conseillée pour améliorer les chevaux d'Europe. Transporté en Angleterre , sous Elisabeth , l'étalon persan a créé des métisses qui , appareillées plus tard avec le cheval arabe , ont produit le pur sang anglais.

13° *Cheval barbe.* On le trouve en Afrique, sur les côtes de la Barbarie , dans l'empire de Maroc ; on lui donne les caractères suivants : taille de 1 mètre 54 centimètres , corps svelte, gracieux ; formes arrondies, muscles apparents, tête longue , chanfrein étroit , busqué ; encolure longue , mince , bien sortie du garrot , garnie d'une crinière quelquefois très-longue ; garrot élevé , épaules plates , côtes bien contournées, poitrine ample, épine dorso-lombaire droite , courte ; croupe allongée , ventre un peu volumineux, membres forts, secs, bien articulés ; paturons allongés , pieds ronds. Nous avons vu en France plusieurs fois des chevaux africains ; on trouve même dans chaque province de l'Afrique plusieurs races distinctes ; il est probable que les appareillements sont peu soignés par les peuplades errantes et pillardes de la Barbarie.

L'étalon barbe a plusieurs fois croisé les races équestres d'Europe ; Newcastel, Garsault, Saunier, de la Guérinière , Buffon, le considéraient comme un reproducteur de première qualité. D'après quelques historiens , le cheval de course en descend. Malgré les succès qu'a pu avoir la race africaine , elle offre peu d'intérêt sous le rapport de l'amélioration de nos races ; mais ne serait-il pas facile de la perfectionner dans son pays, dont le climat est si favorable à la production des bons chevaux ?

14° *Cheval turc.* Ce cheval a un corps long, des formes arrondies, une encolure longue, mince, chargée d'une très-forte crinière; des reins trop élevés, une croupe bien faite, une queue touffue et des extrémités minces. Les chevaux turcs sont robustes, mais difficiles à dompter et à diriger ; ils descendent, la plupart, des arabes ; on trouve même en Turquie beaucoup de chevaux nés dans l'Arabie et vendus par leurs propriétaires, qui n'aiment pas les mâles ; les Turcs, au contraire, font peu de cas des femelles et ils rougiraient de monter un cheval châtré.

Les *chevaux turcs*, de même que *ceux des côtes africaines*, sont inférieurs aux vrais arabes et comme reproducteurs et comme bêtes de travail ; cependant il ne faudrait pas les juger d'après les insuccès qu'on leur attribue généralement ; à la vérité, ils ont souvent croisé nos juments et en définitive ils ont rarement donné des produits bien remarquables ; mais on doit moins attribuer les insuccès aux étalons importés, qu'à la manière dont on les a appareillés et dont on a élevé leurs descendants. On a même voulu leur attribuer les insuccès des arabes, toutes les fois que ces derniers ont mal réussi on a dit : qu'ils n'étaient pas de vrais nedji, des koklani...., qu'ils étaient barbes ou turcs, au lieu de rechercher les causes de la dégénération dans le climat, dans le régime. Les chevaux de l'Afrique, de la Turquie, ne méritent pas comme étalons le discrédit dans lequel ils sont tombés ; ils ont donné assez souvent d'excellents produits pour nous prouver qu'il en est parmi eux qui pourraient croiser avec avantage nos petites races propres à la selle.

15° *Cheval tartare.* On donne de ce cheval la description suivante : taille de l'arabe, corps peu chargé de chairs, cylindrique ; formes anguleuses, tête carrée, encolure mince, roide, longue, pourvue d'une grande crinière ; garrot saillant, croupe inclinée, queue attachée bas,

24.

extrémités longues , pieds solides mais étroits , talons hauts. Les chevaux « tartares n'ont ni croupe, ni ventre, ni poitrail , sont d'une maigreur effrayante , mais fiers , ardents , pleins de courage , de légèreté ; infatigables , sobres et capables de la plus longue abstinence. » (Lafont-Pouloti.) Ils résistent à des fatigues excessives ; on pourrait avec avantage les employer à croiser quelques-unes de nos races des départements montagneux.

16° *Chevaux russes.* La Russie possède plusieurs races de chevaux excellents trotteurs ; l'on en trouve dans les environs de Viatka de très-propres à la cavalerie. L'Ukraine, où l'on élève de si belles bêtes à cornes , possède de bonnes races de chevaux pour les chasseurs et pour la grosse cavalerie. Les Cosaques des bords du Don en élèvent aussi de très-bons , mais différant beaucoup par leur conformation , selon la manière dont ils sont entretenus : ceux des riches propriétaires ont une taille moyenne, un corps allongé , une encolure bien sortie , une poitrine ample , une belle croupe, des membres forts ; tandis que ceux des Cosaques pauvres , ne recevant aucun soin , mal nourris , sont de qualité bien inférieure , et cependant supportent de très-rudes fatigues.

Chevaux circassiens. Ces chevaux, bien conformés, ont de brillantes qualités ; ils sont énergiques , forts, rustiques , vigoureux ; ils sont sobres , vivent de peu, supportent les plus longues abstinences ; ils ont une intelligence extraordinaire , se couchent, se relèvent, avancent , rétrogradent selon la volonté du maître.

Chevaux zaporoges. Les voyageurs vantent ces animaux comme les plus propres pour la cavalerie légère ; on les trouve entre le Dniéper et le Bug. Ces animaux, très-bien conformés , descendent, d'après un correspondant du *Journal des Haras,* des chevaux turcs ; ils sont élevés sur de petites collines, où le sol est sec, salubre, et dont les fourrages assez abondants sont de bonne qualité.

L'étude des chevaux russes nous démontrerait l'influence du régime, des soins, sur la production de ces animaux. Elle nous prouverait que partout où les races équestres sont bien nourries, bien soignées, elles sont bien conformées, dociles, fortes, vigoureuses. Le Circassien ne bat jamais son cheval, le panse très-bien, le nourrit convenablement, l'abrite avec précaution contre les intempéries et le caresse beaucoup.

CHAPITRE IV.

Logement, nourriture, soins des chevaux.

—

§ Ier. LOGEMENT DES CHEVAUX.

Nécessité de loger les chevaux dans des bâtiments fermés.
Les chevaux sont assez rustiques pour vivre à l'état sauvage dans presque tous les climats habités par l'homme civilisé. Des logements ne leur sont pas indispensables à l'état de domesticité : même parmi ceux qui, faisant des travaux pénibles, sont les plus exposés à prendre des refroidissements à la suite de violents exercices, nous en voyons qui, sans en être incommodés, vivent sous des hangars, dorment à la belle étoile, non-seulement dans les sables de l'Arabie, sur les rives du Nil, mais dans les frimas de la Russie, sur les bords du Don, de la Bérésina. « Les chevaux russes sont placés dans des enclos de bois qui ne s'élèvent qu'à 6 pieds au-dessus du sol ; de là jusqu'au toit un espace de 12 pieds est ouvert et laisse entrer le poignant vent d'est, qui couvre de gros flocons de neige les animaux, sans que ceux-ci paraissent s'en occuper. Tous ces chevaux sont vigoureusement constitués et ont les membres extrêmement forts. » (1) En hiver, le service des voitures publiques est fait, dans les villes les plus froides de la Russie, par des paysans qui, après avoir terminé les travaux champêtres, vont, pendant la mauvaise saison, occuper leurs chevaux à traîner des fiacres.

(1) *Journal des Haras*, mars 1840.

Ces animaux, ainsi que leurs conducteurs, mangent, dorment, restent toujours à la belle étoile ; quand le froid est excessif on fait marcher les chevaux sans cesse pour les échauffer.

Mais quoique les écuries ne soient pas indispensables à l'entretien des chevaux, elles n'en sont pas moins fort utiles ; elles peuvent prévenir beaucoup de maladies en offrant un abri aux animaux échauffés par le travail, aux femelles qui, ayant mis bas depuis peu de temps, ont la matrice et le péritoine sensibles, aux poulains faibles qui viennent de naître, qu'un froid rigoureux ferait périr et qui peuvent, élevés chaudement, devenir d'excellentes bêtes de travail. Elles ont en outre l'avantage de faciliter la distribution de la nourriture, la production des engrais, etc.

Les logements des chevaux doivent offrir relativement à leur position, à leur orientement, etc., etc., les conditions de commodité, de salubrité, que nous avons indiquées dans les *Principes d'Hygiène*, page 126. Nous traiterons ici seulement des dimensions des écuries, de leur propreté et des crèches, des râteliers, etc., destinés au service des solipèdes.

Avantages de la propreté. La malpropreté des écuries nuit à la santé des chevaux et les rend désagréables. Nous aimons à voir ces animaux propres, ayant le poil lisse, brillant. Le fumier, la boue, l'urine, irritent la peau, la rendent épaisse, rugueuse ; font pousser des poils gros, rudes ; font devenir les pieds grands, mous, faibles ; ils produisent même des crevasses, des peignes, des teignes, les eaux aux jambes, la pourriture de la fourchette, le crapaud, etc. ; ils contribuent à altérer l'atmosphère : les vapeurs aqueuses, l'acide carbonique, le gaz ammoniac, les miasmes qui s'élèvent des excréments donnent naissance à diverses maladies. Ces émanations généralement irritantes fatiguent la conjonctive, attirent le sang sur l'œil et produisent des ophthalmies. Ces dernières causes morbifiques étant toujours plus ou moins régulièrement intermittentes, en raison de la sortie du fumier tous les quinze jours, toutes les trois semaines, contribuent à donner naissance à la fluxion périodique. La commission instituée pour rechercher les causes de la mortalité de nos chevaux de troupe a conclu que le développement spontané de la morve dans l'armée dépend sourtout de l'insalubrité des écuries et du défaut d'espace laissé à chaque cheval. M. le lieutenant-général, marquis Oudinot, a publié des recherches sur la mortalité des chevaux en Angleterre, en Allemagne, en France, dans la cavalerie, dans l'artillerie, dans la gendarmerie, qui prouvent que cette cause a, en effet, une grande influence sur le développement de la morve. Nous verrons cependant, en étudiant l'hygiène du cheval de troupe, que plusieurs autres circonstances contribuent à produire cette affection.

Nous n'ignorons pas que beaucoup de chevaux se portent très-bien dans de mauvaises écuries et que d'autres deviennent malades quoiqu'étant très-bien logés. Les propriétaires qui tiennent mal leurs animaux, qui ne les pansent jamais, qui les laissent dans le fumier, et qui s'inquiètent peu de la poussière, des toiles d'araignées, de l'humidité de leurs écuries, ne sont pas toujours ceux qui en perdent le plus. La nourriture et le genre d'exercice des animaux neutralisent souvent les effets pernicieux des mauvais logements. Mais il n'en est pas moins démontré que la propreté est salutaire aux chevaux, et les cultivateurs qui en ont de bien portants quoique mal tenus, les auraient meilleurs, s'ils les logeaient convenablement.

Le *sol* des écuries doit être légèrement en pente, uni, imperméable et nettoyé tous les matins si c'est possible, pendant que les chevaux sont pansés sous un hangar, ou en plein air, selon le temps qu'il fait.

La *grandeur* qu'il convient de donner aux écuries est un point fort important qui a été à l'ordre du jour dans ces dernières années; les vétérinaires, les militaires, les médecins, l'Académie royale des sciences, l'Académie royale de médecine, etc., s'en sont occupés. Une commission, chargée par le ministre de la guerre d'étudier ce sujet, avait jugé qu'il convenait d'assurer constamment à chaque cheval cinquante mètres cubes d'air, quantité indispensable pour que ce fluide soit toujours dans des conditions favorables à l'entretien et à la conservation de la santé. L'Académie royale de médecine a adopté les bases posées par cette commission et a conseillé les mêmes dimensions (1). L'Institut a répondu au gouvernement que « dans une écurie où l'air se renouvelle convenablement, au moyen des portes et des fenêtres, et à plus forte raison au moyen d'une ventilation habilement établie, un cheval ne sera jamais exposé à souffrir du défaut d'oxigène atmosphérique, lorsqu'il y trouvera de 25 à 30 mètres cubes d'air. » Mais cet espace ne serait-il plus suffisant, demanderons-nous, si, outre l'altération produite par la diminution de l'oxigène enlevé par la respiration, l'air était vicié par la malpropreté, par une température trop élevée, etc., ainsi que cela a lieu dans toutes les étables?

Pour fixer exactement la capacité que doivent avoir les écuries, il faudrait connaître quel est chez le cheval le volume du poumon et la quantité d'air altérée par la respiration, par le fumier, etc., dans un temps donné. Quelques essais que nous avons faits nous font présumer que les cavités aériennes d'un cheval de race comtoise ont une capacité de trente litres au moins. Mais quelle est la

(1) *Recueil de Médecine vétérinaire*, avril 1840.

masse d'air que ce quadrupède introduit dans sa poitrine à chaque inspiration? Des expériences sur ce sujet seraient difficiles à pratiquer ; mais nous croyons que, sans inconvénient, on peut tirer des inductions de celles qui ont été faites sur l'homme, et admettre qu'à chaque inspiration le cheval introduit dans ses voies respiratoires une quantité d'air égale au moins au sixième de la capacité de son poumon, soit cinq litres. Or, comme ce quadrupède exécute seize inspirations par minute, il doit introduire dans sa poitrine 4,800 litres d'air par heure, 115,200 par jour.

Ce résultat ne diffère pas beaucoup de celui qu'a obtenu M. Boussingault par un genre d'expérimentation bien différent de celui que nous avons employé. Cet habile chimiste a comparé la composition élémentaire des aliments à la composition élémentaire des sécrétions et des déjections. Il a opéré sur un cheval qui recevait par jour 7500 grammes de foin, 2270 grammes d'avoine, et sur une vache laitière dont la ration journalière était de 15000 grammes de pommes de terre, 7000 grammes de regain. Il a d'abord trouvé qu'une grande partie de la nourriture s'échappe par la respiration et par la transpiration ; que dans la vache, les sécrétions et les déjections renfermaient 27 grammes d'azote de moins que la nourriture ; que l'oxigène et l'hydrogène qui étaient en moins dans les déjections n'avaient pas disparu dans les proportions voulues pour former de l'eau ; qu'il manquait 19,8 grammes d'hydrogène, qui vraisemblablement s'étaient combinés avec l'oxigène de l'air pendant la respiration ; que la perte en carbone était de 2111,8 grammes, qui ont dû former 7999 grammes d'acide carbonique, dont le volume à 0 et sous la pression de 0 m. 76 serait de 4,052 litres. Le cheval a donné à peu près les mêmes résultats que la vache : il a perdu dans les vingt-quatre heures 2465,0 grammes de carbone, qui ont dû produire 8,918 grammes d'acide carbonique, soit en volume 4584 litres à 0 et sous la pression de 0 m. 76.

Il résulte de ces expériences qu'une vache absorbe par jour tout l'oxigène de 20 mètres cubes d'air, environ cinq fois autant qu'un homme, qui ne produit en respirant que de 745 à 850 litres d'acide carbonique.

Comme cet acide représente une quantité d'oxigène égale à son volume, les 4,584 litres qu'en forme par jour un cheval, ont absorbé à l'air ce volume d'oxigène. Or, comme l'air ne renferme qu'un cinquième d'oxigène, les 4584 litres de ce dernier gaz représentent 22920 litres d'air. Mais comme les animaux n'absorbent qu'un cinquième de l'oxigène de l'air qu'ils introduisent dans leur poitrine, il faut qu'ils en inspirent 114600 litres pour en extraire 4584 litres d'oxigène.

Ainsi, d'après les expériences si positives de M. Boussingault, comme d'après nos essais, il faut à peu près, par jour, à un cheval, 115 mètres cubes d'air. Mais ce volume, quelque considérable qu'il soit, ne représente pas encore la capacité que devrait avoir une écurie si elle était sans aucune ouverture et que le cheval dût y passer vingt-quatre heures sans sortir. Une masse d'air qui a servi à la respiration en altère par son mélange une masse à peu près quatre fois aussi grande, et lorsque le cinquième de l'air d'une habitation a été respiré, la masse entière de ce fluide n'est plus respirable. De sorte qu'un cheval assez petit pour être entretenu par une ration journalière de 7500 grammes de foin, 2270 grammes d'avoine, a besoin d'un espace renfermant 575 mètres cubes d'air, si cet espace doit être hermétiquement fermé.

Il ne faut pas oublier que les sécrétions et les déjections du cheval contiennent, relativement à la masse d'oxigène, 23 grammes d'hydrogène de moins que la nourriture ,

et que ce dernier gaz a dû se combiner, au moins en partie, à l'oxigène de l'air pendant la transformation du sang
veineux en sang artériel. On doit se rappeler aussi que
la respiration n'est pas la seule cause qui altère l'air des
écuries ; que toute la surface du corps le charge, comme
dit Bourgelat, d'exhalaisons excrémenteuses ; que la fer-
mentation du fumier qui reste toujours adhérente au sol,
que l'évaporation de l'urine, des excréments, la chaleur
produite par le corps animal, l'humidité qui sort de la
poitrine, tendent aussi à le vicier ; de sorte que l'air d'une
étable bien tenue est impropre à entretenir les animaux
en santé, même avant que le cinquième en ait été soumis
à l'appareil respiratoire.

Ce n'est pas par la capacité des écuries qu'il faut chercher à donner aux chevaux la masse d'air pur dont ils
ont besoin ; c'est par un aérage assez actif, mais combiné
de manière à ne pas exposer les animaux au froid et à
des courants d'air. L'activité de la ventilation doit varier
selon la dimension des écuries et la propreté qui y règne ;
si celles-ci renferment 30 mètres cubes d'air par cheval,
le renouvellement devra être, pour obvier aux altérations
produites par la respiration, à peu près de 3 mètres 5
centimètres cubes par heure ; et de 7 mètres si l'on suppose, d'après la manière dont l'écurie sera tenue, que la
transpiration cutanée, les émanations du fumier, etc.,
l'altèrent autant que les phénomènes respiratoires.

Or, si les ouvertures sont bien disposées, ce déplacement entretiendra l'air à un degré de pureté et de température convenable, sans produire aucun courant sensible.
Nous croyons qu'un mouvement comme celui qui aurait
lieu dans cette circonstance, est nécessaire dans toutes les
habitations. Ainsi que nous l'avons dit dans les *Principes
d'Hygiène*, l'air se corrompt¹ par le fait seul de la stagna-
tion ; pour être pur et salubre, il doit être sans cesse agité.

Dans des observations très-judicieuses publiées (1) sur le casernement des troupes à cheval par un ancien officier de cavalerie, on craint que des écuries trop vastes nuisent à des chevaux qui, comme ceux de troupe, n'ont pas de la litière jusqu'au ventre, deux couvertures et un camail pour les préserver du froid. Sans doute il est bon qu'une écurie soit chaude, car une température trop basse fait souffrir tous les animaux, et il est de notre intérêt d'éloigner d'eux tout ce qui peut diminuer sans utilité leur bien-être. Mais il ne faut pas oublier que les chevaux supportent, sans que leur santé soit dérangée, des froids plus forts que ceux de nos climats. Dans aucun cas, ce n'est pas en les plaçant dans des écuries étroites et en fermant les ouvertures, qu'il faut chercher à les tenir chaudement : l'air ne peut être échauffé par le corps animal sans être en même temps altéré. La chaleur humide des lieux clos rend les animaux mous, faibles, très-impressionnables aux causes morbifiques; sous son influence, la digestion se fait mal, les humeurs s'altèrent et un léger refroidissement produit le farcin, des catarrhes qui dégénèrent en morve, etc. L'air vicié par la respiration, celui qui ne contient pas une quantité convenable d'oxigène, laisse prédominer le carbone, l'hydrogène, dans le sang, et les animaux engraissent, mais ils sont faibles. Le froid est moins nuisible, et, si l'on ne peut pas tenir les chevaux chaudement sans les priver d'un bon air, il est préférable de les laisser exposés au froid; car, quelle que soit la rigueur d'un hiver, il sera sans mauvais effets sur des animaux bien nourris et préservés du vent direct par des murailles.

Dans la construction des écuries il ne faut pas seulement avoir égard aux nécessités de la respiration, on doit

(1) *Journal des Haras,* avril 1840.

aussi prendre en considération l'aisance des animaux ; il faut qu'ils puissent manger sans être gênés par leurs voisins, et se reposer à leur aise : les convenances des services, du pansage, du paquetage, etc., ne doivent pas non plus être oubliées. Du reste, il n'est pas possible de fixer positivement l'espacement qui convient ; dans tous les cas, cela doit varier selon la destination des animaux, leur taille et toutes les autres circonstances qui peuvent influer sur la respiration. Tous les chiffres que nous donnerons doivent être considérés comme des moyennes, plutôt que comme des indications positives de ce qui doit être : toutefois nous croyons que les propriétaires feront bien, surtout si les animaux sont de taille élevée, de donner aux écuries des dimensions approchant au moins de celles que nous allons indiquer, en ayant soin, si l'on ne peut pas donner ces dimensions, de remédier à l'exiguité du local par un aérage actif.

Les écuries doivent avoir une longueur telle que chaque cheval ait un espacement égal à sa taille au moins. On donnera 1 mètre 50 centimètres aux petits animaux, et 1 mètre 80 centimètres aux grands. Il faut non-seulement que tous les chevaux puissent se coucher à la fois, mais que chacun puisse étendre ses membres ; tous les animaux ont besoin de se reposer. Si un cheval reste debout involontairement, faute de pouvoir se coucher, il souffre, se fausse les aplombs en se tenant mal sur ses membres, et peut même devenir malade. L'espace que nous indiquons est d'ailleurs nécessaire pour faciliter l'administration des vivres au cheval, pour le panser, le seller, attacher le porte-manteau, etc.

Les écuries sont simples ou doubles ; les premières ne peuvent loger qu'un rang de chevaux : elles doivent avoir 5 mètres 50 centimètres de largeur ; 4 mètres pour l'emplacement du cheval et pour la mangeoire, et 1 mètre

50 centimètres pour le couloir ou espace libre qui doit se trouver entre le mur et la croupe des chevaux. Cet intervalle est nécessaire pour qu'on puisse, sans être exposé à recevoir des coups de pied, circuler librement derrière les chevaux, pendre les harnais au mur qui fait face au râtelier. Les écuries doubles auront au moins 4 mètres de plus pour loger le second rang de chevaux. Mais en outre l'espace libre destiné au service doit être plus large que dans les écuries simples; il doit avoir 2 mètres si la longueur est de 10 à 12 mètres, et plus si le nombre de chevaux est plus considérable. Dans les écuries de cavalerie destinées à loger 2 ou 300 chevaux il faut, entre les deux rangs, un espace de 3 mètres, d'abord parce que plus les animaux sont nombreux, plus il leur faut d'air, et ensuite le service exigeant un personnel plus nombreux, il y a plus de va et vient, il faut que des hommes portant des harnais, des fourrages, des civières, etc., conduisant des chevaux, puissent s'y croiser facilement. Si l'écurie est longue, un espace de 3 mètres peut être la largeur convenable; de sorte qu'il faudrait qu'une écurie double eût 11 mètres de largeur, et elle ne devrait jamais en avoir moins de 10.

La fixation de la hauteur des écuries est plus arbitraire que celle de la largeur et de la longueur. Pour la commodité des services, il suffirait qu'elle fût de 4 mètres; 2 mètres au-dessous des fenêtres, 1 mètre 80 centimètres la hauteur de ces ouvertures, et au moins 20 centimètres entre la fenêtre et le plancher; mais le besoin de donner de l'air, de faciliter le passage des voitures, exige souvent davantage. Nous pensons avec Bourgelat que la hauteur doit varier selon les dimensions des écuries, mais nous ne croyons pas, comme le fondateur des écoles vétérinaires, qu'un architecte habile doive constamment s'attacher à ne rien faire perdre à l'œil du volume, de la masse, de la taille de chaque animal. Loin de nous l'idée qu'il faut ne tenir aucun compte des règles de l'art; mais nous sommes persuadés que c'est un point qu'il est inutile de recommander aux architectes. Il vaut mieux leur rappeler que, dans les modestes bâtiments destinés à loger les animaux, il faut d'abord avoir égard aux préceptes de l'hygiène, ensuite à la commodité des services, et en troisième lieu aux règles de l'architecture. Il est toujours nécessaire, comme le voulait Chabert, de ne pas s'en rapporter pour les constructions aux architectes, et de mettre leurs plans sous les yeux des hommes qu'une longue expérience à mis à même d'apercevoir des inconvénients, des omissions qui échappent aux yeux peu exercés.

Pour régler la hauteur des écuries, il faut tenir compte de leurs dimensions comme indiquant le nombre d'animaux qu'elles doivent loger. Plus ce nombre sera grand, plus les altérations de l'air seront à craindre (Voyez étables). Autant que les services le permettent, il faut construire de petites étables et diviser le plus possible les animaux. Dans la troupe où la surveillance, l'instruction, exigent de grandes réunions de chevaux, il faut donner aux écuries de grandes dimensions 5 mètres de hauteur et même 6, comme le recommande l'Académie royale de médecine.

Si les écuries simples ont 5 mètres 50 centimètres de largeur, 4 mètres de hauteur et 1 mètre 50 centimètres de longueur par cheval, il y aura par tête 31 mètres cubes d'air ; si étant doubles elles ont 11 mètres de largeur, 4 mètres de hauteur et une longueur égale, chaque cheval aura 35 mètres cubes d'air ; enfin, dans les grandes écuries doubles destinées à loger 200 chevaux et plus, et dont la largeur est de 12 mètres et la hauteur de 5, chaque tête aurait 45 mètres cubes d'air.

Il nous faut conclure de ce qui précède qu'il y a peu de chevaux qui soient convenablement logés, et cependant nous en voyons rarement qui deviennent malades pour être placés dans des écuries trop petites. En outre, parmi ceux qui jouissent d'une bonne santé, l'on en trouve peut-être autant dans des habitations étroites que dans de grandes. Ces faits prouvent seulement que des écuries insuffisantes ne sont pas les principales causes des maladies qui affectent nos animaux, et que les logements sains ne peuvent pas neutraliser l'influence d'une mauvaise nourriture, ou d'exercices mal dirigés; mais il est bien démontré que les chevaux qui sont bien portants quoique logés d'une manière peu conforme aux règles de l'hygiène, seraient plus robustes s'ils respiraient un air salubre. L'état des animaux sauvages, la bonne santé des chevaux qui vivent presque constamment à l'air libre, doivent nous convaincre que nos étables sont une des principales causes des nombreuses maladies des espèces qui vivent sous le joug de la domesticité; et nous ne saurions trop conseiller aux agriculteurs de se conformer autant qu'il leur sera possible aux préceptes que nous avons tracés; s'ils peuvent s'abstenir d'écuries ayant les dimensions que nous avons indiquées, s'ils doivent laisser aux chevaux des hommes opulents et aux grands établissements, aux haras, à l'armée, etc., les écuries de luxe, il est nécessaire qu'ils pratiquent avec exactitude les règles relatives à l'aérage : quelques précautions dans la distribution des fenêtres, le soin de les ouvrir convenablement, peuvent sans frais contribuer beaucoup à tenir les animaux en bon état.

Les *ouvertures* des écuries doivent être pratiquées comme celles des autres étables. Les portes auront de deux mètres à deux mètres et demi, elles seront à deux battants et s'ouvriront en dehors : cette condition est surtout nécessaire si elles sont placées dans un mur auquel est adapté un râtelier ; quand elles sont à une des extrémités de l'écurie, qu'elles sont en face de l'espace libre qui doit exister derrière les chevaux, il y a moins d'inconvénient à ce qu'elles s'ouvrent en dedans, les animaux étant alors moins exposés à les pousser avec les épaules et à les fermer en partie en sortant. Dans les écuries où se trouvent de petites portes, qu'on ne peut pas faire plus grandes, nous conseillons de les surmonter de châssis vitrés qu'on ouvrira fréquemment.

Les fenêtres doivent être assez élevées et les plus grandes précautions doivent être prises pour que la lumière directe n'arrive pas sur les yeux si sensibles des solipèdes. Elles doivent être plus larges que hautes afin qu'on puisse les placer plus loin du sol ; elles seront vitrées pour qu'on puisse les fermer sans interrompre le passage de la lumière ; on les disposera toujours de manière qu'elles s'ouvrent comme les châssis par des charnières placées inférieurement : on les ouvre avec une corde et une poulie ; des paillassons, des volets à jour, sont fort utiles en été pour intercepter la lumière, préserver les animaux des insectes ailés et laisser passer l'air. On ne saurait trop recommander aux propriétaires de faire mettre, à la place des petites lucarnes qu'on voit dans toutes les écuries de nos campagnes, des ouvertures plus grandes ; dans les cas où l'on ne pourrait pas pratiquer de cheminées d'appel, de faire aussi près que possible du plancher des ouvertures larges, garnies de fermetures fixées avec des charnières par leur bord inférieur et s'ouvrant en dedans ; on devrait même les laisser presque constamment ouvertes, l'air froid se dirigeant en haut, les animaux ne peuvent jamais en être incommodés. De simples tuyaux partant du plancher des écuries où ils aboutissent par une extrémité évasée, et sortant au-dessus de la toiture peuvent remplacer les cheminées d'appel. Comme ces dernières on les ferme avec des registres.

Les râteliers et les crèches sont destinés à mettre la nourriture à la disposition des animaux, sans que ceux-ci puissent la gaspiller, la fouler avec les pieds; mais tout en remplissant ce but les uns et les autres doivent être disposés de manière que le cheval, le bœuf, etc., puissent prendre le repas le plus commodément possible et en très peu de temps. S'il ne convient pas qu'un cheval puisse tirer, en un instant, la botte qu'on lui a distribuée et en choisir les meilleures parties, il ne faut pas non plus qu'il soit obligé de tirer son foin par brins et d'employer à manger tout le temps qu'il passe à l'écurie. Nous avons vu dans des pays où les fourrages sont mauvais, où l'on donne des mélanges de foin et de paille, faire des râteliers excessivement serrés pour que les animaux, tirant leur nourriture très-lentement, mangent tout ce qu'ils tirent. Cette pratique est mauvaise. La hauteur de la crèche, sa profondeur, l'écartement des barreaux du râtelier, doivent être calculés d'après la taille des animaux et le volume de la partie inférieure de la tête.

Les crèches seront toujours placées à une hauteur qui variera selon la taille des chevaux. Il faut que les animaux puissent y prendre l'avoine sans être obligés de baisser la tête ni de la relever et de rouer l'encolure; dans l'un comme dans l'autre cas ils se fatigueraient et s'habitueraient à porter mal. Elles doivent avoir au-dessus du sol une élévation égale à peu près aux trois-quarts de la taille des chevaux; avoir environ trois décimètres de profondeur et de quatre à cinq de longueur; trop profondes, elles obligent les chevaux à rouer l'encolure, leur font prendre une position qui est surtout fatigante pour les animaux de race qui ont l'encolure droite, et la partie inférieure de la tête un peu portée en avant.

25.

Les crêches sont en fonte, en pierre, ou en bois. Bourgelat donne la préférence à celles en pierre comme faciles à nettoyer, pouvant servir d'abreuvoir et n'étant pas susceptibles de pourrir et de répandre de mauvaises odeurs. Les mangeoires reposent sur une maçonnerie ou sont portées par des poteaux. La maçonnerie peut blesser aux genoux les chevaux fougueux qui grattent le sol avec les pieds antérieurs; des poteaux ou consoles, placés dans les endroits correspondant aux bornes qui séparent les chevaux, n'ont pas ces inconvénients; mais ils laissent sous la crêche un espace qui devient, si les palefreniers sont paresseux, une source d'infection, d'où partent des émanations qui imprègnent les fourrages, ou sont inspirées par les animaux; on doit faire balayer tous les jours le dessous des mangeoires et ne pas y laisser mettre le fumier, ni même la litière.

Le fond des crêches doit être bien joint; si elles sont en bois, les planches seront bien assemblées; au besoin on peut les couvrir d'une plaque métallique; on conseille pour cet usage une lame de zinc, la tôle peut très-bien convenir; c'est aussi de cette matière qu'il faut recouvrir le bord libre, pour empêcher les chevaux de le ronger. Les crêches doivent être très-légèrement inclinées afin qu'on puisse les laver; elles doivent avoir à la partie la plus basse une ouverture pour l'écoulement des eaux. Le plus souvent il n'y a pour chaque rang de chevaux qu'une crêche, s'étendant d'une extrémité à l'autre de l'écurie; on avait conseillé d'en faire une pour chaque cheval, mais il est plus simple d'en placer une qui soit commune à tous les animaux et de la diviser en compartiments, qui divisent aussi le râtelier. Les petites crêches, surtout celles qui sont rondes, en coquille, comme l'on en voit beaucoup en Angleterre, dans les boxs, laissent perdre beaucoup d'avoine; elles ont surtout cet inconvénient dans les écuries où il y a plusieurs chevaux; dans celles où les animaux étant distraits, tourmentés par les insectes, tournent la tête de côté pendant qu'ils mangent.

On place en général les râteliers trop haut et on leur donne une direction trop oblique; les animaux ne peuvent en tirer le foin qu'en élevant le bout du nez et en renversant fortement l'encolure; la poussière leur tombe alors sur les yeux, sur la crinière. Les râteliers doivent être, à la base, séparés du mur par un plancher oblique, incliné en dehors, facile à nettoyer, ou par un grillage horizontal qui laisse tomber la poussière. Les barreaux doivent être écartés de 10 à 12 centimètres les uns des autres, être cylindriques, avoir une surface parfaitement unie, et, si c'est possible, être fixés de manière qu'ils puissent tourner sur leur axe quand les animaux tirent le foin. La longueur des barreaux doit être au moins de 8 décimètres. Les râteliers sont presque toujours en bois, ceux en fonte sont trop fragiles; ils ont ordinairement la longueur des étables, on les fixe alors seulement aux murs des deux extrémités, et si on veut les diviser pour que les animaux prennent les repas sans être tourmentés par leurs voisins, on le fait au moyen d'une planche qui, passant entre deux barreaux, tombe dans la crèche et la divise aussi. On fait quelquefois un petit râtelier pour chaque cheval : il en existe en hotte qui offrent la forme de la moitié d'un cylindre, placés sur de petites mangeoires en coquille; ils sont incommodes, laissent tomber le foin sur la litière.

Dans les écuries doubles, les crèches sont fixées aux murs et les chevaux qui y sont attachés se tournent la croupe; on place quelquefois les deux râteliers au milieu, comme nous verrons qu'on le fait pour les bouveries.

Des différentes manières d'attacher les chevaux, deux

seulement doivent être pratiquées. Il faut fixer à la crèche ou aux poteaux qui la supportent des anneaux , dans
lesquels on passe les longes ; aux extrémités de celles-ci
sont attachés des billots plus gros que les ouvertures des
anneaux ; de cette manière on peut laisser à chaque cheval une longe assez longue pour qu'il puisse à son aise
se coucher , manger , etc. ; et cependant la longe étant
toujours tendue par le billot ne peut pas former des anses
et produire des enchevêtrures et autres accidents qui
arrivent aux chevaux qui s'entravent.

On peut encore avec avantage employer le moyen suivant : on place devant chaque cheval , contre la crêche ,
une barre de fer passée dans un anneau mobile ; on attache ensuite la longe à cet anneau qui est élevé, amené
contre la crêche quand les chevaux se lèvent, qu'ils mangent ; mais qui , lorsqu'ils se couchent , descend près du
sol. Avec cette barre une longe de 6 à 8 décimètres permet aux chevaux de se coucher , de manger , sans les
laisser exposés à s'entraver : toutefois l'anneau ne doit pas
descendre jusqu'au sol ; il doit être retenu , quand les
chevaux sont couchés, à une hauteur de 3 à 4 décimètres
au moins.

Lorsque les chevaux tourmentent leurs voisins , si on
ne peut pas les mettre dans des stalles fermées, on les attache avec deux longes placées l'une à droite , l'autre à
gauche ; ils peuvent avancer et reculer à volonté, mais
ne peuvent pas contrarier les chevaux qui les entourent.

Abreuvoirs. On a conseillé de placer au milieu des écuries, qui alors devraient avoir une largeur suffisante, de
grandes auges en pierre pour abreuver les chevaux ; par
ces abreuvoirs on aurait l'avantage de pouvoir empêcher
les animaux de sortir et de leur faire éviter les brusques
transitions de la chaleur des habitations au froid extérieur,
de faire mettre l'eau avant la distribution au niveau de

la température des étables. Ces avantages ne compenseraient pas les inconvénients d'avoir le milieu des étables embarrassé par une masse d'eau qui rendrait l'air humide, les animaux malades, pourrirait les harnais, les boiseries, etc. Les auges dans les écuries seraient d'ailleurs peu favorables à la santé : en hiver l'eau est assez chaude dans les puits pour abreuver les animaux, et, comme nous l'avons dit dans le *Cours d'Hygiène*, pour ne pas la laisser refroidir on ne doit la tirer dans cette saison qu'au moment où les animaux doivent la boire ; c'est seulement dans les fortes chaleurs que l'eau des sources, des puits, a besoin d'être échauffée, mais alors elle l'est plus tôt dehors, au soleil, que dans une habitation. Enfin, peut-on dire qu'il est avantageux de ne pas laisser sortir les chevaux en hiver ? Non ; ces animaux étant destinés à travailler constamment ne doivent pas être soignés avec tant de minutie ; ces petits soins, le séjour continuel dans une atmosphère chaude et humide, les rendraient sensibles à toutes les causes morbifiques ; il faut les tenir toujours assez fraîchement, ouvrir les ouvertures des écuries un instant avant de les faire sortir, mais ne jamais manquer un jour de les exposer au grand air quel que soit le temps.

Enfin si l'on croyait devoir placer les auges dans les écuries, il faudrait les mettre, à l'exemple des Prussiens, dans un coin de l'étable plutôt qu'au milieu ; c'est ainsi que le conseille, dans le *Journal des Haras*, un ancien officier de cavalerie.

Compartiments. Dans les établissements où l'on élève des solipèdes, dans les haras, il faut avoir des écuries pour les étalons, d'autres pour les juments pleines et les nourrices, d'autres pour les poulains et les pouliches sevrés, d'autres pour les mâles, et d'autres pour les femelles ayant plus d'un an, enfin pour les malades. Les crèches, les râte-

liers doivent être construits, avoir une élévation, en vue
de leur destination.

L'usage des grandes stalles des boxs, des paddocks, est
très-commode pour loger les animaux malades et les cavales avec leurs poulains ; les animaux y restent libres ,
sans attache ; mais en général les chevaux élevés dans
ces loges sont moins doux que lorsqu'ils vivent entourés
de leurs semblables.

Cependant, pour les animaux qu'on ne veut pas attacher,
les boxs les paddocks plus ou moins fermés conviennent. A
Pompadour « les écuries sont divisées en loges, par des
séparations en bois dont la moitié en panneaux pleins et le
reste en barreaux, afin de laisser circuler l'air ; des venti-
lateurs sont établis au-dessus de chaque porte du box. »
Lorsque les chevaux sont très-rapprochés les uns des
autres, ils se blessent rarement à coup de pieds ; mais s'ils
sont convenablement espacés, s'il leur est facile de se
tourner , ils peuvent se lancer des ruades et s'estropier ;
des stalles seraient le meilleur moyen de prévenir ces
accidents, mais elles sont très-dispendieuses et isolent les
animaux. On doit cependant les employer pour les chevaux très-précieux , mais elles ne doivent pas être assez
élevées pour les isoler complètement , car il est convenable qu'ils puissent se voir. Les barrières composées
d'une simple barre en bois ou d'une planche , ou encore
d'une barre et d'une planche réunies, sont les plus commodes, elles sont suffisantes ; ces barrières doivent s'é-
tendre horizontalement de la crèche à une corde qui part
du plancher ou à un piquet placé derrière les chevaux ;
elles doivent s'élever à peu près jusqu'au niveau des parois
inférieures du ventre ; celles qui sont larges peuvent être
plus hautes , mais une simple barre laisserait trop d'espace en bas ; elles doivent être fixées au moyen de crochets ou de nœuds coulants , afin qu'on puisse les déta-

cher promptement dans le cas où des chevaux se seraient entravés ; il faut encore que les chevaux soient dans l'impossibilité de se gratter contre les piliers soutenant ces barrières, piliers qui, pour cette raison, devront être disposés d'une manière convenable. Les séparations mobiles, qui ont sur les stalles fixes l'avantage de pouvoir être déplacées, permettent de donner aux animaux l'espace dont ils ont besoin.

La partie libre des murs des écuries, les piliers qui portent les séparations, doivent être garnis de *crochets* où l'on suspend les harnais; mais toutes les parties des murs, les piquets, les planches qui sont en rapport avec les animaux, doivent être unis, afin que les chevaux ne se blessent pas contre les clous, les aspérités du bois, etc.

Il est convenable de placer dans une écurie un *lit* pour y faire coucher des domestiques ou les soldats de garde; ces derniers, si une place ne leur a pas été destinée, dérangent les chevaux, les rapprochent et leur prennent même de la litière. Un *coffre* à avoine est aussi un meuble fort utile, car, plus cette nourriture est rapprochée des animaux qui doivent la consommer, moins il est à craindre qu'elle soit distraite par les domestiques.

Bourgelat décrit les *pelles*, les *brouettes*, etc., dont on a besoin pour nettoyer les écuries. Il suffit de dire que ces outils sont indispensables. Nous n'indiquerons pas non plus les dispositions qu'il faut donner au *manége*, à l'*hippodrome*, à la *baignoire*, à la *forge*, à la *pharmacie*, etc., qu'on doit rencontrer dans un haras, ces accessoires de l'établissement pouvant varier à l'infini.

Nous venons d'indiquer de quelle manière des écuries doivent être construites et tenues. Mais peu de propriétaires sont à même de refaire leurs bâtiments ruraux; il faut qu'ils tirent de ceux qu'ils possèdent le meilleur parti possible. D'après ce que nous venons de dire et ce que nous

avons dit dans les *Principes d'Hygiène*, art. *désinfection*,
on peut déduire ce qu'il y aurait à faire selon les circonstances pour assainir les habitations des solipèdes. Nous
dirons seulement ici que ces étables devraient être séparées de celles des bœufs; que la réunion des chevaux et
des ruminants donne souvent lieu à des accidents ; qu'on
doit élargir les ouvertures si elles n'ont pas au moins un
mètre carré; qu'il faut en pratiquer dans le plancher
communiquant par un conduit avec la toiture; qu'il faut
faire des ouvertures au raz du sol et garnir les fenêtres de
fermetures qui s'ouvrent par leur bord supérieur. Le sol
doit être pavé, ainsi que nous l'avons dit, et dans tous les
cas il doit être uni, foulé et nivelé de manière que les
liquides n'y séjournent pas ; on aura le soin de boucher
toutes les ouvertures qui sont à côté des râteliers, des
crèches; de balayer souvent ces meubles, de n'y laisser
jamais ramasser les graines de foin, la poussière, les
excréments des rats. Ces impuretés répandent une mauvaise odeur et dégoûtent les animaux. Si l'on ne peut pas
enlever le fumier tous les jours, on le fera aussi souvent
que possible, on le portera toujours hors de l'étable, et
l'on remettra de la litière tous les soirs. Toutes les fois
qu'on nettoyera le sol, on passera le balai sur les murs,
sur le plancher, afin d'enlever avec soin les toiles d'arai-
gnée, la poussière.

§ II. NOURRITURE DU CHEVAL.

Nous ne pouvons pas fixer les rations qu'il convient de
donner aux chevaux. Elles doivent varier selon la taille,
la destination des animaux et le régime auquel ils sont
habitués; selon le prix et la qualité des divers fourrages dans les localités que l'on habite, selon la saison
et la manière dont les fourrages ont été récoltés et con-

servés. Certains chevaux ne consomment par jour que quelques livres d'orge ou de pain, et il en est qui mangent dans cet espace de temps 50 kilogrammes de luzerne et 25 litres d'avoine. Nous rapporterons seulement quelques exemples de rations, composées de divers fourrages et pour des chevaux différents : en prenant ces exemples pour guide et en s'aidant des préceptes que nous avons établis dans les *Principes d'Hygiène* sur la distribution des aliments aux animaux, il sera facile de régler les rations des étalons, des juments poulinières, des chevaux de travail, etc., selon les circonstances qui pourront se présenter.

Pour rationner le cheval il faut se rappeler qu'il a l'estomac petit, qu'il est dépourvu de vésicule biliaire, qu'il mange souvent et longtemps quand la nourriture n'est pas abondante et substantielle, qu'il dort peu, quelquefois debout et qu'il s'éveille facilement; que par conséquent si l'on veut qu'il prenne son repas rapidement, il faut lui donner des aliments bons, faciles à prendre; mais qu'il ne faut pas craindre qu'il passe trop de temps à manger quand on ne veut pas le faire travailler.

Le foin, l'avoine, sont les aliments les plus employés pour la nourriture du cheval : ces aliments sont faciles à doser et à administrer, et par leurs facultés nutritives ils conviennent à l'organisation des solipèdes; mais ils sont chers et s'il est avantageux d'en donner aux animaux qui, dans les villes, font des travaux pénibles et lucratifs, ils doivent être remplacés, pour les chevaux de labour, par des substances alimentaires qui épuisent moins le sol; un grand nombre d'autres fourrages peuvent leur être substitués, aucun aliment n'est exclusivement approprié à la nourriture du cheval.

L'avoine peut être remplacée avec avantage par les autres grains; par l'orge, par le seigle qui s'encadrent mieux dans les assolements, mais qui cependant sont chers ; les gerbées, les graines des légumineuses sont préférables aux grains ; le sarrasin peut aussi être donné avantageusement à la place de l'avoine pour l'entretien des chevaux employés dans les fermes.

Le foin serait remplacé économiquement par les légumineuses cultivées en prairies temporaires. Ces plantes, même données en vert, entretiendraient presque les chevaux de travail. « Elles sont pour ces animaux, dit le baron Crud, la meilleure nourriture d'été ; lorsqu'ils en ont en suffisance ils n'ont que faire d'aucun autre aliment. »

La luzerne, les vesces, le sainfoin, le trèfle secs les entretiennent mieux que le foin des prairies permanentes. Ces fourrages seuls pourraient suffire pour des animaux qui ne travaillent pas beaucoup; tandis que, avec du foin ordinaire, il convient de donner toujours un peu de grain. Les racines si productives peuvent être d'un grand secours; elles sont utiles comme rafraîchissantes pour tenir le ventre libre et la peau moite ; mêlées à la ration, elles sont surtout favorables aux animaux nourris avec les fourrages échauffants que fournissent les légumineuses. La carotte convient principalement au cheval, elle peut jusqu'à un certain point remplacer l'avoine ; les pommes de terre cuites peuvent aussi lui être données avec avantage.

Quoique les bons foins, les carottes puissent soutenir certains chevaux de travail, il faut à ces animaux, quand ils font des exercices pénibles, surtout si le travail dure longtemps, et que les repas soient éloignés les uns des autres, des rations de grains : elles abrègent le temps des repas, conviennent par l'abondance de leurs principes alibiles à l'exiguité de l'estomac des solipèdes, qui ne peuvent manger que rarement ; elles forment une nourriture qui soutient le corps pendant longtemps, tout en donnant des forces et de l'énergie. Les bons effets d'une nourriture substantielle sont démontrés par les travaux si pénibles que font, tout en conservant une parfaite santé, quelques chevaux dans les villes. On le voit aussi pour les chevaux arabes auxquels on donne même des substances animales quand on veut faire de fortes courses, et quand les repas doivent suffire pour longtemps. Nous savons que l'usage de cette nourriture peut paraître contraire aux inductions qu'on devrait déduire de l'organisation du cheval ; qu'un pareil système est une monstruosité physiologique qui supposerait que la nature eût organisé pour manger des grains et de l'herbe des animaux qui se trouveraient bien de la nourriture animale. Nous avons rappelé l'organisation des animaux, et nous croyons qu'il faut en tenir compte ; toutefois il ne faut pas cependant que les théories dominent les faits.

Mais les bons effets de la nourriture animale sur les solipèdes ne sont pas contraires à des principes hygiéniques déduits de la physiologie : le raisonnement, au contraire, nous indique assez que le cheval ne pourra bien travailler, c'est-à-dire déployer de grands efforts pendant longtemps sans discontinuer, qu'autant qu'on lui fournira une nourriture assez alibile, pour que la petite quantité que son estomac peut en contenir entretienne son corps ; de même le cheval ne fera des courses très-rapides que lorsque, par une nourriture très-alibile, excitante, peu volumineuse, légère, on donnera beaucoup d'énergie à ses muscles, sans lui donner l'énorme abdomen qui charge les chevaux vivant conformément à leur organisation primitive.

Evidemment la nature n'a pas organisé le cheval pour vivre de chair, et ce quadrupède aurait bientôt disparu de la surface du globe, s'il était obligé de vivre des proies qu'il prendrait lui-même ; mais elle ne l'a pas organisé non plus pour vivre de foin, de grains secs, pour ne

manger que pendant une heure ou deux par jour ; et cependant nous sommes parvenus à le tenir en bonne santé
en ne lui donnant que des fourrages secs, en lui donnant
des aliments assez alibiles pour qu'un repas puisse le soutenir pendant une journée de fatigues ; or, pouvons-nous
prédire *à priori* où s'arrêteront ces modifications si nous
cherchons à les produire avec intelligence ?

Rations d'un cheval pour vingt-quatre heures.

D'après **M.** de Dombasle, 20 livres de carottes et 20
livres de foin nourrissent parfaitement un grand cheval.
Toutefois, s'il travaille beaucoup, il est nécessaire d'ajouter à cette nourriture une demi-ration d'avoine (6 litres).

L'année 1840 a fourni peu de fourrages ; la nourriture
des animaux est devenue chère. Plusieurs agronomes ont
cherché des moyens économiques d'alimentation. La
société d'agriculture de Nancy a publié à cet égard d'excellentes instructions. Nous allons en donner quelques
extraits.

Le matin, foin,	1 k.	500 gr.
Pommes de terre cuites en deux fois,	6	000
Mélangées à paille hachée,	2	000
Son ou farine d'orge, d'avoine ou de seigle,	0	500
Paille entière,	3	000

Si les chevaux travaillent, on ajoute deux ou trois litres
d'avoine. Cette ration qui revient tout compté à 80 centimes par jour, peut remplacer sans désavantage 6 kilogrammes de foin, 6 kilogrammes de paille, 6 litres d'a-
voine, valant 1 fr. 20 c. Il n'y aurait pas d'inconvénient
à remplacer, à poids égaux, les pommes de terre par des
carottes crues ou par du marc de raisin. Ce dernier donne
même du feu aux animaux

M. Dailly donne par jour aux chevaux qui font le service des malles postes :

Foin , 2 k. 500 gr.
Pain , 1 500
Paille, 2 500
Avoine, 15 litres.

Les chevaux de diligence reçoivent par jour 18 litres d'avoine , et ceux des voitures particulières 12. Le pain produit une économie de foin assez considérable pour que dans les mauvaises années on dût en préparer, même dans les campagnes (1).

M. de Tünen entretient à Tellow, dans le Mecklenbourg , « vingt-quatre chevaux , faisant par année , en moyenne, 5,683 journées , à raison de 236, 8 journées par cheval. La ration d'été , pendant le temps des plus grands travaux, est, par jour et par tête, de 5 kilogr. de foin , 10 kilogr. de pommes de terre cuites, données pendant deux cent quarante jours, 2 kilogr. 3|4 d'avoine , et 2 kil. de pois, et toujours de la paille hachée avec le grain. En hiver on ne supprime de cette ration que les pois. » (2)

Chez **M.** de Wulfen les mêmes animaux reçoivent toute l'année, par jour et par tête , le matin, 3 litres d'avoine et de seigle mélangés avec de la paille hachée et mouillée; à midi de même ; le soir un litre 3|4 de grains moulus mouillés, et 4 kilogrammes de foin (3).

Boissons. Dans les *Principes d'Hygiène* , page 376 , nous avons indiqué les précautions qu'il faut prendre pour distribuer les boissons à tous les animaux de travail. Nous devons ajouter ici que l'habitude de ne faire

(1) *Moniteur de la Propriété,* 1841.
(2) *Annales de la Saulsaie,* 1re livraison , p. 73.
(3) *Idem ,* p. 182.

boire les chevaux que deux fois par jour est mauvaise ; qu'elle laisse souffrir les animaux de la soif, surtout s'ils ne prennent que des aliments secs. On doit principalement les faire boire souvent quand ils transpirent beaucoup, qu'ils travaillent exposés à la chaleur du soleil. Une grande quantité d'eau prise à la fois peut produire, lors même qu'elle est bonne, des maladies mortelles. Ces accidents sont surtout à craindre si les animaux boivent rarement : il faut alors leur laisser prendre peu d'eau à la fois.

Lorsqu'ils sont rentrés à l'écurie étant en sueur, on doit ne les faire boire qu'après qu'ils ont mangé ; s'ils paraissent très-pressés par la soif, on leur donnera seulement quelques gorgées d'eau dégourdie pour les engager à manger ; on les abreuve définitivement quand ils se sont reposés ; mais alors, comme dans les circonstances ordinaires, on les fera boire à discrétion.

A l'article *chevaux de troupe*, nous donnerons les rations de ces animaux. (Voir le tableau de la page 408.)

§ III. SOINS DES CHEVAUX QUI TRAVAILLENT.

Nous avons démontré dans les *Principes d'Hygiène* qu'on doit bien choisir pour chaque service les animaux les plus aptes à l'effectuer ; qu'un animal qui fait le travail pour lequel il est conformé peut en faire beaucoup sans se fatiguer ; qu'il faut bien appareiller les travailleurs, réunir ceux qui ont la même allure, les harnacher convenablement, et les placer de manière que chacun produise un effet proportionnel à sa force. Nous avons indiqué aussi les précautions qu'il faut prendre pour faire travailler les animaux, pour commencer les journées, pour les terminer, etc. Nous ne devons traiter ici que du travail des chevaux.

Ces animaux sont forts et robustes : ils peuvent se reposer, dormir debout. Ils ont même besoin de faire souvent de l'exercice : s'ils restent en repos seulement pendant quelques jours, leurs membres deviennent gros, empâtés, leurs articulations roides, la circulation languit et les humeurs séjournent dans les parties déclives ; il se forme des œdèmes sous le ventre, au fourreau, aux boulets : la vivacité disparaît par l'inaction avec l'énergie, et les animaux ne sont bientôt plus aptes à travailler.

On doit charger et conduire les chevaux de manière qu'ils emploient toute leur force ; il faut seulement les ménager pour qu'ils puissent au besoin donner un coup de collier, surmonter un obstacle. Les solipèdes bien soignés, bien nourris, peuvent faire beaucoup de travail. En général, on ne les nourrit pas assez bien et on ne leur fait pas faire assez de travail. On perd ainsi la ration d'entretien des têtes dont on pourrait se passer. Il y a peu de fermes où il n'y eût pas avantage à supprimer un cheval sur trois ; car deux bêtes copieusement nourries feraient facilement le travail de trois qui seraient médiocrement entretenues. Il est inutile de dire qu'en diminuant le nombre des animaux employés dans les exploitations, on aurait toujours moins de harnais à entretenir, moins de chances d'accidents et de mort à courir, moins de domestiques à payer, etc.

Chevaux de poste, de diligences. Le service des postes, des messageries, est très-pénible. Les chevaux qui font douze, quinze kilomètres par heure, des relais de trente, trente-deux kilomètres, en traînant de très-lourds fardeaux, sont dans des conditions très-défavorables à la santé, et ils contractent de graves maladies. (Voyez *Principes d'Hygiène*, page 544.) Les chevaux de poste qui ne sont pas soignés, ceux qui travaillent dans des plaines où ils conservent pendant tout le relai la même allure, deviennent souvent poussifs. Dans les pays de montagnes, où les animaux changent souvent de pas, cette affection est beaucoup plus rare ; mais les maladies des lombes, des jarrets, des tendons, les exostoses, sont plus fréquentes.

Il peut être de l'intérêt des propriétaires de sacrifier leurs chevaux pour effectuer un travail lucratif ; mais ils n'en doivent pas moins redoubler de soins, car par des précautions faciles à prendre, ils peuvent rendre leurs animaux d'un meilleur service et en prolonger beaucoup la durée.

Les efforts violents produisent principalement des maladies quand ils durent longtemps ; alors ils occasionnent des anévrismes, des inflammations de poitrine, des indigestions, l'altération du sang, etc. ; mais si les animaux se reposent de temps en temps, la circulation se calme, la respiration redevient complète et le sang reprend toutes les qualités nécessaires à l'entretien de la santé. Autant que possible il faut faire faire de petites attelées : huit lieues, parcourues en deux fois en un jour, fatiguent moins que six, faites en une seule traite. Les relais sont quelquefois disposés de manière que les chevaux conduisent une voiture en allant et une autre en revenant, après s'être reposés quelques heures. Cette disposition est aussi favorable à la conservation des animaux qu'à l'intérêt du propriétaire. Mais il est désavantageux de faire revenir les animaux libres, surtout si le relai est long ; quoiqu'ils se fatiguent peu en marchant sans être attelés, le peu de force qu'ils emploient est perdue, puisqu'elle ne produit aucun effet.

Il y a cependant certains services, ceux qui sont très-pénibles, celui des malles, par exemple, qui doivent être faits en une seule fois. La journée de travail dure si peu de temps, qu'il ne serait pas avantageux de la diviser. Mais alors il faut laisser reposer les animaux de temps en temps; à deux, trois jours de travail il faut faire succéder un jour de repos.

On doit même quelquefois cesser pendant deux, trois semaines de faire travailler les chevaux soumis au service des postes. Pour les remettre, quand ils commencent à être bien fatigués, il n'est pas même toujours nécessaire de les laisser reposer ; il suffit le plus souvent de les soumettre à un travail moins pénible que celui auquel ils sont accoutumés. Les chevaux qui souffrent de traîner la poste se remettent très-bien en travaillant au tombereau, en labourant. Il est très-convenable que les maîtres de poste, les entrepreneurs de diligences aient une exploitation rurale ou une entreprise de roulage, dont les travaux soient faits par les chevaux que le service des malles, des voitures publiques a fatigués. L'alternative d'un travail lent et de services pénibles permet de conserver les animaux autant que si on les employait exclusivement aux occupations peu pénibles des fermes. Il suffirait même de faire travailler les animaux tantôt en plaine, tantôt dans les montagnes, pour en prolonger la durée.

La nourriture exerce la plus grande influence sur la conservation des chevaux qui travaillent beaucoup. Il faut d'abord leur en distribuer abondamment; leur donner des aliments très-alibiles pouvant remplacer les déperditions occasionnées par l'exercice ; faciles à prendre, afin que les repas ne soient pas longs; de facile digestion, mais cependant assez fermes pour soutenir le corps, le lester, et occuper les organes digestifs pendant un temps convenable. Les repas seront petits, assez fréquents, et ils devront être terminés demi-heure, trois quarts d'heure même avant que les animaux se mettent en marche.

On cite des chevaux russes qui portent de Sarepta, près de l'Asie, des convois de tabac à Riga, sans entrer dans une écurie et sans quitter le collier durant tout le voyage. Ils travaillent vingt heures par jour, mais on leur donne à discrétion de l'avoine d'excellente qualité et de fortes doses de sel. Nous voyons dans nos villes des chevaux également bien nourris qui font des travaux presque aussi pénibles, et qui nous prouvent que nous pouvons tirer des solipèdes plus de travaux qu'on en tire communément.

Cheval de trait, cheval de labour. Ces animaux emploient toute leur force à traîner de lourds fardeaux, mais ils ont des allures fort lentes, et ils peuvent travailler pendant longtemps. En hiver, quand les journées sont courtes, quand le temps est froid, on peut leur faire faire des journées d'une seule attelée ; mais quand le temps est chaud, il faut les faire travailler le matin et le soir : les animaux se fatiguent moins, et font plus de travail ; il convient même souvent de diviser la demi-journée par de petits instants de repos ; cette précaution est surtout nécessaire dans les montées rapides : les animaux prennent haleine, c'est-à-dire que la circulation se ralentit, la respiration se calme et le poumon se dégorge. Mais ces repos doivent être de courte durée, afin que la peau n'ait pas le temps de se refroidir, ni la transpiration de s'arrêter. Si l'on fait manger les animaux attelés, ne dût-on les faire reposer que quinze ou vingt minutes, il faut, s'ils sont échauffés, les pourvoir de couvertures.

Les chevaux de roulage fortement chargés font de vingt à trente kilomètres par jour, selon que le pays est montagneux ou en plaine. Le poids qu'ils doivent traîner varie selon leur force et l'état des routes. M. Schwilgué a constaté que la charge moyenne tirée par chaque cheval est de 792 kilogrammes de poids utile, de 698 kilogrammes en hiver et de 883 en été.

Les chevaux employés à l'agriculture doivent être moins lourds que ceux de roulage ; ils peuvent labou-

rer de vingt-cinq à soixante ares de terre par jour, selon la nature du sol, sa consistance, la forme des charrues, la profondeur des sillons ; presque toujours on met
deux bêtes et souvent plus à chaque charrue. Les travaux agricoles sont en général peu fatigants pour les
animaux ; les chevaux épuisés par des allures rapides,
ceux qui ont les membres douloureux, les articulations
raides, se remettent plutôt en traînant pendant quelques
heures un tombereau peu chargé, en labourant quelques
ares de terre tous les jours, qu'en gardant un repos absolu.
Ces travaux sont aussi très-propres à occuper les juments
poulinières, les éléves ; les jeunes chevaux en traçant des
sillons s'habituent sans se fatiguer au travail, deviennent
dociles et se fortifient, tout en gagnant leur entretien.

Le cheval de selle, tel que nous l'avons décrit, est un animal agile ; son allure est rapide et aisée. Sur un terrain
horizontal il peut parcourir, par minute, au pas cent mètres, au trot deux cents, au galop trois cents ; la première de ces allures est la moins fatigante pour lui et
pour le cavalier ; le cheval peut porter à peu près le
tiers de son poids et parcourir quarante kilomètres par
jour sur un beau chemin en plaine.

Un cavalier soulage beaucoup sa monture en marchant
dans les chemins en pente un peu rapide, aux montées
comme aux descentes ; le cheval ainsi conduit fait de
longues routes sans s'essouffler ; on peut ensuite le presser beaucoup plus dans les plaines, et faire sans le
fatiguer de fortes journées. « Il faut, disait Xénophon
au capitaine de cavalerie, que le commandant pense
tantôt à soulager le dos des chevaux en faisant marcher
à pied les cavaliers, tantôt à laisser reposer les jambes de ceux-ci en les faisant remonter à cheval. » (1).

(1) *Du Commandement de la Cavalerie.*

§ IV. HYGIÈNE DES CHEVAUX DE TROUPE.

La nécessité d'établir l'ordre, de régler la comptabilité, de faciliter l'instruction dans les troupes à cheval, oblige à loger ensemble un grand nombre de chevaux et à les soumettre à un même régime. D'un autre côté, le service militaire nécessite certains travaux réclamant pour le cheval qui les exécute des soins hygiéniques particuliers que nous allons examiner dans cet article.

La première règle d'hygiène, c'est de bien choisir les hommes et les animaux qui doivent composer l'armée. Quoique le recrutement des troupes ne soit pas de notre ressort, nous croyons devoir dire, avec M. le lieutenant-général de la Roche Aymon : « la taille et la force physique ne suffisent pas seules pour constituer un bon cavalier ; il faut encore que l'usage du cheval soit pour lui une espèce d'habitude d'enfance, de sorte qu'à son arrivée au corps on ait plutôt à régulariser ce qu'il sait, qu'à lui apprendre. » (1) Nous devons imiter aujourd'hui ce que nous faisions avant la révolution et ce que font les Allemands, recruter la cavalerie dans les provinces qui élèvent le plus de chevaux. Les hommes qui n'en ont jamais soigné en ont peur, ne les pansent que lorsqu'ils y sont forcés par une surveillance stricte; ils sont maladroits, ne comprennent pas le cheval, ne sentent pas ses besoins, ne savent pas lui communiquer leur volonté, le battent ; cette conduite occasionne au pauvre cheval un ennui, un état de malaise qui l'empêchent de digérer, et le minent d'une manière insensible.

Les soldats qui toute leur vie ont vu des chevaux les connaissent, ne les craignent pas, les aiment et les soi-

(1) De la Cavalerie. t. I. p. 28.

gnent bien, ne fût-ce que par habitude. A l'armée, ils sont fort utiles à leurs montures, ils les tiennent propres, les font manger à propos, refusent les mauvais aliments, et portent plainte aux chefs contre les fournisseurs ; ils cherchent à ne pas perdre de la ration, les font boire à temps, présentent si c'est nécessaire la boisson plusieurs fois, soignent les pieds, surveillent la ferrure, cherchent à les monter avec précaution, à ne pas les blesser, à ne pas laisser de courroies sous la selle ; en rentrant à l'écurie, ils les sèchent, passent le couteau de chaleur, le bouchon et les attachent de manière qu'il n'arrive pas d'accident, que chaque bête mange sa ration, etc. Ces petits soins ont certainement la plus grande influence sur la conservation des animaux.

Les chevaux de troupe doivent réunir des qualités qui leur sont particulières, ils doivent d'abord avoir dans chaque régiment une taille à peu près uniforme. (Voyez le tableau, page 408.)

La taille n'indique pas cependant les qualités des animaux, on ne doit pas à cause de notre pauvreté en chevaux y ajouter une importance trop grande. A la vérité, l'uniformité donne un aspect agréable à l'armée, facilite même les manœuvres, et soulage les animaux en permettant de les appareiller ; mais elle restreint beaucoup le choix, ce qui est un grand inconvénient quand on manque déjà de chevaux ; il faut être coulants sur la taille, ne pas craindre de recevoir des animaux plus petits, si du reste par leurs formes, leur vigueur, leur constitution robuste, ils paraissent avoir la force nécessaire ; pour la même raison, on ne devrait pas refuser des animaux qui dépasseraient le maximum toléré aujourd'hui, si du reste ils étaient bien conformés.

Cette tolérance dans la taille aurait le grand avantage d'étendre la possibilité de choisir sur un plus grand nom-

CHEVAUX ET MULETS DE REMONTE.

CAVALERIE.	PRIX.	TAILLE.	RATIONS.		
			FOIN.	PAILLE.	AVOINE.
	fr. fr.	m. mil. m. mil.	kil.	kil.	hect.
Réserve (Carabiniers et cuirassiers).	de 550 à 600	de 1 542 à 1 597	5	5	36
Ligne (Dragons et lanciers).	de 500 à 550	de 1 515 à 1 542	4	5	34
Légère (Chasseurs et hussards).	de 450 à 500	de 1 475 à 1 515	4	5	30
Artillerie et train.	de 550 à 600	de 1 488 à 1 542	5	5	38
Mulets.	de 450 à 500	de 1 434 à 1 515	4	5	30

bre d'individus et elle n'aurait pas de grands inconvénients; elle ne nuirait nullement aux services et ne romprait pas sensiblement l'uniformité qui doit régner dans chaque arme, si l'on avait le soin de former les pelotons, les escadrons d'après la taille des chevaux, de manière que les animaux qui auraient entre eux les plus grands rapports fussent les plus rapprochés; on passerait ainsi graduellement des plus petits aux plus grands. Ce mode d'appareillage aurait plus d'avantages que celui qui consiste à réunir les animaux d'après leur couleur.

Nous avons fait connaître, page 349, les qualités que doit posséder le cheval de troupe; nous ajouterons que ces animaux étant fortement chargés en France, il faut les rechercher corsés, robustes, bien membrés, tels que les produisent la plupart de nos provinces.

En examinant les remontes, page 97, nous avons trouvé que l'acquisition des chevaux faits est plus avantageuse que celle des poulains; nous arrivons à la même conclusion en examinant la question sous le rapport de l'hygiène : quelle que fût la manière dont les dépôts de poulains seraient administrés, les animaux y reviendraient à un prix fort élevé et l'on aurait beaucoup de bêtes inférieures. Plus on achète les chevaux jeunes, plus on doit en avoir de mauvais : six cents beaux poulains, achetés à 18 mois, peuvent ne fournir que 400 bons chevaux à l'âge de 6 ans. Or, voudrait-on alors réformer tous les animaux qu'on refuserait si on les achetait? évidemment non; on les a, on les garde, quoique médiocres; par conséquent 600 chevaux de 6 ans représentent 900 poulains; l'expérience confirme les considérations qui précèdent. Si nous avons remarqué quelques améliorations dans les remontes, dit M. Bourriot, c'est depuis 1840; depuis surtout que nous ne recevons plus des chevaux des dépôts de la Normandie, car les remontes de ces dépôts en 1838 , 1839, étaient plus que médiocres. Dans les 18 premiers mois de l'arrivée des chevaux de ces dépôts, continue M. le chef d'escadron, le corps n'en a pas moins perdu sur 346 chevaux 61 , bien que nos soins soient poussés à l'extrème. (1)

Parmi les maladies auxquelles les chevaux de troupe sont exposés, les unes sont la conséquence d'accidents , de chutes, de coups de pied , nous pouvons les éviter par une surveillance active, exacte ; les autres sont dues à des causes souvent inconnues : elles sont produites par les agents qui agissent en modifiant l'organisme dans un temps plus ou moins long. Les plus communes de ces maladies sont la morve et le farcin. Notre cavalerie perd depuis longtemps beaucoup de chevaux de ces deux affections généralement attribuées à la nourriture , aux logements, aux exercices, aux repos dans des lieux humides , etc.

La nourriture des chevaux de troupe est peu favorable à la santé (voir le tableau, page 408); les rations, au lieu d'être égales, devraient varier en quantité, selon l'âge, le tempérament des animaux , et selon la saison et le pays; elles devraient être fixées dans chaque garnison, selon les ressources de la localité et les manœuvres que l'on aurait à faire.

Il faudrait aussi varier les rations sous le rapport de la qualité, donner aux chevaux plusieurs substances différentes : il est difficile de concevoir que le foin, la paille et l'avoine renferment en quantités suffisantes tous les principes qu'on trouve dans le corps animal. Un régime si uniforme doit entraîner la perte de beaucoup de substances et laisser à la longue détériorer la constitution des animaux. Ce que le raisonnement nous démontre , l'expérience le prouve ; il est bien reconnu que les aliments

____

(1) *Journal des Haras*, janvier 1841.

variés nourrissent mieux qu'une nourriture homogène. (Voyez *Principes d'Hygiène*, page 429.) M. Hamont a vu l'usage prolongé du trèfle blanc en été, et de l'orge, de la paille en hiver , produire la morve , le farcin ; une nourriture composée d'aliments farineux, de racines, de graines, de plantes herbacées vertes ou sèches données alternativement faire cesser ces maladies qui reparaissaient aussitôt qu'on revenait à l'usage exclusif du foin et de la paille.

Ainsi une nourriture plus variée produirait plus d'effet nutritif, améliorerait la santé, préviendrait la morve, le farcin , etc.; elle rendrait aussi les animaux moins sensibles aux changements de régime, à l'action de la mauvaise nourriture qu'ils ont souvent en voyage ; car plus serait grand le nombre, la variété des aliments auxquels les animaux seraient habitués, plus facilement ils pourraient se passer des uns ou des autres.

Les rations devraient admettre en été des plantes vertes et en hiver des racines, des carottes. L'introduction des racines dans la nourriture des animaux préviendrait les échauffements qui nécessitent, tous les printemps, la mise au vert de tant de chevaux ; elle serait même plus efficace que quinze jours, trois semaines de nourriture herbacée ; le vert, le repos qu'il exige, l'exercice qu'il procure, peuvent bien pallier quelques maladies, en arrêter les progrès ; mais il détruit rarement les mauvais effets d'une nourriture sèche, échauffante, quelquefois mauvaise, continuée presque toute l'année. Le vert est même souvent nuisible, le changement brusque de régime, le passage subit du foin à l'herbe produisent un dérangement que n'occasionnerait jamais une petite ration journalière de nourriture fraîche.

Plusieurs militaires ont, dans ces dernières années, montré, dans leurs écrits, le désir de voir l'administration de la guerre contribuer aux progrès de notre agriculture. Nous croyons qu'elle peut sous ce rapport être utile, mais ce n'est pas en tenant des étalons à son compte et encore moins en se chargeant de la direction des haras; ce serait en achetant des racines pour ses chevaux et en contribuant ainsi à l'amélioration de l'art agricole. Qu'elle fasse acheter des carottes, elle en trouvera peu d'abord, mais après quelques années les cultivateurs lui en fourniront suffisamment et elle propagera ainsi les récoltes sarclées, ce qui seul peut rendre nos terres plus productives. La substitution des carottes au foin, à la paille, serait économique, car elles sont moins chères que les fourrages secs; elle serait avantageuse à cause de la difficulté qu'il y aurait à les sophistiquer et de la facilité de reconnaître toutes leurs altérations. La propagation des récoltes racines, si à désirer sous le rapport agricole, serait avantageuse pour l'armée par la masse de fourrage qu'elle ferait produire.

Mais sans changer la nature des aliments qu'on donne aujourd'hui aux chevaux, on pourrait faire subir aux rations des modifications favorables, en augmentant la dose d'un aliment, diminuant celle d'un autre et variant selon les besoins le mode de distribution.

Le gouvernement autorise dans certains cas à substituer un fourrage à un autre dans la composition des rations du cheval de troupe. Mais cette mesure a pour but de favoriser les fournisseurs lorsqu'il y a des disettes et elle est rarement avantageuse aux animaux : quand le foin est trop cher, l'on en diminue la ration et l'on augmente celle de l'avoine ou de la paille, et réciproquement. On cherche à donner une plus grande quantité de l'aliment le moins cher et non du meilleur, du plus convenable. C'est sur la demande des fournisseurs qu'on autorise la substitution.

De nombreuses modifications aux rations actuelles ont été conseillées. M. Belle (1) propose la diminution d'un kil. de foin et l'augmentation de deux kil. de paille, la diminution de cinq hectogr. d'avoine pendant le semestre d'hiver et l'augmentation de la même quantité pendant le semestre d'été. M. Louchard voudrait qu'on diminuât d'un tiers la quantité de foin ; et M. Hamont trouve aussi que nous donnons de trop fortes quantités de ce fourrage.

Nous ne saurions affirmer si les rations devant être invariables on peut les établir sur des bases meilleures que celles qui sont adoptées aujourd'hui. Nous croyons que tous les changements à cet égard ne doivent être faits que d'après des expériences assez longtemps continuées, pour éviter des essais souvent aussi nuisibles à la santé des animaux qu'au trésor ; mais nous croyons que sans crainte d'aucun danger on pourrait varier les rations selon les saisons, les pays ; il est contraire à toutes les règles de donner autant de nourriture en hiver qu'en été, dans la saison des manœuvres que lorsque les animaux restent inactifs ; de donner la même quantité de foin dans le midi où il est savoureux, succulent, alibile, et dans le nord où il est fade, ligneux, peu nutritif.

La distribution de la nourriture aux chevaux de troupe ne devrait pas être en temps de paix très-régulière. Les animaux qui sont habitués depuis longtemps à être très-bien réglés, souffrent de la moindre abstinence ; or, on ne doit pas oublier la destination des chevaux de guerre, ni les jeûnes qu'ils peuvent être obligés de supporter ; il faut se rappeler également que s'ils ont un jour avec profusion d'une nourriture succulente, ils ne trouvent le lendemain que de mauvais fourrages, et que les privations sont toujours

____

(1) *Rapport adressé au ministre de la guerre sur la morve chronique. Journal des Haras*, t. xxvi, p. 293.

nuisibles aux animaux qui n'y sont pas habitués. Il est d'autant plus utile de ne pas porter une exactitude mathématique dans la manière de nourrir le cheval qu'elle n'est pas nécessaire à la santé; elle facilite la production de la graisse, mais sans rendre les animaux robustes. Elle ne convient dans tous les cas qu'aux individus qui peuvent la suivre toujours.

Dans ces dernières années on a considéré les écuries comme la cause principale de la mortalité des chevaux de troupe. Dans la plupart des villes ces étables sont des bâtiments qui avaient été construits en vue d'une autre destination; elles sont petites, manquent d'ouvertures; quelquefois ce sont des caves, des entrepôts ne recevant le jour que par la porte; il y en a qui sont terrassées, où l'eau suinte à travers les murs et coule sur le pavé. Elles sont chaudes en hiver, froides en été et humides dans toutes les saisons. Les animaux qu'on y loge ayant peu de litière, car les régiments manquent de paille, échauffés, fatigués par le travail, souffrent de l'humidité du sol, contractent des rhumatismes, des pleurésies, et ne respirent qu'un air impur; sous l'influence de ces écuries les humeurs du corps animal s'altèrent, la constitution se dérange et des maladies graves, souvent incurables, se déclarent.

Une commission chargée par le gouvernement de rechercher les causes de la mortalité des chevaux l'a attribuée en grande partie aux écuries. M. Oudinot partage cette opinion. D'après les recherches de cet officier-général l'armée perd tous les ans 197 chevaux sur mille, mais toutes les armes n'en perdent pas également; les gendarmes, dont les chevaux « sont, dit M. Oudinot, disséminés dans des écuries où ils peuvent se reposer et respirer, » n'en perdent que quatorze sur mille, et la garde municipale de Paris, trois.

L'influence des habitations semble bien démontrée. Avant la révolution, quand on n'avait pas de grandes casernes, l'armée était logée par compagnies, et rarement plus de 100 chevaux étaient réunis dans la même écurie. On perdait à cette époque peu de chevaux, excepté lorsque des circonstances obligeaient à rassembler les régiments; mais alors les maladies, la morve, faisaient les plus grands ravages. C'est lorsqu'on a commencé à réunir les chevaux que la morve est devenue enzootique; elle a occasionné de grandes pertes, toutes les fois que l'imminence de la guerre a obligé à augmenter l'armée, et quand on a mis dans une écurie plus de chevaux qu'elle n'en devait contenir.

La morve exerce peu de ravages à la guerre quoique les chevaux soient harassés de fatigue et souvent exposés à toutes sortes de privations, qu'ils mangent les plus mauvais aliments, tandis qu'elle sévit dans les garnisons où les chevaux ont à éprouver les funestes influences de l'entassement dans des écuries mal disposées et malsaines; ce qui prouve, mieux que tous les raisonnements, combien moins les chevaux ont à souffrir des intempéries de l'air que de sa privation ou de son insalubrité (1). Pendant les guerres de l'Empire les maladies enlevaient à nos troupes peu de chevaux; et « la morve n'y eut de part, dit M. le marquis Oudinot, que dans les rares intervalles pendant lesquels des corps de troupe à cheval furent agglomérés. » (2) On a remarqué aussi que la cavalerie de réserve est celle qui perd le plus de chevaux de la morve.

Il faut bien reconnaître que les chevaux bien logés sont

(1) *Rapport de la commission chargée de rechercher les causes de la morve.*

(2) *De la Cavalerie et du Casernement.*

ceux qui périssent le moins, et que par conséquent la mortalité, la morve, dépendent, en partie au moins, des mauvaises habitations. Cependant cette cause n'a pas l'influence que quelques personnes ont voulu lui attribuer : si la morve se montre le plus souvent, comme on le dit, sur des chevaux qui, pour cause de maladies, sont restés longtemps dans des infirmeries, cela peut dépendre de ce que les causes qui ont produit les maladies ont aussi occasionné la morve ; si les animaux tenus dans de bonnes écuries sont rarement morveux, cela ne provient-il pas de ce que les chevaux bien logés ont en général une grande valeur et sont bien soignés, bien nourris. Ainsi pour la gendarmerie, les chevaux appartiennent aux gendarmes qui les choisissent avec soin, les soignent comme leur propriété, achètent de bons fourrages et les nourrissent bien. Si la morve est plus rare en Allemagne, en Prusse, en Angleterre qu'en France, cela dépend de ce que les chevaux y sont mieux soignés et qu'on les fait travailler moins jeunes, plutôt que de la manière dont ils sont logés, car les étables y sont souvent aussi mal tenues qu'en France. « Pour prendre les exemples le plus près possible, qu'on visite Trèves, Sarrelouis, Sarrebruck, Deux-Ponts ; on y trouvera des chevaux jouissant de la meilleure santé et chez lesquels la morve est à peine connue ; on y verra des écuries tenues parfaitement, mais qui présentent tous les vices de construction primitive qu'on reproche à la majorité des écuries françaises ; » (1) et en France, toutes les écuries de la gendarmerie ne sont pas irréprochables : il y en a beaucoup dont le sol est inégal, qui sont obscures, sans ouvertures, plus mauvaises que la plupart de celles de la cavalerie ; et dans la ligne les pertes en chevaux sont loin d'être proportionnelles au mauvais

_____

(1) F. V. *Journal des Haras*, avril **1840**

état des écuries. Nous voyons souvent plusieurs régiments occuper successivement le même quartier et les uns avoir beaucoup de chevaux morveux quand les autres n'en ont aucun.

« 1º De novembre 1826 à novembre 1827, l'ancien 18ᵉ régiment de chasseurs perd en un an 200 chevaux de la morve, ou le tiers de son effectif, dans les belles écuries voûtées de Nancy, ayant 8 m. 60 c. de largeur, et 6 m. de hauteur sous clé, ce qui donne 39 m. cubes d'air par cheval ; tandis que le régiment qui lui succéda immédiatement n'éprouva, pour ainsi dire, aucune perte dans l'espace de deux ans, et cependant ce dernier arrivait d'Hesdin, où il avait occupé des écuries déclarées mauvaises.

« 2º A Libourne, le 12ᵉ de chasseurs n'a éprouvé que des pertes presque nulles pendant les deux ans qu'il a passés dans cette ville. Le 2ᵉ de chasseurs, qui est venu ensuite en sortant de Rambouillet, où le quartier est bon, a perdu 200 chevaux dans un an.

« 3º Dans les cinq années que le 8ᵉ d'artillerie vient de passer à Metz, où il occupait des écuries qui laissent beaucoup à désirer, il n'a cependant perdu annuellement que 40 pour mille les quatre premières années, et 60 pour mille la cinquième, tandis que la mortalité moyenne indiquée par le bureau de cavalerie est de 197 pour mille.

« 4º Le 4ᵉ régiment du génie, qui se sert à Metz d'écuries humides, privées d'air et de lumière, signalées depuis longtemps comme devant être supprimées, ne perd cependant que 20 chevaux sur mille par an.

« 5º La gendarmerie de la Seine, dont les chevaux sont logés dans des écuries de 4 m. 30 c. de large et de 3 m. 80 c. de haut, avec un espacement de 1 m. 21 c., ce qui donne à peine 20 mètres cubes d'air par cheval, ne perd que 7 chevaux sur 1,000. La perte de la garde municipale est seulement de 3 pour 1,000 dans des écuries qui ont 4 m. 60 c. de large, 4. m. 30 c. de haut et 1 m. 32 c. d'espacement, produisant par cheval 27 mètres cubes d'air environ, tandis qu'à l'Ecole-Militaire il est mort jusqu'à 198 chevaux par 1,000 dans des écuries qui ont 6 m. 40 c. de largeur et 5 m. 20 c. de hauteur; ce qui, en ne supposant qu'un mètre par cheval, produit un volume d'air de 23 mètres cubes. Les meilleures écuries de la garde municipale, construites, il y a peu d'années, dans la rue Mouffetard, à deux rangs de chevaux, n'ont que 10 mètres de largeur et 5 mètres de hauteur, avec un espacement de 1 m. 17 c., ce qui donne pour cheval moins de 30 mètres cubes d'air.

« Ces faits, je les ai empruntés à un document qui mérite une confiance entière. On voit qu'il ne faut pas attribuer à l'état et à l'exposition des écuries, aux mauvaises qualités des pavés, au défaut de ventilation, les grandes pertes en chevaux que la morve cause à l'armée; on voit qu'il n'y a qu'une chose constante, l'existence et la perpétuation de la morve parmi les chevaux de la cavalerie; on voit qu'en se rendant un compte exact des faits on arrive à conclure que le développement de cette maladie n'est pas dépendant du plus ou moins de salubrité des écuries. De bonnes écuries sont infectées par la morve; de mauvaises écuries sont épargnées par ce fléau. La condition qui l'engendre est donc ailleurs; et, en effet, la morve est une maladie contagieuse » (1).

Nous ne devons pas discuter ici la question que pose en terminant M. Littré. Nous recommanderons seulement de prendre toutes les précautions pour prévenir la contagion, de bien séparer les animaux aussitôt qu'ils présentent quelques symptômes douteux; la mucus qui s'écoule

____

(1) E. Littré, de l'Institut.

du nez, même dans les simples catarrhes, ne peut que nuire aux chevaux sains. Mais nous ferons observer qu'il ne faut pas ajouter une trop grande importance à la contagion; malheureusement on est trop disposé à y croire pour toutes les maladies des animaux, et à négliger l'emploi des moyens hygiéniques. On ne doit pas espérer que les mauvaises écuries seront respectées par cela seul qu'on n'y amènera pas des chevaux morveux. Il y a une grande différence entre la morve et « la petite vérole, dont les meilleures habitations ne préservent pas, et que les plus mauvaises habitations ne donnent pas. » Cette dernière maladie est bien rarement spontanée, et les causes occasionnelles et prédisposantes en sont inconnues; elle se communique avec la plus grande facilité et très-peu d'individus résistent à la contagion; elle est spéciale, n'attaque qu'une fois la même personne; tandis que la morve se déclare très-souvent sur des chevaux logés dans des écuries neuves, sans qu'il y ait eu aucune communication entre les animaux sains et des malades; tout ce qui altère la constitution prédispose à la contracter, et les arrêts de transpiration, les refroidissements la produisent souvent; elle se communique quelquefois très-difficilement, et il y a tant de sujets qui résistent à son virus, que beaucoup de vétérinaires ne la croient pas contagieuse; enfin, quand elle guérit, mais le plus souvent elle est incurable, elle attaque plusieurs fois le même sujet, et les chevaux qui l'ont eue finissent même presque toujours par en périr.

On a voulu attribuer la morve à la dégénération de nos races équestres; nous ne reviendrons pas ici sur la question relative aux chevaux de race, mais nous devons dire qu'il ne faut pas confondre les mauvais chevaux avec les chevaux communs, *chevaux qui ont peu de sang, ignobles,* comme quelques amateurs aiment à les appeler. Les

27.

premiers sont ceux qui proviennent de parents maladifs, qui, ayant été mal nourris, ont eu de fréquentes maladies et présentent une constitution délabrée ; mais tels ne sont pas, tant s'en faut, tous les individus des races communes : en France, au contraire, la plupart sont forts, agiles, souples, obéissants et rustiques, tels qu'il les faut enfin avec le lourd équipement de nos soldats pour faire de longs services. Aux exemples que nous en avons donnés nous pouvons ajouter qu'il y a pour le moment, novembre 1842, à Lyon, le 12ᵉ régiment de chasseurs qui possède des chevaux anglais et des chevaux français, et que les premiers, achetés à Calais, ont coûté deux fois autant que les autres et valent beaucoup moins : ils sont mous, maladifs ; il a fallu les réformer en partie.

Les causes de la morve qui attaque les chevaux peu après leur arrivée au corps proviennent en partie de ce qu'on achète des animaux médiocres, trop jeunes, souffrant encore de la castration, incomplètement guéris de la gourme. Ils ne peuvent pas résister aux fatigues du voyage, à la poussière, au froid, aux chaleurs, à la pluie, qui agissent sur eux au moment où ils sont éprouvés par le changement de climat, par une nourriture médiocre, insuffisante. Pour prévenir les effets de ces causes de maladies, M. Frédéric Lenfant propose de les faire castrer à deux ans, de les acheter à quatre, et de les livrer pendant deux années à la gendarmerie. Ainsi, l'armée ne recevrait que des bêtes de six ans qui auraient été dressées par les gendarmes, plus soigneux et plus habiles que la masse des soldats.

Des dépôts de remonte tels que nous les avons définis auraient l'avantage de prévenir en partie les maladies qui attaquent les chevaux immédiatement après leur arrivée dans les régiments. Dans tous les cas, il faut choisir pour faire voyager les jeunes animaux un temps favorable, les diriger sur la garnison la moins éloignée, et autant que possible vers celle où l'on pourrait les soumettre à un régime à peu près semblable à celui qu'ils suivaient chez les éleveurs.

Au lieu d'avoir une route tracée d'avance jour par jour, et de donner à tous les animaux le même poids d'avoine, de foin, etc., on devrait laisser les conducteurs libres de régler la marche du convoi, de fixer les rations, de choisir les aliments selon les besoins des chevaux et les ressources des pays. La mission de conduire des chevaux ne devrait être confiée qu'à des conducteurs probes et capables : on pourrait, du reste, prendre des précautions pour prévenir les infidélités en employant le zèle des autorités des lieux par où les chevaux passeraient.

Nous n'avons rien à ajouter sur la conduite des chevaux en voyage. On doit, pour la vitesse, pour les heures de la marche, pour les précautions relatives à la distribution des aliments, des boissons, suivre les principes applicables à tous les animaux de travail. (Voyez *Principes d'Hygiène vétérinaire.*)

Les chevaux en arrivant au régiment devront être soumis avec précaution aux manœuvres de l'armée : on ne peut pas employer pour dresser tous les chevaux des hommes intelligents, bons écuyers, doux, patients, aimant leurs animaux, cherchant à s'en faire aimer, et sachant s'en faire obéir; les militaires qui possèdent ces qualités sont rares en France, mais on prendrait ceux qui s'en approchent le plus. Les chevaux ne feront d'abord que des exercices d'assez courte durée pour ne pas être fatigués, et l'on augmentera le travail à mesure que les animaux, devenant plus adroits, le feront avec plus de facilité. M. Louchard (1) veut qu'aucun cheval ne soit

____

(1) *Un Mot sur l'éducation du cheval en France; du Cheval de guerre, de la morve, de sa contagion et de son incurabilité.* Toulouse.

soumis au service, quel que soit son âge, que 3 mois après son arrivée au corps. M. Reynal estime que l'admission de chevaux trop jeunes est la cause de la mortalité d'un 15ᵉ de ces animaux dans les régiments (1). Les chevaux ont besoin d'être habitués au régime militaire, avant d'exécuter les exercices de la 2ᵉ et de la 3ᵉ leçon.

On soignera en même temps le régime alimentaire, pour éviter les changements brusques et pour habituer graduellement les animaux aux rations de l'armée ; avec ces précautions les chevaux s'accoutumeront au régime de la troupe sans en souffrir.

Les chevaux ne devraient être définitivement classés que lorsqu'on aurait étudié leur force et leur vivacité. C'est avec raison qu'on a reproché à l'armée d'entasser le cheval allemand, le cheval des Ardennes, le cheval normand, le cheval breton, et de les astreindre tous au même régime hygiénique ; il serait plus important de les bien appareiller sous les rapports des allures, de la longueur du pas, du fond, et même de la race, que sous celui de la taille. C'est aussi d'après la force qu'on devrait les distribuer aux soldats ; on donnerait les plus faibles aux hommes les moins lourds, et ceux qui sont forts, robustes, infatigables, aux sous-officiers, aux adjudants, etc., qui ont de nombreuses courses à faire, qui en route vont presque toujours au trot et au galop, étant obligés d'aller, de venir presque sans cesse de la droite à la gauche du régiment. On ne devrait pas même laisser aux hommes qui font le plus de courses, toujours les mêmes chevaux ; lorsqu'un cheval commence à être fatigué par un adjudant, on devrait le mettre dans les rangs, lui faire faire un service peu pénible. Les chevaux pris par les sous-officiers, quoique les plus beaux des régiments, sont

____

(1) *Recueil de médecine vétérinaire*, juillet 1842, p. 500.

ceux qui deviennent le plus souvent malades, et qui sont usés les premiers.

Les manœuvres de la cavalerie ont une grande influence sur la mortalité des chevaux. On est obligé de convenir qu'elles en sont la cause principale quand on compare l'entretien de ces animaux à la manière dont sont entretenus ceux des particuliers. Les chevaux des paysans sont logés dans des étables basses, manquant d'air, pleines de fumier, ou plutôt de boue, souvent infecte; ils reçoivent une nourriture mauvaise, insuffisante, distribuée sans ordre, ne sont jamais pansés et sont plus rarement morveux que ceux de la troupe; ceux-là font même des travaux plus pénibles que les exercices militaires, mais ces travaux sont continus, constants; on les interrompt rarement tout-à-coup; tandis que dans la troupe les manœuvres se font sans suite; après les exercices les plus violents, des courses au galop et par escadrons, vient un repos de plusieurs heures. Après une semaine, quinze jours de revues, d'évolutions, vient un repos absolu dans des écuries qui souvent laissent tant à désirer. Cet alors principalement qu'ils contractent l'altération des humeurs, qui produit ensuite la morve. Si les chevaux de l'armée travaillaient tous les jours, s'ils passaient une grande partie de la journée en plein air, ils seraient plus rarement morveux. Les chevaux de la compagnie du train des équipages qui est à Lyon, à eu, en 1841 et en 1842, une partie de ses chevaux dans l'intérieur de la ville, et l'autre partie dans un village aux environs de Lyon; les uns et les autres ont eu la même nourriture, ont fait le même travail; mais ceux qui étaient hors de la ville, se fatiguant davantage en raison de leur éloignement, ont été plus maigres que les autres, mais les maladies y ont été plus rares, et il y a eu beaucoup moins de morveux.

Les exercices de l'armée ne doivent pas cependant être

réglés de manière à garantir les chevaux de toutes les causes de maladie ; il faut habituer les animaux à braver les intempéries, et à y résister, ce qui est plus difficile que de les en préserver. Mais destinés à supporter les fatigues de la guerre, à être exposés aux courants d'air, à la pluie, à la neige, après les plus pénibles évolutions, après des marches dans des montagnes, dans des terres cultivées, dans les récoltes, ils doivent pouvoir résister aux variations de température les plus brusques. Combien de fois les chevaux de troupe n'ont d'autre abri après une course forcée qu'une cour étroite, couverte de boue, où ils restent sans litière et sans être ni séchés, ni bouchonnés ; des chevaux habitués à être bien soignés supportent difficilement cette vie, tandis que les bêtes rustiques en souffrent à peine.

M. le général Létang réclame *l'allégement de la charge des chevaux de troupe* par la *simplification du harnachement* des chevaux et de *l'armement* et *équipement* des cavaliers. En armant nos lanciers et nos dragons, on a pour but de les mettre à même d'attaquer ou de résister dans toutes les positions, et l'on a, au contraire, paralysé leur force réelle ; on les a mis hors d'état d'attaquer avec facilité et de résister avec adresse, en les écrasant, ainsi que leurs montures, sous un pesant et volumineux chargement ; ils sont gênés dans leurs mouvements et ne peuvent pas manier leurs chevaux. Puisqu'on peut, sans nuire à l'utilité de l'armée, diminuer la charge des chevaux de troupe, on ne saurait trop s'empresser d'adopter cette mesure : elle aurait les plus heureux résultats sur l'agilité et sur la santé des animaux ; car les bêtes surchargées vont lentement, contractent des efforts de boulets, des défauts d'aplomb, s'échauffent en route, se fatiguent et ensuite prennent des refroidissements, digèrent mal, contractent des affections de poitrine ; leur constitution se détériore et la plus légère cause de maladie communique la morve, le farcin, etc.

Les changements de garnison sont considérés comme nuisibles par quelques praticiens, car en route les chevaux reçoivent une mauvaise nourriture, sont souvent mal logés. Ensuite les corps quittent les quartiers au moment où les effets du climat, la nature des eaux, des fourrages, l'état sanitaire des écuries, etc., étant connus (1), on pourrait soigner convenablement les animaux. Mais ces raisons doivent-elles être prises en considération pour des chevaux de troupe? si elles sont fondées, c'est-à-dire si le changement fréquent de garnison est nuisible à la santé des chevaux, ne faudrait-il pas que ces animaux voyageassent sans cesse afin qu'ils fussent habitués à tous les pays? On répond qu'on sera à temps de les faire voyager pendant la guerre. Mais de quelle utilité seraient les chevaux qui ne pourraient pas quitter le quartier où ils auraient longtemps vécu? Ainsi il convient de déplacer de temps en temps les chevaux de troupe sans cependant rendre les changements trop fréquents : car si d'un côté il faut que les animaux puissent être prêts au moment où ils seraient nécessaires, d'un autre côté il ne faut pas les sacrifier en vue d'une éventualité de guerre, qui pourrait bien ne jamais se réaliser durant leur vie.

Ce qu'il importe toujours, c'est que les changements de garnison soient dirigés avec ordre, qu'on les fasse dans la saison propice, qu'on prenne les précautions convenables pour faire passer les animaux du nord au midi et réciproquement, en suivant les voies que l'expérience démontrera être les plus favorables. Les changements de garnison exercent sur la mortalité des chevaux une

(1) *Journal des Haras*, décembre 1840.

influence qu'il serait facile de constater : on verrait que tous les régiments ne souffrent pas également en allant du nord au midi, de l'est à l'ouest, etc. ; que les déplacements ne produisent pas les mêmes effets en hiver qu'en été. Il serait même possible, en ayant égard aux tempéraments des chevaux , aux pays où ils auraient été élevés , de prévoir *à priori* quelles garnisons leur seraient les plus salutaires.

Dans les voyages , les chevaux doivent être dirigés conformément aux règles de l'hygiène. Lorsqu'un régiment arrive à la couchée , on ne doit pas laisser reposer les chevaux sur la place publique , en plein air ; tout doit avoir été préparé d'avance pour que les animaux soient conduits immédiatement dans les habitations qu'on leur destine. Les chefs de corps doivent même faire ralentir la marche avant d'arriver à la destination. Le choix des habitations doit être fait avec soin : plusieurs villes ont de très-mauvaises écuries pour loger les chevaux des régiments de passage ; ces habitations doivent être réfusées par les chefs des corps. Comme le dit le commandant Bourriot , l'autorité doit même les faire démolir ou les utiliser à autre chose qu'à y loger des chevaux ; car un seul changement de garnison peut détruire tous les effets des soins les mieux entendus donnés aux animaux dans les quartiers , s'il est permis aux villes d'étape de loger dans leurs cloaques les corps de passage.

Nous croyons avec cet officier que les régiments doivent en quittant leurs quartiers laisser aux corps qui succèdent des renseignements sur l'état sanitaire des casernes , sur la nature des fourrages , sur les boissons , sur l'influence des saisons , sur les écuries , sur l'exactitude des fournisseurs , etc. Cette mesure qui contribuerait à la conservation des chevaux serait du plus grand intérêt pour la science ; elle contribuerait beaucoup à nous faire connaître l'action des agents hygiéniques , à expliquer pourquoi un état donné de l'air est nuisible une année et indifférent dans une autre circonstance.

Il faudrait autant que possible intéresser les soldats à soigner leurs chevaux , fonder une masse destinée aux hommes qui conserveraient le plus longtemps leur monture ; chaque cavalier devrait au moins avoir le droit de garder son cheval jusqu'à la fin de son congé.

L'influence d'une éducation rustique a dans tous les temps été observée ; les chevaux les plus habitués aux fatigues , aux intempéries , ceux de la Bretagne , des Ardennes , ceux des Cosaques, sont préférables à ceux qui ont été élevés avec soin. De tous les chevaux russes , les zaporoges qui passent toute l'année dans les pâturages sont en bon état après des campagnes où toute la cavalerie montée dans d'autres provinces russes est mise hors de service. Nous avons fait en 1813 et en 1814 une triste expérience des avantages de la rusticité sur nos chevaux et sur ceux des Cosaques.

Mais pour rendre les races équestres insensibles aux intempéries , il faut les diriger avec soin , les habituer graduellement aux travaux pénibles , à rester au froid après qu'ils ont été échauffés. L'éducation, l'entretien du cheval de troupe exigent sous ce rapport les connaissances les plus profondes et les plus variées en médecine ; pour diriger cette partie de l'hygiène vétérinaire , les études que font en hippiatrique les militaires sont insuffisantes ; la connaissance parfaite de l'extérieur du cheval , de l'âge, des allures, de l'anatomie même de ce quadrupède ne suffit pas ; elle peut servir à faire choix d'une monture en enseignant la conformation qu'un cheval doit présenter , en faisant apprécier l'influence d'une tare , d'un suros, d'une molette, d'un défaut d'aplomb, d'un pied trop grand , d'une encolure trop longue , d'une côte res-

serrée, d'un œil suspect ; mais elle ne peut pas guider
dans la manière de régler l'alimentation , le travail d'animaux qu'il faut habituer à résister aux causes ordinaires
des maladies. Pour produire ce résultat , il faut savoir
quels effets les différents états de l'air , les brouillards ,
la pluie , la neige, la chaleur , la lumière, le sol des
écuries, les boissons , la faim , une nourriture copieuse ,
des fourrages mauvais, le repos, le sommeil, l'exercice
modéré , les grandes fatigues , etc. , exercent sur les
fonctions vitales ; il faut même connaître l'influence des
appareils organiques les uns sur les autres dans l'état
normal comme dans les maladies ; il faut, en un mot, être
versé dans la physiologie , dans la pathologie, et ne pas
être plus étranger à la physique, à la chimie , à la botanique, qu'à l'histoire naturelle et à l'étude des habitudes,
des mœurs , des besoins du cheval.

Or, des vétérinaires ayant une connaissance approfondie
de leur état peuvent seuls remplir ces conditions ; malheureusement ils n'occupent dans l'armée, malgré ce que
vient de faire pour eux le gouvernement, qu'un rang tout-
à-fait subalterne, et leurs conseils comme leur expérience
sont à peu près perdus pour l'état; quand ils devraient diriger l'hygiène du cheval toutes les fois qu'on n'a pour
but que la conservation de ces animaux , ils ne peuvent
pas même proposer à l'autorité supérieure toutes les
mesures qu'ils croient nécessaires. Des causes de maladies , ils ne peuvent signaler que celles contre lesquelles
les chefs de corps n'ont aucune influence : aussi ils ne
mentionnent ordinairement que l'étroitesse des écuries ,
l'influence des routes et surtout la mauvaise qualité des
chevaux, etc. ; il leur est défendu de parler de la manière dont les soldats maltraitent les chevaux ; on ne veut
souvent pas leur permettre de dire que les fournisseurs
ont donné de mauvais fourrages ; que les écuries n'ont

pas été couvertes d'une quantité suffisante de litières ; qu'après les manœuvres les chevaux ont été sans nécessité exposés à la pluie, au froid, etc., etc.

Les vétérinaires ne peuvent pas seulement régler la distribution des chevaux, empêcher un maréchal-des-logis, un adjudant d'abuser d'un cheval fin, gracieux, mais faible, que le sous-officier aime à monter, mais qu'il met en peu de temps hors de service ; ils ne peuvent pas même porter plainte aux supérieurs, sans s'exposer à blesser un égal qui le lendemain peut être leur chef. Ce n'est pas ici le lieu de démontrer combien il serait avantageux pour l'état et juste envers les vétérinaires militaires de donner à ces membres de l'armée une position moins dépendante que celle qu'ils occupent, soit en les plaçant tous dans le cadre des officiers, soit plutôt en leur faisant une existence particulière hors du cadre des militaires et en les mettant directement sous les ordres des chefs des corps. Il est assez extraordinaire qu'ils ne puissent pas même commander aux infirmeries ; mais nous devons témoigner notre étonnement qu'on ne les ait pas au moins fait correspondre directement avec les inspecteurs et même avec le ministère ; qu'on les oblige à faire passer par les mains des officiers du corps des rapports qui, pour être bien faits, devraient contenir des observations souvent critiques sur la manière dont les chevaux sont gouvernés, soignés. Il n'est pas étonnant que M. le maréchal Soult, qui depuis si longtemps dirige des armées, ait voulu cette année créer des inspecteurs vétérinaires ; et il est extraordinaire qu'on ne s'en soit pas rapporté, pour ce point de discipline, à l'expérience de l'homme qui est unanimement considéré comme le meilleur administrateur militaire de l'époque ; cela est d'autant plus extraordinaire qu'il suffirait de quelques instants de réflexion pour reconnaître que la création des vétéri-

naires principaux, chargés de diriger tout le service sanitaire des chevaux, serait le seul moyen de rendre la médecine vétérinaire utile pour l'armée et pourrait seule faire
éviter la perte prématurée des chevaux de troupe. MM. les
officiers ne peuvent pas , la plupart du moins, quel que
soit leur mérite comme militaires , diriger convenablement l'hygiène du cheval. Sous ce rapport les chefs de
corps sont même souvent mal secondés par les officiers
sous leurs ordres. Il est à regretter qu'ils ne puissent pas
trouver un appui réel dans les hommes que l'état forme
uniquement pour cet objet.

CHAPITRE V.

Multiplication, élevage et éducation du cheval.

—

Dans la pratique, la multiplication des solipèdes est presque toujours réunie à l'élevage de ces animaux.

Section Ire. *Régime des reproducteurs , boute-en-train ; chaleur , étalon d'essai; monte; conception.*

§ Ier. Soins des reproducteurs ; boute-en-train.

Nécessité de faire travailler les reproducteurs. L'exercice est nécessaire aux animaux employés à la multiplication de l'espèce chevaline; pour avoir des chairs fermes, un bon tempérament, de la force, de la vigueur, les mâles comme les femelles doivent prendre une nourriture bonne et abondante, et ils doivent s'exercer assez pour faire des déperditions proportionnelles à ce qu'ils consomment, afin de prévenir l'accumulation d'une trop grande quantité de graisse. Il est d'ailleurs bien prouvé que le développement du système musculaire est favorable à la reproduction , que les animaux qui travaillent sont les plus féconds.

L'administration des haras croit que lorsqu'un étalon a fait ses preuves, on doit le ménager autant que possible , et ne lui donner que l'exercice nécessaire pour sa santé. On cite l'exemple des Anglais qui laissent leurs étalons dans des paddocks, dans des boxs spacieuses et isolées , entourées d'une vaste cour et même d'un acre de gazon où les animaux vont s'ébattre en liberté. Eu France, pour procurer aux animaux un exercice aussi conforme que possible à celui qu'ils prendraient s'ils étaient libres, on ne les monte qu'en bridon, on les mène droit devant eux en leur laissant le plus de liberté possible.

Si cette méthode peut être utile, c'est dans quelques cas particuliers qui doivent être bien rares. Ce n'est pas sans quelque raison qu'on a reproché à l'administration des haras de ne pas faire monter ses étalons : ces animaux, dit-on, perdent leurs qualités faute d'être exercés. En effet, la promenade paisible devrait durer bien longtemps pour fatiguer convenablement un étalon vigoureux. Si celui-ci ne fait pas assez d'exercice, il devient indocile, gros, lourd, mou, impressionnable aux causes de maladie et infécond. La malheureuse idée que l'on a de croire qu'un étalon ne peut pas travailler, qu'il faut lui donner des soins extraordinaires, fait, comme le dit M. Huzard, que non-seulement ce reproducteur coûte pendant toute l'année sans rien rapporter, mais encore qu'il devient d'une pétulance extrême; ce qui le rend plus difficile à conduire, plus sujet à se blesser, et d'un embonpoint qui rend les maladies plus fréquentes et plus graves. Or, puisque des exercices pénibles sont nécessaires aux reproducteurs, pourquoi ne les ferait-on pas travailler afin d'utiliser la force qu'ils doivent dépenser pour être aptes à donner de bons produits? C'est parce qu'ils font trop rarement des exercices utiles dans les haras, que l'entretien des étalons y est si cher, et que ces établissements font si peu de bien relativement à ce qu'ils coûtent.

Du reste, une institution spéciale a, sous ce rapport, de grands désavantages; des fermes où l'on n'entretiendrait des juments et des étalons que pour les travaux de l'exploitation, et pour couvrir les femelles des environs, seraient, à tous égards, préférables.

Des personnes qui voudraient faire passer les haras dans le département de la guerre, disent que les étalons militaires seraient privilégiés à cet égard : qu'on pourrait, hors de la saison de la monte, envoyer à l'école d'équitation de Saumur ceux qui seraient peu éloignés de cette ville; nous pensons, avec M. Dittmer, que des chevaux précieux « renversant des demi-voltes dans un manége et exécutant des contre-changements au galop, ne dureraient pas longtemps. » (1) Les allures artificielles, la marche curviligne sont nuisibles à tous les chevaux, et il ne faut pas y soumettre ceux qu'on destine à la reproduction; il ne conviendrait pas surtout de mettre entre les mains des recrues des animaux ardents, irritables, et de leur faire faire des exercices aussi pénibles que les manœuvres coupées, entrecoupées qui, en peu de temps, usent les reins et les jarrets; mais on pourrait les donner à des hommes habiles qui les rendraient traitables dans des leçons faciles et peu pénibles. Pourquoi ne chercherait-on pas à rendre maniables ceux qui ont un caractère indocile, à donner des allures strides à ceux qui naturellement marchent sans grâce, puisque nous savons que les qualités acquises passent des pères aux enfants? Ce qu'il importe, c'est de ne pas soumettre les animaux à un service capable d'accroître leurs défauts, de ne pas entraîner un étalon démesurément long, élancé, disposé à s'emporter, naturellement très-rapide; de ne pas faire tirer de très-lourds fardeaux à ceux qui ont le corps court, la croupe avalée, qui ont les membres trop rapprochés du centre de gravité.

Nos agriculteurs craignent que les travaux nuisent aux chevaux de race, et que les mâles entiers occasionnent des accidents là où l'on tient des juments poulinières. Il

(1) *Les Haras et les Remontes.* p. 35.

est bien important de démontrer que toutes nos craintes
à cet égard sont mal fondées; que les animaux employés
à la reproduction de l'espèce chevaline peuvent, sans inconvénient, payer leur entretien par leur travail, et que
les éleveurs doivent au moins avoir pour bénéfice le produit des saillies pour les étalons, et la valeur des poulains pour les juments.

Comme le fait observer M. Huzard, il y a dans les exploitations rurales une foule de travaux que l'étalon peut
faire seul : il peut servir à transporter le fermier dans les
champs, aux foires; il peut herser, traîner le rouleau,
faire tous les transports qui n'exigent que la force d'un
animal. Qu'on ne croie pas que l'étalon de selle ne puisse
pas exécuter ces travaux : non-seulement il fera une belle
et bonne monture pour le cultivateur, mais il fera aussi
un bon cheval de cabriolet, même un cheval propre à
tous les travaux de la ferme; travaux, continue le savant
vétérinaire que nous venons de citer, qui certainement
ne le ruineront pas autant que le séjour à l'écurie. Le
cheval de selle employé à charrier du fumier ne perdra
pas pour cela sa noblesse; le travail, quel qu'il soit, pourvu qu'il soit modéré, ne fera au contraire qu'entretenir
l'animal en santé, tant que la nourriture sera bonne et
abondante, que les soins hygiéniques, le pansage répété,
des couvertures, des abris, de bonnes écuries, une litière
abondante, concourront à entretenir la vigueur, la souplesse des membres, la finesse de la peau, celle des
crins, etc. Il ne sera pas à craindre, non plus que le
travail de trait auquel sera soumis un étalon de selle qui
aura couru ou chassé avec distinction puisse influer sur
ses productions : il n'est pas même nécessaire de cesser
les travaux au moment de la monte, si l'on n'exige des
étalons que les saillies qu'il est raisonnable de leur faire
effectuer : les chevaux de service qui couvrent acciden-

tellement quelques juments les fécondent presque toujours.

Pour démontrer qu'on peut sans inconvénient tenir dans la même exploitation des étalons et des juments, il n'est pas nécessaire de citer l'exemple des Orientaux, des Arabes, qui ne châtrent jamais leurs fougueux coursiers; nous pouvons invoquer l'exemple de nos pères, qui auraient rougi de se servir d'un cheval dégradé, et rappeler même que, de nos jours, nous voyons dans quelques établissements des chevaux entiers et des juments faire ensemble, et sans exiger beaucoup de précautions, les travaux de l'agriculture, ceux du roulage, etc.

Le travail est moins nécessaire aux juments qu'aux étalons; elles sont naturellement moins pétulantes, et la gestation, l'allaitement, les épuisent toujours plus ou moins; cependant il est avantageux de les employer aux travaux agricoles. Des juments payant leur entretien par leurs poulains, lorsque le temps ne permet pas de faire travailler les attelages, forment les cheptels les plus avantageux; on ne saurait trop les conseiller aux agriculteurs de tous les pays un peu favorables à l'élevage des chevaux. Nous verrons, en parlant des soins à donner pendant la gestation, que les femelles pleines doivent êtres très-bien nourries, et qu'elles ne doivent pas faire partie des attelages qu'on fait travailler régulièrement tous les jours.

Il est inutile d'ajouter que s'il est nécessaire de faire travailler les reproducteurs, on doit prévenir les efforts violents, et les privations qui pourraient affaiblir les animaux. Le gouvernement et les administrations locales doivent surveiller avec soin les mâles placés chez des particuliers; la surveillance à cet égard est même très-difficile et presque toujours inefficace; aussi il y a généralement plus d'avantage à vendre les étalons aux agriculteurs, à rendre ceux-ci responsables des animaux, qu'à mettre

28.

les juments soient en chaleur ; mais celles qui sont dans
cet état reçoivent le mâle plus facilement et retiennent
plus souvent.

Les juments âgées , celles qui ont eu plusieurs portées
deviennent en chaleur plus tôt que les autres; celles qui
sont affectées de maladies chroniques de la poitrine , sont
presque toujours disposées à recevoir le mâle : on doit les
réformer. Mais l'on en trouve qui sont froides , chez lesquelles les chaleurs sont rares et durent peu de temps ; il
faut les surveiller et profiter pour les faire couvrir du
moment où elles sont disposées.

Les auteurs conseillent divers moyens pour réveiller
l'instinct reproducteur dans les juments. Nous ne parlerons pas des pessaires composés avec de la fiente de moi-
neau , de la térébenthine et autres corps irritants recom-
mandés par Aphrodiseus ; nous ne dirons pas non plus
que Columelle conseille de frotter les parties sexuelles
avec du jus d'oignon ; presque tous les hippiatres, depuis
Constantin-César, veulent qu'on frotte les parties du mâle
avec une éponge et qu'on la passe ensuite sur les naseaux
de la femelle. Aujourd'hui, on nourrit les juments froides
avec des aliments très-alibiles, on leur donne des rations
d'avoine , de froment , de féverolles ; plus rarement on
fait usage des antimoniaux et autres remèdes excitants ,
administrés jadis à l'intérieur avec du son, du pain. Pour
exciter les juments , il suffit souvent de les placer dans
une écurie à côté du mâle, ou de leur présenter le boute-
en-train. Du reste les juments doivent être bien disposées;
mais lorsqu'elles sont fortement échauffées, elles retiennent plus rarement.

On a conseillé aussi beaucoup d'aphrodisiaques : le
poivre, le gingembre , le fenu-grec , le chenevis, etc. , et
même les composés d'antimoine, pour exciter les étalons
à la monte ; mais il faut être avare de ces substances,

plus même pour les mâles que pour les femelles. On doit toujours en réserver l'emploi pour les étalons forts, très-vigoureux, prolifiques même quoique froids, lents, sans ardeur; on peut donner à ces animaux quelques légers aphrodisiaques mêlés aux aliments; mais en général il faut se borner à l'usage d'une nourriture substantielle légèrement échauffante, composée de foin, de bonne herbe et de féverolles, d'avoine, de froment; et il faut réformer l'étalon qui a besoin, pour remplir ses fonctions, d'excitants plus énergiques.

Pour mettre les étalons en état de féconder leurs femelles, il suffit le plus souvent de les promener quelque temps dans un lieu d'où ils puissent apercevoir les juments. Ce moyen facile rend les chevaux aptes à donner de bons produits; on doit même l'employer pour ceux qui sont déjà disposés à remplir leur fonction; en augmentant leurs désirs il prépare l'éjaculation, ce qui abrége le coït et prévient la fatigue des jarrets et des reins.

Boute-en-train. Le boute-en-train est un animal mâle ou femelle destiné à provoquer les désirs du coït dans un individu du sexe opposé; le boute-en-train est quelquefois un cheval entier que l'on emploie pour faire entrer les juments en chaleur. A cet effet on le loge à côté d'elles, on lui permet même de les caresser, de leur sauter sur la croupe; mais on a soin de le retirer promptement pour lui substituer le vrai étalon, quand elles sont disposées à le recevoir; le boute-en-train est fort utile pour préparer les juments à recevoir l'âne.

L'ânesse sert de boute-en-train pour exciter l'âne à couvrir les juments; de même que celles-ci, placées à côté des chevaux, les disposent à féconder les ânesses.

§ II. CHALEUR DANS L'ESPÈCE DU CHEVAL ; ÉTALON D'ESSAI.

Les animaux sauvages ne peuvent se reproduire qu'à des époques fixes ; dans les herbivores cela a lieu presque exclusivement au printemps. La température de cette saison agit et en excitant les forces vitales engourdies par le froid et par la disette de l'hiver, et en faisant pousser les plantes qui fournissent aux animaux une nourriture abondante. Les êtres organisés ont alors un excès de vie qu'ils cherchent à utiliser en propageant leur espèce. On appelle *rut* la surexcitation des animaux sauvages qui les porte à se multiplier. Cet état est désigné par le nom de *chaleur* dans les espèces soumises à la domesticité.

Les animaux dont nous prenons soin éprouvent des alternatives moins brusques dans leur régime que ceux qui vivent à l'état sauvage. Considéré sous le rapport des besoins matériels de l'existence, le bien-être des premiers est beaucoup plus uniforme ; l'intérêt que nous avons à les conserver nous porte à les garantir de la faim et du froid. Nourris avec abondance, convenablement logés, s'ils ne sont pas exténués de fatigue, ils sont aptes à propager leur espèce presque constamment, du moins dans toutes les saisons, quoique plus particulièrement au printemps. Nous pouvons du reste, en modifiant leur régime, augmenter ou diminuer leur penchant à se reproduire, en avancer ou en retarder l'époque ; de sorte que nous pouvons, en ne leur permettant de suivre l'instinct de l'amour qu'aux époques qui nous conviennent, régler, selon notre intérêt, le moment de leur naissance.

La chaleur dans l'espèce chevaline se reconnaît à des signes généraux que manifeste l'ensemble du corps, l'exercice de la circulation, de la respiration, de la sensibilité, etc. ; et à des phénomènes particuliers que présentent les organes de la génération.

Signes de la chaleur dans les étalons. L'impulsion instinctive qui porte les êtres organisés à se reproduire, se montre souvent dans les animaux domestiques qui sont bien soignés. Les chevaux sont même toujours disposés quand ils rencontrent des femelles ; la vue de celles-ci suffit pour les mettre en chaleur ; cet état se dévoile dans l'étalon par des hennissements, par des ronflements. Les chevaux bien disposés à la copulation piétinent, grattent le sol avec le pied, témoignent le désir de s'approcher des juments ; ils ont les yeux vifs, les oreilles hardies ; ils sont impatients, courageux, deviennent même quelquefois méchants, et se battent avec fureur ; quelques-uns perdent l'appétit et boivent beaucoup ; ils présentent tous les caractères d'une fièvre inflammatoire.

Le membre viril est en érection, les testicules sont rapprochés de l'abdomen. Si cet état dure, un liquide visqueux provenant des prostates, des follicules muqueux, est excrété par le canal de l'urètre : il peut même y avoir excrétion du sperme.

Dans *les femelles* les signes généraux de la chaleur sont à peu près les mêmes que dans les mâles, mais ils varient davantage ; dans quelques-unes ils ne sont pas apparents et l'on ne peut reconnaître qu'elles sont en chaleur qu'en leur présentant l'étalon d'essai ; mais en général la jument qui désire de recevoir le cheval, perd l'appétit et boit beaucoup ; elle est agitée, inquiète ; elle se tourmente, trépigne, gratte le sol, regarde de tous les côtés, hennit souvent ; elle va, vient dans les pâturages, tourmente les autres femelles, leur saute sur la croupe ; si elle voit passer un animal de son espèce, elle s'en approche en hennissant, cherche à franchir les barrières pour suivre les chevaux ; elle est difficile à conduire si on la monte ; si l'éperon la chatouille, elle s'arrête, se campe, fait des efforts pour uriner, se défend quelquefois à outrance, dit Demoussy.

Dans le commencement de la chaleur les juments refusent souvent le mâle quoiqu'elles le recherchent; d'autres témoignent un grand désir d'en recevoir les caresses ; celles qui ont déjà été saillies s'échappent quelquefois pour se rendre à l'endroit où elles ont été couvertes. Il s'en trouve de très-chatouilleuses qui ne se laissent jamais couvrir sans faire des difficultés : on doit les réformer , car elles peuvent blesser les étalons.

La queue est agitée , la jument se campe souvent , urine fréquemment et peu à la fois ; la vulve est gonflée, le clitoris rouge, saillant ; les muscles de ces organes se contractent , la muqueuse du vagin est rouge , injectée , et il s'écoule par la vulve un liquide visqueux et gluant.

La chaleur peut varier beaucoup dans le mâle comme dans la femelle. Cet état est à peine sensible dans quelques animaux ; d'autres fois il est tellement prononcé qu'il constitue une vraie maladie, un état fébrile. Il est alors nuisible à l'effet que doit produire l'acte de la génération. Ce sont les femelles les plus froides avec les mâles les plus chauds qui engendrent le plus; si celles-là sont trop sensibles au plaisir de l'amour, dit Buffon , l'acte par lequel on arrive à la génération n'est qu'une fleur sans fruit, un plaisir sans effet; mais aussi dans les femelles qui sont purement passives , c'est un fruit qui se produit sans fleur ; car l'effet de cet acte est d'autant plus sûr qu'il est moins troublé dans les femelles par les convulsions du plaisir ; elles sont si marquées dans quelques-unes , et même si nuisibles à la conception dans quelques femelles telles que l'ânesse , qu'on est obligé de leur jeter de l'eau sur la croupe ou même de les frapper rudement pour les calmer; sans ce secours désagréable elles ne deviendraient pas mères, ou du moins ne le deviendraient que tard lorsque , dans un âge plus avancé, la grande ardeur du tempérament serait éteinte. (*Dégénération des animaux*; voyez *conception*.)

Étalon d'essai. L'étalon *d'essai*, *l'essayeur* est un mâle entier qu'on approche des femelles qui doivent être saillies pour *les essayer*, pour reconnaître si elles sont disposées à se laisser couvrir. Pour employer l'étalon d'essai , on l'approche de la femelle et on l'avance vers la croupe de celle-ci , quand ils se sont senti l'haleine ; si l'on craint que la jument cherche à se défendre, on la sépare du mâle par des planches disposées de manière à le garantir des coups de pied.

Aux hennissements des cavales, à la manière dont elles supportent les caresses des chevaux , on juge des dispositions qu'elles ont à recevoir l'étalon. On reconnaît par cet essai si elles sont réellement en chaleur , et l'on épargne des fatigues inutiles aux chevaux précieux. Il y a des juments chatouilleuses qui , quoique pleines de désirs, cherchent à lancer des ruades contre les mâles qui les approchent ; on les reconnaît au moyen de l'étalon d'essai , et c'est d'après la résistance qu'elles semblent vouloir faire qu'on juge des précautions qu'il faut prendre pour préserver les mâles de coups de pied. Sous ce double rapport , un essayeur peut contribuer beaucoup à la conservation des étalons de prix.

§ III. DE LA MONTE.

On appelle *saillie*, *monte*, *accouplement*, l'acte de la copulation , le coït, dans l'espèce chevaline.

A. — *Epoque de la monte.*

La faculté que nous avons de faire entrer en chaleur nos animaux dans presque toutes les saisons, nous donne le moyen de les faire accoupler dans tous les temps.

Pour régler l'époque de la monte, il faut avoir égard à l'état des animaux reproducteurs, et aux conditions favo·rables que doit rencontrer en venant au monde le produit de la conception.

Indépendamment de l'aptitude à se reproduire, il y a d'autres conditions qu'il faut rechercher dans le mâle et dans la femelle. L'un et l'autre doivent être paisibles, *contents*. Il faut autant que possible choisir le matin, car c'est après le calme de la nuit que tous les organes sont le mieux disposés pour la conception. Toutefois, avant de livrer les juments à l'étalon, il convient de les promener, de leur faire parcourir 4,5 kilomètres, de leur faire faire une course même pour les fatiguer et pour les engager à rendre les excréments et l'urine. La jument qui a la vessie pleine au moment du coït, excitée par l'orgasme vénérien, urine après la copulation : or, ne peut-elle pas, en contractant les muscles abdominaux pour uriner, comprimer l'utérus, les trompes de fallope, expulser le principe fécondant ou du moins en arrêter l'action? L'étalon qui a la vessie vide éjacule plus facilement, dit De Lafont-Pouloti. Il est positif que le bassin étant débarrassé de la fiente, de l'urine, le sang y circule et arrive plus librement dans le corps caverneux du pénis pour en déterminer l'érection, et le sperme parcourt plus facilement les canaux qu'il doit traverser pour arriver dans le canal de l'urètre. L'étalon qui, au moment du coït, a l'estomac vide ou contenant peu d'aliments, est moins exposé à la rupture de ce viscère, aux hernies, à l'apoplexie, au vertige, etc.

C'est toujours au commencement de la belle saison que se rencontrent les circonstances les plus favorables à la naissance des poulains : à cette époque, les travaux n'étant pas encore très-pressants, on peut donner aux mères quelques jours de repos avant et après le part; les nouveaux-nés trouvent une température douce , favorable , et lorsqu'ils sont en état de prendre des aliments solides , ils ont dans l'herbe tendre .qui commence à pousser une nourriture en rapport avec leurs organes ; et à mesure qu'ils grossissent , que l'appareil digestif se fortifie , les aliments deviennent plus fermes , plus consistants, plus substantiels.

En été l'on a souvent beaucoup de travaux à faire faire aux attelages , et les fortes chaleurs , les insectes contrarient les juments et les poulains. L'herbe est alors rare , sèche , moins favorable à l'entretien des sujets très-jeunes, et à la production du lait : les deux saisons qui suivent l'été sont encore moins propices à l'accouchement des cavales. La température froide de l'hiver nuit à la mère et aux nouvaux-nés , et les fourrages frais que réclament les nourrices et les nourrissons sont rares dans cette saison. Il faut alors pour nourrir convenablement faire usage de grains , de graines , de farines , d'aliments cuits , toujours plus chers que l'herbe. Lorsque la culture des racines four_ ragères sera plus étendue , il y aura moins d'inconvé_ nients à faire naître les poulains avant la belle saison.

Dans les contrées où l'on s'occupe plutôt à multiplier les chevaux qu'à les élever, où l'on vend les poulains à l'âge de 6 à 8 mois, on cherche à les avoir précoces ; les élèves premiers nés paraissent à l'époque de la vente plus forts, plus vigoureux, et les acheteurs ignorant la date de la naissance les croient de meilleure venue.

En cherchant à obtenir des produits précoces, on conduit la jument à l'étalon aussitôt qu'elle est en chaleur, après l'hiver ; et si elle ne retient pas la première fois , qu'elle redemande le mâle , on peut encore la faire saillir avant que la saison soit trop avancée. D'après toutes ces considérations, l'époque la plus favorable pour la saillie , dans nos pays, c'est du 1er avril au 15 mai.

Modes. On procède de diverses manières pour mettre en rapport l'étalon et la jument. On les laisse quelquefois libres dans les pâturages, où ils s'accouplent selon leurs désirs; d'autres fois on ne les laisse communiquer qu'étant attachés et conduits par des palefreniers; enfin, on les lâche libres dans un petit enclos où on les laisse le temps nécessaire à la copulation. On appelle le premier procédé *monte en liberté*, le deuxième *monte en main* et le dernier *monte mixte.*

1° *Monte en liberté.* Elle a toujours lieu dans les haras sauvages et souvent dans les haras parqués, plus rarement quand les animaux sont constamment tenus dans les écuries. Le mâle et la femelle libres s'excitent mutuellement et s'accouplent quand ils sont bien disposés. Cette monte est la plus conforme aux vues de la nature; c'est aussi celle qui est le plus souvent fructueuse. Il y a toujours plusieurs saillies consécutives. La jument qui était d'abord moins disposée, plus chatouilleuse, devient paisible, s'habitue au mâle; le coït s'accomplit plus tranquillement, l'orgasme diminue et la conception s'opère plus sûrement. La monte en liberté ne réclame aucun soin particulier.

Inconvénients de la monte en liberté. Le mâle qui est libre avec des femelles disposées à le recevoir abuse de ses forces et il peut être épuisé avant qu'il ait couvert toutes les femelles qu'il doit féconder. On en voit qui font 20, 25 saillies dans une matinée. Or, le produit de la conception qui participe toujours de l'état où se trouvent le père et la mère au moment du coït, ne doit-il pas être faible? Dans tous les cas, comme l'influence des reproducteurs est en rapport avec leur énergie, la monte en liberté doit être nuisible quand on veut faire prédominer les caractères des mâles, quand on veut améliorer des races, par le croisement, avec des étalons importés; car, devenus moins vigoureux par suite de coïts très-fréquents, ils ont moins d'aptitude à transmettre leurs qualités à leurs descendants.

Les étalons qui effectuent cette monte se fatiguent beaucoup; les jeunes surtout étant peu habiles s'épuisent rapidement, se ruinent les jarrets même avec les femelles qui sont disposées à les recevoir. Garsault ne veut employer la monte en liberté, quoique la plus sûre, que lorsqu'on a un étalon dont on veut retirer quelques *couvertures* avant de le réformer; Bourgelat conseille aussi de ne la mettre en usage que pour les mâles vieux, à réformer, auxquels on donne alors les juments qui retiennent difficilement.

Quand la monte en liberté a lieu dans des pâturages où se trouvent plusieurs mâles et un grand nombre de femelles, on ne peut pas appareiller les animaux, et ils s'accouplent selon leur instinct qui n'est pas toujours dans le sens de l'amélioration des races; mais l'on remédie à cet inconvénient en mettant avec chaque étalon seulement les femelles avec lesquelles il est bien assorti.

S'il y a plusieurs étalons ensemble, ils se battent souvent; ils peuvent se blesser et blessent quelquefois les poulains qui suivent les juments. On a vu aussi des juments jalouses battre les autres pour les éloigner des étalons.

Parmi les étalons qui vivent avec plusieurs juments, quelques-uns s'attachent à une d'elles, s'épuisent avec elle, et les chaleurs des autres passent sans qu'elles soient fécondées. MM. Huzard, Hartmann, ont vu des mâles saillir la même jument 16, 20 fois en une matinée. Ce sont principalement les jeunes chevaux qui s'amourachent de certaines cavales après avoir été repoussés par d'au-

tres : ils poursuivent exclusivement celles qui les ont
reçus les premières sans difficulté.

Les étalons libres reçoivent quelquefois des coups de
pied surtout ceux qui étant trop ardents poursuivent les
juments avant qu'elles soient bien en chaleur. Cependant
cet inconvénient est assez rare dans les animaux qui vivent ensemble à l'état de liberté depuis longtemps ; les
mâles ne font alors, en général, des efforts auprès des
femelles que lorsque celles-ci sont bien disposées ; s'ils ont
l'air de vouloir s'en approcher prématurément, elles fuient,
mais lancent rarement des ruades ; et excitées par la présence continuelle et les avances sans cesse renouvelées de
l'étalon, elles finissent toujours par céder sans se défendre ; il s'en trouve cependant qui, quoique en chaleur, ne
veulent pas se laisser couvrir, et les mâles excités, s'ils
ne trouvent pas d'autres femelles qui veuillent les recevoir, se tourmentent, deviennent furieux et finissent
par être blessés par celles qu'ils poursuivent. Les juments
qui, étant en rut, ne veulent pas l'étalon, sont chatouilleuses ; elles sont dangereuses ; on ne doit pas les forcer ni
les médicamenter, mais les réformer, dit Bourgelat.

2° *Monte en main*. Dans la monte en main, la jument
étant attachée ou tenue par la longe, l'étalon lui est conduit par deux palefreniers qui le dirigent au moyen d'un
caveçon. Cette opération a presque toujours lieu dans la
cour du haras ou du dépôt d'étalons.

Il faut *choisir un lieu* solitaire pour la monte en main.
On voit des chevaux qui ne veulent pas saillir la jument
qui leur est offerte s'ils en aperçoivent une autre. On ne
doit admettre même que les gens nécessaires pour tenir
ou diriger les animaux, afin d'éviter autant que possible
tout ce qui pourrait distraire l'étalon et le faire descendre
avant qu'il ait rempli sa fonction.

Le sol doit être ferme, dur même, mais non glissant,

pour que l'étalon puisse y prendre un appui solide, qu'il ne s'épuise pas en efforts inutiles. Comme la taille des deux reproducteurs n'est pas toujours favorable à leur accouplement, pour obvier aux difficultés que peut rencontrer un mâle trop grand ou trop petit, le sol doit présenter deux plans, inclinés l'un vers l'autre. Si la femelle est plus grande que le cheval, on lui place les pieds de derrière dans le lieu le plus bas, c'est-à-dire sur la ligne qui sépare les deux plans : elle aura alors le train antérieur plus élevé que le postérieur. Cette position facilitera déjà l'étalon qui en outre, étant sur un versant, se trouvera plus haut. Il est inutile d'ajouter que lorsque le mâle est plus grand que la femelle, il doit avoir les pieds postérieurs dans la partie la plus basse du terrain.

Manière de procéder à la monte. Quand on juge les reproducteurs disposés à la copulation, on met la jument sur l'emplacement que l'on a choisi ; on l'attache à des poteaux ou on la tient par la longe. Les crins de la queue étant réunis en tresse, l'on en fixe l'extrémité à la crinière. Si les cavales sont très-difficiles, si l'on craint qu'elles blessent l'étalon, on leur met un serre-nez ou les morailles ; si elles sont très-chatouilleuses, on les garnit du collier et on place aux membres postérieurs des entravons d'où partent des cordes qui se croisent sous le ventre et vont se fixer au collier, en passant soit sous le poitrail, soit à côté des bras ; d'autres fois les cordes vont directement des pieds de derrière se fixer au collier ou aux avant-bras. On doit les disposer de manière qu'il ne puisse en résulter aucun accident ni pour la jument ni pour l'étalon.

Quand la jument est bien préparée, deux hommes lui conduisent l'étalon garni d'un caveçon ; si le mâle était trop ardent ou méchant, on pourrait lui mettre les lunettes ou une capote pour lui boucher les yeux. Certains chevaux, en voyant la jument, font la pointe, se dressent et s'avancent en marchant sur le bipède postérieur seulement; cette position les fatigue beaucoup, use les jarrets. Il ne faut pas cependant chercher à empêcher le cheval de se cabrer, parce que, contrarié, il ferait un plus grand effort pour soulever le train antérieur, pourrait se renverser en arrière et se blesser. S'il n'est pas bien disposé, on ne doit pas le laisser approcher de la jument de suite; il faut le tenir éloigné jusqu'à ce qu'il paraisse prêt à effectuer l'opération. Quand l'étalon monte sur la jument, un des palefreniers doit, si la queue n'est pas bien retroussée, ôter tous les crins qui pendent devant la vulve; il doit aussi diriger le pénis pour diminuer les fatigues, abréger l'opération et prévenir une erreur de lieu, qui rendrait l'acte infructueux et pourrait être fatal à la jument. Les femelles maigres, celles qui ont l'anus enfoncé, y sont le plus exposées. D'après Bourgelat, Demoussy, le sperme du cheval déposé sur la membrane muqueuse de l'intestin détermine une violente inflammation presque toujours suivie de la gangrène et de la mort. Pendant la copulation la jument cesse presque toujours de se défendre; elle se prête à l'opération et on doit lui ôter le troche-nez si elle l'avait. La jument libre retient plus sûrement, On connaît que la fonction est terminée aux secousses réitérées et plus grandes que donne l'étalon, aux trémoussements de la queue, à l'abaissement de la tête qui se laisse aller, à l'air abattu qui succède à l'agitation. On fait alors avancer la jument en ayant soin de retenir doucement le cheval pour le faire descendre sans le laisser reculer et sans lui imprimer aucune secousse. L'étalon le plus fougueux est alors fort paisible; il se laisse conduire à sa stalle sans opposer aucune résistance.

Pour rendre la saillie féconde il faut faire couvrir les

juments au moins deux fois de suite ; car plusieurs copulations effectuées dans la même matinée sont plus sûrement fécondes que si elles ont lieu à plusieurs jours d'intervalle , ainsi que nous l'avons expliqué en parlant de la monte en liberté. Dans tous les cas, il ne peut pas y avoir d'inconvénient à faire saillir une jument deux fois de suite.

Inconvénients et avantages de la monte en main. Quand on réunit les animaux, ils peuvent ne pas être bien disposés. Le mâle lui-même , craignant qu'on lui enlève la femelle, cherche à la couvrir avant d'être préparé , et l'opération est plus longue, et l'usure des jarrets plus grande. Si l'étalon est fougueux, il peut se dresser , se renverser et se blesser. S'il est difficile à conduire , la pression du caveçon peut le rendre camus.

La monte en main est souvent infructueuse ; la conception a difficilement lieu lorsque les deux reproducteurs sont contrariés , aussi il n'est pas rare de voir la moitié des saillies ainsi faites être infructueuses.

Un autre inconvénient de la monte en main c'est le danger de faire couvrir des femelles pleines et de les faire avorter : on force les juments à se laisser sauter 7 ou 8 jours après qu'elles ont reçu le mâle , et la seconde saillie détruit souvent l'effet de la première ; on ne doit jamais faire couvrir une jument qui refuse l'étalon quelques jours après l'avoir reçu volontairement. Les propriétaires se nuisent souvent en voulant profiter de la faculté que leur accorde le gouvernement de faire saillir deux fois les juments dans les haras.

Malgré tous les inconvénients de la monte en main, elle est indispensable quand il y a une grande différence de taille entre les reproducteurs , lorsqu'ils sont méchants , quand on veut ménager les mâles , etc.

3° *Monte mixte.* Pour éviter les inconvénients de la

monte en liberté et de la monte en main, les Allemands emploient un procédé mixte. D'après M. Huzard, ils font construire une rotonde assez grande pour que les animaux puissent y être à l'aise, mais pas assez pour qu'ils puissent y trotter. Après qu'on s'est assuré que la jument est disposée à recevoir l'étalon, on les place, l'un et l'autre étant déferrés, dans cette rotonde; par une lucarne disposée convenablement on surveille l'opération et lorsqu'elle est terminée on retire les animaux en les saisissant par la courte longe d'un licol qu'on leur avait laissé.

Peut-être devrait-on employer pour le cheval la méthode que des éleveurs judicieux suivent pour le mouton : abandonner l'étalon dans un enclos, dans un petit parc où on lui conduirait les juments qui lui seraient destinées. Les animaux resteraient ensemble jusqu'à ce qu'ils eussent effectué plusieurs copulations consécutives.

§ IV. GESTATIONS ANNUELLES DES JUMENTS ; NOMBRE DE FEMELLES QU'UN ÉTALON PEUT FÉCONDER.

Est-il convenable de faire saillir les juments tous les ans ? On a longtemps cru qu'il ne fallait pas faire porter les femelles nourrices. De Lafont-Pouloti, qui résume les hippiatres ses prédécesseurs, dit que la jument ne peut pas nourrir à la fois le poulain né et celui qui est à naître. Cette opinion est basée sur des considérations théoriques assez plausibles, et des faits nombreux semblent la confirmer. Mais les idées ont changé à cet égard, depuis que l'expérience nous a enseigné l'influence d'une très-bonne nourriture donnée à la mère, les effets des grains, des graines sur l'accroissement des poulains, la possibilité de les sevrer très-jeunes, sans nuire ni à leur développement, ni à leur constitution. Presque tous les auteurs de l'époque conseillent de faire porter les juments tous les ans.

Dans la Normandie, dans le Limousin, dans la Franche-Comté, on conduit la jument à l'étalon huit jours après le part; dans la Hongrie, d'après M. Huzard, on la fait saillir trois jours après qu'elle a mis bas, et ce moment est le plus favorable à la fécondation. Cette pratique est usitée dans les haras du nord, de l'est, sans que les races en souffrent.

On ne peut pas établir de règles fixes à cet égard. Si les femelles paraissent épuisées par la gestation ou par le travail, on doit les laisser reposer un an sur trois ou sur quatre, selon leur constitution; nous conseillons cette pratique, quoiqu'on puisse citer beaucoup de juments qui, pendant vingt, vingt-cinq ans, ont donné tous les ans un très-beau poulain. Le tempérament de la jument, la nourriture qu'on lui donne indiqueront à l'éleveur la marche qu'il doit suivre. Il ne faut pas oublier qu'un produit très-beau peut donner plus de bénéfice que deux médiocres, et que les juments qui portent tous les ans, sont ordinairement plus tôt usées que celles qui ne font qu'un poulain tous les deux ans. Dans les établissements où l'on recherche moins les bénéfices que des produits très-distingués, les cavales ne sont livrées à l'étalon qu'un an après qu'elles ont mis bas; mais, en suivant cette méthode, les cultivateurs dont les juments resteraient infécondes une année éprouveraient des pertes considérables, si ces femelles étaient entretenues exclusivement pour les poulains.

Nombre de femelles que peut féconder un étalon. On ne peut apprécier la force prolifique des animaux que par l'expérience. Nous voyons des étalons qui sans se fatiguer opèrent un nombre de saillies qu'on n'aurait jamais prévu d'après leur aspect. Cette force est variable selon les âges; le jeune cheval quoique ardent ne pourrait pas sans s'épuiser féconder le nombre de juments qu'il sautera plus tard impunément. Dans la vieillesse l'activité génitale diminue. Les auteurs qui ont fixé le nombre de femelles qu'il convient de donner à chaque mâle, se sont en général guidés d'après l'âge, la force des animaux. Lafont-Poulotï conseille de faire couvrir à un étalon , la première année qu'on l'emploie, dix, douze ou quinze juments , et d'augmenter, pendant cinq ans, ce nombre de deux juments tous les ans ; après quelques années on diminuerait en suivant la même proportion , Les auteurs qui ont voulu donner un nombre fixe ont tous beaucoup varié ; les uns portent à trente juments, d'autres à quarante, à cinquante, etc., le nombre de celles que doit annuellement féconder un étalon , en supposant qu'il les couvre deux fois chacune ; d'autres supposent qu'il ne peut en saillir que vingt-cinq, qu'il doit sauter deux ou trois fois chacune , et donner vingt produits par an. On cite (1) un étalon qui servait annuellement de cent vingt à cent trente juments, et qui une année a donné cent dix-neuf poulains; il était issu des étalons du roi, qu'on tenait en Bretagne avant la révolution, et il n'est mort qu'en 1818, à un âge très-avancé.

Dans le Perche, les étalons des particuliers sont nombreux et vont faire la monte à domicile; les propriétaires les sortent dans le mois de février et les mènent de ferme en ferme jusqu'au mois d'août. Chaque étalon saillit de quatre-vingts à cent cinquante juments , dont la plupart sont fécondées; lorsqu'il est dans une ferme, il saute, avant de la quitter, les cinq, six juments qui s'y trouvent, sans que sa santé en souffre. Comme les propriétaires des juments nourrissent les étalons, ces animaux sont toujours très-bien nourris. On ne paye que pour les femelles qui ont été fécondées ; après la saison de la monte les ani-

____

(1   *Journal des Haras*, septembre 1840.

maux reprennent leurs travaux sans avoir souffert (1).

Lors même que ces étalons ambulants ne paraissent pas malades et que les juments saillies sont fécondées, il ne faut pas croire que cette pratique soit favorable à la production de bons chevaux. Les mâles qui couvrent trop de femelles, quoique excités par une nourriture échauffante, n'ont pas les conditions nécessaires pour engendrer de bonnes bêtes de travail.

La plupart des étalons peuvent faire sans inconvénients au moins deux saillies par jour, l'une le matin, l'autre le soir ; on peut même leur faire sauter dans un jour quatre, cinq juments, sauf à les laisser reposer les jours suivants. Lorsqu'on voit qu'un étalon met plus de temps à effectuer la copulation qu'il n'en mettait ordinairement, quoiqu'il aille toujours à la jument avec la même ardeur, on doit diminuer son service, n'employer que trois fois tous les deux jours, ou seulement une fois par jour, ou même une fois tous les deux ou trois jours, celui qui couvrait régulièrement une jument le matin et une autre le soir.

On ne peut donner aucune règle fixe sur le nombre de juments qu'il faut livrer à un cheval ; on doit se guider à cet égard d'après l'aptitude des animaux ; mais en général on abuse de l'ardeur des reproducteurs et l'on n'obtient de mâles du plus grand mérite que des produits médiocres ; tandis qu'on voit des chevaux de très-peu de valeur, qui couvrent accidentellement des femelles, donner de très-bons produits. S'il arrive si souvent que les poulains, les agneaux les plus précoces sont les plus beaux et ceux qui se développent le mieux, cela ne provient-il pas de ce qu'ils sont engendrés au commencement de la saison de la monte, avant que les étalons et les béliers soient épuisés ? Cela est d'autant plus probable que les in-

______

(1) *Journal des Haras*, décembre 1840.

dividus précoces naissent souvent avant les beaux jours , dans une saison très-peu favorable : ils se développent malgré le froid et quoique les mères manquant de bonne nourriture n'aient que très-peu de lait.

§ V. SOINS DES REPRODUCTEURS IMMÉDIATEMENT APRÈS LA MONTE; CONCEPTION.

Soins de l'étalon. Dans la monte en liberté, les animaux ne réclament aucun soin particulier lorsqu'ils ont effectué la copulation ; mais dans la monte en main, on doit, après avoir remis l'étalon en place , le bouchonner , le couvrir et lui donner une demi-ration d'avoine ; peu de temps après, les animaux qui travaillent peuvent, sans nul inconvénient, être employés à leurs travaux.

Conception, soins des femelles après la monte. On appelle *conception, action de concevoir,* l'acte par lequel il se forme un nouvel être dans l'appareil génital de la femelle qui a été fécondée. Pour que cette fonction s'effectue dans nos mammifères il faut que la liqueur spermatique soit déposée dans le vagin, ou mieux, dans la matrice. Les organes de la femelle poussent-ils le sperme jusqu'à l'ovaire ? Se détache-t-il pendant le coït un ovule qui traverse les trompes de fallope et vient recevoir le principe vivifiant dans l'utérus ? Quoiqu'il en soit, le repos, la tranquillité , le calme le plus parfait des organes génitaux sont favorables à la conception. Les fortes secousses , les violentes contractions des muscles abdominaux, les spasmes de l'utérus, en un mot, tout ce qui comprime l'appareil génital et gêne les communications qui existent entre le vagin et les ovaires nuit à la fécondation. La femelle ne peut, par aucune action directe, volontaire , contribuer à la conception ; elle ne pourrait que la rendre difficile en exécutant certains mouvements. La nature a voulu, pour assurer la conservation des espèces , opérer cet acte mystérieux sans la volonté des individus qui doivent en supporter les pénibles conséquences.

Les hippiatres recommandent de bouchonner, de frictionner fortement les juments, de les battre même, de leur faire faire des courses, etc., de suite après la copulation. Toutes ces opérations sont nuisibles le plus souvent en provoquant des désirs, en déterminant des contractions des muscles expirateurs et de la matrice. Il n'est pas nécessaire non plus de verser des seaux d'eau froide sur la croupe des juments, de les battre, quoique ces opérations n'aient pour but, selon Buffon, que de calmer les convulsions qui subsistent après l'accouplement, et qui sont la cause du rejet de la liqueur séminale du mâle. Au lieu d'employer ce moyen, il serait préférable de saigner les femelles au besoin, et mieux de les soumettre pendant quelques jours à un régime rafraîchissant, au vert, à l'eau chargée de farine et donnée à la place de l'avoine. Il peut aussi être avantageux de fatiguer les femelles avant de les faire saillir; les Arabes font courir leurs juments avant de les livrer à l'étalon ; fatiguées, elles le reçoivent paisiblement, et après le coït elles rentrent dans une tranquillité absolue favorable à la conception. Cette pratique est la meilleure; les femelles saillies ne réclament aucun soin particulier, elles doivent rester en repos; il faut les placer dans un lieu un peu obscur, à l'abri des insectes, et si on les monte, ne pas les piquer avec l'éperon ; la piqûre des mouches, l'action de l'éperon sur le flanc, en produisant des chatouillements, peuvent déterminer des spasmes dans l'utérus, des contractions dans les muscles abdominaux, et nuire à la conception. Il faut même qu'elles ne puissent ni voir, ni sentir, ni entendre un étalon dont le souvenir pourrait réveiller des sentiments nuisibles à l'action que doit produire le principe fécondant. On doit

éviter tout ce qui peut engager les femelles à rendre les
urines, les excréments; la compression exercée sur le
bassin pour effectuer l'excrétion de ces matières ne pouvant que nuire à la fonction génératrice.

SECTION IIe. *Gestation, avortement et accouchement.*

§ Ier. GESTATION.

La gestation est l'état des femelles qui, ayant été fécondées, portent le produit de la conception.

Soumis à l'influence de la liqueur spermatique, l'ovule
acquiert une vie propre; il devient susceptible de se développer et de former un être semblable à ceux qui ont
concouru à le créer. Sa présence suscite sur la surface
interne de l'utérus une irritation spéciale qui détermine
la sécrétion d'un liquide qui le nourrit et le fait adhérer
à la mère; bientôt un corps intermédiaire nommé *placenta*
se forme, des vaisseaux s'y établissent, et le *germe* devient ce qu'on appelle d'abord *embryon* et ensuite *fœtus.*

La présence du germe dans l'utérus produit dans la femelle des effets remarquables : l'excitation vénérienne
diminue ou cesse du moins le plus souvent, le sang se
porte dans le bassin en plus grande quantité, les vaisseaux
qui se rendent à la matrice acquièrent du volume ; cet
organe se développe et bientôt acquiert une grosseur qui
fait paraître le ventre plus ample. Cette dérivation influe
sur tous les organes de la mère. Toutes les fonctions se ra-
lentissent comme si la vie leur manquait; cet état se fait
sentir jusque sur certaines maladies dont les progrès cessent pendant la gestation.

Signes de la gestation. Dans les premiers temps de la
plénitude rien n'annonce cet état. La prompte cessation
de la chaleur est le signe qui se remarque le premier

mais il n'est pas constant : l'on voit souvent des femelles dans lesquelles l'éréthisme qui cause les désirs vénériens se conserve un temps assez long après la conception ; mais dans la plupart il passe presque immédiatement après. L'absence du retour de la chaleur est un signe plus constant ; encore observe-t-on quelques juments qui présentent cet état plusieurs fois après une copulation féconde. On rapporte qu'une jument du haras de St-Léger, pleine depuis plusieurs mois, recherchait encore l'étalon ; Louis XIV s'en rapportant plutôt aux désirs de la jument qu'à Garsault qui la disait pleine, voulut qu'on lui donnât l'étalon ; on la fit couvrir, ce qui la fit avorter.

L'augmentation du volume du ventre n'est pas un signe plus constant, et dans tous les cas il ne se montre que tard. Il y a même des juments de race auxquelles le ventre grossit fort peu, et seulement dans les derniers temps de la gestation ; dans quelques poulinières il diminue fort peu après le part ; elles paraissent toujours pleines, de sorte qu'après les premières gestations ce signe est de nulle valeur. Lorsque le fœtus commence à être volumineux , il sort de la cavité pelvienne, tombe dans l'abdomen ; alors le ventre descend , il s'avale, et les flancs se creusent supérieurement.

Après la conception la vivacité des juments diminue presque toujours ; elles deviennent molles, insensibles à l'éperon, trottent difficilement , et n'exécutent plus de mouvements desordonnés , soit que le fœtus les gêne, soit que l'instinct les avertisse qu'elles ont leur progéniture à conserver. Mais il se trouve encore beaucoup de juments chez lesquelles ces changements sont peu sensibles , du moins dans les premiers mois de la plénitude.

L'exploration du bassin est souvent le seul moyen qui permette de constater l'état de l'utérus ; mais cette opération qui peut être fatale au fœtus, surtout dans les juments irritables, doit être faite avec précaution, et dans le cas d'urgence seulement. Quand on veut l'effectuer, il faut d'abord se faire les ongles, se graisser le bras avec un corps doux et l'introduire dans le rectum pour s'assurer de l'état de la matrice. Quelques personnes explorent les organes génitaux en passant le bras par la vulve. Par cette opération on peut constater le volume de l'utérus, reconnaître si cet organe est vide et si la jument n'a pas été fécondée ; mais lorsque la matrice est volumineuse et contient un corps qui n'en fait pas ordinairement partie, il est très-difficile de reconnaître si ce corps est un môle, des hydatides ou un fœtus ; de sorte qu'on ne peut avoir des certitudes sur la plénitude que lorsque le fœtus exécute des mouvements,

Le gonflement des mamelles présente un signe moins incertain que les précédents. Il se fait remarquer peu de temps après la fécondation ; dans les jeunes femelles qui portent pour la première fois, le pis se déride, s'élève, les mamelons deviennent plus visibles, quoique ces organes conservent presque le même volume. Si l'on trait la jument, il sort du trayon un fluide d'abord transparent, un peu gluant, qui devient de plus en plus opaque. Ce signe ne peut être d'aucune utilité dans les femelles nourrices, et il n'est sensible que fort tard dans les vieilles juments.

Les signes que nous venons d'indiquer ne peuvent établir que des probabilités ; ce n'est qu'après le sixième mois, quelquefois avant, que les mouvements du fœtus deviennent sensibles et font cesser toute incertitude ; le flanc droit est la partie où on les ressent le plus facilement. Pour les reconnaître, on place une main sur le dos, et l'on presse avec l'autre au bas du flanc droit ; si la pression est assez forte, le fœtus comprimé exécute ordinairement des mouvements ; on le sent aussi lorsque la jument est couchée sur le côté gauche, ou quand elle mange et lorsqu'elle vient de manger, car, à mesure que la grosse masse intestinale qui occupe le flanc gauche augmente, le fœtus se porte plus à droite. Les boissons froides ingérées dans l'estomac en grande quantité refroidissent l'abdomen, contrarient le fœtus et le font mouvoir ; on peut à ses mouvements reconnaître sa présence en pressant sur le flanc droit immédiatement après que la mère a bu de l'eau froide. Vers la fin de la gestation, tous les signes précédents augmentent : la jument devient de plus en plus molle, l'abdomen s'avale, le flanc devient creux, les muscles de la croupe s'affaissent, le poids du fœtus tire le vagin, l'anus et la vulve sont enfoncés dans le bassin, les tubérosités ischiales deviennent saillantes, le pis est volumineux, les juments urinent souvent, trottent difficilement et en écartant les membres postérieurs ; les mouvements du fœtus sont forts, on les ressent de tous les côtés de l'abdomen, on les aperçoit même quelquefois à la vue.

Soins des juments pendant la gestation. Nous plaçons en première ligne la nécessité du travail surtout pour les poulinières qui ne nourrissent pas. Il ne faut pas craindre qu'il soit nuisible, car nous voyons beaucoup de juments dont l'état de plénitude n'avait pas été soupçonné par le propriétaire et qui non-seulement ont beaucoup travaillé, mais ont supporté les plus rudes fatigues et fait les plus violents efforts, et qui cependant, le terme de la gestation arrivé, accouchent d'un fœtus bien conformé, fort et vigoureux. « Les Bédouins préfèrent monter les juments que les étalons, et ils ont pour principe de ne pas les ménager jusqu'au neuvième mois de la gestation ; ils prétendent que pour donner de bons poulains les juments en état de plénitude doivent courir. » (1) Malgré

(1) Hamont, *Recueil de Médecine vétérinaire*, mai 1842, p. 338.

l'autorité de ces exemples nous conseillons d'exiger des juments plutôt un travail continu qu'un travail violent. Lorsque la gestation est avancée, on ne doit jamais faire galoper les juments ni même les faire trotter vers la fin de la plénitude ; il faut même surveiller toujours les juments pleines qui travaillent. L'avortement n'est pas le seul accident qu'on ait à craindre : le fœtus comprime les viscères, les presse, les frappe dans les secousses qu'il éprouve ; il refoule le diaphragme en avant, comprime le poumon et prédispose la mère à contracter des irritations de poitrine, etc. Les agronomes calculent qu'il faut une quinzaine de jours de repos à une jument à l'époque du part. On doit cesser de la faire travailler trois ou quatre jours avant la mise bas, quand le volume de l'abdomen, la difficulté de marcher annoncent la fin prochaine de la gestation.

La nourriture forme ici un objet du plus grand intérêt; il faut réserver pour les juments pleines les aliments les plus alibiles ; le développement, la bonne constitution du fœtus en dépendent. Les Anglais donnent à leurs poulinières des mâches composées de deux parties d'orge et d'une partie d'avoine, concassées et arrosées avec de l'eau bouillante ; ces substances fournissent beaucoup de chyle, elles nourrissent sans exciter. Le vert seul peut difficilement suffire, surtout pour les juments qui travaillent ; elles souffriraient si l'herbe formait leur unique nourriture. Il vaut mieux les faire travailler davantage et ajouter à l'herbe des grains, des farineux, des mâches. Un supplément de nourriture au râtelier est nécessaire le matin aux juments qui vont dans les pâturages; l'estomac en partie rempli de foin est moins sensible que s'il était vide à l'impression que tend à produire l'herbe couverte de rosée ; les aliments pris aux râteliers préservent aussi le fœtus de l'effet du froid; quelques bouchées d'her-

bes , quelques gorgées d'eau froide prises par une poulinière qui est à jeun, peuvent occasionner l'avortement.

Les aliments susceptibles de produire des indigestions ,
ceux surtout qui fermentent et dégagent des gaz dans les
organes digestifs, doivent être donnés en petite quantité
et souvent. Il faut surveiller les juments pleines qui sont
au vert depuis peu , celles auxquelles on donne au râtelier le produit vert des prairies artificielles ; les indigestions venteuses déterminent souvent la mort du fœtus en
produisant la compression de la matrice et l'expression
des fluides contenus dans le tissu spongieux du placenta.

Il est inutile de recommander de bien panser les juments pleines et de les couvrir avec soin : le pansage
rend la peau fine , le poil luisant , les articulations souples ; il agit sympathiquement sur le fœtus et peut à la
longue contribuer à l'amélioration des races. Nous ne
recommanderons pas non plus de les séparer des grands
ruminants , si dangereux à cause de leurs cornes , et des
étalons, qui peuvent déterminer la mort de l'embryon en
faisant revenir les juments en chaleur ou en exerçant
des violences sur elles ; de ne pas les faire blesser contre
les portes , contre les barrières, contre les brancards des
voitures ; de les laisser libres dans de grandes stalles ou
de les attacher de manière qu'elles ne puissent ni s'entraver ni se blesser entre elles , ni se faire mal contre les
séparations , les crèches. Il serait aussi superflu de dire
qu'on ne doit pas les mettre dans les pâturages, lorsque
les chaleurs sont trop fortes , les mouches vigoureuses,
ou lorsque le temps est froid , mauvais , etc.

Indépendamment de ces moyens hygiéniques, il faut
dans quelques cas employer des moyens particuliers ; la
saignée peut être utile lorsque la jument est trop ardente,
qu'elle est trop bien nourrie, qu'elle ne travaille pas suffisamment, et que la chaleur dure après la copulation. La

saignée est plus souvent indiquée vers le sixième mois de la gestation , lorsque la femelle présente un état pléthorique bien marqué , lorsqu'elle a la tête lourde , le pouls plein , dur ; les yeux vifs , les membranes muqueuses de l'œil , du nez, rouges ; les membres postérieurs engorgés. Il ne faut pas oublier cependant que la pléthore est un état habituel aux femelles pleines et qu'on doit les saigner avec précaution pour ne pas produire de brusques changements ; de petites évacuations sanguines plusieurs fois répétées seraient préférables à une forte saignée. Il peut être utile de tirer du sang à une jument pleine après un accident, un coup... Bourgelat ordonnait dans ces cas un bol astringent. Les substances médicamenteuses **sont** aujourd'hui abandonnées avec raison.

Il faut traiter avec beaucoup de soin les maladies des femelles pleines , user d'un traitement actif , bien soigné , capable d'abréger le plus possible la maladie ; mais s'abstenir de moyens violents qui portent le trouble dans l'économie animale.

Durée de la gestation. Le produit de la conception met à parcourir les phases de son développement un temps qui varie de 322 à 419 jours. Mais la durée moyenne de la gestation est de 347 à 360 jours.

§ II. AVORTEMENT.

On appelle *avortement* l'expulsion du fœtus chassé de la matrice par une cause anormale. On dit également qu'il y a avortement lorsque le fœtus est mort dans l'utérus quoiqu'il ne soit pas expulsé de cette cavité. Il diffère du part prématuré en ce que celui-ci, quoiqu'arrivant avant le terme de la gestation, n'est jamais le produit d'une cause accidentelle , mais dépend de la constitution de la mère ou du petit. Du reste dans le part prématuré le fœtus peut ne pas être viable tandis qu'il l'est quelquefois dans les cas d'avortement.

Causes de l'avortement. Les causes de l'avortement sont nombreuses; elles peuvent agir à toutes les époques de la gestation; elles sont prédisposantes ou occasionnelles; les unes sont physiologiques, les autres sont mécaniques ou physiques. L'avortement est produit par tout ce qui tend à rompre la liaison qui unit le placenta à l'utérus et par ce qui rend les juments incapables de nourrir le fœtus.

Parmi les causes prédisposantes se trouvent certaines conformations du bassin, des exostoses sur les os des iles, un bassin trop étroit, l'accouplement avec un mâle trop grand pour la femelle, certaines maladies de la matrice, l'irritabilité trop grande des juments et la plupart des causes physiologiques que nous allons indiquer.

L'avortement est plus à craindre peu de temps après la fécondation que vers la fin de la plénitude.

Le chatouillement du flanc par l'éperon, la piqûre des insectes peuvent le produire en excitant dans les organes génitaux des mouvements qui expulsent le produit de la conception. La présence d'un étalon peut occasionner les mêmes effets. Ces causes agissent seulement sur les juments qui ont de grandes prédispositions, principalement sur celles qui viennent d'être fécondées. Le coït et la contrainte nécessaire pour fixer une femelle non disposée à se laisser couvrir, peuvent aussi produire l'avortement.

Le repos trop longtemps continué, une nourriture trop copieuse, trop abondante, sont des causes fréquentes d'avortement. Tout ce qui rend le sang des juments pleines trop abondant et trop riche en cruor dispose ces femelles aux congestions sanguines sur l'utérus et peut détacher le placenta.

Les aliments ligneux, peu alibiles, sont nuisibles pendant la gestation ; ils irritent les organes digestifs et rendent le ventre volumineux, compriment la matrice et peuvent occasionner la mort du fœtus. Une nourriture insuffisante produit le même effet en rendant le sang de la mère séreux, pauvre en fibrine ; enfin, les fourrages poudreux, vasés, rouillés ; les eaux impures, croupies, qui altèrent le sang ; les années pluvieuses, l'air impur, chaud, dilaté ; les habitations mal tenues, humides, infectes, et toutes les circonstances contraires à une bonne respiration sont des causes d'avortement. Les aliments couverts de gelée blanche ou simplement de rosée, les boissons froides prises en grande quantité peuvent aussi produire la mort du fœtus en donnant ou non des coliques à la mère. La plupart des causes que nous venons d'énumérer agissent à la fois sur un grand nombre de femelles et déterminent ordinairement des avortements épizootiques.

Les fortes irritations du tube intestinal, les coliques, les inflammations du poumon et toutes les maladies graves peuvent entraîner la mort du fœtus. Les saignées trop copieuses, les purgatifs drastiques produisent quelquefois le même effet.

La plupart des causes physiologiques, la mauvaise nourriture, la pléthore, etc., occasionnent rarement, d'une manière directe, la mort du fœtus ; elles produisent le plus souvent des prédispositions, et les femelles qui ont été soumises à leur influence avortent ensuite par la plus légère cause occasionnelle. Ainsi s'explique comment un petit coup, un léger froid, donnent quelquefois lieu à l'avortement, tandis que dans une foule d'autres circonstances ces causes sont sans effet.

Parmi les causes de l'avortement qui agissent mécaniquement, se trouvent les coups, les heurts : les coups de pied, les coups de corne, les pressions contre les portes, contre les voitures, les glissades, les chutes, les efforts violents, les sauts, les galops, etc. ; les indigestions venteuses, les toux fortes, quinteuses, peuvent produire la compression et la mort du fœtus.

Signes de l'avortement. L'expulsion accidentelle du fœtus est quelquefois précédée de signes qui la font pressentir, mais d'autres fois elle arrive sans qu'aucun signe l'ait annoncée. Ce dernier cas se présente assez souvent immédiatement après la conception, et les propriétaires des juments ne s'aperçoivent même pas qu'elles aient avorté : ils croient qu'elles n'ont pas été fécondées. Il n'en est pas de même quand l'avortement a lieu vers la fin de la gestation. Les signes qui le précèdent alors sont ceux qui se montrent ordinairement avant le part. On ne peut le distinguer de celui-ci que par des signes commémoratifs.

On doit supposer qu'il y a avortement lorsque la jument, ayant été exposée à quelques-unes des causes que nous avons énumérées et n'étant pas encore parvenue au terme de la gestation, devient triste, cesse de manger, prend un pouls tendu, fréquent, un flanc creux, si la vulve se gonfle, que la jument cherche souvent à uriner, qu'elle se couche et se relève fréquemment, que les mamelles se flétrissent, etc. Dans le part le gonflement des lèvres de la vulve précède les douleurs, tandis que dans l'avortement les coliques se déclarent avant qu'aucun changement soit survenu aux organes externes de la génération. Il arrive quelquefois que les femelles, sans avoir donné aucun signe de maladie, font des efforts, ont quelques coliques et expulsent un fœtus mort ou vivant. La sortie des fœtus qui ont cessé de vivre est toujours plus difficile que celle des poulains vivants.

L'avortement est quelquefois annoncé par des mouvements forts, désordonnés, qui se font sentir au flanc de la jument : cela arrive lorsque, la gestation étant avancée,

30.

un coup subit a blessé le fœtus sans le faire mourir immédiatement ; il exécute alors, pendant quelque temps, des mouvements plus ou moins violents dont la cessation indique presque toujours la mort de l'être qui les exécutait.

Le fœtus reste quelquefois dans la matrice longtemps après qu'il a cessé de vivre ; dans ce cas on reconnaît que l'avortement a eu lieu à un écoulement fétide, sanguinolent , puriforme, qui s'établit par la vulve; la jument devient triste , son ventre volumineux, douloureux , etc.

Soins des juments qui ont avorté. Pour prévenir l'avortement il faut éviter les causes qui peuvent le produire et soigner les juments , les nourrir comme nous l'avons dit en parlant de la gestation , faire construire 'des portes larges, abattre les angles des huisseries , etc. Au premier signe de maladie que présentent les femelles pleines, il faut les entourer de tous les soins que leur état exige; une saignée pratiquée à propos , une nourriture bonne et peu abondante, peuvent arrêter le mal de la mère et prévenir la mort du fœtus.

On doit dans tous les cas placer la jument dans un lieu obscur, sur une bonne litière, et la laisser tranquille. Si l'on croit que le fœtus soit mort , il faut donner à la mère de l'eau tiède avec de la farine, et au besoin une infusion aromatique. On doit pour faciliter le part employer les moyens que nous indiquerons en traitant de l'accouchement. Seulement , comme on a peu à espérer du produit de la conception , il faut chercher exclusivement à ménager la mère. Les organes de celle-ci n'étant pas disposés pour le part, on a besoin presque toujours de dilater l'utérus. A cet effet , on introduit la main bien graissée dans le vagin , et l'on cherche à la faire pénétrer doucement dans la matrice. Des lavements irritants, des injections émollientes dans le vagin pour relâcher les tissus peuvent être utiles; ces dernières sont nécessaires lorsque le fœtus se décompose dans la matrice : il y a alors avantage à employer des liquides acidulés. On facilite les efforts de la mère par des infusions aromatiques en boisson ; et si de simples infusions ne suffisent pas, on doit donner des breuvages plus excitants. Quelques auteurs ont conseillé d'irriter la pituitaire pour provoquer de fortes expirations.

Après l'avortement la jument exige souvent plus de soins qu'après le part naturel. On la tiendra dans un lieu où la température soit un peu élevée, on lui donnera des boissons tièdes, peu d'aliments et au besoin on administrera des lavements d'eau tiède, des décoctions de mauves. On n'exposera point la malade aux courants d'air, on ne la sortira de l'écurie que lorsque tous les accidents, l'irritation de la matrice, du péritoine auront cessé. Si des opérations ont été nécessaires, s'il a fallu introduire dans le vagin des corps durs, on injectera pendant quelques jours dans ce conduit des décoctions de mauves avec ou sans quelques gouttes de vinaigre.

Si les juments ont du lait, il faut les traire, lors même que les poulains seraient morts ; cette opération est nécessaire si la gestation était arrivée à son terme, si le pis est gros, tendu, douloureux ; elle peut dans tous les cas être utile en provoquant la sécrétion du lait et en rendant la jument capable de nourrir un poulain dont la mère serait morte ou mauvaise nourrice.

Effets de l'avortement. La perte du fœtus, presque toujours inévitable, est le premier inconvénient de l'avortement. Tous les soins donnés à la mère, les avances faites pour la faire saillir sont perdus ; la nourriture récoltée et conservée pour l'entretien de la jument et du poulain reste souvent sans débouchés et est employée sans avantage.

La mère contracte quelquefois des maladies difficiles à guérir ou incurables ; elle conserve une grande aptitude à avorter , et plus tard le moindre accident fait périr le fruit qu'elle porte ; il y en a qui restent stériles pendant un temps variable , quelques-unes toujours.

§ III. PART ; SOINS A LA MÈRE ET AU NOUVEAU-NÉ.

Nous avons dit dans les *Principes d'Hygiène* que le part peut être à terme, prématuré ou retardé ; naturel, laborieux ou contre nature , chez toutes les femelles de nos animaux ; nous allons étudier ici ce qu'il offre de particulier dans les juments.

Signes annonçant que le part doit avoir lieu. Vers la fin de la gestation les signes qui caractérisent cet état deviennent très-prononcés : le ventre est avalé , le flanc creux , l'anus enfoncé par le tiraillement que le fœtus fait éprouver à la partie postérieure du vagin , au rectum ; les hanches sont écartées , les urines, les excréments sont rendus fréquemment et peu à la fois ; le pis a acquis un très-grand développement , il est dur , gros et les mamelons sont raides ; le lait est visqueux et commence à devenir opaque ; la vulve est gonflée , dilatée ; il s'en écoule un liquide gluant, incolore ; les membres abdominaux sont engorgés , écartés ; la marche est lente , difficile; ces signes annoncent que la gestation est à son terme.

Quand les juments qui les présentent sont agitées , inquiètes ; qu'elles vont , viennent, recherchent la retraite, un lieu obscur, couvert de litière ; qu'elles se couchent , se lèvent souvent ; que l'écoulement qui a lieu par la vulve est abondant ; que les coliques plus ou moins fortes se montrent , le part n'est pas éloigné.

Phénomènes du part. Le fœtus est disposé de manière à occuper le moins d'espace possible ; replié sur lui-même, il présente la forme d'un corps légèrement ovoïde dont le museau , les pieds antérieurs forment la petite extrémité; très-intimement lié avec la face interne de l'utérus, il se nourrit aux dépens du sang de la mère, jusqu'à l'époque où il peut élaborer lui-même sa nourriture ; quand ce moment est arrivé, il commence à se séparer, et forme bientôt un corps étranger.

L'incommodité , la gêne qu'il occasionne, déterminent dans la mère les contractions des muscles expirateurs. La matrice comprimée agit elle-même sur le corps qu'elle renferme, pendant que son orifice vaginal se dilate. Le fœtus est alors poussé vers le vagin , la pointe du cône formé par le museau fait l'office d'un coin et tend à dilater d'abord le col de l'utérus et enfin le canal qui doit le conduire dehors. On aperçoit alors entre les lèvres de la vulve une partie des membranes formant une vessie pleine de liquide : on distingue les pieds, le bout du nez plongés dans les liquides au milieu desquels le fœtus s'est développé. Lorsque le part est arrivé à ce point , de grands efforts sont encore nécessaires pour pousser la tête et les épaules hors de la cavité pelvienne ; mais lorsque ces parties ont franchi la vulve, une dernière contraction de la mère expulse le train postérieur avec facilité.

Les enveloppes fœtales se rompent quelquefois , les eaux s'écoulent aux premiers efforts que fait la jument , et la tête , les membres du fœtus sont mis à nu ; alors l'accouchement est dit sec ; il est toujours pénible, difficile , les eaux gluantes qui baignent le fœtus dans le part ordinaire, en facilitant le glissement et la sortie.

Quand la jument met bas étant debout , le fœtus retenu en partie par le cordon ombilical tombe sur les jarrets d'abord et arrive sur le sol sans secousses et sans qu'il en résulte d'accidents ; cependant on doit le recevoir sur un linge si la mère est douce et le part un peu prolongé ; toutefois la secousse qu'il occasionne en tombant , loin d'être nuisible, rompt le cordon ombilical et facilite la

délivrance en contribuant à détacher le placenta. La
mère rompt le cordon ombilical par la secousse qu'elle
fait en se levant lorsqu'elle a mis bas étant couchée;
d'autres fois elle le rompt avec les dents ou le mange
avec les membranes en léchant le nouveau-né. Dans
tous les cas le tiraillement ou l'écrasement arrête l'hémorrhagie et la ligature est inutile.

Si les phénomènes de l'accouchement n'ont pas lieu
ainsi que nous venons de le dire, il peut être nécessaire
de le faciliter.

Le part peut être rendu laborieux par plusieurs causes:
par un vice de conformation, par une exostose du bassin, par des polypes du vagin, par le squirre et la rigi-
dité du col de l'utérus, par la faiblesse ou l'irritabilité
trop grande de la jument, par le volume excessif et par
l'hydropisie du crâne, par la mort du fœtus. D'autres
fois il dépend de ce que celui-ci se présente mal : c'est
tantôt la tête qui se montre la première, les membres
thoraciques restant en arrière; d'autres fois la croupe
qui apparaît d'abord. Dans ces deux positions le part a
presque toujours lieu assez facilement quoique exigeant
plus d'efforts que lorsque la tête et les extrémités antérieures sortent les premières et simultanément.

Toutes les causes qui produisent le part laborieux peuvent rendre la sortie du fœtus impossible; elles occasionnent alors un part contre nature. En outre, celui-ci a
presque toujours lieu quand le fœtus se présente par les
épaules, la tête et les membres thoraciques restant en
arrière; ou par le milieu du corps, soit par les côtes, soit
par le dos, soit par les quatre membres. Le part est aussi
contre nature quand le corps du fœtus est en travers et
qu'il ne se montre à l'orifice du vagin qu'un, deux ou trois
membres, les autres restant en arrière ou poussant contre
le bassin; quand deux fœtus libres ou adhérents l'un à

l'autre se présentent à la fois, quand le cordon ombilical est entortillé autour du fœtus et le retient dans la matrice.

Le part prématuré est produit par la constitution de la mère ou par un état particulier.du fœtus, qui fait arriver la fin naturelle de la gestation avant l'époque ordinaire. Il diffère de l'avortement en ce que celui-ci dépend d'un accident. Du reste ils sont quelquefois très-difficiles à distinguer l'un de l'autre lorsque le fœtus naît vivant.

Le part prématuré n'offre rien de particulier s'il n'est devancé que de quelques jours, si le fœtus a eu le temps de se développer, s'il est viable, bien constitué; mais si le nouveau-né est faible, petit, *inachevé*, on doit le sacrifier; il réclamerait, pour être élevé, plus de soins qu'un poulain vigoureux et il ne deviendrait probablement jamais une bonne bête de travail. On doit surtout se déterminer à faire le sacrifice du jeune sujet mal constitué, lorsque la faiblesse de la mère a fait devancer l'accouchement et qu'elle réclame du repos et des soins. On ne devrait alors garder le poulain qu'autant qu'il serait d'une race précieuse et qu'on pourrait le faire allaiter par une cavale qui aurait perdu son petit.

Soins de la jument qui met bas. Il faut la veiller, la visiter pendant la nuit, lui donner, en petite quantité, une nourriture de facile digestion et la faire boire souvent pour prévenir le gonflement du ventre.

Les femelles qui veulent mettre bas recherchent l'obscurité et la solitude. Il faut faciliter ce penchant et les placer dans un lieu obscur, éloigné des mouches et des curieux, les laisser complètement libres dans une écurie spacieuse, non pavée, dont le sol aura été convenablement corroyé; il faut mettre une bonne litière composée de paille fine, courte, bien secouée; si l'écurie est pavée, les juments se pressent, se blessent sur les inégalités du sol et se relèvent pour accoucher debout. Il faut faire mettre bas dans un lieu chaud, où le fœtus trouve, en venant au monde, une douce température peu différente de celle de la matrice.

Il ne faut jamais se presser de porter des secours aux femelles qui mettent bas; on ne doit pas surtout rompre les enveloppes fœtales, car des douleurs, même un peu longues, sont moins dangereuses que les manœuvres les plus habiles faites pour accoucher. Cependant, si les juments paraissent éprouver de grandes difficultés, si l'on a lieu de les croire constipées, on peut vider le rectum, donner des lavements.

Si le part est laborieux, s'il se prolonge trop longtemps, il faut rechercher la cause qui le retarde. La mère est-elle faible? on lui donne des infusions, des breuvages excitants, du vin chaud, miellé; on opère des tractions légères sur le fœtus, en ayant soin de le diriger de manière à faciliter sa sortie. Si l'empêchement provient d'un état pléthorique, de l'irritabilité de la jument, on pratique des saignées. Souvent la diminution du sang détend les parties, calme l'irritation, régularise les efforts et facilite la sortie du fœtus. On peut aussi, surtout si les membranes ont été rompues, faire des onctions avec des substances très-douces ou faire des injections émollientes. Il est inutile d'ajouter que si des obstacles, des polypes s'opposent à la sortie du fœtus, il faut, si c'est possible, les enlever.

S'il y a part contre nature, c'est-à-dire, si le fœtus, par sa mauvaise position, empêche la parturition, il faut le faire rentrer dans le bassin, le tourner et chercher à lui donner une position qui lui permette de sortir aisément. On ne doit pas faire des efforts pour le retirer sans l'avoir convenablement disposé. Enfin, si le fœtus est mort, trop volumineux, monstrueux, qu'il faille le retirer par morceaux, si la mère est mal constituée, s'il faut l'opérer, extraire des polypes, on emploiera les moyens conseillés par la *Chirurgie Vétérinaire*.

Les femelles qui restent toujours dans les pâturages n'éprouvent pas les variations de température que subissent si souvent celles qui passent d'une écurie chaude à l'air libre; aussi, quand les premières mettent bas, elles réclament peu de soins; il suffit qu'elles aient des hangars, des cabanes, des parcs, des murs pouvant les abriter un peu.

Soins à la mère après le part; délivrance. Après le part il faut bouchonner la jument, la couvrir et lui donner de l'eau blanche, tiède. Il faut surtout ne pas la faire sortir si le temps est mauvais et la tenir éloignée des courants d'air, de la pluie. La matrice et le péritoine sont, après les efforts nécessités par la sortie du fœtus, sensibles, douloureux, exposés à contracter des inflammations. Les juments qui travaillent doivent avoir douze ou quinze jours de repos après la mise bas. M. Mathieu de Dombasle évalue à trente francs le coût d'un poulain qui vient au monde, coût qui provient de la saillie et de 15 jours de repos qu'il faut donner aux juments avant ou après la parturition.

Si, lorsque l'accouchement a lieu, le pis est distendu, douloureux, que le petit soit mort ou trop faible pour teter, il faut traire la jument, la mettre à la diète, lui donner une nourriture peu substantielle. D'autres fois les mamelles restent vides, flasques; cela a surtout lieu dans les femelles fines qui mettent bas pour la première fois; dans celles dont le tempérament n'est pas formé et dont les glandes ne sont ni bien développées, ni bien actives. Une très-bonne nourriture est le meilleur moyen d'activer la sécrétion des mamelles. A ce moyen il faut ajouter l'action de tirer le lait qui est formé et des frictions douces, fréquemment répétées, sur le pis. Il faut faire teter les poulinières dont les mamelles sont inactives par des poulains forts, capables de stimuler ces glandes.

Le plus souvent le *placenta*, vulgairement appelé *délivre*, se détache et tombe peu de temps après la sortie du fœtus. Si ce phénomène n'arrive pas naturellement, on peut employer divers moyens pour le provoquer. Cependant il ne faut pas se presser d'extraire le délivre. Si M. Delwart dit qu'il est dangereux de le laisser plus de trois jours dans la matrice, Demoussy croit qu'on peut sans inconvénient ne l'extraire que lorsqu'il se putréfie. Il ne peut pas y avoir des inconvénients à faire dans la matrice des injections avec des décoctions de mauve, avec de l'eau acidulée, et à administrer à la jument qui est faible des breuvages aromatiques, excitants. Si ces moyens sont inefficaces, on attache au cordon ombilical qui pend hors de la vulve un léger poids, dont la traction régulière et continue suffit presque toujours pour opérer la délivrance. Ce n'est qu'à la dernière extrémité qu'on doit introduire la main dans l'utérus pour détacher le placenta. Pour faire cette opération, il faut toujours se graisser la main avec un corps doux, prendre beaucoup de précaution pour ne pas blesser des parties que l'inflammation a rendues très-vulnérables et tirer doucement pour ne renverser ni la matrice ni le vagin.

Soins au petit. Si le cordon ombilical n'a pas été rompu au moment du part, il faut le couper à quinze ou dix-huit centimètres de l'ombilic; quand la section a été pratiquée avec un instrument tranchant, qu'elle a été franche, il s'écoule beaucoup de sang. Dans ce cas la ligature peut être utile et doit être pratiquée avant l'opération, quoiqu'elle soit rarement indispensable. Si les enveloppes ne sont pas déchirées, on les rompt pour faire respirer le fœtus. On place toujours le nouveau-né sur une litière fine, sèche et assez épaisse pour le préserver de la fraîcheur du sol.

On veillera à ce que la mère le lèche; si elle néglige de le faire, on doit l'y engager en saupoudrant le petit avec du sel, du sucre, du son, de la farine ou tout autre corps pul-vérulent dont elle soit avide. Quelques juments se refusent toujours à lécher leur poulain, il faut alors sécher ces derniers avec des étoffes douces, absorbantes. S'ils sont frileux, on les couvre d'étoffes chaudes.

Les poulains nés à terme, robustes, se lèvent seuls peu après leur naissance et se dirigent vers la mamelle de leur mère. Les frictions exercées sur le nouveau-né par la langue de la jument, en le séchant, le fortifient. Si cepen-dant il est trop faible, il faut le soulever et lui mettre le mamelon dans la bouche; une gorgée de lait suffit pour le rendre capable de se soutenir. On est cependant quelque-fois obligé de faire couler le lait dans la bouche des pou-lains ou même de traire les juments et de donner le lait aux petits. Mais en général ces soins ne sont nécessaires que pendant très-peu de temps. Si la mère est méchante, chatouilleuse, il faut la surveiller, la tenir, lui mettre le trousse-pied, afin qu'elle ne blesse pas le petit.

Les auteurs recommandent de visiter toutes les parties des nouveaux-nés, afin de voir s'il n'existe pas de vices de conformation auxquels on puisse remédier; il faut surtout examiner si les ouvertures naturelles existent. Cette inspection a rarement des résultats; mais comme elle est si facile à pratiquer, on ne doit pas l'oublier, afin de ne pas laisser périr des poulains par négligence.

Si la jument n'a pas de lait, si elle est morte, il faut donner au poulain une autre nourrice ou l'allaiter arti-ficiellement.

Section IIIe. *Soins des juments-nourrices et des poulains jusqu'après le sevrage.*

§ Ier. SOINS DES POULINIÈRES.

Toutes les juments n'ont pas, au moment du part, le lait qui leur serait nécessaire pour nourrir le nouveau-né, et d'autres en ont une trop grande quantité ; celles qui mettent bas pour la première fois sont celles qui en manquent le plus souvent ; quelques-unes en ont toujours peu pendant les quinze premiers jours qui suivent la mise bas. Aux frictions que nous avons recommandées, il faut ajouter, pour activer la sécrétion des mamelles, l'usage d'une nourriture succulente, de facile digestion, mêlée à une quantité d'eau convenable. Un bon pâturage et au râtelier un mélange de froment, d'avoine, d'orge, concassés et délayés dans l'eau, sont très-convenables. Si la saison ne permet pas de faire pâturer, des gerbées, du foin de première qualité, des racines et le barbotage que nous venons de conseiller, devront être administrés. M. Delwart conseille la poudre d'anis à la dose de 94 ou 125 grammes en breuvage. Cette substance serait avantageusement mêlée à titre de condiment aux maches. Le sel marin serait aussi très-utile dans cette circonstance. Des soupes avec du vin miellé ou sucré produisent alors de très-bons effets. Si ces substances et l'excitation produite par la bouche du poulain, qu'on doit faire teter souvent, n'ont produit, après quelques jours, aucun effet, il faut donner le petit à une autre nourrice ou l'allaiter artificiellement. Si on le laissait à sa mère, il faudrait, comme nous allons le dire, peu compter sur le lait qu'il prendrait et lui donner une bonne nourriture. Il est presque toujours avantageux de laisser tarir les juments qui ont très-peu de lait ; les nourrissons les fatiguent, les épuisent sans profit pour eux-mêmes.

Le plus souvent les juments ont au moins assez de lait ; elles ne réclament après le part que la nourriture qu'elles recevaient avant. Il suffit, si la saison le permet, de les conduire dans un bon gazon, l'herbe en serait-elle un peu courte.

Du reste les poulains ne doivent que médiocrement teter : au commencement de la vie ils sont très exposés à contracter des indigestions ; il est presque toujours avantageux de ne pas leur laisser prendre tout le lait de leur mère, de traire celle-ci : cette opération a l'avantage de soulager les bonnes nourrices qui ont le pis gonflé, douloureux et dont le petit tire rarement tout le lait.

Après quelques jours, ces précautions deviennent inutiles ; quand le poulain a été purgé par le colostrum, il est moins exposé aux indigestions ; il faut alors donner aux juments une nourriture bonne et abondante jusqu'au moment du sevrage ; elles ont besoin comme pendant la gestation d'aliments substantiels ; pleines, elles avaient à nourrir le fœtus ; nourrices, elles allaitent le poulain. Le sang qui se portait à la matrice se porte après le part aux mamelles pour la sécrétion du lait, et l'économie animale fait au moins autant de déperdition après la mise bas que pendant la gestation.

Il faut réserver les plus succulents pâturages pour les juments qui nourrissent, elles doivent y être tranquilles, sans autre bétail ; on ne doit pas même en mettre un grand nombre ensemble. A Pompadour, « les prairies sont divisées en compartiments où l'on place journellement une, deux, trois et même quatre juments poulinières, suivant leur caractère, leur force, et leur race. » (1) Si les

(1) *Journal des Haras*, avril 1840, p. 23.

pâturages n'ont pas encore poussé lors de la mise bas, ou si les chaleurs sont trop fortes et que l'herbe soit rare, il faut donner les meilleurs fourrages secs avec des racines, avec des provendes, des mâches; en été, le produit des prairies artificielles, la luzerne, le trèfle même, donnés avec précaution, peuvent, quoiqu'on en dise, être utiles; et dans toutes les saisons des substances farineuses délayées dans l'eau produisent beaucoup de bon lait; les féveroles, le froment, les pois doivent être écrasés et mouillés avant d'être donnés aux nourrices. Quelle que soit la fertilité des pâturages et les qualités du foin, on donnera aux juments maigres qui nourrissent, du grain toute l'année. Celles qui portent et allaitent doivent peu travailler et être nourries plus abondamment que celles qui poulinent seulement tous les deux ans. On ne doit rien négliger pour faire venir à la mère beaucoup de lait et de bon lait, car la constitution des chevaux dépend presque toujours de leur première nourriture, et les poulains qui ne tettent pas convenablement deviennent bien rarement des chevaux bien robustes. Le lait des femelles qui souffrent, qui sont mal nourries, est, non seulement peu abondant, mais encore clair, séreux, incapable d'alimenter convenablement; il faut surveiller les poulinières, voir si elles mangent de bon appétit, si elles digèrent facilement, si elles s'entretiennent bien. On ne doit les mettre dans les pâturages qu'aux heures convenables, leur faire éviter les fraîcheurs du matin, les chaleurs du milieu du jour et les insectes ailés.

Pendant l'allaitement il survient quelquefois des engorgements au pis, des inflammations aux mamelles. Pour prévenir ces accidents et pour les combattre, il faut faire tetter les poulains souvent, ou traire les juments avec précaution. Si le mal est grave, il faut employer la diète, les fumigations émollientes, les lotions de mauves et de têtes de pavots, et même appliquer des cataplasmes adou-cissants. Les gerçures, les crevasses ne réclament qu'une grande propreté, et des lotions émollientes, acidulées, ou des lavages avec de l'eau de savon; les onguents, le beurre, la graisse, tous les corps gras, même frais, ne doivent être employés que très-rarement; et l'on doit toujours les en-lever par de bons lavages avant qu'ils aient eu le temps de devenir rances.

Le sevrage des poulains est facile si la jument travaille, si elle porte, si elle est médiocrement nourrie; car dans ces circonstances elle a ordinairement peu de lait, et l'on peut sans inconvénients cesser de faire teter son poulain. Mais il n'en est pas de même si elle reçoit une nourriture abondante, et si la sécrétion des mamelles est active; elle désire alors ardemment le petit, son instinct l'excite à le rechercher, à le caresser, et la tension douloureuse que produit le lait la porte à se laisser teter. Pour prévenir les effets du sevrage, il faut diminuer la nourriture et augmenter le travail pendant quelques jours avant d'éloi-gner le petit; ces moyens suffisent seuls dans les femelles pleines, surtout si on les prive graduellement de leur nourrisson. Si, la séparation ayant été trop brusque, le lait tourmentait les poulinières, on pourrait les traire de temps en temps, d'abord tous les jours, ensuite tous les deux jours, et au besoin administrer un ou deux purgatifs.

§ II. SOINS DES POULAINS JUSQU'APRÈS LE SEVRAGE.

Les qualités comme les défectuosités du cheval n'exis-tent qu'à l'état de germe, au moment de la naissance; et les unes et les autres se développent ou restent latentes selon la manière dont le poulain est élevé. Le descendant d'un cheval à jambes sèches, à articulations grosses, à peau souple, à crins fins, ne formera qu'un cheval lourd, dont la peau sera épaisse, la crinière garnie de gros crins, s'il passe sa jeunesse sur des pâturages humides. Le poulain du Pas-de-Calais devient un cheval gros et nerveux dans le pays de Caux, et mou, lymphatique dans la Picardie. La laine du mouton mérinos s'allonge, se redresse dans les Newcastle; et celle du bélier new-kent devient grosse, courte, frisée dans nos pays chauds. La fluxion périodique fait perdre la vue à la plupart des mules qui restent dans quelques-unes de nos provinces, et ne les attaque que très-rarement en Espagne. Et cette maladie qui rend aveugles les chevaux francs-comtois, élevés jusqu'à l'âge de 4 ou 5 ans sur les rives de la Saône, ne se manifeste que bien rarement sur ces animaux s'ils sont conduits à l'âge de 3 ans vers les bords de la Seine.

C'est surtout dans l'âge le plus tendre que les êtres vivants sont le plus malléables; c'est alors qu'il faut soigner les poulains pour modifier leur conformation, combattre leurs imperfections, augmenter leurs qualités, et pour leur en communiquer de nouvelles. Les fœtus sont toujours mal conformés dans la matrice : toutes les parties ne peuvent pas prendre le volume relatif qu'elles doivent avoir; les régions résistantes, la tête, prennent un grand développement, et les parties molles restent petites; le corps est court, grêle, les extrémités sont longues, fortes.

C'est du reste dans le premier âge de la vie que l'accroissement des chevaux est le plus rapide, car la taille des poulains augmente de 41 centimètres pendant la première année, de 14 dans la deuxième, de 8 dans la troisième, de 4 dans la quatrième, et de 15 à 12 millimètres seulement dans la cinquième. C'est lorsque les formes et le volume du corps se modifient qu'on peut agir sur les animaux et qu'on doit les soigner; une fois qu'ils sont ce qu'ils doivent être, on n'a plus à les nourrir que pour les soutenir.

Si le poulain reste faible, s'il est maladif, on doit lui

continuer pendant quelques jours les soins qu'on a dû lui donner immédiatement après la naissance; il faut le tenir dans un lieu chaud, traire la mère et lui faire boire du lait. On voit beaucoup de poulains mal conformés, d'une faible constitution, devenir par ces soins d'excellents chevaux.

La jument est-elle mauvaise mère, méchante ou chatouilleuse, on la place dans une stalle, et on la surveille pendant que le poulain tette; on lui met, si c'est nécessaire, un trousse-pied : les femelles qui nourrissent pour la première fois sont celles qui réclament la plus grande surveillance. Mais l'antipathie qu'elles ont pour leurs poulains cesse aussitôt que l'habitude a émoussé la sensibilité des mamelles, et que la lactation est bien établie. Les juments qui ont les mamelles pleines éprouvent le besoin de vider ces glandes, elles recherchent le nourrisson, le désirent d'abord par besoin, et elles s'y attachent bientôt par une affection qui durera au moins autant de temps que la sécrétion des mamelles.

Le sang qui, pendant la gestation, se portait à l'utérus des juments, se dirige après le part vers les mamelles. Le chatouillement produit par la bouche du nourrisson attire sur ces glandes les humeurs, y active la vie comme la présence du germe le faisait dans la matrice ; le travail de la lactation devient actif, et au lieu d'un liquide fluide, séreux, trouble, fade comme celui qui existait pendant la plénitude, il se produit un lait caseux, opaque, chargé de beurre, mais homogène, et d'une saveur agréable. A mesure que la lactation avance, ce liquide se perfectionne ; d'abord léger, purgatif, il devient plus nutritif et même plus abondant pour diminuer ensuite lorsque les jeunes animaux deviennent capables de prendre d'autres aliments ; et quand ils peuvent se nourrir exclusivement de substances solides, la sécrétion des mamelles cesse même

31.

complètement, et le sang se porte de nouveau à l'utérus.

Cette marche de la nature nous indique la manière dont il faut élever les animaux : nous devons leur laisser pren dre le premier lait des mères. Ce liquide appelé colostrum est nécessaire pour débarrasser les intestins du méconium. L'effet purgatif du colostrum n'est pas même toujours assez fort : les poulains sont souvent constipés, ils ont besoin d'être purgés. Demoussy préparait un cône de savon (un suppositoire) qu'il plaçait dans le rectum; l'huile d'o.live donnée en breuvage ou en lavements, des lavements avec des décoctions de mercuriale ou de mauves peuvent être utiles dans les cas de constipation opiniâtre. Seize grammes de manne dans du lait peuvent aussi produire de bons effets.

Ces moyens sont surtout nécessaires lorsque les juments sont bonnes nourrices, et qu'elles reçoivent une nourriture sèche, succulente. Mais, pour ne pas être obligé d'administrer des médicaments aux poulains, il faut, immédiatement après le part, donner des rations peu nutritives, des aliments aqueux, peu substantiels, aux mères qui ont beaucoup de lait. Les racines cuites, l'eau chargée de farine, surtout l'herbe tendre du printemps, donnent au lait les qualités que réclament les jeunes poulains. Si ce liquide est trop abondant, il faut même en traire une partie pendant cinq à six jours au moins.

Après la première huitaine les poulains craignent beaucoup moins les indigestions, et il faut commencer à leur fournir une nourriture bonne et abondante, et en leur donnant des aliments appropriés à leur estomac et en nourrissant la mère copieusement. Les animaux nés au printemps sont les plus favorisés : ils trouvent dans les pâturages une nourriture qui leur convient, et les mères ont beaucoup de lait. Si les animaux sont tenus à l'écurie, il faut leur donner du foin fin, choisi, ou de la bonne herbe fraîche et souvent renouvelée. Pour donner à manger aux poulains, il faut, s'ils sont libres dans des boxs avec les mères, placer une crèche dans un coin clos au moyen d'une barrière sous laquelle ils puissent passer, mais qui arrête les juments, et tenir à leur disposition des carottes, du pain, des mâches, de l'avoine, du froment, des fèves, des pois concassés, etc. Les animaux qui passent la journée dans les pâturages devront, le soir, en rentrant, trouver de ces grains à l'écurie. On a longtemps cru que ces aliments étaient nuisibles aux jeunes solipèdes, mais l'expérience a prouvé le contraire. Il est à souhaiter que les jeunes poulains, surtout ceux dont les mères travaillent ou sont médiocrement nourries, en prennent à discrétion. Ces subtances favorisent l'accroissement des organes, le développement des muscles, sans produire un abdomen trop volumineux. Le son, les fourrages peu alibiles sont nuisibles aux jeunes animaux; et la bonne herbe des pâturages seule est insuffisante pour donner une belle conformation, un bon sang, une forte santé.

On a cru, et quelques écrivains croient encore, que les aliments substantiels sont nuisibles aux solipèdes; que les chevaux « deviennent facilement aveugles par l'abus des foins trop nutritifs. » On considère surtout les graines, les grains, donnés crus principalement, comme pouvant produire la fluxion périodique, en attirant le sang à la tête par le travail qu'ils exigent de la part des organes de la mastication. Cette opinion est nuisible à l'élevage du cheval. Il peut être utile d'écraser, de ramollir les aliments trop durs pour les rendre plus faciles à digérer, plus nutritifs; mais l'usage des grains, des graines, est toujours favorable aux animaux. De 1794 à 1816, dit Demoussy, on donnait aux poulains un peu de son et la botte de fourrage pour les rendre sains et leur procurer de bons yeux; on n'avait que des bêtes maigres, languissantes, sans aplombs ni vi-

gueur; les chevaux ne se faisaient qu'à quatre ans, lorsqu'on améliorait leur régime; aujourd'hui qu'on leur
donne du bon foin, de l'avoine, ils sont plus formés à
quatre ans qu'ils ne l'étaient jadis à six. La même observation a été faite en France chez les particuliers, en Angleterre, en Prusse, à Neustadt, en Autriche, etc.

C'est dans l'usage d'une bonne nourriture qu'il faut
chercher le moyen d'améliorer nos chevaux plutôt que
dans l'introduction de races étrangères. Du reste, c'est
aussi par le régime qu'on peut conserver les types exotiques, et les essais d'importations réussissent mieux qu'autrefois depuis qu'on sait apprécier *le pouvoir du sang*, et
qu'on a reconnu l'influence toute puissante du régime.
M. Herbert a fait reproduire à Babolna des chevaux arabes, et il en a obtenu des produits plus grands et aussi
forts que les pères et les mères nés en Arabie en leur
donnant de l'avoine dès l'âge de huit jours, en leur faisant faire de l'exercice, en les tenant très-proprement,
et en les traitant avec la plus grande douceur. Les élèves
les plus jeunes ont le lustre, la force dans les allures,
la vigueur des chevaux faits, et les types importés ont
conservé en Autriche une grande fécondité, car, de cent
quarante-huit juments, quatre-vingt-cinq ont retenu à la
première, et trente-cinq à la deuxième saillie.

Il y a quelques années, les animaux suivaient dans les
haras de l'Autriche un régime presque demi-sauvage.
Les poulains élevés dans les pâturages souffraient faute
de nourriture, et les beaux établissements de l'Empire
ne donnaient que de mauvais produits; aujourd'hui on
suit une autre méthode. On garde les élèves beaucoup
plus longtemps dans les écuries, et on les nourrit abondamment. Ce système réussit : « les résultats obtenus ont
surpassé les espérances ; les poulains de deux, trois ans
ont une taille étonnante et le plus grand développement.»

M. le duc de Raguse a signalé (1) la différence qu'il a trouvée entre les jeunes poulains et ceux de quatre, cinq ans ; les premiers, bien nourris à l'écurie, étaient grands, beaux ; et les autres, élevés en grande partie au pâturage, étaient fort petits.

Avec de bons aliments, le lait est moins nécessaire aux élèves ; mais ce liquide n'en produit pas moins de très-bons effets sur tous les poulains dans les premiers mois de la vie. Si les mères en manquent, il faut donner d'autres nourrices ou employer l'allaitement artificiel. Avec du lait de vache on peut élever des poulains qui n'ont pas de nourrice. Quelques Anglais ont conseillé d'ajouter à ce liquide du sucre pour le rendre semblable au lait très-sucré des juments, mais cette addition est inutile : si les poulains ne sont pas assez nourris, il faut mêler à leurs boissons des gruaux, de la farine de lin, de froment ou d'avoine.

On a des exemples de poulains qui ont fait de longues routes le lendemain de leur naissance, sans en être incommodés ; cependant il est prudent de ne leur faire faire d'abord qu'un léger exercice, car les grandes fatigues peuvent dans un âge si tendre détériorer la constitution, dévier les membres, ruiner les articulations. L'élevage du cheval manque souvent, parce qu'on conduit les juments poulinières avec leurs produits dans des pâturages trop éloignés ; les mères fatiguées n'ont pas de lait, et les poulains mal nourris, épuisés par des courses inutiles, restent petits, rabougris ; on ne devrait pas même laisser aller les très-jeunes poulains dans les pâturages avant qu'ils soient assez forts pour suivre la mère sans en éprouver de lassitude ; car il arrive que fatigués ils se couchent sur l'herbe, sur le sol humide, et contractent des

(1) *Voyage.*

pneumonies, des coliques, des entérites souvent mortelles.

C'est peu de temps après le part qu'il convient de commencer à séparer le poulain d'avec la mère : ils s'habituent à vivre l'un sans l'autre et ne souffrent pas de leur isolement. On peut de cette manière réunir tous les élèves et leur distribuer en commun les soins qu'ils réclament. Les cultivateurs qui n'ont qu'un poulain trouvent plus commode de ne pas le séparer de la mère ; ils doivent dans tous les cas le laisser à l'écurie ou dans un enclos, quand ils vont faire des voyages rapides, quand ils vont aux foires, aux marchés, où les jeunes sujets peuvent se fatiguer ou être blessés.

Dans le premier âge de la vie il faut chercher à dresser les poulains, les habituer à la douceur, chercher à les rendre familiers ; il faut les panser, les tenir proprement dans des lieux secs, sur une bonne litière, et les couvrir au besoin. Ces jeunes animaux sont exposés, les plus forts surtout, à des coliques qui leur sont souvent fatales, et le froid, l'humidité, sont, d'après quelques praticiens, les causes de ces maladies.

Sevrage. On a cru longtemps que les poulains, pour devenir de bons chevaux, avaient besoin du lait de leur nourrice pendant neuf à dix mois au moins. Il y avait même des personnes qui pensaient qu'on devait les laisser teter pendant onze, douze mois, et ne faire porter les juments que tous les deux ans. Cependant Lafont-Pouloti avait remarqué qu'un poulain qui tette pendant un an a le tempérament moins ferme, moins vigoureux, le sang moins vif, la taille moins dégagée, que celui qui est sevré plus tôt.

De nos jours, c'est vers l'âge de cinq mois qu'on les sèvre le plus ordinairement, et, s'ils ont été bien nourris, c'est pour eux comme pour les mères l'époque la plus convenable. Quand ils vivent dans de très-bons pâturages, qu'ils reçoivent du grain au râtelier , ils se sèvrent même naturellement à l'âge de six ou sept mois. Dans tous les cas, le sevrage n'offre aucune difficulté si les poulains vivent séparés des mères, et pour l'opérer on ne laisse teter les nourrissons qu'à des époques de plus en plus éloignées : les mamelles, étant plus rarement excitées, sécrètent moins de lait, sont moins douloureuses ; les juments cessent de désirer leurs élèves , ceux-ci s'habituent de plus en plus aux aliments secs, recherchent moins la mère, ne sont pas tourmentés , et leur accroissement n'éprouve aucun retard.

La séparation est un peu plus difficile quand les poulains ont toujours vécu à côté de leurs mères ; il faut alors chercher à les séparer graduellement , ne laisser teter les poulains d'abord que trois fois par jour, ensuite deux et enfin le soir seulement , afin qu'ils se tourmentent moins pendant la nuit ; bientôt les juments , soumises à une légère diète et au travail , n'ont plus de lait et le sevrage s'opère sans aucun inconvénient. A mesure qu'on diminue la nourriture des nourrices, il faut augmenter celle des nourrissons ; cela est surtout nécessaire lorsque le sevrage est subit , pour prévenir dans les mères les effets du séjour du lait dans les mamelles , et afin que les poulains trouvent dans les aliments qu'on leur donne une compensation à la nourriture fluide qu'ils avaient eue jusqu'alors. L'herbe seule ne serait pas assez nutritive, il faut donner des substances fortement alibiles, de facile digestion et légèrement rafraîchissantes ; des graines, des grains , concassés , cuits ou macérés , des farines , de la bonne herbe , des carottes , des pommes de terre , des navets de Suède sont nécessaires pour nourrir et pour prévenir l'échauffement que tendrait à produire une nourriture sèche donnée seule à des animaux qui étaient habitués au lait.

Les repas doivent être composés d'aliments bien divers pour prévenir le dégoût, maintenir l'appétit et donner aux animaux une bonne constitution; l'usage de la farine de graine de lin, conseillée par les Anglais, ne doit pas être négligé.

Dans l'allaitement artificiel, le sevrage est facile; on augmente graduellement la nourriture solide, et l'on diminue dans la même proportion le lait en y ajoutant de l'eau, pure ou chargée de farines, de racines cuites délayées.

Les Anglais purgent les poulains à l'époque du sevrage; après avoir préparé les animaux par une nourriture rafraîchissante, ils leur donnent 1 drachme ou 1 drachme et demi d'aloès avec autant de savon de Castille et autant de gingembre; un régime approprié, relâchant, si c'est nécessaire, est préférable.

Section IV. *Elevage des chevaux.*

Lorsque les jeunes chevaux ont acquis l'âge de deux, trois ans, ils sont pétulants, difficiles à entretenir, surtout dans les fermes où l'on a des juments poulinières. Pour éviter les inconvénients qui résultent du mélange des sexes, on sépare souvent l'élevage de la multiplication : quelques agriculteurs vendent les poulains après le sevrage pour donner tous leurs soins aux poulinières, et de leur côté, ceux qui achètent ces animaux, étant débarrassés des soins de faire naître, peuvent s'occuper exclusivement de les élever; les uns et les autres obtiennent, avec moins d'embarras, de meilleurs résultats que ceux qui laissent les mères réunies aux poulains.

Nous avons vu que les qualités comme les défauts des chevaux proviennent autant du mode d'élevage que de la race ; mais ce n'est pas seulement pendant les premiers six mois de la vie qu'il faut les soigner; il faut les pousser jusqu'à l'âge de trois ou quatre ans, jusqu'à ce qu'ils aient acquis tout leur développement et toutes leurs qualités.

§ I. SOINS DES POULAINS DE SIX MOIS A UN AN.

Parmi les soins que réclament les poulains, nous considérons une bonne nourriture comme une condition sans laquelle on ne peut pas avoir de bons chevaux. Le sevrage ayant ordinairement lieu à la fin de la belle saison les poulains perdent en même temps le lait de leur mère, la liberté dont ils jouissaient dans les pâturages et la nourriture tendre qu'ils y trouvaient. Pour diminuer les effets de ces privations, on continuera pendant quelque temps les aliments choisis qu'on a dû employer pour sevrer, on ne reviendra ensuite à l'usage des fourrages ordinaires que d'une manière graduelle. Un foin de première qualité, des racines, des grains, des graines doivent former la nourriture durant le premier hiver. Si les poulains souffrent après le sevrage, s'ils sont mal nourris, ils se rapetissent, prennent un gros ventre; leurs muscles semblent disparaître, leurs os deviennent saillants, leur constitution s'altère, des entérites se déclarent souvent, et les animaux périssent ou restent cacochymes toute leur vie.

Nous ne parlerons pas des soins des poulains au pâturage pendant les six mois de mauvais temps qui suivent le sevrage, ces animaux devaient passer dans des écuries le premier hiver de leur vie; ils ne sont encore ni assez forts, ni assez robustes pour résister aux intempéries de la mauvaise saison : ils souffriraient dans les pâturages et du mauvais temps et du manque d'aliments ; ils ont d'ailleurs besoin, avant que leur caractère soit formé et qu'ils aient des habitudes prises, de s'accoutumer au ré-

gime de la stabulation et aux contraintes qui leur seront
imposées plus tard ; il faut même dans les derniers six
mois de la première année , tout en hâtant leur développement par une bonne nourriture , commencer à les habituer à l'homme par des caresses et en leur donnant des
friandises , du pain , du sucre , du sel. On commencera à
les attacher jeunes, si c'est possible avant le sevrage, en
les plaçant à côté de leurs mères ; on leur mettra d'abord
des licoux sans longe , puis on les attachera, mais les premières fois seulement , pendant qu'ils mangeront de bons
aliments ; ensuite on les laissera un peu plus à l'attache ,
de manière à les habituer à perdre leur liberté sans qu'ils
s'en aperçoivent.

Si l'on est forcé de les attacher à l'époque où on cesse le
régime du pâturage , il faut les fixer de manière qu'ils ne
puissent pas se blesser , s'entraver ; on doit même , pendant quelque temps , les surveiller, leur mettre un licou
solide , car ils peuvent en tirant au renard se décoiffer ,
couper la longe et s'assommer.

Les poulains précieux des établissements bien tenus
sont, comme les étalons, placés dans des stalles. A Pompadour « des boxs , des paddocks , des compartiments particuliers y sont aussi destinés aux poulains de pur sang ;
ceux de demi-sang sont élevés par un , deux ou trois ,
jusqu'à l'âge de trente mois. »

Beaucoup d'éleveurs ont l'habitude de ne pas attacher
les jeunes poulains, ils les laissent pêle-mêle dans de
grandes écuries. Il est toujours préférable de séparer ces
animaux dans des stalles et même de les attacher, car il
importe beaucoup de ne pas leur laisser prendre l'habitude
de courir selon leurs caprices. Toutefois, les stalles, très-
convenables pour que chaque bête mange tranquillement
sa ration , ne doivent pas isoler complètement les animaux : il est à désirer qu'ils puissent se voir et même se

flairer les uns les autres ; ils se familiarisent ainsi avec les animaux de leur espèce , s'accoutument à souffrir le voisinage les uns des autres, et dans la suite ils sont toujours faciles à manier, à loger. Il est même convenable de les changer de place souvent pour qu'ils s'habituent à vivre avec tous les animaux ; les chevaux hargneux ont, le plus souvent, été élevés isolément.

C'est aussi en rentrant des pâturages les poulains de six mois qu'on doit les habituer à se laisser manier. A cet effet on commencera d'abord à les frotter avec un corps doux, avec un bouchon, ensuite avec l'étrille ; on peignera les crins et l'on habituera insensiblement les animaux à ces instruments, qui la première fois doivent être passés avec précaution et sur les parties du corps les moins sensibles. Ces soins sont plutôt nécessaires pour rendre les chevaux dociles que pour en favoriser le développement, car le pansage même n'est pas indispensable aux poulains; les Arabes ne connaissent pas cet usage-là , dit M. le major Herbert, et cependant personne ne conteste le mérite de leurs coursiers.

On lèvera, de temps en temps, les pieds des poulains, et l'on frappera sur la paroi avec un corps dur pour habituer ces animaux à se laisser ferrer. A la même époque on doit commencer l'usage des couvertures, des surfaix , pour préparer les jeunes chevaux à recevoir la selle. Après chaque exercice on doit distribuer quelques friandises ou donner la ration de grains.

§ II. SOINS AUX POULAINS AGÉS D'UN AN.

On peut élever de trois manières les poulains d'un an : on les laisse vivre en liberté dans des pâturages, on les tient constamment à l'écurie ou on les soumet à un régime mixte.

Régime mixte. La plupart des poulains restent la plus grande partie de la belle saison de leur deuxième année dans les pâturages : on ne les fait rentrer que les soirs pour leur faire passer la nuit dans les écuries. Le régime auquel on les soumet est à la fois rationnel et économique ; les animaux jouissent du grand air dans les herbages, prennent un exercice modéré tout-à-fait favorable et une nourriture qui, sans être trop excitante, est passablement réparatrice. On doit réserver pour les poulains de 12 à 18 mois des terrains assez fertiles, mais où l'herbe soit cependant plutôt nutritive qu'abondante. Les marécages ne conviennent pas même aux chevaux de trait ; ils rendent le corps lourd, la peau épaisse, les pieds plats, les yeux mauvais, les crins gros et nombreux. On ne doit pas même permettre les pâturages gras un peu humides ; on peut tout au plus y conduire les poulains de trait pendant les fortes chaleurs et il faut les y laisser peu de temps.

Les effets du pâturage, du vert, sont extraordinaires sur les jeunes animaux mal tenus. Nous avons en France beaucoup de cultivateurs qui laissent les élèves dans les prés jusqu'au mois de décembre ; il les hivernent ensuite de la manière la plus misérable. Ces animaux sont maigres et ont une bourre longue, hérissée, la peau sèche, l'abdomen excessif ; ils sont couverts de poux. Quelques semaines d'herbe tendre quoique peu abondante suffisent pour les remettre, pour déterminer la mue, développer les formes. On doit faire sortir dès les premiers beaux jours les jeunes poulains, les bouvillons ; ces animaux étant encore petits, n'ayant besoin que de peu de nourriture, trouvent toujours assez d'aliments pour prendre un repas suffisant. Le changement de régime nécessite alors moins de ménagements que lorsque l'herbe est longue et abondante. Toutefois, si les jeunes animaux ont été mal nourris, il faut, pour que l'herbe tendre ne les surprenne pas, leur donner le matin une petite ration au râtelier ; mais c'est lorsque les plantes sont longues qu'il importe le plus de ménager la transition du sec au vert en donnant pendant quelques jours, avant de faire sortir les animaux, des mélanges d'herbes et de fourrages secs. Une petite ration de grains administrée tous les jours aux poulains est le meilleur moyen de produire d'excellents chevaux ; l'herbe seule ne peut pas donner une forte constitution à des animaux qui doivent supporter de pénibles travaux ; si l'herbe n'est pas de première qualité, il faut même donner des grains ou des graines le matin et le soir.

Les propriétaires qui font peu d'élèves les mettent dans les pâturages avec le bétail à cornes, avec les juments. Cette pratique est commode, mais elle n'est pas sans inconvénients. Les poulains forts, vigoureux, peuvent, en s'amusant, se faire blesser soit par les mères, soit par les grands ruminants. On ne doit pas non plus faire paître les jeunes animaux avec des entraves : les poulains entravés ne prennent qu'un exercice incomplet, s'abattent, se blessent les membres, se faussent les aplombs, contractent des efforts de boulet, etc.

On doit réserver pour les élèves des pâturages clos ; et, si l'on a beaucoup d'animaux, on aura des prés divisés en compartiments pour séparer les âges et les sexes. L'influence du printemps, de la chaleur, du vert, de l'exercice, active l'exercice de tous les organes. La réunion des mâles et des femelles réveille prématurément l'appareil génital, et les poulains, en sautant les uns sur les autres, s'épuisent, se ruinent les jarrets, et même fécondent quelquefois les femelles. On voit des pouliches qui mettent bas à deux ans.

Des pâturages étendus ne sont pas indispensables pour l'élevage des poulains ; le Perche, qui livre au commerce de si bons chevaux, nous le prouve.

A l'approche de la mauvaise saison on peut sans inconvénients laisser aux pâturages les poulains de dix-huit mois plus tard que ceux de six mois; ils craignent cependant les pluies froides et cherchent à s'en garantir en se plaçant derrière les arbres, les haies, contre les murs; ils sont tremblottants, ont le corps ramassé, le poil piqué, etc. Si l'on ne veut pas les rentrer, on leur préparera des abris convenables, selon les climats; il faut en outre, quand le temps est mauvais, donner aux poulains, surtout si l'on veut avoir des chevaux précieux, de bonnes rations au râtelier, sous des hangars ou dans des écuries. Mais avec ces précautions le pâturage un peu tard ne nuit pas à la santé des animaux; il les rend rustiques et il est très-avantageux sous le rapport de l'économie : on fait consommer par les élèves de l'herbe qu'on ne pourrait pas faucher et qui, abandonnée sur le sol, ne produirait pas un engrais égal à sa valeur.

La nourriture à l'écurie des poulains âgés de dix-huit mois à deux ans doit être toujours nutritive, mais il n'est pas nécessaire de donner des aliments aussi chers, aussi recherchés que ceux réclamés par les poulains de sept à huit mois. Le cheval qui va prendre trois ans, peut se nourrir de toutes espèces de fourrages, pourvu qu'ils soient assez alibiles. Il faut se rappeler, cependant, que les jeunes animaux ne sont pas encore développés, que c'est alors que leur constitution se forme. Le foin des légumineuses est très-bon pour les jeunes chevaux de trait ; mais un peu de grains, quelques rations de graines fortifient beaucoup tous les poulains, leur donnent une belle conformation, un corps bien fait, musculeux, une constitution vigoureuse et un tempérament robuste.

C'est quand, à l'âge de dix-huit mois, on fait rentrer les poulains des pâturages qu'il faut soigner leur éducation ; les attacher, les panser, leur lever les pieds, leur mettre des couvertures, des surfaix; commencer l'usage de la selle, les promener en bridon d'abord et les habituer peu à peu à la bride; les faire trotter à la longe et les accoutumer à changer de main, afin qu'ils se laissent mettre le harnais sans difficulté quand il faudra commencer à travailler, et qu'ils obéissent au cavalier.

Régime du pâturage. Nous avons vu à l'article haras, qu'il y a des chevaux à demi-sauvages qui restent continuellement dans les pâturages. Parmi les animaux qu'on élève dans les haras parqués et chez les particuliers, il en est qui passent aussi toute leur jeunesse dans les herbages. Ce mode d'élevage, qui dispense de tous les soins qu'exigent ordinairement les poulains, produit des chevaux qui coûtent très-peu et ne donnent pas d'embarras, mais il ne peut être pratiqué que dans les pays où le terrain a peu de valeur. Les poulains ainsi élevés sont à la vérité rustiques et forts pour leur taille, mais ils n'acquièrent pas assez de développement, sont difficiles à dompter et restent toujours plus ou moins indociles à la voix de leur maître. Ils souffrent même quand ils quittent ce régime de grand air et de liberté pour entrer dans des écuries, et cette transition occasionne, en grande partie, dans les jeunes chevaux, les maladies dont ils sont atteints vers l'âge de quatre ans.

Sauf quelques exceptions fort rares, il est donc préférable, sous tous les rapports, de faire rentrer les jeunes poulains dans les écuries pendant l'hiver afin de pouvoir les approcher souvent, les panser, les peigner, leur parer les pieds, leur faire les crins, etc.; les habituer enfin insensiblement au régime de la stabulation permanente, qu'ils seront obligés de supporter quand ils auront atteint l'âge auquel ils peuvent travailler.

Elevage des poulains à l'écurie. Le régime du pâturage a, pendant longtemps, été considéré comme indispensable à la production des bons chevaux. Mais l'expérience a prouvé que l'on peut faire, dans l'espèce chevaline, de très-bonnes bêtes de travail par la stabulation permanente ; que si les chevaux élevés sous la main de l'homme ne sont pas des plus rustiques, ils sont des plus dociles et des plus agréables ; et que les chevaux élevés au râtelier ont même (v. p. 197), une conformation plus belle, des formes plus gracieuses, qu'ils portent mieux que ceux qui ont été nourris dans les herbages.

L'entretien des chevaux dans l'étable, qui revient même moins cher dans les pays bien cultivés que le régime des pâturages, occasionnera dans la production des engrais et dans les cultures fourragères une augmentation qui sera favorable aux progrès de l'agriculture : il nécessitera l'établissement de la culture alterne. Celle-ci ne manquera pas de produire en foins, en fourrages racines, en grains et en graines, des ressources qui réagiront sur la production des chevaux ; c'est alors qu'on verra « la possibilité de créer en France, en nombre égal à tous les besoins, les chevaux de toute espèce appropriés aux divers services de l'industrie et du luxe ; chevaux de selle, de carrosse ou de trait, tout se produira parce qu'il se rencontrera des combinaisons pour toutes les variétés possibles. » (1)

Par l'élevage à l'écurie on peut régler selon les convenances la distribution des aliments produits par la culture alterne, et obtenir sans tiraillements et sans gêne, à l'avantage du producteur comme à celui du consommateur, des chevaux pour tous les services. En donnant une nourriture peu abondante mais très-alibile, l'abdomen reste peu volumineux, la poitrine devient ample et l'on obtient des chevaux de selle et même de course, dans des locali-

---

(1) *Annales de Roville*, t. VI, p. 133.

tés où les pâturages ne produisent que des chevaux de trait. Les Hongrois, dont les chevaux élevés au pâturage manquent de taille, en obtiennent de beaux en les nourrissant au râtelier.

Les poulains, élevés à l'écurie, doivent recevoir pendant la belle saison des fourrages verts. Si on leur donne de la luzerne, du trèfle, du sainfoin, des vesces, plantes plus nutritives que l'herbe des pâturages, il n'est pas nécessaire de leur donner de si fortes rations de grains : ces derniers ne sont indispensables que pour produire des chevaux fins.

En hiver, on nourrit les poulains élevés au râtelier comme ceux qui pâturent une partie de l'année ; mais, pour les premiers surtout, le foin ne doit pas être une nourriture exclusive ; cet aliment les rend mous, leur donne une peau dure, épaisse, des crins volumineux, un abdomen distendu, des os saillants et des muscles grêles. Le trèfle, la luzerne, le sainfoin, les vesces, seraient plus convenables ; si l'on craint que ces plantes soient trop échauffantes, il faut à la récolte les stratifier avec le foin des prairies naturelles ; le fourrage qui résulte de ce mélange est très-bon pour tous les animaux. Au haras de Pompadour, où on met le foin en meules à la hollandaise, on forme ces meules de trente-cinq chars de foin et de trente-cinq de trèfle, disposant ces fourrages par couches successives. Quelle que soit la nourriture solide que l'on donne aux poulains, nous ne saurions trop recommander l'usage des racines, et principalement des carottes.

On peut reprocher au régime de la stabulation, assez avantageux sous le rapport de l'économie, de ne pas faire prendre assez d'exercice aux animaux, et de les priver de l'air pur, nécessaire à la santé ; mais on peut diminuer le premier inconvénient par des promenades fréquentes, et en laissant les poulains libres quelques heures tous les

32.

jours, dans la cour qui avoisine leur écurie ; on pourrait même les conduire, au besoin, entre leurs repas, dans un verger où ils prendraient leurs ébats. Le second inconvénient de la stabulation peut aussi être diminué en élevant les animaux dans des écuries vastes, aérées, bien éclairées, et tenues avec la plus grande propreté.

La température doit être toujours modérée ; trop élevée elle rendrait les animaux mous, peu robustes, impressionnables aux plus légers froids. La hauteur des crèches et des râteliers sera toujours en rapport avec la taille des chevaux. Cette condition est nécessaire si l'on veut donner à des poulains qui se forment, qui sont facilement impressionnés, la conformation qu'ils doivent avoir pour porter la tête convenablement.

On reproche aux crèches garnies de tôle de se couvrir de rouille. On dit que les poulains désœuvrés, qui n'ont rien à manger s'habituent à tiquer en léchant les plaques rouillées. Le tic est souvent la conséquence d'une maladie d'estomac : il n'est pas probable que cette cause puisse produire ni l'un, ni l'autre ; mais il n'en faut pas moins surveiller avec soin les jeunes animaux à cause des mauvaises habitudes qu'ils contractent facilement, et qu'ils conservent ensuite toute leur vie.

Le pansage des poulains élevés à l'étable doit être régulier et bien fait : on doit couper les crins, les peigner souvent, et, de temps en temps, parer les pieds pour tenir les membres droits, et prévenir les déviations des articulations, et la perte des aplombs.

§ III. SOINS AUX POULAINS AGÉS DE TROIS A QUATRE ANS.

Nous avons supposé, dans le paragraphe précédent, que tous les poulains doivent être élevés de la même manière jusqu'à deux ans révolus, parce qu'en effet il ne convient pas de les faire travailler avant cet âge et que leur élevage doit différer seulement en ce qu'il faut à ceux qu'on destine à la selle une nourriture mieux choisie, moins abondante, mais plus alibile. Mais dans la troisième année le régime doit varier complètement selon la destination des animaux.

Pendant leur troisième année tous les poulains doivent être bien nourris ; ils ne sont pas encore formés et il convient de les pousser. Des chevaux bien nourris, dont le corps a acquis un grand développement, peuvent sans inconvénient être attelés un an plus tôt que ceux qui n'ont reçu qu'une nourriture insuffisante ; il est donc de notre intérêt de donner de bons aliments aux élèves.

Nous ne dirons pas qu'il faut placer les chevaux de selle sur les montagnes, ceux de trait dans les plaines grasses et fertiles. Nous supposons toujours que les éleveurs ont choisi les races les plus en rapport avec leurs localités, et que leurs animaux n'exigent aucun soin particulier, qu'ils viennent naturellement avec les ressources de la ferme.

Si pour des raisons particulières on voulait élever des chevaux de selle dans de riches pâturages, on devrait ne pas laisser les poulains trop longtemps dehors, nourrir principalement au râtelier, avec une nourriture appropriée plutôt riche en principes alibiles qu'abondante. Cette spéculation serait rarement avantageuse ; toutefois, elle serait moins difficile que celle qui consisterait à élever de gros chevaux de trait dans des pays de montagne où le sol est presque aride.

Chevaux de selle. Les chevaux de selle réclament plus impérieusement que ceux de trait, pour l'été, des lieux secs où l'herbe soit de bonne qualité, et pour l'hiver, du bon foin et des grains ou des graines. Malheureusement ce régime rend les animaux chers, et n'est guère adopté que par des propriétaires riches et pour des animaux qui donnent de grandes espérances. Tous les chevaux de selle ne doivent pas du reste être élevés de la même manière.

Beaucoup d'éleveurs attellent à la charrue, vers l'âge de trente à trente-six mois, les chevaux de selle un peu corsés. On a dit que le tirage rend les mouvements raides, habitue les animaux à s'appuyer sur le collier et à porter les épaules en avant ; mais l'expérience prouve qu'un travail peu pénible, proportionné à la force des animaux, et d'autant plus modéré que ces animaux sont plus ardents, plus fougueux, n'a pas d'inconvénients ; il a, au contraire, l'avantage de développer les formes des poulains, de rendre ceux-ci dociles, obéissants, de payer au moins une partie de leur nourriture et de permettre aux propriétaires de donner de plus fortes rations de grains. Il faut seulement que le tirage soit fait avec les précautions que nous indiquerons en parlant du cheval de trait, et qu'il cesse cinq à six mois avant de soumettre les chevaux au service de la selle, pour leur faire perdre l'habitude des allures lentes, contractées en traînant la charrue ou le rouleau.

Un cheval qui a été soumis à ce régime, qui a travaillé et consommé en grains ce qu'il a gagné, a plus de corps, est supérieur pour la grosse cavalerie, pour le voyage, même pour la cavalerie de ligne, à celui qui n'a pas travaillé et qui a été mal nourri. Et cependant le premier revient probablement à un prix moins élevé.

Dans la quatrième année les animaux réclament à peu près le même régime. Le vert ne peut que leur être favorable en été, mais il faut le leur faire prendre au râtelier. Si les poulains ont été bien nourris, ils sont formés, et s'ils ne travaillent pas, il est inutile de leur donner des aliments chers.

Quant aux chevaux fins, légers, qu'on ne peut pas atteler, on les habituera à l'obéissance en commençant à les dresser jeunes. Ces animaux reviennent à un prix toujours disproportionné avec les services qu'ils peuvent rendre.

On élève de cette manière les chevaux qu'on destine aux courses ; nous parlerons de leur nourriture en traitant de l'entraînement. On élève aussi sans les faire travailler ceux qu'on destine à quelques services de luxe. Ce mode d'élevage ne deviendra jamais général et ne produira que bien difficilement des chevaux pour la consommation.

Nous avons dans des pays de montagnes, sur les Cevennes, dans le Rouergue, dans le Limousin, en Auvergne, etc., des chevaux de race fine qui restent jour et nuit dans les pâturages (Demoussy) ; qu'on élève sans les faire travailler ; ils y acquièrent rarement une grande valeur ; ils y contractent même quelquefois la fluxion périodique, mais ils coûtent en général peu. Ces animaux peuvent servir à monter la cavalerie légère. Ce mode d'élevage est beaucoup moins usité qu'anciennement ; un peu de grain serait très-favorable à nos poulains de montagne, et il est à désirer que le prix des remontes soit bientôt assez fort pour payer les chevaux élevés sans travailler et bien nourris ; alors les éleveurs pauvres du Limousin, de l'Auvergne, pouvant donner du sarrasin, de l'avoine, du seigle, etc., aux poulains, nous fourniront de bonnes bêtes de travail.

Chevaux d'attelage, chevaux à deux fins. Ces animaux, plus corsés que le cheval de selle, peuvent travailler un peu plus tôt ; il n'y a aucun motif de ne pas les atteler, pour en retirer en travail la valeur de l'avoine, du froment, des féveroles, etc., qu'on devra leur donner avec le foin ou avec de l'herbe. On peut, sans inconvénient, leur faire tirer le tombereau, les soumettre à tous les travaux de la ferme.

Chevaux de trait. Si ces chevaux ont été bien nourris,

on les attellera à deux ans. Nous en avons vu qui tiraient la charrue plus jeunes; mais nous croyons qu'avant cet âge ils ne sont pas encore assez formés pour faire sans souffrir un travail sérieux. Si on commence à les atteler à quinze, dix-huit mois, ce ne sera donc que pour les habituer au collier, au trait, etc.

Personne ne conteste la convenance de faire travailler jeunes les chevaux de trait. C'est parce que les avantages de cette pratique sont bien reconnus et qu'elle est généralement pratiquée, que nous avons en si grand nombre de bons chevaux pour les postes, les diligences, comme pour le tirage lent. On abuse cependant des forces des animaux. Non seulement on les fait travailler trop jeunes, mais on les soumet à des travaux trop pénibles avant qu'ils aient acquis leur développement, que les articulations soient affermies, que les apophyses soient soudées et que les os aient la consistance nécessaire pour résister aux grands efforts musculaires. Le travail prématuré rend les membres droits, la croupe coupée, produit des exostoses, etc.

Après avoir surchargé les poulains de travail, les éleveurs les engraissent avant de les vendre : à cet effet ils cessent de les faire travailler vers l'âge de quatre ans, les empâtent pendant cinq ou six mois, les tiennent dans des lieux obscurs, petits, où ces animaux reçoivent une abondante nourriture. Cette habitude est très-mauvaise; elle n'est pas même bonne pour l'éleveur : il aurait plus d'avantage à faire travailler ses poulains modérément pendant deux ans, en les nourrissant bien, qu'à les faire bien travailler dix-huit mois et à les engraisser ensuite six mois. Il est inutile de dire que des chevaux élevés selon les règles se vendraient beaucoup plus cher que ceux qui ont été d'abord exténués et qui sont ensuite engraissés.

§ IV. ÉDUCATION DES CHEVAUX EN GÉNÉRAL.

L'éducation des chevaux est généralement négligée en France, cependant elle augmenterait beaucoup leur valeur, et serait sourtout précieuse pour les animaux destinés à faire dans les villes les services du luxe. L'éducation dans les campagnes où les fourrages sont à bon marché coûte moins que dans les villes ; les chevaux dressés dans le pays où ils ont été élevés supportent mieux le dressage que ceux qui ont changé de climat et qui sont soumis à un régime nouveau. Un jeune cheval susceptible d'être immédiatement monté ou attelé et dont les qualités peuvent être reconnues vaut, pour les habitants de Paris et de Lyon, beaucoup plus que s'il fallait lui faire subir l'épreuve toujours pénible et plus ou moins chanceuse du dressage. Nos éleveurs sont à cet égard beaucoup trop indifférents.

Les chevaux étrangers qui arrivent en France, dit M. Houel (1), sont montés, dressés et prêts à supporter toutes les fatigues, à mettre à fin toutes les entreprises ; les nôtres, au contraire, sont incapables du moindre service. Notre honorable confrère se plaint, avec raison, que les Normands vendent des chevaux qui n'ont jamais eu un licou avant d'être conduits à la foire ; et si quelques-uns de ces animaux souffrent l'approche de l'homme, si d'autres ont appris à traîner lourdement et pas à pas une charrue, pas un ne saura marcher et agir sous un cavalier ; pas un ne traînera sûrement et agréablement une voiture de luxe. La Société vétérinaire de la Normandie a compris aussi que pour améliorer la production des chevaux elle ne devait pas seulement conseiller de bien nourrir les poulains, de châtrer les mâles avant deux ans ; elle a cru

(1) *Mémoires de la Société vétérinaire du Calvados*, N° 4, p. 32.

devoir recommander l'instruction des jeunes chevaux pour la selle et pour la voiture; préparons nos chevaux, dit-elle par l'organe de son rapporteur, pour la guerre, pour le manége, pour le voyage, pour le tilbury, pour le phaéton, pour les postes, etc. , par des courses au trot, de chevaux montés, de chevaux attelés, etc. **Quelques soins donnés aux chevaux de luxe et même à ceux de voyage, de diligence, en augmenteraient beaucoup la valeur.**

Tous les chevaux doivent être dressés avec intelligence et douceur. Il faut d'abord savoir apprécier les moyens que réclament leur caractère, leur tempérament, et avoir assez de patience pour les mettre en pratique.

Les chevaux sont très-intelligents; ce n'est pas toujours par la force qu'ils cherchent à parvenir à leur but, ils y emploient aussi l'adresse et même la ruse; ils profitent des leçons de l'expérience, connaissent bientôt ceux qui les approchent et les aiment ou les haïssent, les craignent ou s'en moquent. Les coups ou seulement les menaces injustes les rendent vicieux, leur font haïr le travail, les harnais et les conducteurs. Comme le disait Bergeret en 1700, les vices des chevaux dépendent souvent de ceux qui les dressent. On a même remarqué que ces animaux contractent l'humeur, le caractère de celui qui les soigne; ceux qui sont élevés par des hommes brutaux, sournois, sont poltrons, méchants et traîtres. Personne n'ignore la douceur du cheval arabe, élevé avec tant d'aménité par son maître; et les peuples de l'autre côté du Rhin, si aimés du cheval, qu'ils traitent si bien, ont très-rarement des animaux indociles, méchants.

Il faut moins compter, pour obtenir l'obéissance des poulains, sur l'emploi de la force que sur l'usage des récompenses, de la douceur. Après chaque exercice le jeune cheval doit recevoir des friandises et les caresses auxquelles il est le plus sensible. Un poulain refuse-t-il de se laisser manier, relever les paupières, il ne faut s'approcher de lui qu'en ayant un morceau de pain ou de sucre qu'on lui donne à manger pendant qu'on cherche à en obtenir ce qu'on désire.

Ce qu'un cheval fait par force, dit Xénophon, il ne l'apprend pas, et cela ne peut être beau non plus que si l'on voulait faire danser un homme à coup de fouet ; les mauvais traitements ne produisent jamais que maladresse et mauvaise grâce. « Si quelqu'un, montant un bon cheval, veut le faire paraître avantageusement, et prendre les plus belles allures, qu'il se garde bien de le tourmenter, soit en lui tirant la bride, soit en le piquant de l'éperon ou en le frappant avec un fouet ; de tels moyens produisent toujours le contraire de ce qu'on attend ; car, obligeant le cheval à porter au vent on l'empêche de voir devant lui et on l'oblige à marcher en aveugle ; en le piquant et le battant on le désespère. D'ailleurs, ainsi maltraité il se déplaît au travail, et, loin d'avoir de la grâce, ne montre dans ce qu'il fait que douleur et chagrin. Conduit, au contraire, par une main légère, sans que les rênes soient tendues, relevant son encolure et ramenant sa tête avec grâce, il prendra l'allure fière et noble dans laquelle il se plaît naturellement ; car quand il s'approche des autres chevaux, surtout si ce sont des femelles, il relève toujours son encolure, ramène sa tête d'un air fier et vif, lève moelleusement les jambes et porte la queue haute. Toutes les fois donc qu'on saura l'amener à faire ce qu'il fait de lui-même lorsqu'il veut paraître beau, on trouvera un cheval qui, travaillant avec plaisir, aura l'air vif, noble et brillant. »

Il ne faut pas attendre, pour commencer l'éducation des chevaux, le moment où l'on veut les dompter. Aussitô après la naissance des poulains on doit chercher à s'attirer leur affection par de bons traitements, par des friandises, en leur donnant les objets dont ils ont besoin et en les délivrant de ce qui les incommode; il faut en même temps leur faire sentir notre pouvoir en résistant à propos à leur volonté, en punissant leur désobéissance et en récompensant leur docilité.

Tout dépend, dans les chevaux, des premiers rapports qu'ils ont eus avec l'homme. Le cheval auquel on a appris que les mutineries sont inutiles, que l'obéissance, la bonne volonté, sont plus profitables, forme rarement un animal vicieux. On doit soigner avec le plus grand soin les premières leçons des chevaux de luxe. Non pas qu'il soit indispensable de les faire donner par des écuyers de profession, le commun des éleveurs n'en aurait pas à sa disposition; mais par un homme doux, patient, intelligent et ferme. On ne saurait même trop conseiller aux agriculteurs des pays d'élevage de s'entendre pour avoir de moitié un homme capable de donner de bons principes à leurs chevaux. On devrait encourager une société qui s'est formée dans ce sens en Normandie.

En parlant de l'élevage des poulains nous avons indiqué la manière d'après laquelle il faut les accoutumer à garder le licou et à rester tranquilles étant attachés. Les animaux qui auront été élevés avec les précautions que nous avons recommandées seront faciles à dresser. Mais ceux qu'on a laissés libres dans des pâturages, qui n'ont jamais eu de harnais sur le corps, sont quelquefois fort difficiles à gouverner. On agira d'abord envers eux ainsi que nous l'avons recommandé pour les poulains qui passent du régime du pâturage à celui de la stabulation; et si les moyens de douceur ne peuvent pas suffire, on emploiera la force, la contrainte, les entraves, les punitions; on les empêchera de dormir, etc., selon le caractère des animaux.

Pour accoutumer le cheval à la bride il faut plus de

précautions que pour l'habituer au licou, car il ne doit pas seulement supporter patiemment le mors, il faut qu'il apprenne à comprendre la volonté du cavalier d'après la manière dont celui-ci agit sur les rênes ; on lui mettra d'abord un simple bridon qu'on laissera peu de temps la première fois ; on le promènera ensuite avec ce harnais, mais à la longe ; quand il supportera aisément un mors brisé, on lui mettra une bride. Pour le monter on emploiera une bride garnie de son filet ; on se servira de ce dernier le plus possible, mais, en cas de désobéissance, on doit pouvoir le punir immédiatement, en faisant agir un mors dur. C'est surtout quand on monte un cheval pour la première fois qu'on doit l'empêcher de faire ses volontés.

Pour accoutumer les chevaux à la selle, on leur mettra d'abord des couvertures, des surfaix, etc., et plus tard une petite selle sans croupière ; quand ils sont accoutumés à ce harnais, l'on emploie une selle plus complète, il faut même adapter aux panneaux, au porte-manteau, des courroies qui pendent sur les flancs, sur les jarrets, afin que les chevaux s'habituent insensiblement et avant qu'on les monte à l'impression produite par le contact de ces corps. Quand le cheval est habitué à la selle, on lui met sur le dos une espèce de bât formé de deux pièces de bois disposées en croix ; c'est ce qu'on appelle un *cavalier de bois*, un *cavalier espagnol* : on le garnit ensuite d'habits, et on fixe les rênes aux branches de la fourche. Sans fatiguer le cheval, on l'habitue ainsi à porter beau ; on a même imaginé un cavalier espagnol formé de pièces qui peuvent se mouvoir les unes sur les autres, de manière que les fourches suivent les déplacements de la tête. Nous préférerions à ce harnais un petit garçon léger et intelligent, patient, doux et prudent.

Pour accoutumer le poulain à porter un homme, on

commence à l'approcher, à se frotter contre ses épaules,
ses côtes, pendant quelques jours et plusieurs fois par jour;
on appuie ensuite les poignets sur le garrot, on se soulève sur les bras et on se fait porter pendant un instant;
plus tard on se met en travers, sur le garrot, sur le dos,
et on l'enfourche lorsqu'il est accoutumé à ces exercices
préliminaires ; enfin on le fait marcher en le soumettant
d'abord à une allure douce, au pas, etc. Comme on doit
commencer l'éducation des poulains avant qu'ils soient
assez forts pour travailler, les premières leçons doivent
être courtes, mais souvent renouvelées pour ne pas
impatienter les animaux, et données par un homme capable. Le plus souvent les gardiens montent les chevaux
et leur donnent ainsi les premières leçons en les conduisant aux pâturages et en les ramenant à l'écurie. Cette
pratique a généralement peu d'inconvénients, car les pâ-
tres ne montent que les poulains les plus dociles, ceux
auxquels on peut toujours faire perdre les mauvaises habitudes; mais les animaux, en faisant seulement le chemin
du pâturage, qu'ils parcourent sans s'apercevoir de la
volonté du cavalier, ne risquent-ils pas de s'accoutumer
à aller seulement où ils veulent?

Il est facile de dresser pour la selle les chevaux qui ont
travaillé à la charrue; ce service, s'ils y ont été soumis
avec soin, les a déjà rendus dociles, disposés à céder à la
volonté du conducteur; mais les animaux qui à quatre,
cinq ou six ans, n'ont fait aucun travail, ceux surtout
qui ont toujours été dans les pâturages, donnent souvent
beaucoup de peine et ne peuvent être domptés que par
des hommes forts et habiles.

Il ne faut pas seulement habituer les chevaux à être
obéissants, à se tourner à droite ou à gauche, à hâter
ou à ralentir la marche selon la volonté du cavalier; il
faut aussi leur faire porter la tête dans une position con-

venable , sans être obligé de la soutenir avec la bride ; à
cet effet, lorsqu'on verra qu'il porte beau, dit Xénophon,
et qu'il est léger à la main, qu'on se garde bien de le
chagriner , de le presser , mais qu'on le caresse au contraire et qu'on cesse bientôt le travail ; de la sorte, comptant à l'avenir en être bientôt quitte, il prendra plus
volontiers la position qui semblera le délivrer.

Pour habituer les chevaux de trait aux harnais qu'ils
doivent porter et au service auquel ils sont destinés, on leur
mettra d'abord le collier nu et ensuite avec les traits ; on
les promènera garnis de ces harnais pour les accoutumer
au frottement des coussins, des cordes , etc. ; après quelques jours on les attellera avec des chevaux bien dressés ,
en ayant soin de les placer devant et de les conduire par
la bride afin de les maintenir et de les empêcher de faire
des efforts. Les premières fois on doit les mettre à des
voitures vides traînées par des chevaux placés entre les
brancards , pour les accoutumer au bruit des roues , aux
frottements, aux secousses, ensuite on les attelle à des fardeaux d'abord légers , mais qu'on augmente à mesure que
les jeunes animaux s'accoutument à traîner. Les premières
leçons doivent toujours être courtes. Tous les chevaux
ainsi dressés sont dociles ; habitués à vaincre la résistance
qui leur est opposée , ils seront toujours francs du collier.
On devrait bien se garder d'atteler la première fois les
jeunes chevaux à des fardeaux qui seraient au-dessus de
leurs forces ; ils pourraient y contracter des efforts, des
maladies et même se rebuter, devenir vicieux , rétifs ,
s'habituer à reculer; et quand on les attellerait plus tard à
des voitures un peu lourdes, les croyant, au premier obstacle qu'elles rencontreraient, au-dessus de leur force, ils
ne feraient aucun effort pour les faire suivre.

Les chevaux de trait , surtout ceux employés à l'agriculture , ont en général des allures très-lentes ; il faut en

les dressant les accoutumer à marcher rapidement ; avec un pas accéléré ils traînent des fardeaux plus lourds et font en moins de temps plus de travail sans être plus fatigués.

C'est au moment de commencer l'éducation des chevaux qu'on doit étudier avec soin leur conformation et leur caractère, afin de les soumettre aux services qui leur conviennent le mieux, et de les dresser au travail auquel ils sont destinés. En parlant de l'élevage des poulains nous avons recommandé de les faire travailler jeunes ; nous ajouterons ici qu'on ne doit cependant les soumettre à un service régulier, continue, exigeant l'emploi de toutes leurs forces, que lorsqu'ils ont acquis tout leur développement, qu'ils ont les membres formés, les articulations solides. Les animaux soumis à un travail au-dessus de leurs forces, ou pour lequel ils ne sont pas conformés, sont difficiles à dresser, désagréables à conduire, et s'usent rapidement. Beaucoup de chevaux sont devenus vicieux à cause de leur faiblesse : on a exigé d'eux plus qu'ils ne pouvaient faire.

Dans l'éducation on ne doit pas seulement avoir pour but de dresser les animaux, il faut aussi se proposer d'accroître leurs aptitudes en leur faisant prendre autant que possible la conformation la plus favorable à leur destination. L'éducation d'un poulain doit être un cours de gymnastique ; mais pour être profitables, les exercices doivent être en rapport avec les animaux : tel sujet un peu lourd, robuste, doit être entraîné, soumis à des courses rapides dès l'âge de 30 mois, de trois ans, si l'on veut qu'il devienne un grand coureur ou un bon cheval de chasse ; tel autre ne doit être soumis aux allures qui allongent le corps que lorsqu'il est complétement formé.

A cet égard il faut encore distinguer les animaux qu'on destine au travail de ceux qui doivent être employés à la multiplication de l'espèce. C'est surtout dans ces derniers qu'il faut craindre de développer en excès certaines aptitudes. Avant tout, les reproducteurs doivent être capables de donner des produits réunissant les aplombs aux proportions, et surtout conformés pour être forts et robustes. Or, une pouliche et un poulain issus de parents propres à la course, et fortement taillés eux-mêmes pour cet exercice, si on les soumettait trop jeunes à l'entraînement, ne donneraient-ils pas naissance, en s'accouplant l'un avec l'autre, à des produits à poitrine étroite, dont la bouche serait dure, les allures sans harmonie, réunissant en un mot tous les défauts qu'on reproche au cheval pur sang anglais? De même, deux jeunes animaux qui présentent à un degré très-prononcé les caractères du cheval de trait, qui ont les membres rapprochés du centre de gravité, le corps court, la croupe avalée, soumis avant que leur squelette soit complètement solidifié à un tirage pénible, capable d'augmenter la disposition curviligne de leur colonne épinière, donneront-ils étant adultes des produits bien conformés?

C'est aux propriétaires des poulains, aux vétérinaires et aux directeurs des haras, à déduire de la conformation des élèves les exercices auxquels il faut soumettre les jeunes animaux pour les rendre aussi parfaits que possible : nous ne pouvons donner à cet égard que les principes généraux que nous venons d'exposer.

Il n'entre pas non plus dans notre plan de donner les règles d'après lesquelles il faut apprendre aux chevaux les allures artificielles usitées dans les manéges. Nous dirons seulement un mot de l'amble et du trot, ces allures n'étant pas naturelles, il est vrai, mais étant cependant utiles pour les services ordinaires que nous retirons des chevaux.

Dans les départements de l'ouest, on fait contracter aux

poulains l'habitude de mouvoir simultanément les deux membres de chaque bipède latéral, en attachant chacun des pieds antérieurs au pied postérieur correspondant, au moyen d'un lien fixé aux paturons. Les Américains emploient le même procédé pour accoutumer aussi leurs chevaux à marcher l'amble ; on croit que les étalons qui ont été dressés à cette allure donnent des produits qui la marchent naturellement; ce qui a été bien reconnu, c'est que les bidets du Morbihan, auxquels on a appris à marcher l'amble, ne valent pas, en général, ceux qui naturellement vont à cette allure.

Le trot est l'allure la plus utile de nos jours, mais elle n'est pas naturelle au cheval, et quoiqu'elle soit devenue héréditaire, pour qu'il la marche convenablement, il doit y avoir été préparé. Aussitôt qu'on croira devoir commencer à dresser un poulain de diligence, de cabriolet, il faudra chercher à le faire trotter : on lui donnera les premières leçons à la longe, en l'empêchant de galoper autant que possible. On l'apprendra à changer de main, en évitant les secousses, et en usant toujours de douceur.

§ V. ÉLEVAGE ET ÉDUCATION DU CHEVAL DE COURSE (ENTRAÎNEMENT).

On appelle *entraînement* une pratique qui a pour but de mettre les chevaux en état de bien courir, *en bonne condition*. Les Anglais donnent au mot *training* une signification plus étendue; ils lui font désigner toute préparation ayant pour but de rendre le cheval capable d'employer toutes ses forces, de le mettre en état de faire le mieux possible tout ce qu'on peut espérer de lui dans les exercices pénibles.

L'entraînement a pour but de rendre les animaux plus forts et plus habiles : on leur donne de la force par une nourriture appropriée ; et par l'exercice on tend à augmenter la puissance des muscles et à faire disparaître la graisse, les humeurs, le volume excessif des intestins qui augmentent inutilement le poids du corps, gênent les contractions musculaires, et nuisent même à la santé en comprimant le poumon, le cœur, etc.

On rend les chevaux habiles à courir par l'exercice qui assouplit les articulations, en les habituant aux hippodromes, et en leur faisant parcourir des lignes dont les courbures soient semblables à celles des terrains destinés aux courses. On accoutume aussi les chevaux à prendre en entamant la marche, le trot, le galop, selon qu'on veut les essayer à l'une ou à l'autre de ces allures ; on cherche à leur faire porter la tête en avant, basse plutôt qu'élevée, à allonger les enjambées, à s'élever peu de terre, mais à galoper comme les lièvres en rasant presque le sol.

1° *Régime des chevaux en traîne*. Pour augmenter la force des chevaux qu'on prépare pour la course, on leur donne une nourriture convenable, des soins assidus et on éloigne d'eux tout ce qui peut les épuiser.

La *nourriture* du cheval de course doit être bonne, légèrement excitante, contenir sous un petit volume beaucoup de principes alibiles ; tout en nourrissant les animaux de manière à produire un sang riche, des muscles fermes, un caractère vif, il faut prévenir une trop grande excitation des viscères abdominaux.

On proscrira les substances aqueuses qui rendent les animaux mous, celles qui sont ligneuses, peu nutritives ; elles distendent les intestins, poussent le diaphragme en avant, compriment le poumon et rendent la respiration difficile.

On choisit pour les chevaux en traîne du foin de première qualité, récolté depuis au moins huit ou dix mois ; on le recherche plutôt excitant, aromatique, que gras, fade ; mais on en donne toujours peu à la fois, trois, quatre kilogr. par jour. La luzerne, le trèfle, surtout le sainfoin si l'on voulait en faire usage, seraient donnés avec modération : ces plantes sèches sont préférables au foin ordinaire pour les chevaux qui se nourrissent mal.

Les grains de première qualité forment la base de la nourriture des poulains qu'on entraîne; on les donne presque à discrétion. Certains chevaux quoique sveltes mangent 18, 20 litres d'avoine par jour. On donne des fèves, des pois, du froment surtout si les animaux manquent de ton, s'ils sont délicats, étroits de boyaux. Souvent on administre les féveroles fendues et les grains mêlés au foin haché; les Anglais les mêlent avec du *chaff*, mélange de foin et de paille hachés. Ce mode d'administration est nécessaire quand les animaux sont goulus, pour les forcer à broyer leur nourriture.

La nourriture telle que nous venons de l'indiquer peut convenir pour les chevaux que l'on veut en quelque sorte sacrifier dans l'espoir d'obtenir un prix ; mais nous ne devons pas laisser ignorer qu'elle est peu favorable à la santé : elle produit des échauffements, des constipations, des fièvres inflammatoires, des irritations des reins; « les rétentions d'urine ne sont pas rares chez les chevaux entraînés », dit un hippologue qui a décrit avec beaucoup de détails tout ce qui se rapporte aux courses et aux soins qu'il convient de donner aux animaux que l'on veut faire courir (1). Au lieu d'employer, pour combattre ces maladies, le limon, le sel de nitre, l'eau sucrée, les boissons édulcorées avec le miel, etc., conseillées par les auteurs anglais, il serait plus sage de donner une nourriture un peu moins excitante.

Le vert est peu favorable aux chevaux de course, et il

(1) E. Gayot, *Guide du sportsman, ou Traité de l'entraînement et des courses de chevaux.*

faut le supprimer assez longtemps avant de les soumettre aux rudes fatigues de l'entraînement ; mais on ne saurait trop suivre les conseils des auteurs qui recommandent de mêler au foin des légumineuses vertes pendant les temps de repos qui séparent les courses, et même pendant l'entraînement, si l'on croit devoir interrompre pendant quelques semaines les exercices pénibles. Le vert peut être surtout salutaire aux jeunes chevaux et à tous ceux qui réclament un régime rafraîchissant. En hiver, un barbotage avec du son ou mieux des graims moulus, quelques racines, des carottes, donnés avec précaution, peuvent être favorables, mais il faut avoir soin de prévenir les diarrhées.

Les boissons sont données avec parcimonie, trop d'eau fait gonfler la nourriture qui se trouve dans l'estomac et distend ce viscère ; elle peut nuire encore en rendant le sang trop fluide, trop aqueux. Il y a des chevaux délicats qui ne prennent que 25, 30 gorgées d'eau par jour. Il faut apporter beaucoup de soin dans la distribution du boire : donner l'eau en petite quantité, souvent, et jamais immédiatement après un repas de substances susceptibles de se gonfler ; il est quelquefois avantageux que les chevaux aient des boissons à discrétion, mais il faut les empêcher de boire immédiatement avant de commencer les courses, et ne les abreuver, après l'exercice, que lorsqu'ils sont refroidis et ont pris un peu de nourriture.

L'usage de la meilleure nourriture ne remplirait pas encore le but, si l'on n'apportait la plus grande exactitude à observer la plus stricte régularité dans la distribution. « Les animaux se ressentiraient d'une différence très-courte, dit M. Gayot, ancien directeur de l'école des haras du Pin (1). Cinq minutes avant l'heure

____

(1) Lieu cité, p. 17.

précise, vous les dérangez et leur repas n'a pas été complet ; cinq minutes après vous les trouvez tourmentés par le désir et le besoin de recevoir leur pitance... Du reste cette exactitude est également nécessaire pour les pansements et pour les services. »

Si les chevaux en traîne perdent l'appétit, si naturellement ils mangent peu, s'«ils refusent toute nourriture après un travail un peu rude, on les remet en appétit en leur donnant de temps à autre une pilule ainsi faite :

$$\left. \begin{array}{l} \text{Graines de carvi . .} \\ \text{Graines d'anis . . .} \\ \text{Poudre de la Jamaïque} \end{array} \right\} \quad \text{90 gr. de chaque.}$$

Girofle 60
Racine de gentiane . . 120

Réduisez le tout en poudre très-fine, formez-en une pâte épaisse avec suffisante quantité de thériaque, et divisez en quinze fortes pilules. Ces pilules s'administrent une à la fois seulement et lorsque l'animal n'a pas de fièvre. Elles sont pernicieuses quand les organes sont irrités. » C'est aussi afin de donner de l'appétit qu'on donne les prétendus stomachiques, les cordiaux, l'angélique, le poivre, la cannelle, le fenouil, la menthe, la coriandre, le cumin, etc. Si l'on ne veut pas sacrifier les animaux à l'espoir de gagner le prix de la course, quelques jours de diète sont préférables à l'emploi de ces excitants, surtout si l'on est encore éloigné de quelques semaines du jour de la lutte.

2° *Logement.* On recommande de tenir le cheval dans un box seul. «On ne doit pas au moins, dit-on, lui donner des compagnons soumis à un autre régime de travail et de nourriture que le sien ; les soins différents qu'on leur donne, les allées et venues nécessaires dans tous les cas, lorsqu'on les sort ou qu'on les rentre, les absences irrégulières auxquelles les soumettent leurs travaux..., sont des causes de dérangements continuels très-nuisibles, et qu'il est fort important d'éviter. Il est des chevaux cependant qui ne veulent pas rester seuls et qui ne se nourrissent bien qu'en compagnie d'un second ; il faut alors mettre à côté d'eux un cheval ou un âne, auquel on distribuera les fourrages aux mêmes heures et qu'on ne sortira que pendant les absences des premiers. Après avoir recommandé de ne pas exposer l'écurie ni en plein nord ni en plein midi, pour éviter les extrêmes dans la température atmosphérique, on ajoute : « le thermomètre n'y marquera jamais moins de 17 degrés au-dessus de 0, et ne s'élèvera pas au-dessus de 20 degrés. Les fenêtres seront pourvues de rideaux pour assombrir le local, toutes les fois qu'une clarté trop vive empêcherait les animaux de se bien reposer. »

3° *Couvertures.* Il faut à un cheval de course des couvertures dont le nombre varie avec sa constitution , des camails dont un seulement (le dernier) avec des oreilles ; des guêtres, des genouillères, et des pièces de flanelle convenablement taillées pour les membres, l'encolure, le poitrail et les épaules... Le cheval qui voyage doit être complètement habillé. A l'écurie le cheval en traîne doit être également bien vêtu ; Nemrod lui veut toujours deux couvertures à la fois sur le corps. Chaudement habillé , il n'est pas exposé à s'enrhumer quand on aère l'écurie. La dernière couverture doit couvrir le camail , les flanelles et envelopper tout le corps.

Les couvertures ont aussi pour but d'exciter la transpiration cutanée et de débarrasser les animaux des chairs inutiles. Les genouillères, les guêtres, les bottes préviennent les atteintes, les coups aux genoux. Le cheval de course étant étroit de devant est exposé à se couper, et une plaie au boulet, aux genoux, faite peu de temps avant les courses , mettrait l'animal dans l'impossibilité de courir.

4° *Ferrure.* Les fers du cheval de course seront très-légers. « Pendant l'entraînement les fers pourront peser deux livres; mais pour la course on en réduira le poids à cinq quarts pour un hippodrome établi sur le sable, et à trois quarts lorsque le cheval devra courir sur le gazon. »

5° *Pansage.* Le cheval de course doit être pansé avec soin deux fois par jour et trois quand il ne fait pas d'exercice. Il « ne supporte pas l'usage de l'étrille ; sa peau devient trop sensible et son tempérament trop irritable pour qu'il ne souffre pas à l'approche de cet instrument, qui ne doit plus servir alors qu'à nettoyer la brosse. L'emploi de cette dernière vient après celui du bouchon de foin mouillé, puis est suivi de l'éponge légèrement humectée et du torchon en toile ou de l'époussette en laine. » On recommande « les frictions sèches sur les membres, c'est-à-dire des frottements exécutés avec la brosse, la main ou la flanelle...; les frictions irritantes ne doivent être employées qu'au cas où il existe des molettes ou des vessigons... »

6° *Exercices de l'entraînement.* Le terrain doit être convenablement abrité contre les vents froids du nord, contre ceux trop humides de l'ouest ; il doit être solide sans être dur, parfaitement uni, n'offrant aucune inégalité ; on recommande d'y passer de temps en temps le rouleau, les excavations et les éminences habituent les chevaux aux allures relevées; les irrégularités du sol occasionnent d'ailleurs fréquemment des efforts, des entorses sur les chevaux de course, et souvent font abattre les animaux. M. Darvill rapporte l'exemple d'un cheval qui se fractura la jambe en tombant sur l'hippodrome; la piste, dit-il, était cependant en bon état, on ne savait à quoi attribuer l'accident quand on aperçut une taupinière sur laquelle l'animal avait posé son pied.

Le terrain ne doit pas présenter des tournants trop courts. D'après M. Darvill, « on doit préférer à une plaine unie, un terrain plat pendant le premier mille, offrant sur le demi-mille suivant une montée douce, puis une descente de même étendue, également douce; ensuite un mille et demi de terrain plat, et enfin un dernier demi-mille montant légèrement.

On interrompt les exercices de l'entraînement pendant les temps froids; mais si les animaux ont besoin d'agir, on les promène dans un grand cirque. Les Anglais garnissent le sol d'une vaste cour ou d'un paddock de fumier, de paille, quand la gelée a durci la terre.

7° *Suées*. On fait maigrir les chevaux de course par des *suées*, c'est-à-dire en faisant suer ces animaux d'une manière extraordinaire. A cet effet, on les enveloppe de couvertures de flanelle, et on les soumet à un exercice violent. En hiver, surtout si les chevaux sont gras, on met plusieurs couvertures, plusieurs camails; on ne sort les animaux ni le matin si le temps est frais, ni à midi s'il fait trop chaud; on choisit les bonnes heures du jour.

L'espace à parcourir doit varier d'une à deux lieues et plus, selon la force, la vigueur, l'âge, l'appétit des chevaux, selon la saison, l'état du sol. M. Darvill veut que les chevaux de deux ans parcourent cinq sixièmes de lieue; ceux de trois ans, un peu plus d'une lieue; et ceux de quatre ans, une lieue et tiers. On fait aller les chevaux d'abord au pas pendant une demi-heure, puis on fait un petit galop préparatoire d'un sixième de lieue environ, après quoi on reprend l'allure du pas pendant une autre demi-heure; enfin on fait faire le galop de suée, qui est plus ou moins violent, plus ou moins prolongé, mais tout d'une haleine. Le cheval doit être, au moment où la course finit, près d'un hangar fermé ou de l'écurie : aussitôt qu'il s'arrête, on le met dedans, et l'on jette d'autres couvertures sur tout le corps, mais principalement sur les parties grasses; « on enveloppe les membres avec des bandes de flanelle. On le laisse ainsi pendant quinze ou vingt minutes. La transpiration augmente bientôt, et la sueur coule de toutes parts. Il est des chevaux cependant qui suent plus facilement, et qu'il faut découvrir au bout de cinq à dix minutes. » Pendant ce temps les grooms se préparent, arrangent des flanelles, détachent les cordons des couvertures, etc.

On découvre avec précaution, en commençant par l'avant-main ; on fait couler la sueur avec des couteaux de chaleur, et on assèche au moyen de serviettes, en frottant avec autant de soin et de légèreté que possible. Le grand point, on le conçoit, est d'empêcher tout refroidissement. Aussi l'opération exige-t-elle trois ou quatre hommes actifs et habitués à soigner les chevaux ; cinq trouveraient même de l'occupation et seraient utilement employés, disent les hippologues.

« Ce rechange achevé, on recouvre le cheval avec des couvertures sèches ; on lui fait boire un ou deux litres d'eau dégourdie, et on le remet en marche... pour lui donner l'exercice réclamé après le travail violent et brusquement cessé de la suée. On donne une promenade d'un quart d'heure au pas et au galop modéré d'un sixième à un tiers de lieue ; puis encore une demi-lieue de pas, après quoi on rentre pour ne plus sortir de la journée...

« La précaution de laver, de baigner les membres à l'eau chaude à la suite des suées est fortement recommandée par M. Darvill, qui la regarde comme indispensable. « L'eau chaude, dit-il, assouplit les muscles tendus, dilate les vaisseaux, facilite la circulation. » Les bandes de flanelle dont on entoure les canons sèchent entièrement les membres après le bain, et consolident les tendons. On ne les laisse jamais plus de deux heures ; en les enlevant, on frictionne vigoureusement les membres. »

On donne à chaque cheval un nombre de suées variable

selon sa condition, son état. On voit des chevaux qui maigrissent à vue d'œil; d'autres perdent plus difficilement leur graisse. On fait suer ceux qui sont gras, qui mangent beaucoup, deux, trois fois par semaine, et d'autres, une fois seulement tous les 8, 10, 15, 20, 30, 40 jours. L'on en dispense même complètement ceux d'une constitution par trop délicate. Du reste, tous les chevaux ne doivent pas être amenés au même état de maigreur : il en est, selon Nemrod, qui ont besoin d'être en état d'embonpoint pour soutenir des courses longues et rapides.

Les couvertures sont indispensables pour faciliter les suées, pour faire maigrir les chevaux; si on négligeait d'en faire usage, on ne mettrait les animaux en condition, en état, que par des galops longtemps continués et souvent répétés, ce qui, à la longue, fatiguerait les membres; encore il serait fort difficile de faire suer un cheval sans couvertures quand le temps est froid; il transpirerait peu, il faudrait augmenter les purgatifs, ce qui pourrait affaiblir la constitution.

Pour diriger convenablement les suées, les entraîneurs examinent avant de commencer l'opération quels sont le volume, la fermeté, l'élasticité des parties charnues du corps des chevaux. A cet effet ils manient l'encolure, le garrot, l'avant-bras, pressent les côtes, les épaules, la croupe, etc., etc. Ils remarquent bien à la vue quel degré de saillie font les muscles : ils renouvellent l'inspection après l'opération, « pour constater l'effet produit par la suée, le progrès obtenu dans la condition de l'animal. » Un cheval qui est bien avancé en condition sue plus difficilement, il lui faut plus de couvertures, des allures plus rapides et plus longtemps continuées; mais en commençant l'entraînement, lorsque les animaux ont encore beaucoup de chair, il est inutile de mettre beaucoup de couvertures et de forcer l'exercice.

C'est par les suées que les chevaux perdent leur chair superflue, dit M. Darvill, et les amas intérieurs et extérieurs d'une graisse qui les empêcherait de déployer toutes leurs facultés ; elles sont en effet indispensables avec nos courses actuelles pour beaucoup de chevaux ; elles rendent les membres souples, les muscles libres ; mais elles ne sont pas sans inconvénients, et constituent dans tous les cas une pratique barbare. « La plupart des chevaux qui ont été entraînés une ou plusieurs fois, et qui par conséquent ont obtenu souvent des suées de course, éprouvent de l'inquiétude et de l'agitation nerveuse quand ils s'aperçoivent qu'on les prépare à une suée. Souvent leurs craintes se manifestent lorsqu'à la pointe du jour, ou même dans la nuit, on les attache haut pour les empêcher de manger; quand on leur ôte les couvertures, ils tremblent, ont des mouvements nerveux involontaires, étendent les membres, se vident. Si on leur tâte le pouls, on voit que la circulation est accélérée. » Ces malheureux chevaux ne se calment pas facilement, quoiqu'on les rassure par des caresses; leur état ne cesse que pendant l'exercice.

La branche de l'éducation du cheval qui se rapporte aux exercices est celle que les entraîneurs dirigent le mieux. Ils commencent par soumettre les animaux à de simples promenades, et ensuite au pas allongé. Cette allure n'étant pas très-précipitée est favorable à l'accroissement des forces et au maintien de la santé; elle fait acquérir aux muscles du volume, de l'énergie, et à la poitrine de la capacité; elle rend les chevaux propres à supporter la course. Les chevaux qu'on prépare pour les courses au galop ne doivent jamais être mis au trot; car l'animal qui a l'habitude de trotter part rarement au galop franc en entamant la course; il fait toujours quelques mouvements

____

(1) Lieu cité, page 38.

désordonnés qui lui font perdre un temps précieux, et peuvent l'empêcher de gagner le prix.

On ne doit exiger la première fois qu'un galop de très-peu de durée et peu précipité, qu'on fait répéter plusieurs fois par jour si c'est nécessaire. Les jours suivants on le fait durer un peu plus longtemps, et on l'accélère progressivement. Après quelques leçons on fait faire dans la même journée plusieurs temps de galop, séparés par des marches au pas : on fait ainsi parcourir deux, trois, quatre kilomètres en trois ou quatre fois. On doit en commençant donner des leçons courtes et fréquentes, et les répéter à de très-courts intervalles.

On augmente tous les jours la vitesse et la durée des exercices à mesure que les animaux deviennent plus forts. On les cesse, on les renouvelle tous les jours, tous les deux jours, quelquefois soir et matin selon la force, la vigueur des animaux. Il faut presser un peu plus ceux qui sont bien en chair, un peu mous : on doit toujours cesser les exercices avant que les animaux soient fatigués à en être indisposés. On parvient par ce procédé à obtenir, sans nuire à la santé des chevaux, des efforts dont ils n'auraient jamais été capables de prime abord. C'est seulement à l'épreuve définitive qu'il faut leur faire faire tout leur possible.

Il ne faut pas même presser les chevaux au commencement de la course : un animal qui déploie toutes ses forces est dans un état anormal qui ne peut pas durer : la circulation étant très-accélérée, la respiration devrait être très-active, mais les muscles locomoteurs gênant les mouvements des côtes, la poitrine se dilate avec peine et l'hématose se fait mal ; le poumon se gorge de sang, ce liquide manque de qualités, le cheval est menacé de suffocation, il devient insensible et incapable de continuer son allure. C'est seulement au dernier moment qu'il faut exiger d'un

cheval tout ce qu'il peut faire ; quand on a lieu de croire
qu'il sera parvenu au but avant que les conséquences de
la grande vitesse se fassent sentir.

8° *Purgatifs, sudorifiques.* L'exercice, le régime auxquels
sont soumis les chevaux , tendent à les rendre maigres ;
mais pour mieux produire cet effet, on emploie les purgatifs, les sudorifiques, les diurétiques ; on administre l'a-
loès, le jalap, la rhubarbe, le savon blanc, le sirop de
nerprun , le nitrate de potasse , le soufre , etc. On compose avec ces substances des bols que l'on donne aux chevaux. Nous empruntons à l'ouvrage de M. Gayot la for-
mule suivante , pour donner une idée de la manière dont
les Anglais traitent leurs chevaux.

> Aloès. . . . de 24 à 32 gr.
> Savon blanc. . . . 8
> Poudre de rhubarbe. . 4
> Poudre de gingembre. . 4
> Soufre précipité. . . 4
> Huile de carvi. . . . 10 gouttes.

Sirop de nerprun, quantité suffisante pour pétrir le tout
et en faire une pilule. L'auteur de cette médecine (Olli-
vier) recommande de purger ainsi trois fois de suite ,
à huit jours d'intervalle , le cheval de course. Dans d'autres préparations nous voyons entrer : jalap, 3 gr.; crème
de tartre , *idem ;* huile essentielle de gérofle et d'anis ,
20 gouttes; diagrède 3 décagr. , etc.

Les purgatifs sont conseillés principalement pour les
chevaux robustes qui se nourrissent bien , suent difficilement et sont toujours gras quoique médiocrement nourris. Si l'on croit devoir purger un cheval, il faut préalablement l'avoir préparé à recevoir le remède par un peu
de diète et par des boissons blanches.

Les purgatifs, les sudorifiques, les diurétiques, etc., ont pour but de faire maigrir les animaux. On croit que ces moyens produisent les mêmes effets que la diète, que l'exercice forcé, sans affaiblir l'économie animale comme les saignées, et sans fatiguer les membres, la poitrine, comme les exercices très-pénibles.

L'emploi de ces moyens est difficile à expliquer. L'académie royale de médecine a été à peu près unanime pour le proscrire; les membres de cette savante compagnie qui ne veulent pas des courses, comme ceux qui sont partisans de ces exercices, considèrent les purgatifs, les sudorifiques comme nuisibles. La pratique empirique de l'entraînement, disait M. Gerdy, réunit des moyens absurdes que rien ne justifie et des moyens raisonnables que la science peut avouer. Sans doute les purgatifs, les sudorifiques sont employés pour diminuer l'embonpoint des chevaux, alléger leur poids et favoriser la vitesse de leur course; mais alors pourquoi employer un moyen qui, en allongeant leur corps, les affaiblit?

Les purgatifs sont-ils inutiles? ne contribuent-ils pas à rendre les chevaux légers sans diminuer proportionnellement leur force? par l'emploi de la diète, des suées, amènerait-on les chevaux qui mangent beaucoup à cet état de maigreur et cependant de conservation et d'énergie que possèdent les forts coureurs? L'opération serait longue, et le régime qui serait nécessaire ne pourrait-il pas débiliter l'économie animale, altérer la constitution et rendre les animaux incapables de courir? Tous ces propriétaires qui font entraîner leurs animaux sont-ils dupes des entraîneurs? et personne, malgré tant de courses qui ont eu lieu en France et en Angleterre, n'a-t-il pu remarquer que les 1000 ou 1200 fr. que coûte l'entraînement d'un cheval ne servent qu'à affaiblir ce quadrupède? Nous ne voulons pas justifier l'emploi des purgatifs, des

excitants; nous constatons leurs effets. Il est prouvé
qu'un cheval qui a de grandes qualités peut être battu par
celui qui a moins de mérite, mais qui a été bien entraîné;
il est possible que l'aloès, le savon, la rhubarbe, etc.,
produisent un effet favorable au but que l'on se propose : le cheval est difficile à purger, ces substances restent longtemps dans les intestins, sont absorbées en partie, et déterminent par leurs propriétés corroborantes des
effets qui neutralisent l'action débilitante que produit pas-
sagèrement la purgation. N'est-ce pas pour augmenter
l'effet excitant que les Anglais, si bons observateurs, introduisent de la cannelle, du gingembre, etc., dans leur
pissing-bolls, purging-bolls....? L'effet purgatif de l'aloès,
du savon, peut même être favorable à des animaux qui
prennent une nourriture échauffante. Aucun médecin
n'ignore que ces substances prises à petites doses facilitent les digestions des individus disposés à être constipés.
Mais si telle est la manière d'agir des substances que
nous examinons, au lieu d'en donner de fortes doses
trois ou quatre fois pendant l'entraînement, on devrait
les administrer en très-petite quantité, en renouveler
l'emploi toutes les fois que la diminution de l'appétit et des
crottins secs le réclameraient, en ayant toujours soin de
les faire prendre avant le repas. Nous devons ajouter que
le plus souvent des chevaux auxquels on donne de l'a-
voine, des féveroles, des pois, n'ont pas besoin de toniques; ils sont malades ou assez nourris, s'ils cessent de
montrer de l'avidité pour ces aliments; or, dans le premier cas, ils ne peuvent pas courir, et dans le second ils
ont besoin de la diète ou de rafraîchissants.

Quoiqu'il en soit de l'explication que nous donnons des
effets des toniques, des purgatifs employés dans l'entraînement des chevaux, l'expérience nous démontre l'utilité de ces moyens; et les personnes qui veulent le main-

tien des courses telles qu'on les pratique aujourd'hui, doivent reconnaître la nécessité de purger, de faire suer les chevaux qu'on entraîne?

9° *A quel âge doit-on entraîner les poulains? durée de l'entraînement; préparation définitive.* On a vu des chevaux, entraînés jeunes, courir plusieurs fois à l'âge de deux ans et fournir encore une longue carrière; mais ces cas sont rares. A moins qu'on ne veuille sacrifier les animaux, il faut les préparer plus tard, car presque toujours un coursier qui a été soumis trop tôt au régime de l'hippodrome est taré, usé avant d'avoir acquis son développement. Si on veut les essayer jeunes, on ne saurait trop les ménager; on ne doit que les disposer à l'entraînement. Mais si l'on prend les précautions convenables, il est avantageux de commencer la préparation longtemps avant les courses, afin que le cheval soit mis en condition avant le moment où il faudra le soumettre aux tortures de l'entraînement, et pour qu'on ne soit pas obligé de le fatiguer par des purgatifs et par de trop fortes suées. On mettra donc toujours les animaux en traîne assez tôt, surtout ceux qui exigent beaucoup de préparations; car un cheval qui est gras au commencement de l'opération exige des préparatifs longs, dispendieux et qui peuvent altérer sa santé.

C'est ordinairement à l'âge de vingt-huit, trente mois qu'on soumet à l'entraînement les chevaux qui doivent courir à trois ans et demi, quatre ans. Quelques personnes conseillent de commencer le dressage des poulains dès le mois d'août de leur deuxième année et les préliminaires de l'entraînement vers la Toussaint; de donner, pendant les gelées seulement, une ou deux médecines et de faire prendre un peu d'exercice sur un terrain convenable; l'on entreprend ensuite, après l'hiver, la préparation définitive.

L'opération doit durer trois, six, dix mois, selon l'état des animaux; quelquefois elle se continue pendant dix-huit mois, deux ans. Trois mois doivent suffire, dit M. Gayot, à l'éducation préparatoire, à celle qui a pour but d'habituer le cheval à la course, de lui apprendre à galoper; « et nous supposons, continue le *Guide du Sportsman*, page 26, qu'elle a eu lieu en octobre, novembre, décembre. Le cheval continuera d'être convenablement nourri, pansé et exercé de manière à le maintenir en haleine, et à ne pas lui laisser perdre trop d'état; mais l'entraînement proprement dit sera suspendu pendant deux ou trois mois, suivant qu'on aura reconnu qu'il a besoin d'être plus ou moins suivi, plus ou moins travaillé. On le reprendra donc quatre ou cinq mois avant l'époque de la course, pour l'assujettir alors, selon l'expression de Nemrod, à toute la sévérité de la discipline des chevaux en traîne. Celle-ci veut qu'avant de courir, le cheval subisse trois *préparations*, c'est-à-dire, qu'il faut le mettre deux fois en état de courir, et le remettre à bas par des purgations, par la nourriture verte et le repos. Ce n'est qu'à la troisième qu'il est réellement en état d'entrer dans la carrière. En accordant le temps nécessaire pour les accidents, tels que des écorchures aux os des membres, une perte d'appétit, etc., il faut au moins six à sept semaines bien pleines pour chaque préparation, et même plus en certains cas. Il faut donc compter sur cinq mois environ pour ce second entraînement. »

Les chevaux les plus difficiles à entraîner sont ces animaux vigoureux et gloutons, qui font de la chair nouvelle plus vite qu'on n'a pu leur enlever l'ancienne, et qui, par conséquent, exigent, pour se préparer à courir, tant de purgatifs et de travail que leur santé court risque d'être altérée.

Il faut ralentir les exercices quelques jours avant la course.

« La veille on ne donne au cheval qu'un petit galop d'un sixième de lieue;... et dès la veille on diminue la quantité d'eau : on n'en laisse prendre qu'une vingtaine de gorgées à ceux qui s'en montrent trop avides. Après le pansage ordinaire, on ne donne que de l'avoine et le repas achevé on met la muserolle (pour empêcher de manger la litière). Le lendemain de très-grand matin le cheval reçoit la ration ordinaire d'avoine, et qu'il la mange entière ou qu'il en laisse, ce qu'il aura pris lui suffira. On le sort ensuite pour lui donner un léger galop de trois à quatre cents pas, puis on le rentre. » Le cheval ne doit plus rien manger avant la course; « on lui rendra, une heure avant que de le conduire sur le terrain, une gorgée d'eau et une petite jointée d'avoine, qu'on l'excitera à manger en la saupoudrant d'un peu de son ou de sel.

« Au moment de le présenter au poteau on fait avaler au cheval, à l'aide d'un bouteille, quelques gorgées d'eau mêlée d'eau-de-vie. »

Il y a des chevaux qu'on fait courir plusieurs fois par an. Ainsi, *Venisson*, à l'âge de trois ans, a couru quatorze fois et a gagné douze prix; *Isaac*, en 1839, remporta trente-neuf victoires. Le plus ordinairement on fait courir les chevaux moins souvent. Dans l'intervalle des courses les soins qu'on leur donne varient : si les épreuves sont rapprochées, on ne discontinue pas le régime de l'entraînement; on donne aux animaux, après chaque course, quelques jours de repos complet et une très-bonne nourriture. Si elles ont lieu à des époques éloignées, après l'épreuve, on place le cheval dans des conditions favorables à l'engraissement : on le met dans des écuries où on lui donne pendant dix, douze jours le plus grand repos et une bonne nourriture; on le met ensuite dans des boxs ou dans des paddocks où on le laisse pendant trois, quatre semaines dans la plus grande tranquillité.

34.

Il y a des entraîneurs qui pour rafraîchir les chevaux les purgent dans l'intervalle des courses ; ce moyen est le plus souvent nuisible, il contribue à augmenter l'irritation, l'échauffement qui existe déjà ; il est préférable de les soumettre à un régime rafraîchissant, de faire entrer dans leur nourriture de bonnes racines, de la farine délayée dans l'eau ou du vert de bonne qualité.

Quelques auteurs conseillent même de commencer l'usage du vert sans mélange de fourrage sec ; la nourriture fraîche purge alors les animaux, mais sans produire les effets que déterminent les purgatifs. Toutefois, à moins d'indications spéciales, l'usage exclusif du vert ne doit pas être longtemps continué pour des animaux destinés à courir après un temps plus ou moins long. Après quelques jours, il faut revenir à la ration accoutumée et donner la quantité ordinaire de grain. Quelques entraîneurs nourrissent surabondamment, engraissent les chevaux dans l'intervalle des courses. Il faut éviter les transitions brusques, les alternatives d'abondance et de disette ne pouvant être que nuisibles à la santé.

Il est inutile de recommander de soigner avec la plus scrupuleuse attention les chevaux qui voyagent dans l'intervalle des courses. Comme on ne connaît pas le foin qu'on trouve dans les auberges, il faut leur en donner fort peu ; on remplace ce fourrage par de l'avoine, par des féveroles qu'on mêle à des fourrages hachés, etc. On aura soin de laisser les genouillères, les guêtres ; de choisir de bonnes écuries et de faire une abondante litière, en prenant des précautions pour que les chevaux ne se remplissent pas l'estomac de paille et qu'ils soient en état de se représenter sur l'hippodrome en arrivant à leur destination. Le voyage à pied fait avec précaution est préférable au transport des animaux sur des voitures ; on cite des chevaux qui ont fait plus de deux cents lieues par an en allant de ville en ville pour se présenter aux courses.

10° *Effets de l'entraînement.* Si l'entraînement était employé avec intelligence, il serait fort utile, car il produirait tous les effets d'un bon régime et de l'exercice en plein air : il développerait les muscles et l'appareil respiratoire; il débarrasserait le corps des liquides et des solides inutiles, produirait des animaux forts, agiles et agréables, tout en fortifiant leur santé; il les rendrait capables de supporter de rudes fatigues et de produire des descendants robustes. On ne saurait trop encourager celui qui a pour but d'exercer les chevaux au trot; outre les avantages que nous venons d'énumérer, il a celui de dresser les animaux, de leur apprendre une allure utile. Il serait à désirer que les courses au char, les concours de charrue, les essais au pas donnassent l'habitude de préparer les animaux à ces exercices. Un entraînement qui aurait pour but ces épreuves n'aurait pas l'inconvénient de produire des écarts, des chutes, des ruptures du cœur, etc., que déterminent quelquefois les exercices au galop; et il ne nécessiterait pas l'emploi des purgatifs, des sudorifiques, des suées, des flanelles, etc.; il ne faudrait que bien nourrir les animaux, les soigner convenablement, les dresser et les fortifier par l'exercice au grand air. On pourrait même, pendant ces préparatifs, employer quelquefois les mâles à la reproduction; il suffirait de rendre la continence complète quelques jours avant l'épreuve.

Mais l'entraînement tel qu'on le pratique aujourd'hui est nuisible. Nous savons, et M. de Montendre, M. Royer-Collard l'ont prouvé, par les faits qu'ils ont recueillis, qu'il n'a pas les dangers qu'on a voulu lui attribuer; mais il n'en est pas moins mauvais en principe et par la manière dont on le pratique. Il est mauvais en principe, car il tend à donner au cheval de course des formes, des ca-

ractères déjà trop prononcés, il tend à accroître ses défauts; il est nuisible par son but, car l'entraîneur ne cherche pas à rendre le cheval utile, mais à le rendre vite, capable de gagner les prix. L'entraînement est surtout nuisible à cause de la manière dont on le pratique : d'abord
il est trop dispendieux, il a l'inconvénient de ne pas produire un bien proportionnel à ce qu'il coûte, et d'exclure
des courses, par conséquent des encouragements, les
éleveurs pauvres; ensuite il produit sur les animaux trop
jeunes, trop faibles, des boiteries, des défauts d'aplomb,
des maladies de poitrine, des lésions des organes circu-
latoires et quelquefois la mort instantanée ; il jette même
les animaux qui semblent les mieux organisés pour en
supporter les effets dans un état anormal plus ou moins
nuisible à la santé.

Est-il possible, demanderons-nous avec M. Barthe-
lemy (1), que le passage réitéré de l'abondance et du repos
à la disette avec exercice violent, de cet état de fatigue et de privation à l'abondance et au repos, n'exerce
pas une influence fâcheuse sur la constitution des chevaux? Un cheval peut-il être meilleur étalon parce qu'il a
passé plusieurs fois de l'embonpoint à la maigreur et de
la maigreur à l'embonpoint?

Mais on nous répondra : vous confondez les abus avec
la pratique; on peut rejeter les moyens empiriques que
rien ne justifie et se borner à ceux que la science peut
avouer; tant pis pour les personnes qui les pratiquent mal.
Nous dirons de l'entraînement ce que nous avons dit des
purgatifs, page 527, et nous n'invoquerons pas, pour prouver la nécessité des diverses pratiques qui composent l'entraînement, le témoignage de quelques riches sportsmen,

____

(1) Académie royale de Médecine ; *Recueil de Médecine vétérinaire*,
août 1842, p. 602.

dupes d'entraîneurs rusés ; nous en appellerons aux lumières des hommes qui sont à même par leurs études
d'apprécier ce qui est utile ; nous en appellerons à l'expérience qui nous démontre que les chevaux qui ont été soumis à l'entraînement avec toutes les précautions usitées,
qui ont sué, qui ont été purgés, gagnent les prix plus souvent que ceux qui n'ont pas subi ces moyens empiriques ;
et c'est parce que nous croyons ces moyens nécessaires,
avec les courses telles qu'elles existent, que nous voudrions voir le gouvernement faire pour toutes les villes ce
qu'il a fait pour Nancy : qu'il divisât les grands prix, et
qu'il en fondât un plus grand nombre de petits, afin que
les éleveurs fussent intéressés à produire de bons chevaux,
et même à les dresser convenablement, mais non à faire
les dépenses folles qu'ils font aujourd'hui pour l'entraînement ; nous voudrions bien voir prospérer l'élevage du
cheval distingué, mais nous ne voudrions pas voir créer
une profession qui, comme celle de l'entraîneur est mortelle pour ceux qui l'exercent, inutile et partant parasite
pour la société.

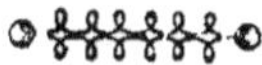

CHAPITRE VI.

Ferrure ; castration ; tondage ; amputation de la queue et des oreilles ; marques des chevaux.

—

§ Ier. FERRURE.

Inconvénients de la ferrure. La ferrure a de nombreux inconvénients : elle en a qui sont constants et d'autres qui ne sont qu'accidentels ; les premiers existent de quelque manière qu'on la pratique, les autres se montrent seulement dans quelques cas ; enfin les uns sont immédiats, se montrent aussitôt que la cause a agi ; les autres sont secondaires et n'arrivent que lorsque l'opération est ancienne et pratiquée depuis longtemps.

Le fer appliqué sur le pied par le procédé généralement mis en usage, fixe la corne d'une manière invariable. Dans l'état naturel, le pied se dilate toutes les fois que les animaux font leur appui et il revient sur lui-même pendant qu'il est en l'air. Ces deux mouvements sont assez étendus pour activer la circulation et la nutrition, et pour faciliter la progression ; la circulation est activée par la dilatation qui tend à faire le vide et attire le sang dans les vaisseaux situés entre l'ongle et l'os et par le resserrement qui repousse, dans les veines et dans les vaisseaux lymphatiques, les fluides qui avaient été attirés ; enfin la progression est facilitée par la force avec laquelle le pied ayant été comprimé par le poids du corps revient sur lui-même quand le membre se soulève.

Dans les solipèdes dont le pied est formé d'un seul os

enveloppé d'une couche épaisse de corne, la dilatation pendant l'appui est peu considérable ; elle est beaucoup moins grande que dans le chat, dans le chien et même que dans l'homme ; mais elle existe cependant ainsi que l'a prouvé M. Bracy-Clarck, et quoique peu étendue elle produit beaucoup d'effet, car elle est suivie d'une forte réaction, en raison de la grande résistance de l'ongle qui, après avoir été dilaté, tend à revenir sur lui-même avec beaucoup d'énergie.

La ferrure nuit aux phénomènes que nous venons d'énumérer. L'ongle fixé à un croissant de fer ne peut plus se dilater ; les parties qu'il recouvre sont comprimées, la circulation est ralentie, la nutrition se fait mal, les cartilages, l'os même durcissent, s'atrophient en partie, l'ongle se resserre et le pied devient étroit, encastelé, douloureux. A la suite de ces effets l'appui est incertain, la marche moins assurée, plus lente ; les chevaux qui sont ferrés sont plus tôt fatigués que les autres, et parce qu'ils sont privés de l'élasticité du pied qui contribuait à relever le membre, et parce qu'ils sont chargés du poids du fer et des clous, et parce que leur marche est moins sûre ; il arrive même, lorsque les pieds sont douloureux, que tout le membre devient raide, les épaules chevillées, les mouvements gênés ; les pas sont incertains, les chevaux se coupent, tombent, se blessent les genoux, se cassent les dents, etc.

Un autre inconvénient de la ferrure, c'est de rendre l'ongle cassant, les pieds sensibles, et même souvent plats ; et si les chevaux habitués à être ferrés se déferrent par accident, ils marchent avec les plus grandes difficultés, et s'abîment en peu de temps les pieds si l'on n'a pas un maréchal à portée.

La ferrure a des inconvénients qui tiennent à la manière dont on procède à l'opération.

Les maréchaux en parant le pied blessent souvent la sole de chair, la fourchette, la peau et même les tendons fléchisseurs et produisent des plaies quelquefois longues à guérir. L'appui du fer chaud peut produire des brûlures graves et la suppuration ; dans tous les cas il dessèche les tissus, rend la corne cassante, la fait resserrer et la dispose aux seimes. La lame des clous passe souvent près des parties vives et les serre ; d'autres fois elle pénètre dans l'épaisseur des tissus et donne lieu à des hémorrhagies, à des piqûres. Tous ces accidents peuvent entraîner la suppuration et le décolement du sabot.

Si le fer est mal ajusté, s'il n'est pas convenablement adapté au pied, les maréchaux après l'avoir cloué enlèvent la partie de corne qui dépasse le bord externe du fer avec le rogne-pied et ensuite avec la rape. Ces instruments détruisent la surface externe de l'ongle, et le pied dépourvu de l'enduit lisse, dur, imperméable qui le recouvre, se dessèche, se resserre, devient cassant et quelquefois se fend, se rétrécit ; les parties molles sont pressées. Si c'est le fer qui dépasse le pied, et s'il le déborde en dedans, les chevaux se blessent aux boulets. D'autres fois les éponges des fers de devant sont trop longues, et les chevaux forgent, c'est-à-dire frappent les fers de devant avec ceux de derrière ; ils peuvent aussi s'entraver, et même s'abattre, s'arracher les fers et s'abîmer les pieds.

Les chevaux ferrés qui se couchent en vache, c'est-à-dire qui rapprochent les talons de la poitrine, pressent les coudes avec les éponges et produisent sur le sommet de l'olécrâne une tumeur nommée *loupe, éponge*.

Enfin si le fer est mal ajusté, si sa face supérieure ne répond pas à la forme du pied, il se produit des éclats de corne, des pressions, d'où peuvent résulter la suppuration, des exostoses du dernier phalangien, la convexité de la sole, des ognons, etc.

Tous les accidents que nous venons de signaler peuvent entraîner la fourbure, la suppuration du pied, la déformation, la chute du sabot, et même la mort des animaux.

Avantages. La ferrure prévient l'usure de l'ongle dans les animaux qui marchent sur des routes ferrées, sur des chemins caillouteux; sans le fer beaucoup de nos chevaux rendraient peu de services. La ferrure peut corriger les défauts d'aplomb, qui tiennent à une mauvaise conformation du pied; elle peut même pallier certains défauts des rayons supérieurs des membres; en éloignant le pied du sol, elle prévient les contusions de la sole, les éclats de la corne, empêche les clous, les chicots, les morceaux de verre de blesser les pieds; elle empêche les animaux de glisser et prévient des écarts, des distensions de ligaments. La ferrure est un moyen thérapeutique précieux qui peut guérir certaines affections et qui souvent est fort utile pour soutenir les appareils que réclament plusieurs maladies du pied; enfin elle a le grand avantage de pallier les maux qu'elle a produits.

Moyens contre les inconvénients. Les inconvénients de la ferrure sont reconnus tellement inhérents à l'opération elle-même que pour les prévenir on propose de la supprimer. On dit que les chevaux habitués à marcher sur les cailloux auraient l'ongle plus dur, qu'ils seraient plus agiles, et tout aussi utiles; on ajoute qu'il en résulterait une grande économie. Les hippiatres opposés à la ferrure se basent sur ce que l'opération n'a pris naissance que dans le moyen-âge, qu'elle n'a été importée en Angleterre que dans le onzième siècle, par Guillaume-le-Conquérant; que les Grecs, les Romains, les premiers chrétiens faisaient travailler les chevaux sans fers; enfin, sur ce que beaucoup de solipèdes qui n'ont jamais été ferrés n'en rendent pas moins de très-bons et excellents services. Les adversaires de la ferrure ajoutent que nous pourrions, à l'instar des Grecs et des Romains, appliquer sur le pied des animaux blessés par les courses, des sandales, des espèces de bottines qui préserveraient du frottement les pieds trop usés.

La plupart des auteurs, tout en avouant les inconvénients de la ferrure, la considèrent comme un mal nécessaire qu'on ne doit pas chercher à éviter. Heureusement qu'elle peut guérir on pallier les maux qu'elle a produits.

Pour diminuer l'inconvénient le plus constant et même le plus grave de la ferrure, le resserrement du sabot, il faut ne pratiquer l'opération que sur les pieds bien formés, laisser les chevaux sans fers le plus longtemps possible : lorsque l'ongle est devenu dur, fort, tenace, que le dernier phalangien a pris toute la consistance qu'il doit avoir, le pied résiste beaucoup à l'action du fer. On a bien proposé, pour prévenir le resserrement du pied, un fer ayant une charnière en pince, mais cette ferrure serait trop dispendieuse, et d'ailleurs la charnière ne resterait pas longtemps mobile.

Manière de ferrer. Précautions après la ferrure. La ferrure est une opération qui consiste à appliquer au moyen de clous des morceaux de fer sous les sabots des solipèdes, et sous l'onglon des grands ruminants.

Pour pratiquer la ferrure sur un cheval qui n'a jamais été ferré, le maréchal pare la face inférieure du pied et enlève les éclats de corne qui se trouvent sur la face externe de l'ongle. Si le cheval a déjà été ferré, l'ouvrier commence par enlever le fer usé, sort avec soin toutes les lames de clou qui sont restées dans l'ongle et enlève ensuite la quantité de corne qui a poussé depuis la dernière ferrure.

Cette opération est longue et difficile sur certains chevaux dont les pieds sont secs; pour l'abréger les maréchaux ont l'habitude de ramollir la corne en y appliquant le fer chaud. Cette pratique peut avoir des inconvénients. La chaleur peut brûler la sole et produire une boiterie ; dans tous les cas, elle dessèche le pied, et dispose les animaux à diverses affections. Pour diminuer ces inconvénients, il faut faire porter le fer rouge-cerise, afin qu'il brûle la corne qu'il touche rapidement et avant que le calorique ait le temps de pénétrer jusqu'aux parties sensibles. L'appui du fer chaud sur le pied ne doit jamais être qu'instantané.

Les ouvriers se proposent aussi en faisant porter le fer chaud d'essayer celui-ci au pied. Pour remplir ce but, M. Riquet a inventé un instrument qu'il appelle *podomètre* et qui est destiné à mesurer la face inférieure du sabot. Beaucoup de maréchaux rougiraient, mal à propos sans doute, de se servir d'un podomètre ; mais ils ne doivent pas s'en rapporter, à moins qu'ils ne soient très-habiles, à la mesure du pied prise simplement à vue d'œil ; il faut qu'avant de lever l'ancien fer ils examinent avec soin de quelle manière il va au pied, et qu'ils le prennent pour modèle de celui qu'ils ont à préparer. Il importe qu'ils ne soient pas obligés de présenter plusieurs fois le fer chaud sur le pied.

Quant aux avantages de la ferrure à froid, ils sont depuis bien longtemps incontestés ; mais on reconnaît aussi généralement que le pied doit porter exactement sur le fer par toute sa circonférence ; s'il ne porte que par quelques parties, ces parties éclatent presque toujours, le fer est exposé à être cassé et souvent à tomber. Ces accidents arrivent surtout sur les chevaux lourds dont les pieds sont mauvais, plats, la corne cassante ; pour les éviter, car ils sont plus graves que l'appui instantané du fer chaud, on est donc bien obligé d'employer ce dernier moyen ; seulement il faut parer autant que possible le pied à froid, essayer le fer à froid aussi si cela est nécessaire, et ne le présenter chaud que lorsqu'on est sûr qu'il va à peu près ; alors on n'a besoin que de le laisser un instant pour marquer et ramollir les parties les plus saillantes, celles qui doivent être enlevées. S'il est à la température rouge, comme nous venons de le dire, la couche de charbon qu'il forme en touchant l'ongle, préserve les parties profondes de la chaleur ; du reste on ne doit jamais parer le pied à fond, il faut toujours laisser à la sole une épaisseur assez considérable, afin que si le cheval se déferrait accidentellement en route, il pût marcher un certain temps pied nu.

Pour parer convenablement le pied, il faut avoir égard à la direction, à la longueur des membres, et chercher à remédier aux défauts d'aplomb, s'il en existe. En laissant le quartier interne plus élevé que l'externe, on corrige le défaut des chevaux qui ont le talon de dedans bas ; en abattant les talons et en laissant la pince longue, on rend moins dures les réactions des chevaux qui ont les membres droits.

On doit donner au fer la circonférence du pied afin de ne pas être obligé, la ferrure faite, d'enlever une partie de la couche externe de l'ongle ; il faut seulement que le fer déborde un peu en dehors. Avant d'appliquer le fer, nous le rendons concave sur la face qui doit être en rapport avec le pied ; de cette manière, la pince étant un peu relevée, les chevaux sont moins exposés à raser le tapis, et le pied n'appuie sur le fer que par la partie la plus résistante, par la paroi ; cette ajusture n'est pas sans inconvénients ; ne serait-il pas préférable de donner au fer la forme du pied ?

« J'ai remarqué que les sabots se resserraient avec la ferrure française, dit M. Noirit, d'après ce qu'il a observé en Afrique, et que les seimes devenaient très-communes dans l'été, tandis qu'elles sont très-rares chez les chevaux appartenant aux Arabes et ferrés par eux. » (1) Les fers arabes sont ajustés de manière à porter sur la sole : la concavité est sur la face qui doit être en rapport avec la terre, et le cheval ferré marche sur la surface qui ressemble à la face plantaire du pied. Pour diminuer les inconvénients de l'ajusture que nous pratiquons, il ne faut que relever légèrement la pince du fer.

On laisse souvent aux fers des pinçons et des crampons: les premiers servent à fixer les fers; ils ont rarement des inconvénients. Les crampons sont destinés le plus souvent à empêcher les chevaux de glisser ; on ne les met quelquefois qu'aux pieds postérieurs des chevaux limoniers. Assez souvent on n'en met qu'un et au quartier externe. Les crampons peuvent aussi avoir pour but de redresser les membres des chevaux ; ils relèvent la partie postérieure du pied quand les talons sont bas. Les crampons nuisent souvent ; ils rendent les chevaux droits sur les membres. Il ne faut pas en lever sans nécessité.

On ne doit chercher à redresser les aplombs des chevaux, soit par les crampons, soit en parant le pied, qu'avec précaution ; car les abouts articulaires des membres sont en rapport avec la direction des rayons osseux ; et en relevant une partie du pied naturellement basse, on peut nuire aux parties supérieures, à l'articulation de la couronne, à celle du boulet, au genou ; de même, en allongeant le sabot d'un cheval droit sur ses membres, on risque de tirailler les tendons fléchisseurs, de les irriter et d'accroître le défaut auquel on veut remédier. Sauf quelques exceptions, le maréchal doit chercher à faire porter le pied sur le sol, comme il porterait si le cheval marchait déferré.

Les étampures doivent être distribuées symétriquement

____

(1) Noirit, *Observations sur la dégénérescence des chevaux barbes.*

et d'une manière régulière sur le fer ; cependant dans les pieds antérieurs elles seront en pince principalement et en talon dans les postérieurs. Elles doivent, dans tous les cas, être assez rapprochées des éponges du fer pour que les clous empêchent celui-ci de faire ressort ; mais plus elles sont éloignées des talons, plus le pied conserve de liberté et plus il se dilate pendant l'appui. On place les étampures irrégulièrement quand le pied est dérobé ; on fait en sorte alors de ne pas être obligé de mettre des clous à l'endroit où la corne est enlevée ; on met tous les clous du côté externe ou en pince lorsque les chevaux ont le poitrail étroit et se coupent. Dans ce cas on fait la branche interne du fer fort épaisse, et on la place de manière que le pied la recouvre complètement. Lorsque les étampures sont irrégulièrement distribuées, les clous étant rapprochés sur un point, doivent avoir les lames minces pour ne pas faire éclater la corne.

Le fer doit être aussi léger que possible, pourvu qu'il ait les dimensions convenables pour préserver le pied et résister à l'usure pendant le temps nécessaire au renouvellement de la corne. Placé à l'extrémité du levier formé par le membre, le fer surcharge beaucoup les muscles qui font mouvoir le pied et qui agissent par un bras de levier excessivement court, favorable à la vélocité et à l'étendue des mouvements, mais très-mal disposé sous le rapport de la puissance. Il est probable qu'un poids de quelques décagrammes cloué sous le pied d'un cheval, fatigue plus ce quadrupède que des hectogrammes qu'on placerait sur le dos.

Il faut cependant que le fer ait les dimensions convenables pour préserver la face plantaire du pied et pour supporter les clous. Celui des chevaux qui doivent marcher sur le gravier, sur le sable, doit être large, couvrir une grande partie de la sole. L'épaisseur du fer doit être en rapport avec le service que font les animaux. Les chevaux qui travaillent beaucoup sur le pavé, sur des routes ferrées en granit, doivent en avoir de forts : il faut que la ferrure dure tout le temps qui est nécessaire au renouvellement de l'ongle ; car si l'on était obligé de ferrer plusieurs fois un cheval sans pouvoir abattre du pied, on percerait d'un trop grand nombre de trous la partie de la paroi dans laquelle les clous seraient enfoncés et la ferrure manquerait de solidité. Pour réunir l'épaisseur convenable du fer à la légèreté qu'il doit avoir, il faut, avant de le forger, étudier la marche du cheval, et donner la plus forte épaisseur à la partie qui correspond au point sur lequel l'appui se fait principalement.

Le choix des clous mérite l'attention du maréchal : ils doivent d'abord avoir la lame mince et unie ; ensuite on les prendra gros ou petits, selon que les chevaux usent plus ou moins. Un clou dont la tête est volumineuse, mis dans l'endroit sur lequel le cheval s'appuie principalement, peut augmenter beaucoup la durée de la ferrure sans en accroître sensiblement le poids. Par la grosseur des clous on peut aussi corriger en partie les défauts d'aplomb, prévenir les glissades, etc.

Les clous doivent être enfoncés assez profondément pour que le poids du fer ne les enlève pas avec la corne qu'ils embrassent ; mais ils ne doivent pas cependant s'étendre jusqu'aux parties vives. Les étampures du fer doivent être assez grandes pour recevoir les clous sans de grands efforts, afin qu'on puisse ferrer sans donner de grands coups de marteau : les grands coups donnés sur les têtes des clous produisent de la douleur, excitent les animaux à se remuer et les rendent même vicieux, difficiles à ferrer.

La ferrure nouvelle incommode toujours plus ou moins les animaux : elle attire le sang dans les pieds et rend ces parties douloureuses. Les chevaux doivent être ferrés quelques jours avant de se mettre en voyage ; il faut aussi que ceux qui doivent trotter longtemps sur des chemins durs, chauds, ceux qui doivent faire des marches fatigantes, ne soient pas ferrés depuis peu : la pression des lames des clous, celle du fer, agissant en même temps que la percussion du sol, pourraient produire la fourbure. Lorsque, étant en voyage, on fait ferrer les chevaux, on ne peut pas interrompre la marche ; mais on doit alors les faire ferrer, si c'est possible, la veille d'un jour de halte, les surveiller le premier jour et ne pas les presser avant de s'être assuré qu'ils ne souffrent pas.

Il faut laisser la ferrure sur les pieds le moins possible, déferrer les animaux qu'on veut mettre au vert ; il serait même à désirer qu'on pût en faire autant à tous ceux qu'on veut faire reposer quelque temps. Mais le pavage de nos écuries ne permet pas de laisser les chevaux pieds nus ; on doit alors ôter au moins à ceux qui sont fatigués par un long voyage les clous des talons ; les pieds étant ensuite moins serrés se dilatent davantage, la circulation s'y fait mieux et la douleur disparaît.

Le renouvellement de la ferrure est de temps en temps nécessaire pour parer le pied et conserver les aplombs ; car sous le fer l'ongle ne s'usant pas s'allonge sans cesse, l'appui tend à se faire sur les talons et les tendons fléchisseurs sont tiraillés. Pour prévenir ces inconvénients, il faut renouveler tous les vingt ou vingt-cinq jours les fers des chevaux, lors même que ceux-ci ayant gardé le repos n'ont pas usé leur ferrure.

La ferrure doit varier selon les services des animaux et la nature du sol sur lequel ils marchent. Pour les chevaux de selle, de course, les fers doivent être dégagés, et, pour ceux de halage, larges, afin d'augmenter le point d'appui qui doit être pris sur le sable mouvant des rivières. Les chevaux asiatiques qui marchent sur le sable ont des fers à éponges réunies.

Dans les montagnes, dans les sols argileux, les fers doivent être justes pour ne pas s'accrocher aux pierres, ni se charger de boue. Sur la glace, des clous à tête pointue, des crampons, même aciérés, peuvent être utiles pour prévenir des glissades, des écarts, des fractures. On laisse souvent de forts crampons aux chevaux qui doivent travailler sur les pavés : on fait alors le sacrifice des animaux, on les expose à une usure précoce pour en rendre le service plus sûr.

Pour éviter les inconvénients de la ferrure à clous, on a conseillé l'emploi de moyens semblables à ceux des anciens : M. Berjon a dernièrement proposé des hippo-sandales hermétiques qu'il fixe au moyen de courroies (1) ; on n'a encore rien trouvé qui pût, par la simplicité, par l'économie, remplacer la ferrure ordinaire, et malgré ses inconvénients nous sommes toujours obligés de la mettre en usage.

L'amputation de la corne des pieds est souvent nécessaire dans les animaux qui sortent peu des étables, et qui ne sont pas ferrés. Le sabot peut acquérir, si le cheval ne l'use pas en marchant sur un sol dur, une longueur démesurée, gêner la marche et même fausser les aplombs : car, lorsque le pied est trop long, l'appui ne se fait que sur les talons, et la face postérieure des membres est tiraillée; d'autres fois l'accroissement de la corne est irrégulier, le sabot se détourne et l'appui se fait seulement sur l'un des quartiers.

(1) *Journal des Haras*, mai 1839.

§ II. CASTRATION DES SOLIPÈDES.

Nous ne pratiquons la castration dans les solipèdes que sur les mâles.

Effets de la castration. La castration agit sur la conformation et sur le caractère des chevaux : elle tend à faire disparaître les différences qui distinguent les mâles des femelles : dans le cheval, le train antérieur est plus développé que le postérieur ; la cuisse est mince, la croupe est moins garnie de muscles, plus pointue que dans la jument ; tandis que l'épaule est charnue, l'encolure épaisse, chargée d'une forte crinière, la tête lourde. Après la castration les muscles fessiers se développent, la croupe s'arrondit, le ventre grossit ; mais l'épaule diminue, l'encolure s'amincit, la crinière devient moins touffue, et la tête plus légère. Le cheval châtré hennit plus rarement que celui qui n'a pas été privé de la faculté de se reproduire, et sa voix a moins de force et marque moins d'énergie ; elle se rapproche de celle de la femelle.

La castration diminue en général l'énergie, la fierté et même l'adresse, l'intelligence des animaux ; elle les rend paisibles, dociles, moins volontaires. Ses effets varient du reste selon l'âge des individus sur lesquels on la pratique : sur les chevaux âgés elle détruit seulement la faculté d'engendrer ; elle exerce peu d'influence sur les formes et sur le caractère : les animaux conservent l'épaisseur du bord supérieur de l'encolure, leur forte crinière, leur caractère indépendant, et leurs fesses restent minces ; tandis que ceux qui ont été châtrés avant que les caractères de leur sexe fussent développés, ressemblent par leur conformation, quand ils sont adultes, à des femelles ; ils deviennent en général plus grands que les chevaux entiers. Aristote avait déjà remarqué que si les animaux sont castrés de bonne heure, leur corps acquiert plus de volume que lorsqu'ils restent entiers; mais que la castration n'influe pas sur la taille lorsqu'elle est pratiquée après l'âge auquel les animaux ont acquis ordinairement tout leur développement. En rendant les mâles plus mous, moins pétulants, elle ralentit leurs fonctions; ils font moins de déperditions, leurs fibres sont plus molles, et leur nourriture produit plus d'effet.

Les mâles châtrés jeunes ayant perdu l'indépendance, la raideur de caractère qui caractérisent leur sexe dans presque toutes les espèces, sont dociles comme des femelles; ils sont moins aptes à certains travaux, mais ils n'en sont pas toujours moins aptes à travailler : car, comme le dit M. Huvellier (1), « le cheval hongré de bonne heure est aussi bon , aussi courageux que le cheval entier. » Si on croit communément le contraire, c'est qu'on ne distingue pas la vivacité, la pétulance des animaux indociles, à caractère altier, de la vivacité des bêtes de travail; la première, qui est instinctive, est plus grande dans les chevaux entiers que dans ceux qu'on a hongrés; mais l'aptitude à travailler, dépend principalement de l'habitude prise par les individus. Or, les animaux châtrés jeunes ont eu un développement précoce et ont été dressés à bonne heure; en outre, ils sont dociles et se plient à notre volonté ; leurs instincts sont détruits ou affaiblis, ils ont plus d'abnégation pour eux-mêmes et moins de répugnance à nous obéir, plus de courage pour travailler que ceux qui ont conservé leur caractère indépendant.

L'habitude de châtrer, de *hongrer* les chevaux, a pris naissance dans le nord , probablement dans la Hongrie ; les peuples de l'Orient ne la connaissent pas et elle est peu usitée en Espagne. Beaucoup d'auteurs se pronon-

(1) *Journal d'Agriculture pratique*, mars 1842.

cent, même dans nos pays, contre cette opération qui fait perdre au cheval ses plus belles facultés : ils disent qu'elle est barbare et inutile, que les coursiers des orientaux sont aussi dociles que nos chevaux ; ils citent l'exemple des anciens chevaliers qui auraient rougi de monter un cheval mutilé, dégradé par une amputation qui lui a fait perdre les attributs de son sexe : anciennement les femmes seules osaient monter un cheval châtré.

La castration des chevaux présente cependant de nombreux avantages, elle rend l'élevage des poulains plus facile. Les animaux châtrés sont préférables, au moins pour les services irréguliers où il faut beaucoup de docilité, de patience ; ils conviennent pour les travaux de l'agriculture, pour le service de la selle, surtout pour monter les personnes timides qui craignent les secousses, les détours brusques qu'exécutent assez souvent les chevaux entiers ; on peut laisser les poulains hongres libres dans les pâturages, les mettre avec des juments; « ils sont moins exposés que les chevaux entiers aux maladies des organes génitaux, au rouvieux, aux eaux aux jambes, au vertige, au tétanos, aux hernies inguinales. C'est avec raison qu'on dit : la castration contribue à la conservation du cheval et augmente la sécurité de l'homme.

Mais les chevaux entiers sont préférables pour les services réguliers, continus, qui, comme les diligences, les postes, le roulage, exigent beaucoup plus de force, de vigueur, que de patience et de docilité ; c'est presque toujours un cheval entier, qui, comme plus vigoureux, plus intelligent et plus adroit, est placé entre les brancards des grosses charrettes.

A quel âge convient-il de châtrer les chevaux ? Faut-il enlever les testicules aussitôt que ces glandes sont descendues dans les bourses, ainsi que cela est pratiqué en Angleterre ? Les poulains qui ont été castrés s'épuisent moins

que ceux qui sont entiers, ils se nourrissent mieux avec
la même quantité de nourriture. La castration hâtive permet de laisser les mâles avec les pouliches, sans qu'on ait
à craindre des accouplements non appareillés et des gestations prématurées ; elle prévient aussi l'avortement des
juments poulinières et les accidents, les glissades, les efforts, les écarts, etc., auxquels sont exposés les chevaux
entiers, fougueux.

Ainsi, pour les commodités des éleveurs, la castration
doit être pratiquée sur les animaux jeunes. Dans la circonscription du dépôt d'étalons de Libourne, l'usage de
châtrer les poulains à l'âge d'un an à dix-huit mois commence à se répandre, et ceux qui l'ont suivi s'en sont très-
bien trouvés ; ils ont fait de bons chevaux qui ne leur ont
pas donné de peine à élever, dit M. de Sauvagnac, et
qu'ils vendent très-bien aux remontes militaires.

Relativement aux qualités des animaux, l'époque de
la castration doit varier selon la conformation, le caractère des chevaux et leur destination ; il faut châtrer jeunes
les poulains qui ont le train antérieur très-développé,
comme les andaloux, les normands. On s'accorde généralement à considérer la castration tardive des poulains
en Normandie comme une des causes qui nuisent à l'élevage des chevaux dans cette province : les mâles y restent entiers jusqu'à quatre ans, époque de la vente ;
« leur encolure prend un développement difforme, dit
M. Houel ; leur tête grossit, et perd sa grâce et sa légèreté ; leurs fesses s'amincissent. » Comme le fait observer
M. Yvart (1), en châtrant les chevaux qui ont acquis leur
accroissement, on rompt l'équilibre qui existe entre le volume des os et celui des muscles ; après la castration, la
charpente de la tête, les vertèbres cervicales ne diminuent

____

(1) *Maison rustique du 19e siècle.*

pas sensiblement de volume, tandis que les parties molles s'amincissent; il en résulte que l'avant-main est décharné, manque de proportions, le cheval a une tête de vieille. On pourrait châtrer plus tard les poulains qui ont l'avant-main grêle, la croupe lourde.

Pour déterminer l'époque de la castration, il faut aussi avoir égard au caractère des animaux; les poulains rétifs, méchants, doivent être hongrés plus tôt que ceux qui ont un tempérament mou, lymphatique, qui sont naturellement dociles, obéissants.

Enfin on conseille de châtrer tard les animaux qui sont destinés à des services pour lesquels conviennent les chevaux entiers.

En général il faut châtrer jeunes les chevaux qui doivent être châtrés. L'opération, faite à quarante, cinquante jours, par l'ablation des testicules, est facile et sans inconvénients. L'administration de la guerre a pris une mesure sage, en arrêtant que les établissements de remonte ne recevront plus que des chevaux qui auront été castrés avant l'âge de deux ans. L'époque de la castration devra être constatée par un certificat délivré, quarante-huit heures après l'opération, par l'opérateur dont la signature devra être légalisée par le maire de la commune.

La castration tardive est plus grave que celle qu'on opère sur les animaux jeunes, dont les organes de la génération ne sont pas encore entrés en activité. L'opération à un âge avancé est surtout dangereuse quand on la pratique, ainsi que cela se fait en Normandie, au moment où les chevaux sont vendus et vont être exportés. La chaleur, la poussière, les fatigues de la route, le changement de climat, le régime nouveau, l'éloignement des lieux où les animaux étaient habitués, agissent avec l'opération et contribuent à produire ces maladies longues à guérir dont sont atteints souvent les chevaux normands expatriés.

Manières de châtrer, soins des individus châtrés. Il y a plusieurs méthodes de castration, mais elles se réduisent toutes à deux : par l'une on enlève les testicules, par l'autre on les paralyse en arrêtant l'abord des fluides nutritifs qui s'y rendent. L'ablation des testicules se pratique de diverses manières : elle est généralement mise en usage sur les chevaux ; c'est aussi l'opération la plus convenable. Cependant les procédés qui ont pour but de paralyser les testicules, l'écrasement du cordon testiculaire ou martelage, le bistournage, etc., offrent certains avantages : on peut rendre ces opérations plus ou moins complètes ; dans le bistournage, par exemple, si l'on ne fait faire qu'un tour ou un tour et demi au cordon testiculaire, la castration n'est qu'imparfaitement faite, et les animaux conservent en partie la vigueur, les formes de leur sexe, ce qui peut être utile pour quelques services ; mais en tordant convenablement les vaisseaux et les nerfs qui se rendent aux testicules, on anéantit complètement l'action de ces glandes, et la castration est complète.

L'ablation des testicules est une opération fort simple, et bien rarement suivie d'accidents ; quand on la pratique, on prévient le plus souvent l'hémorrhagie au moyen de deux casseaux ; il faut, en les appliquant les serrer très-fortement pour déterminer la mortification de la partie comprimée, diminuer les douleurs et prévenir le tétanos, les champignons ; pour augmenter l'effet des casseaux, on garnit souvent leur face interne d'une poudre caustique, de sublimé corrosif ; quand on a employé ce moyen, on peut les enlever le lendemain de l'opération : on les laisse deux ou trois jours si l'on n'a pas fait usage de caustiques, et surtout si la compression n'a pas été très-forte.

Les suites de la castration sont rarement graves ; il suffit, pour prévenir les accidents, la fièvre de réaction qui se montre le plus souvent, après l'opération, de soumettre les animaux à un régime diététique, de leur donner des racines cuites, de l'herbe, de l'eau blanche; si le pouls est fort, l'artère pleine, il faut employer la saignée. Après la castration, l'on doit craindre l'inflammation du péritoine, du bas-ventre, etc.; pour la prévenir, on tiendra les animaux dans les écuries, si le temps est froid, pluvieux, si le vent du nord souffle; on leur donnera à boire de l'eau dégourdie; on évitera de leur faire manger des corps froids, des fourrages couverts de rosée, de gelée. Si le temps est beau, l'exercice, le pâturage, sont favorables au rétablissement de la santé.

La plaie n'exige aucun soin après l'enlèvement des casseaux. On peut cependant lotionner avec de la décoction de mauve, avec de l'eau tiède vinaigrée; faire des onctions avec des corps gras et doux; mais on doit surtout tenir les animaux proprement, ne pas les laisser coucher sur du fumier, dont les émanations fétides impriment un mauvais caractère aux plaies.

§ III. TONDAGE DES CHEVAUX

On tond les animaux pour les débarrasser de leur fourrure et pour profiter de leurs dépouilles. L'opération est appelée *tonte* dans les moutons et *tondage* dans les autres animaux. Il est inutile d'employer deux mots pour désigner une même chose, mais nous nous conformons à l'usage.

On tond rarement la totalité du corps dans les solipèdes; cependant cela se voit quelquefois sur des chevaux de luxe, sur des bêtes affectées de maladies cutanées, etc.; le plus souvent on coupe le poil de la partie supérieure du corps en suivant une ligne qui part des oreilles, suit les faces de l'encolure, le milieu des côtes, du flanc jusqu'aux fesses. L'opération est souvent douloureuse ; on la pratique avec des forces et l'on est même par fois obligé de faire usage des morailles ou du torche-nez.

Le tondage facilite le pansage, le rend presque inutile ; la poussière, la matière de la transpiration cutanée, l'épiderme qui se détache sont faciles à enlever sur les chevaux tondus : il écarte les insectes aptères, mais en exposant la peau à l'action des mouches, heureusement peu à craindre dans la saison où l'on tond les solipèdes.

Les chevaux tondus s'échauffent plus difficilement par le travail, ils transpirent moins et suent plus rarement, et s'ils sont mouillés, il est facile de les sécher ; mais ils sont exposés à l'action des changements de température, à l'air froid et humide, sous ce rapport le tondage est peut-être plus nuisible que salutaire. La pratique du tondage est blâmée par beaucoup de personnes ; il est difficile d'expliquer comment il est utile et nous connaissons des maîtres de poste qui avaient cessé de faire tondre leurs chevaux, regardant l'opération comme au moins inutile, qui ont été obligés de la reprendre.

Pour que le tondage soit utile, il faut le pratiquer à propos ; il est peu avantageux pour les chevaux à poil fin, à peau mince, sensible ; il l'est peu également dans les pays de montagne où le temps est variable, où les nuits sont froides et les jours chauds ; mais il est salutaire dans les contrées où le temps est fixe ; il l'est surtout pour les animaux qui ont le poil long, épais, pour ceux qui sont lourds, gras ; il est indispensable pour quelques chevaux lymphatiques, mous, qui suent facilement : ces animaux s'échauffent beaucoup moins quand ils sont tondus. On voit des chevaux qui sont échauffés après une course de quelques kilomètres et incapables de faire un service passable pour la poste, à moins qu'on ne les tonde. Il est plus approprié aux chevaux qui se fatiguent sans cesse, soit en traînant de lourds fardeaux, soit en marchant rapidement, qu'à ceux dont le travail est pénible mais interrompu ; qui sont tantôt calmes, tranquilles, tantôt en sueur ; qui passent des fatigues au repos, qui suent dans les montées, mais qui se refroidissent dans les plaines où ils ne vont qu'au pas.

Le tondage occasionne le plus souvent une éruption cutanée dans les chevaux sur lesquels on le pratique pour la première fois, surtout sur ceux qui ont naturellement la peau fine, le poil ras ; mais cet effet se renouvelle rarement les années suivantes.

Pour diminuer les inconvénients du tondage, il faut le pratiquer avant le mauvais temps, en novembre, afin que le poil ait en partie repoussé avant le froid ; on doit surtout bien préserver dans les premiers temps les animaux de la pluie froide, du vent du nord.

Les crins tressés, noués, pressés par le collier, par la tétière, blessent souvent les animaux ; il en est de même des poils qui recouvrent les côtes, le dos, si l'on n'a pas le soin de les rendre lisses en passant la main sous le harnais ; s'ils restent rebroussés, ils déterminent des compressions, des blessures, des cors. Ces accidents n'ont pas lieu si l'on a tondu les parties du corps sur lesquelles appuient les harnais. Ce tondage partiel n'a jamais d'inconvénient.

Il est moins utile de tondre les crins des extrémités. La base de ces poils est forte, irrite la peau dans les plis qui se forment pendant la progression et produit des crevasses, les eaux aux jambes, etc.; si l'on fait ces crins, il faut les couper très-souvent et toujours très-ras : c'est lorsqu'ils ont seulement quelques millimètres de long qu'ils sont raides et fortement irritants.

La dépilation de la face interne des oreilles a moins d'inconvénients ; cependant on prive les animaux d'une fourrure qui les préserve des insectes ailés, de l'action

de l'air froid, et qui empêche les corps, les grains d'avoine,
de sable, de s'introduire dans le conduit auditif externe :
on a vu des maladies très-graves occasionnées par la présence d'un corps étranger dans l'oreille.

On coupe souvent en brosse, et cette opération ne peut pas
avoir des inconvénients; cependant on prive les animaux
d'un émouchoir naturel qui préserve l'encolure des insectes ailés. Mais on peut remédier à cet inconvénient
avec un caparaçon.

C'est avec précaution qu'il faut arracher les crins du
bord supérieur de l'encolure. Cette opération irrite le
derme, les bulbes des poils, et peut produire la plique
polonaise. Elle peut donner lieu à des irritations cutanées. La tonte de la totalité des crins, comme moyen de
propreté, peut être utile dans les gros chevaux qui ont la
crinière très-fournie; elle peut faciliter l'application du
collier, la disparition des insectes aptères et la guérison
de la gale, du rouvieux, etc.

§ IV. AMPUTATION DE LA QUEUE ET DES OREILLES.

Amputation de la queue. On la pratique de diverses manières. On dit qu'on fait la queue en brosse si l'on ampute
les os coccigiens et si l'on coupe les crins au niveau de ces
os pour faire ce qu'on appelle un cheval courte-queue;
si l'on n'enlève que les derniers coccigiens et qu'on laisse
dépasser les crins, qu'on ne fasse que les raccourcir un peu,
la queue est dite en balai. Ces opérations sont peu graves:
l'amputation des coccigiens produit une hémorrhagie
qu'on arrête facilement avec le fer chaud, et qui peut
être utile, dans les jeunes chevaux surtout; c'est un dé-
rivatif favorable dans les maladies des yeux. Par l'opération on peut faire une forte saignée si on la juge convenable.

Les conséquences éloignées de l'amputation de la queue sont plus graves que celles qui suivent immédiatement. Les animaux privés de cet organe ne peuvent pas se défendre contre les insectes; ils sont tourmentés par les mouches, et maigrissent. Les animaux qui sont dans les pâturages souffrent toujours de la perte de la queue. Les juments à courte queue sont en général moins bonnes nourrices; elles sont plus maigres, ont peu de lait.

Dans l'état sauvage, les arbres, les buissons raccourcissent sans cesse la queue des chevaux; mais dans les animaux qui restent continuellement dans des habitations, il faut de temps en temps couper le bout des crins au niveau des tendons. Lorsque la queue est trop longue, elle se charge d'ordures, de boue; elle est lourde, les muscles ne la relèvent qu'avec peine, c'est un organe inutile.

Queue à l'anglaise. Pour pratiquer la queue à l'anglaise, on enlève les muscles qui abaissent les os coccigiens, afin que les muscles releveurs du coccyx, agissant seuls, la queue soit relevée, portée en trompe. Cette opération est grave; elle peut entraîner la gangrène et la mort du cheval; elle est très-douloureuse, inutile, n'ajoute rien à la valeur des animaux; on ne doit pas la pratiquer.

Amputation des oreilles. Nous ne parlons pas de l'opération qui consiste à amputer la totalité de la conque; elle est aussi barbare que ridicule, et personne n'oserait la pratiquer aujourd'hui, à moins d'indications spéciales.

Mais dans les chevaux oreillards, dans ceux qui ont les oreilles trop grandes, pendantes, on coupe quelquefois la circonférence de la conque pour rendre les oreilles petites, dans l'espoir que le cheval les tiendra droites, qu'elles seront hardies. L'opération remplit bien rarement son but; on ne doit pas la pratiquer sur le cheval.

§ V. MARQUES.

Pour marquer les chevaux, on fait avec un fer chaud des empreintes sur la peau et sur le sabot. Ces marques sont presque indélébiles. On marque les chevaux de l'armée avec un fer chaud sur la cuisse gauche. La marque est formée d'un nombre et d'un signe qui indiquent le numéro du régiment et l'arme auxquels les chevaux appartiennent. L'opération est peu douloureuse, et elle n'a jamais des suites graves.

On fait aussi des marques sur le sabot : celles-ci sont de simples numéros indiquant la place que les animaux occupent dans le registre matricule des chevaux du régiment. Cette marque ne disparaît que lorsque les chiffres sont descendus au bord plantaire du sabot, et sont enlevés par le boutoir. On la renouvelle de temps en temps.

Dans les établissements où l'on s'occupe de la multiplication et du perfectionnement des chevaux, on doit marquer les poulains peu de temps après leur naissance. Il faut faire sur une partie peu apparente du corps un signe marquant la place qu'ils occupent sur un registre. Le signe le plus commode est un numéro indiquant l'ordre de la naissance du poulain, soit qu'on recommence une série tous les ans, soit qu'on la suive pendant quinze, vingt ans, selon le nombre des naissances. Le registre sur lequel est inscrit le numéro du poulain en indique la généalogie ascendante et descendante, ainsi que son histoire abrégée.

Ces précautions étaient prises jadis dans les haras d'Italie. On ne doit pas les négliger : les hippiatres les recommandent. M. Herbert, à Babolna, fait placer à côté les uns des autres tous les poulains qui descendent des mêmes parents, afin de juger du mérite des reproducteurs.

CHAPITRE VII.

Pansage; bains de pied; onctions; couvertures.

Section Ire. *Pansage*.

On appelle *pansage, pansement de la main*, le nettoiement, au moyen d'instruments particuliers, de la peau des animaux.

Le pansage se compose d'une série d'actes désignés chacun par un nom dérivé de l'instrument qui sert à le pratiquer; ainsi l'on appelle bouchonner, étriller, peigner, etc., l'opération faite avec le bouchon, l'étrille, etc. Le mot pansage s'applique quelquefois à la distribution des aliments.

§ Ier. INSTRUMENTS QUI SERVENT A EFFECTUER LE PANSAGE.

L'*étrille* est formée du coffre, des rangs, des couteaux de chaleur, des marteaux, de la soie et du manche. Le *coffre* forme la base de l'instrument; il doit être solide sans être lourd. Les *rangs* et les *couteaux de chaleur* sont fixés alternativement sur le coffre par les *empattements* qu'ils portent aux extrémités; ils ne doivent toucher le coffre que par ces empattements. Lorsque l'étrille est renversée, le bord libre des rangs ne doit pas toucher le plan sur lequel portent les dents, afin que celles-ci puissent, quand on se sert de l'instrument, pénétrer entre les poils et frotter légèrement la peau; les dents doivent être plus saillantes dans les étrilles destinées aux chevaux communs que dans celles qui doivent servir pour des animaux fins. Les *marteaux* sont fixés, un à chaque extrémité du coffre; on frappe avec ces morceaux de fer contre un corps dur pour débarrasser l'étrille de la poussière qu'elle enlève à la peau. La *soie* est fixée, par une extrémité divisée en trois branches, au coffre, qu'elle rend solide : l'extrémité, libre, légèrement relevée, forme, avec la précédente, un angle très-ouvert, et porte un *manche* en bois strié et renflé dans son milieu. Toutes les parties de l'étrille doivent être bien unies, n'ayant ni pailles, ni fentes, ni rivures capables de nuire à la peau, d'arracher les crins.

L'étrille est presque exclusivement réservée pour le cheval. Il y a cependant des valets zélés qui en ont pour les bœufs. Une grande étrille frotte à la fois une large surface et abrége l'opération, mais elle pénètre plus difficilement dans les parties creuses, sur les côtés des éminences : il faut en choisir une qui soit proportionnée au volume des animaux.

Le *bouchon* est une tresse de paille très-serrée et hérissonnée. Il sert à faire tomber la boue sèche, à dessécher les animaux qui arrivent de voyage, à stimuler la peau de ceux qui ont des frissons, etc. Cet instrument est commode; il pénètre dans les paturons, nettoie bien la peau sans la blesser.

Le *peigne* peut être en corne, en fer, en bois, mais les dents ne doivent avoir ni pailles, ni fentes; il sert à démêler les crins.

Les *brosses* qu'on emploie pour les animaux sont rondes ou oblongues; elles sont munies de courroies formant des anses qui servent à les tenir.

Epoussette. C'est un linge ou une queue de cheval fixée à l'extrémité d'un bâton. On l'emploie, après s'être servi des instruments que nous venons de décrire, pour chasser la poussière restée à la surface du corps.

Une *éponge* est nécessaire à la fin du pansage; elle sert à laver les parties du corps où les produits sécrétés par la peau s'accumulent et retiennent la poussière.

Cure-pied, couteau de chaleur et *ciseaux.* Le premier de ces instruments est formé d'un morceau de fer recourbé destiné à nettoyer le dessous du pied des solipèdes; le second, en même métal, représente une grande lame de couteau peu tranchante avec laquelle on râcle les parties qui sont mouillées pour faire tomber la boue, la sueur, etc.; quant aux ciseaux, il faut en avoir de droits et de courbes sur plat à lame étroite.

§ II. MANIÈRE D'EFFECTUER LE PANSAGE.

On pratique le pansage des solipèdes ordinairement le soir et le matin. Pour que la poussière, détachée pendant l'opération, ne pénètre pas dans les voies respiratoires et qu'elle ne tombe pas dans les baquets, sur les fourrages, on doit panser les animaux en plein air ou sous un hangar. Il ne faut pas craindre le froid, surtout si ce sont des bêtes de travail; on évitera seulement les changements trop brusques de température, en ouvrant les fenêtres des étables, en ôtant les couvertures, un instant avant de sortir les animaux.

Celui qui veut panser un cheval doit d'abord visiter les pieds et les nettoyer. Il passe ensuite le bouchon pour détacher la boue, le fumier, en faisant aller et venir l'instrument à poil et à contre-poil sur les parties du corps qui en ont besoin; il emploie ensuite l'étrille, en portant son attention aux inégalités que présente la surface du corps. Bourgelat recommande de commencer par la croupe, du côté gauche; ce qui est important, c'est qu'aucune partie du corps ne soit oubliée, qu'on les suive toutes avec soin, et qu'en agissant sur chacune on ait égard à la sensibilité de la peau et des parties sous-jacentes. Après l'étrille on emploie le bouchon pour frotter les paturons, les parties osseuses où l'autre instrument opère avec difficulté, de manière qu'après l'opération la peau soit également bien nettoyée sur toutes ses parties. On se sert ensuite de la brosse, on la passe surtout sur les joues, sur le front, sur le bord de la crinière, et alternativement sur la peau et sur l'étrille : elle détache la poussière dont celle-ci s'était chargée; elle enlève la crasse, les poils que l'étrille a détachés, et rend la peau brillante, unie. Le peigne sert à démêler les crins, et les ciseaux droits à couper ceux de la crinière, de la queue, qui dépassent les autres. Avec les ciseaux courbes on fait le poil aux oreilles, aux boulets, lorsque c'est nécessaire. On termine le pansage avec l'époussette ; on l'emploie même souvent après la brosse et après l'étrille pour enlever la poussière, les poils que les autres instruments ont détachés; enfin, avec l'éponge on lave le fourreau, l'anus, la base de la queue, les yeux, les tempes, les naseaux, les lèvres, le bord supérieur de l'encolure, etc.

Lorsque le pansage est régulièrement fait le matin et le soir, et même une seule fois par jour, il est facile; mais si on le pratique irrégulièrement et de loin en loin, la crasse adhère à la peau, les crins sont noués, l'opération est longue.

§ III. EFFETS DU PANSAGE.

Si l'on passe la main à rebrousse-poil sur un cheval irrégulièrement pansé, on met en évidence une matière furfuracée, formée par la poussière qui s'est fixée à la peau, par les sels, par l'albumine de la transpiration cutanée et par les couches superficielles de l'épiderme : ces substances, humectées par la sueur, forment une crasse qui obstrue les exhalants, rend le derme épais, rude, crevassé, produit des poux, des dartres, la gale et les maladies qu'occasionne la suppression des fonctions cutanées.

Les effets physiologiques du pansage sont, les uns locaux, les autres généraux.

Effets locaux. Ils sont immédiats ou secondaires. Les effets immédiats sont l'excitation produite par le frottement et l'arrivée d'une quantité plus grande de sang dans les capillaires, d'où résulte une température plus élevée. Par le pansage, le poil devient lisse, brillant, et la peau propre, libre, souple, perméable; s'il y avait des affections cutanées, elles diminuent, la gale guérit, la mue s'opère, etc.

Effets généraux. Le pansage produit des effets excitants ; il donne plus d'activité à toutes les fonctions : la circulation est accélérée, le sang arrive en plus grande quantité à la peau; cette membrane, débarrassée de la poussière qui en obstruait les pores et excitée par le frottement, fournit une transpiration plus abondante. Le pansage agit sympathiquement sur les organes intérieurs : il rend l'appareil digestif plus actif ; l'appétit est augmenté, et par le fait de l'excitation générale et par le besoin de réparer les pertes que fait l'économie animale ; l'estomac digère bien, le chyle est abondant, le sang artériel riche, la nutrition active, et le corps tend à acquérir du volume si les animaux sont bien nourris.

Les effets produits par le pansage ont la plus heureuse influence sur les animaux de travail, sur les femelles qui ont du lait, selon la direction qui est donnée à la surexcitation vitale.

Si les animaux font beaucoup d'exercice, ils perdent par la transpiration les produits fournis par la nutrition;

mais les mouvements de composition et de décomposition des organes sont actifs, et les chairs, débarrassées des fluides, de la graisse qui les gorgent lorsque la vie est languissante, sont fermes et saines; les articulations sont souples; les muscles, bien nourris et excités par les frictions, se contractent avec énergie. Les chevaux qui gagnent les prix à la course sont presque toujours des animaux pansés avec soin.

Le pansage favorise l'exercice de toutes les fonctions. La transpiration cutanée est, ainsi que l'a démontré Sanctorius, un des principaux émonctoires de l'économie vivante; et, comme l'a prouvé M. Fourcault, elle exerce une très-grande influence sur la santé. C'est par cette voie que le corps animal se débarrasse en grande partie des matières inutiles ou nuisibles. En augmentant la transpiration cutanée par le frottement, on favorise les absorptions intérieures, la disparition des tumeurs, des engorgements, des obstructions, et la guérison des hydropisies.

Mais le pansage doit être pratiqué avec mesure : en le renouvelant trop souvent on enlève, ainsi que l'observe M. Prêtot, la couche inerte qui recouvre la peau et qui doit la préserver de l'impression trop vive exercée par les corps extérieurs. Les animaux dont la peau est continuellement surexcitée sont sensibles, transpirent beaucoup, sont facilement impressionnés par les intempéries; et, affaiblis par des excrétions trop abondantes, ils offrent peu de résistance aux causes morbifiques. Ce n'est, dit-il, ni dans l'armée, ni chez les personnes riches que les chevaux se conservent le mieux : ils deviennent, par un pansage excessif, plus délicats et plus accessibles aux causes de maladie ; tandis qu'on en voit « qui étant presque toujours exempts des injures de l'étrille, » et protégés contre l'action funeste de l'air par un plastron épidermique sont, quoique du reste mal soignés, rarement malades.

Les Arabes négligent le pansage pour leurs chevaux, qui sont cependant aussi remarquables par leur bonne santé que par leur grande énergie. M. Noirit compte même, parmi les causes des nombreuses maladies qui affectent les chevaux barbes après leur incorporation dans nos régiments, « des pansages auxquels ils n'étaient pas habitués et qui, en débarrassant la peau de la crasse provenant de la transpiration, et en la privant d'une partie des poils qui la garantissent, la rendent plus sensible, plus impressionnable, et, par conséquent, plus exposée aux arrêts de transpiration et aux maladies internes qui en sont la conséquence. » (1)

De ce qui précède il ne faut pas conclure que le pansage est inutile sur des animaux qui, comme notre cheval, sont exposés à la poussière et reçoivent sur la peau des débris de plantes, des graines de foin, etc.; qui sont tenus dans des habitations closes, chaudes, souvent malpropres; qui, privés de leur liberté, ne peuvent ni se rouler par terre, ni se frotter contre les arbres pour se débarrasser des corps qui les incommodent; nous devons conclure seulement que le pansage doit être fait avec modération; que, destiné à tenir la peau propre, convenablement excitée, il doit être modéré sur les animaux qui transpirent suffisamment, et être actif sur les chevaux dont la peau exposée à la malpropreté est peu disposée à remplir ses fonctions perspiratoires.

Section IIe. *Bains de pied et lotions.*

§ Ier BAINS DE PIED.

Les bains de pied, appelés *pédiluves,* sont les seuls bains locaux usités dans l'hygiène du cheval. On les administre

____

(1) *Recueil de Médecine vétérinaire,* 1840, p. 364.

en plongeant dans l'eau les pieds et une partie plus ou moins étendue des membres. Ces bains enlèvent les boues, la poussière. On les emploie aussi, frais comme toniques, pour raffermir les tissus relâchés, pour prévenir la fourbure, après de fortes courses sur un terrain dur, échauffé par le soleil. On fait usage alors de l'eau fraîche, de l'eau salée ou vinaigrée. Ces bains doivent être employés aussitôt que les pieds commencent à être chauds, douloureux. Si les animaux ne sont pas encore refroidis, si l'on craint de les mener à l'eau, il faut commencer par appliquer sur les sabots des linges mouillés, des cataplasmes de terre glaise ou de suie de cheminée, délayées dans le vinaigre, etc.; et lorsque la sueur a complètement disparu, on plonge les membres jusqu'aux genoux dans une eau courante, fût-elle un peu froide. Par ce moyen on peut prévenir des fourbures qui mettraient pour longtemps les animaux hors de service; et l'on peut même faire résoudre des fourbures qui existent déjà, surtout si, pendant que le pédiluve repousse le sang des pieds, on fait une forte saignée à la jugulaire.

Les pédiluves tièdes sont utiles dans les maladies des pieds, pour laver les plaies, pour ramollir les tissus, calmer les douleurs; mais dans les animaux à sabot on ne doit pas laisser dessécher rapidement l'ongle à un air sec; car il en résulterait le resserrement de l'enveloppe cornée, et ensuite des cercles, des seimes, etc.; il faut couvrir les pieds mouillés, mettre les animaux à l'ombre, surtout graisser les sabots. Pour calmer les douleurs locales on donne des pédiluves avec des décoctions de mauves, de graine de lin, de têtes de pavots.

Les bains généraux sont utiles aux solipèdes comme aux autres animaux domestiques. (Voir *Principes d'Hygiène*, 2ᵉ édit.)

§ II. LOTIONS.

Cette dénomination s'applique à une opération qui a pour but de laver une partie du corps et au liquide qui sert à effectuer le lavage.

Les lotions sont souvent employées pour traiter les plaies, la gale, etc. ; on les pratique alors avec des liquides chargés de substances médicinales, avec des décoctions émollientes, avec des dissolutions de sulfure de potassium, etc. En hygiène on fait des lotions d'eau fraîche, pure ou vinaigrée, pour laver les yeux, le pis, le nez, le fourreau, etc. Ce sont des lavages locaux qui peuvent prévenir des maladies, et qui n'ont jamais d'inconvénients si l'on a soin de sécher, après l'opération, la partie qui a été mouillée ; mais le séjour de l'eau sur la peau fine des mamelles occasionne des gerçures, lorsque les bêtes étant mouillées sont exposées à l'air froid. L'eau pure, celle des rivières, l'eau de pluie, sont les meilleures pour lotionner ; celles qui sont séléniteuses, qui contiennent du carbonate de chaux, etc., rendent la peau rude, produisent des crevasses.

SECTION IIIe. *Onctions*.

Les onctions doivent être faites avec des substances grasses, douces, fraîches. On fait fondre au feu avant de les appliquer celles qui sont trop consistantes pour être fondues par la chaleur du corps animal. Les onctions avec des corps rances produisent des irritations, la chute du poil et quelquefois des maladies cutanées ; les mêmes accidents peuvent arriver si on laisse rancir sur le corps les graisses, les huiles, après les avoir appliquées. Il faut donc, vingt-quatre heures après avoir pratiqué les onctions, savonner la partie, et quand on renouvelle l'opération pratiquer de nouveaux lavages au savon.

Les onctions rendent les parties souples, donnent du liant aux fibres; elles préviennent la formation des gerçures, des fentes que la sécheresse, les boues tendent à produire sur la peau, sur le sabot. Le passage de l'humidité à la sécheresse, l'action de la rape, du fumier, du soleil, des sables chauds, du fer brûlant appliqué pour marquer les animaux ou pour faire porter le fer, dessèchent l'ongle, le resserrent, produisent les seimes, les pieds étroits, encastelés. Les onctions souvent répétées empêchent ces accidents. Les corps gras bouchent les pores de la corne, en préviennent la dessication, et la tiennent souple, flexible.

Les onctions sur la peau avec des corps doux, chauffés, faites pendant que les animaux sont dans un lieu chaud, délassent, rendent les articulations souples, font disparaître la raideur des membres produite par le froid, par les fatigues, par les pluies, par les boues. Les anciens capitaines employaient ce moyen pour leurs soldats; nous le mettons en usage de nos jours pour les chevaux de course. Dans certains pays chauds, les hommes se couvrent la peau de corps gras pour diminuer la transpiration cutanée et pour se préserver de la piqûre des insectes nuisibles; dans nos pays nous graissons les animaux avec des corps irritants pour éloigner les mouches des régions du corps les plus sensibles.

Section IVe. *Couvertures.*

« Les couvertures sont des harnais d'écurie qu'on laisse sur les chevaux en les menant à l'abreuvoir, à la promenade ou en les faisant voyager en main; elles sont en laine pour l'hiver, et pour l'été en toile. » (Grognier.) Elles couvrent quelquefois le corps presque en entier ; elles présentent des étuis pour les oreilles et des fenêtres pour les yeux ; d'autres fois elles ne couvrent que le tronc, étant maintenues en arrière par une attache qui passe sous la queue, vers le passage des sangles par un surfaix et en avant du poitrail par des boutons. A cette couverture peut être adapté un capuchon, nommé *camail*, destiné à couvrir l'encolure et la tête jusqu'à la bouche. On fait usage du capuchon pour les animaux délicats, pour ceux qu'on prépare à la course, pour ceux qui sont malades ou qui le deviennent facilement par l'effet du froid.

Pour préserver les chevaux des insectes, on les couvre de filets, de caparaçons. (Voyez les *Principes d'Hygiène.*)

CHAPITRE VIII.

Harnais.

—

Section Ire. *Harnais qui servent à attacher et à diriger les animaux.*

Licou. Le licou est formé d'une *muserolle*, d'un *montant* qui comprend la *tétière* et les *joues*, d'une *longe* qui doit être solide et assez flexible pour être facilement tendue par le *billot*. Le licou peut avoir en outre un *frontal* et une *sous-gorge*; il sert à attacher et à conduire les solipèdes et quelquefois les porcs, les bêtes bovines sans cornes.

On appelle *licol de force* un licou très-solide, en corde ou en cuir, destiné à attacher les animaux fougueux, ceux auxquels on veut pratiquer des opérations douloureuses, etc. Comme ce harnais appuie quelquefois très-fortement, il devrait toujours être en cuir, en lanières assez larges pour ne pas blesser les animaux.

Collier. C'est une courroie large et forte portant sur sa longueur un anneau qui reçoit la longe. Ce harnais, destiné à embrasser le cou, peut produire des accidents : si on laisse large l'anse qui entoure l'encolure les solipèdes se détachent; si on la serre trop fortement, si les animaux s'entravent, s'abattent, la strangulation peut avoir lieu. Le licou doit être préféré au collier pour les bêtes sans cornes.

Bride. C'est le harnais à l'aide duquel le cavalier et le cocher communiquent leur volonté aux animaux qu'ils montent ou conduisent. La bride est formée de la monture, des rênes et du mors.

La *monture* est la partie qui embrasse le sommet de la tête, descend sur les joues et porte le mors ; elle est formée de plusieurs parties, de la têtière, du frontal, etc. La *têtière* est une bande de cuir forte qui embrasse la nuque et supporte le montant ; elle est divisée en lanières à son extrémité. Le *frontal* embrasse le front à la base des oreilles ; il présente à chaque extrémité une anse dans laquelle passe une des lanières de la têtière. Si le frontal est revêtu de rubans c'est presque toujours comme objet de luxe. La *sous-gorge* est pourvue à ses extrémités de boucles qui s'adaptent aux lanières de la têtière ; elle embrasse la gorge, elle agit en sens contraire du frontal et empêche la bride de se porter en avant ; elle doit être solide mais assez étroite. Les *joues* sont deux courroies courtes, fortes, appliquées une sur chaque joue ; elles sont fixées supérieurement à la têtière par des boucles , et en bas elles portent le mors ; chaque joue est pourvue d'une anse dans laquelle passe la muserolle. Les *œillères* sont deux plaques de cuir destinées à protéger les yeux ; elles empêchent les animaux de voir sur les côtés et les rendent plus faciles à diriger. On ne les met ordinairement qu'à la bride des animaux qui tirent et des bêtes de bât. On appelle *porte-mors* deux courroies, une de chaque côté, fixées par une extrémité au montant, par l'autre, au mors. La *muserolle, cache-nez* , embrasse le chanfrein et passe dans les montants ; elle doit être large.

Mors. Le mors est formé de plusieurs pièces. On appelle *branches* les deux parties latérales. On distingue à chaque branche un milieu et deux extrémités , l'une supérieure ou banquet, et l'autre inférieure ou porte-rêne. Le *banquet* présente un trou où est fixée la gourmette et une ouverture qui reçoit le porte-mors. Le *porte-rêne* est inférieur quand la bride est placée sur le cheval ; il offre à son extrémité libre une ouverture où se fixe la rêne.

Cette ouverture, appelée *gargouille*, présente sur une partie de sa circonférence un trou où est reçu un *touret* en fer; celui-ci a une tête à une extrémité et un anneau à l'autre : c'est à cet anneau que la rêne est fixée de manière à pouvoir tourner dans tous les sens comme le touret. On appelle *branches flasques* celles qui sont tournées en arrière, et *hardies* celles qui ont une direction opposée ; elles sont en S, droites, courtes, longues, en gigot, en gorge de pigeon, etc. Le *canon* forme la partie principale du mors, celle qui est placée dans la bouche et qui appuie sur les barres. On y distingue les *talons* et le *milieu :* les talons sont souvent cylindriques, quelquefois un peu aplatis; le milieu est aminci et il présente ordinairement un arc nommé *liberté de la langue*. Il y a des mors formés de deux morceaux réunis en charnière. Les points où les extrémités du canon se réunissent aux branches sont appelés *fonceaux*. La *gourmette* et une chaîne aplatie formée de chaînons, de mailles, de maillons rapprochés. Une de ses extrémités est fixée à la branche droite, et l'autre porte un anneau qu'on passe dans l'anse d'un crochet qui s'attache à la branche gauche.

Le *mors* est la partie de la bride dont la forme a le plus varié. Parmi les plus communs nous en distinguons trois espèces principales : le mors simple brisé au milieu ; le mors à trompe courbée, à angle obtus dans le milieu; et le mors à gorge de pigeon, assez courbé pour que la langue puisse se loger dans l'espace dit *liberté de la langue*. C'est le plus usité. Le premier est le plus doux, on l'emploie pour les bridons, pour les filets.

Il existe des mors dont les branches mobiles se rapprochent de la gourmette et serrent la barbe et les barres des chevaux; tel est celui de M. J. Segundo. Ce mors exerce une pression très-douloureuse; il convient pour les animaux qui ont la bouche dure; avec ce harnais on peut facilement n'agir que sur un côté de la bouche et faire tourner rapidement les animaux.

M. Galy propose un mors (1) qu'il appelle *à effet certain*; ce mors, dépourvu de la gourmette, n'a pas, comme le mors ordinaire, l'inconvénient d'exercer d'arrière en avant sur la barbe, et d'avant en arrière sur les barres, des pressions qui, étant opposées, doivent souvent empêcher le cheval de comprendre la volonté du cavalier; à cet inconvénient il faut ajouter que la forte pression exercée par la gourmette sur la peau et sur les os peut occasionner de graves accidents.

Dans le mors à effet certain, dit M. Galy, rien ne contrarie l'action de l'embouchure, qui est unique, et le cheval y obéit immédiatement. Ce mors « est construit de manière que son effet progressif permet de s'en servir, pour le cheval le plus sensible comme aussi pour le cheval le moins sensible, qu'il maîtrisera toujours. Un ressort y adapté sert de point d'appui à la tête du levier, afin d'obtenir une douce progression d'action d'embouchure; il sert aussi à ramener le levier dans la verticale dès que le cheval a obéi; ce même ressort, par la pression qu'il exerce sur la tête du levier, quand les rênes sont tendues, protége la bouche du cheval quand les cavaliers prennent des points d'appui sur les rênes, de sorte que la main la moins exercée ne saurait échauffer la bouche du cheval.

« L'embouchure est ovalaire, afin que son action soit progressive et ne fasse l'effet d'un cylindre que dans la plus grande action du mors. De cette disposition de l'embouchure résulte cet avantage que, quand l'embouchure ne doit point agir, elle s'appuie sur les barres sur une grande surface et épargne ainsi leur sensibilité, avantage

____

(1) *Mémoires de la Société vétérinaire du département du Finistère,* 4e année, p. 130.

que ne possède point l'embouchure cylindrique puisqu'elle s'appuie constamment sur les barres, comme le fait un cylindre sur une ligne droite. »

M. Ceiman a inventé un mors appelé *licos* et composé d'une seule pièce de métal; on le fixe à la tête des chevaux au moyen d'une vis, et il ne touche les barres que lorsqu'on fait agir les rênes; mais alors ni la langue ni les lèvres n'en diminuent point l'effet. Il détermine une pression douloureuse qui contraint les animaux à obéir. Ce mors est selon le désir du cavalier, ou plus doux que le bridon, ou plus dur que les brides; il empêche les animaux de porter au vent et de s'encapuchonner. Le cheval peut boire et manger avec ce harnais dans la bouche. Le licos n'a pas, comme le mors ordinaire, l'inconvénient de presser continuellement sur les barres et de les rendre à la fin insensibles.

On a construit des brides sans mors; telle est la *bride américaine* où le mors est remplacé per une barre de fer qui embrasse les mâchoires et agit sur le nez et sur la barbe quand on tire les rênes.

Les *rênes* sont deux lanières de cuir souple et solide, fixées l'une à l'autre par une de leurs extrémités, et attachées par l'autre bout aux anneaux des tourets; elles sont passées dans un anneau en cuir, nommé coulant, que le cavalier fait glisser à volonté pour tenir les deux rênes rapprochées. Dans la bride des bêtes de tirage, les rênes sont courtes et se fixent à un crochet du collier. On les destine à soutenir la tête des animaux, et à cet effet on les attache très-court, dans la persuasion que la marche en est plus assurée; cette opinion est erronée. Le cheval qui a la tête relevée, attachée, qui ne peut pas la déplacer à volonté pour porter son centre de gravité en avant, en arrière, à droite ou à gauche, est exposé à s'abattre; en outre, cette position de la tête est pénible, comprime la la gorge, gêne la respiration, et peut produire la pousse, le cornage, des angines. Les Anglais ont reconnu les inconvénients des rênes trop courtes. On ne voit plus dans les rues de Londres des chevaux dont la tête soit gênée; ils peuvent la diriger à leur aise et ils s'en servent comme d'un balancier pour prévenir les chutes. On trouve dans cette capitale beaucoup moins de chevaux couronnés qu'en France.

On ajoute quelquefois un fouet à l'extrémité des rênes. M. de la Roche-Aymon blâme cette pratique pour les cuirassiers et les dragons. Les fouets ont l'inconvénient de s'embarrasser dans les étrivières, sous la cuisse du cavalier et peuvent gêner l'action de la bride. Le même inconvénient a lieu, quoique à un moindre degré pour tous les cavaliers. Les rênes ne doivent avoir que la longueur nécessaire à l'usage qu'elles doivent remplir. Il est d'ailleurs reconnu que l'action brusque du fouet fait désunir les chevaux.

Les *guides* sont des doubles rênes adaptées à la bride des chevaux de tirage; elles sont en cuir ou en corde, et assez longues pour s'étendre du mors où elles sont fixées aux mains du conducteur de l'attelage.

Outre les parties que nous venons de décrire, la bride présente souvent une petite chaîne dite *chaînette* qui réunit les deux branches et les empêche de s'écarter; une *martingale*, ou courroie qui part des sangles, passe entre les membres thoraciques et va se fixer à la partie postérieure de la muserolle. La martingale empêche les chevaux de porter au vent. On fixe quelquefois au poitrail des pointes qui empêchent les animaux de s'encapuchonner, de rouer trop fortement l'encolure.

Bridon. C'est une bride composée d'une têtière, de deux montants, d'un frontal, d'une sous-gorge, des rênes et d'un canon brisé et pourvu à chaque extrémité d'un anneau qui reçoit la monture et la rêne. Le bridon sert à promener les chevaux, à les conduire à l'abreuvoir.

Filet. Le filet est un bridon léger qu'on met en même temps que la bride. Le cavalier se sert ordinairement du filet, dont le mors porte sur les lèvres, sur la langue, pour ménager les barres ; il n'emploie la bride que comme moyen de punition lorsque le cheval est désobéissant.

Caveçon. Le caveçon est un licou qui présente une très-forte muserolle ; celle-ci est quelquefois formée d'une chaîne ou d'un demi-cercle en fer, dont la face concave est pourvue de dents destinées à produire sur le chanfrein une impression douloureuse. Sur la face externe de la muserolle sont trois anneaux auxquels sont fixées trois fortes longes, dont les deux latérales servent à conduire les animaux impétueux, les étalons, et celle du milieu à morigéner ceux qui sont indociles. En secouant les longes, on produit des secousses douloureuses qui domptent les animaux les plus fougueux.

SECTION IIe. *Harnais du cheval de selle et des bêtes de somme.*

Selle. La charpente de la selle est formée de quatre pièces de bois, dont deux sont appelées arçons, et les autres bandes. Les *arçons* correspondent, lorsque la selle est placée, l'antérieur au garrot, le postérieur aux lombes. Le premier doit présenter à la face inférieure une *arcade* assez spacieuse pour loger le garrot ; l'arçon de derrière est moins saillant. Les *bandes* sont les deux pièces de bois qui réunissent les arçons ; elles correspondent aux parties latérales de la colonne vertébrale, elles logent celle-ci dans l'espace qui les sépare l'une de l'autre.

Les *panneaux* sont deux coussins destinés à préserver les animaux du contact des parties dures de la selle ; ils sont fixés aux arçons et aux bandes. Ils doivent être formés d'un tissu solide, mais assez fin pour ne pas blesser les animaux. Ils sont rembourrés de crin, de filasse, de paille, de bourre, etc. Ils doivent présenter sur la face destinée à être en rapport avec l'animal une légère convexité correspondant à la concavité qu'on remarque, de chaque côté, le long du bord supérieur de la région costale. Il faut les fixer assez éloignés l'un de l'autre pour qu'il y ait entre eux un espace capable de recevoir l'épine dorsale. L'appui des panneaux doit se faire principalement sur les côtes; ils doivent être assez longs, mais cependant ne pas gêner les mouvements des épaules. Il serait à désirer que, tout en assujettissant solidement les panneaux, on les fixât de manière qu'on pût les enlever à volonté; car, étant toujours pressés contre la peau, ils absorbent la sueur, se couvrent de crasse, se tassent, deviennent durs; ils ont besoin d'être souvent enlevés, nettoyés et battus avec soin. Les panneaux en bourre peuvent être remplacés par des panneaux élastiques.

Le *siége*, les *quartiers*, sont ordinairement en cuir; le premier, souvent rembourré, piqué, est placé au milieu de la selle; il sert de siége. Les quartiers sont les deux bandes de cuir qui préservent les panneaux et les sangles de la pluie; ils séparent de la peau du cheval le pantalon du cavalier et le garantissent de la sueur.

Les *contre-sanglons* sont trois courroies fixées de chaque côté aux bandes et destinées à entrer dans les boucles des sangles.

Les *sangles* sont des bandes larges, solides, destinées à embrasser le dessous de la poitrine des chevaux et à fixer la selle; elles sont divisées à chaque extrémité en trois lanières terminées par des boucles qui se fixent aux contre-sanglons. Les sangles doivent être assez larges pour ne pas blesser la peau qu'elles compriment. Il y en a quelquefois deux, et alors la plus étroite recouvre l'autre.

Les *porte-étriers* sont des anses en fer, fixées aux bandes ; les *étriers* sont des instruments en métal destinés à recevoir et à soutenir le pied du cavalier ; ils sont portés par de longues courroies, nommées *étrivières*, et passées dans les porte-étriers. La *croupière* est formée d'une forte courroie et d'un boudin nommé *culeron*. La courroie, fixée par son extrémité antérieure en arrière de l'arçon postérieur, est divisée en deux branches auxquelles s'attachent les deux extrémités du culeron. Celui-ci, destiné à embrasser la base de la queue, doit former une anse, et être bien rembourré pour ne pas blesser la peau fine sur laquelle il frotte. La courroie doit être disposée de manière qu'on puisse à volonté allonger ou raccourcir la croupière. Le cavalier ne doit jamais monter son cheval sans s'être assuré que cette partie a la longueur convenable ; car si elle est trop courte, elle retient en arrière la selle, qui, étant tirée en avant par les sangles, par le poitrail, et la forme du dos ne lui offrant pas d'obstacle, peut produire des blessures ; si elle est trop longue, les panneaux frottent sur les épaules, l'arçon appuie sur le sommet du garrot, et du frottement, de la pression, peuvent résulter des décollements de la peau, des plaies très-longues à guérir.

Le *poitrail* est une courroie qui porte une boucle à chaque extrémité, embrasse la base de l'encolure, et s'attache de chaque côté à la boucle d'une lanière en cuir fixée à l'arçon antérieur. Le poitrail est muni quelquefois d'une courroie qui part de son milieu, passe entre les membres thoraciques, et va s'attacher aux sangles. Le poitrail est destiné à retenir la selle en avant ; il agit avec les sangles, s'il est bien placé et serré convenablement. Comme il embrasse la base de l'encolure où passent la trachée-artère, les gros vaisseaux de la tête, des nerfs très-impor-

tants, il ne doit agir que légèrement, afin de ne pas gêner la respiration, la circulation et la digestion; la pièce
qui fixe le poitrail aux sangles, en le retenant en bas,
peut être fort utile.

Le *porte-manteau* est le double coussin placé en arrière
de la selle et destiné à porter la valise du voyageur; il
doit être épais, bien rembourré, et offrir dans le milieu
un espace vide correspondant aux apophyses épineuses des
vertèbres lombaires. Les blessures faites sur les lombes
sont toujours graves à cause de la composition anatomique, de la direction horizontale de cette partie du corps:
le pus s'écoule difficilement des plaies, etc.

Troussequins, battes. On appelle ainsi des bandes de
cuir souvent rembourrées, fixées aux arçons et destinées
à protéger le cavalier.

Ordinairement les arçons portent des *anneaux*, des
anses en fer, etc., où passent les courroies qui servent à
attacher le manteau, les sacoches, et ces parties doivent
être assez solides pour assujettir d'une manière invariable
les objets qu'elles doivent fixer afin de prévenir les frottements.

Le *reculement* est une large courroie fixée à la partie
postérieure des bandes, embrassant les fesses et ayant
pour but de tenir la selle en arrière. Il est nécessaire toutes les fois que les animaux sont chargés dans les descentes, quand les cavaliers ne descendent pas de cheval, et
lorsqu'ils sont munis de lourdes valises. Si le reculement
agit convenablement, il prévient les blessures du garrot
et celles de la base de la queue que peuvent occasionner
la selle et la croupière.

Différentes espèces de selles. Les formes de la selle peuvent varier à l'infini. On appelle *selle à la royale* une
selle à peu près semblable à celle que nous venons de
décrire. La *selle à l'anglaise* n'a ni battes, ni troussequin;

ces deux parties sont très-élevées dans la *selle à piquer* qu'on emploie dans les manéges. Dans la *selle à la hussarde*, un morceau d'étoffe plié, ou une couverture, tient la place des panneaux, et le siége, les quartiers, sont remplacés par une couverture, par une peau nommée schabraque. La selle à la hussarde est la plus convenable pour la cavalerie en campagne; elle produit rarement des blessures; c'est celle qui exige le moins de soins. « Seule elle est en usage chez les Hongrois, les Tartares, les Cosaques, les peuples cavaliers et nomades. Elle a l'avantage inappréciable de permettre, sans inconvénient, au cheval de se coucher et de dormir. » (Grognier.)

Les *bâts* sont les harnais des bêtes de somme; ils peuvent avoir différentes formes : les uns ont pour base un *fût* ou *arçon*, etc., formé de pièces de bois; d'autres n'ont que quatre panneaux disposés de manière à présenter supérieurement une surface plane où l'on peut fixer la charge. Quatre pièces de bois courbes, deux en avant et deux en arrière, limitent quelquefois le bât; elles portent des crochets auxquels on adapte les *croches*, les *échelles*, les *carrosses*, les *vases*, les *bochons*, selon les objets que l'on veut porter. Ces accessoires sont fort utiles : si on les a bien placés en construisant le harnais, on donne au fardeau, toutes les fois qu'on charge un animal, la position qu'il doit avoir; tandis que si ces pièces n'existent pas, il faut chaque fois qu'on place des objets sur une bête de somme les fixer avec des cordes, et si, faute d'attention ou d'intelligence, le conducteur met ces objets trop en avant ou trop en arrière, s'il ne les attache pas assez solidement, il peut en résulter de grandes fatigues pour les animaux et des frottements qui produisent des blessures. Les panneaux des bâts doivent être bons et bien rembourrés, et les sangles, la croupière, le poitrail, le reculement, avoir une grande solidité.

Section IIIe. *Harnais des chevaux de trait.*

§ Ier. SELLETTE, AVALOIRE.

Sellette. C'est une selle forte, mais étroite, destinée à supporter la dossière; elle a pour base un *arçon* ou *fût* formé de deux pièces de bois concaves et placées sur deux forts panneaux. Le fût est surmonté de deux croissants en bois transversaux à la longueur du cheval et formant une gorge où la dossière est reçue. La sellette est fixée au moyen d'une sangle; l'avaloire, la croupière, la retiennent en arrière.

A la place de la sellette on emploie aujourd'hui une selle carrée, légère, mais assez forte pour préserver les animaux des blessures.

Mantelet. C'est le nom de la petite selle qu'on emploie pour soutenir les brancards dans les chevaux d'attelage. Le mantelet porte des courroies, dites petits boucleteaux, destinées à soutenir les brancards et à remplacer la dossière; sur la face supérieure du mantelet sont deux anneaux divergents élevés de près d'un décimètre et destinés à soutenir les rênes; du milieu du mantelet part en arrière la courroie qui donne attache à la croupière.

La *dossière* est une courroie très-large et très-forte, dont les deux extrémités forment des anses destinées à recevoir les brancards des charrettes; on place la dossière sur le siége de la sellette.

La *sous-ventrière* est une forte courroie, qui part d'un brancard, passe sous le corps de l'animal, et va se fixer à l'autre brancard; elle empêche les voitures de culbuter en arrière.

Avaloire. C'est le harnais qui retient les voitures dans les descentes et qui les pousse quand les animaux reculent. L'avaloire est formée d'une large courroie nommée *fessière*, *reculement*, qui embrasse les fesses et se fixe en avant à deux grands anneaux qui occupent les régions des flancs. Ces *anneaux* sont supportés par quatre courroies dites *bras de dessus*, attachées, deux aux petits panneaux placés sur les lombes et deux à la sellette. Le reculement est maintenu à l'élévation qu'il doit avoir par des courroies, *barres des fesses*, qui en partent de chaque côté et vont obliquement aux panneaux dont nous venons de parler ; ces courroies ne doivent avoir que la longueur convenable ; si elles étaient trop longues, le reculement descendrait trop près des jarrets, et les mouvements des membres seraient gênés ; trop courtes, les animaux n'auraient pas assez de force pour retenir, l'avaloire étant trop haute. Chacun des anneaux qui occupent le flanc porte une courroie ou une petite chaîne dite de reculement, qu'on fixe à un crochet du brancard ; le panneau qui occupe la région lombaire est maintenu en avant par une courroie qui part de la sellette.

Dans les chevaux attelés par couples, l'avaloire est formée d'une longue courroie qui retient le collier, et celui-ci se fixe par les boucleteaux à des chaînes placées à la pointe du timon.

§ II. COLLIER.

Collier. Ce harnais représente un ovale à jour qui embrasse la base de l'encolure et s'applique sur *l'appui du collier*. Il est formé des coussins et des attelles.

Les *coussins* sont au nombre de deux, réunis par leur extrémité supérieure où ils forment un angle très-aigu. On appelle *tête du collier* l'éminence qui résulte de la réunion supérieure des coussins : ceux-ci présentent un bord antérieur mince, légèrement concave, et un postérieur convexe qui s'avance sur l'épaule. La face interne est concave, forme le dedans du collier; elle est revêtue d'une toile qui est en contact avec la peau des animaux. Les coussins du collier doivent être rembourrés de substances molles, élastiques.

Les *attelles* sont en bois ou en fer; elles reposent sur le bord antérieur du collier; elles présentent vers leur milieu une ouverture dans laquelle passe une anse en fer ou en cuir, nommé *bracelet*, où viennent s'attacher les traits. Les extrémités supérieures des attelles sont appelées o*reilles;* elles portent des anneaux destinés à recevoir les guides. Ces parties sont quelquefois formées de grandes planches, de longues pièces de bois qui surchargent inutilement les chevaux, les gênent pour passer les portes et occasionnent souvent des accidents. En Angleterre la police les fait supprimer. Les extrémités inférieures des attelles sont quelquefois réunies; quand elles sont libres elles sont disposées pour se fixer l'une à l'autre; alors le collier est dit coupé, brisé.

Le *collier à joug* présente sur son bord antérieur des surfaces où s'applique le joug, et à la place des bracelets, des anses en cuir dans lesquelles passent des chevilles; il tient au train postérieur par une croupière et par un reculement. Dans les départements du Lot, de l'Aveyron, etc., on met ce collier pour faire travailler par paires les mules, les ânes, etc.

Le *collier du cheval de poste, de carrosse*, est formé d'un coussin mince mais bien rembourré, et d'une verge métallique recourbée, cachée par une peau et appliquée au bord antérieur du coussin.

Bricole. C'est une bande de cuir formée de plusieurs pièces superposées, destinée à embrasser le poitrail; elle est maintenue par quatre courroies dont deux de chaque côté, fixées supérieurement à un panneau placé sur le dos et appelé mantelet. La bricole remplace le collier; elle porte en arrière des anneaux où les traits viennent se fixer ; elle blesse souvent la pointe de l'épaule. Si elle descend trop bas, elle gêne les mouvements des bras et les animaux tirent avec difficulté ; si elle s'élève, elle comprime la trachée-artère, les jugulaires, etc. Elle ne convient que pour les chevaux d'attelage qui, ayant une marche rapide, tirent peu ; elle peut être utile pour faire travailler les animaux blessés auxquels on ne peut pas mettre le collier.

§ III. JOUG.

Le joug dont on se sert pour les solipèdes est un joug double formé de deux pièces de bois qui appuient, quand le harnais est placé sur les animaux, l'une contre la partie supérieure du collier, l'autre sur l'inférieure ; elle sont fixées l'une à l'autre, au milieu par une pièce de bois portant une ouverture destinée à recevoir le timon, et aux extrémités par quatre chevilles placées deux de chaque côté et s'appuyant sur les bords antérieurs des colliers : les deux chevilles externes sont mobiles, on les enlève pour mettre les animaux sous le joug et pour les en retirer.

SECTION IVe. *Choix et soins des harnais.*

§ Ier. CHOIX DES HARNAIS.

Pour choisir les harnais, il faut avoir égard à la nature de la substance avec laquelle ils ont été fabriqués, à leur forme et à leur grandeur, comparées à la composition anatomique des parties sur lesquelles ils doivent s'appuyer.

Les harnais destinés à servir de liens, d'attaches, — les sangles, les courroies, les traits, etc., — doivent être solides, forts, fermes, résistants, non extensibles, pour fixer les charges d'une manière invariable. Les mouvements éprouvés par le bât, par la selle, occasionnent des plis à la peau et produisent des frottements, des contusions, des plaies, des décollements; en se déplaçant, ces harnais entraînent le poids hors de la place qu'il doit occuper, et les animaux en sont fatigués. L'extensibilité des traits absorbe une partie de la force qui les tend, tandis que s'ils sont résistants, ils transmettent à une extrémité toute la traction qu'ils éprouvent à l'autre; comme ils sont toujours plus ou moins extensibles, on ne doit leur donner que la longueur rigoureusement nécessaire. Ils doivent être solides. La rupture des traits, lorsque les animaux tirent avec force, peut compromettre la sûreté de l'attelage et produire des chutes, des plaies aux genoux, l'ouverture des articulations, la fracture du crâne, des dents, des os du nez, etc.

Pour confectionner les harnais qui doivent préserver les animaux de la pression, il faut rechercher des matières fermes, élastiques. Les harnais seront exactement moulés sur les parties du corps qui devront les supporter, n'être ni trop grands ni trop petits, être assez mous pour céder, se mouler sur les saillies osseuses et porter sur celles qui sont creuses, planes : les os saillants ne sont recouverts que par la peau et celle-ci est facilement blessée si elle est pressée par un corps dur.

Choix de la bride et du licou. C'est au choix de la bride du cheval de selle qu'on donne le plus de soins ; on doit s'attacher principalement dans ce choix à la forme et au volume du mors ; il est inutile que cette partie soit lourde, car le poids charge les animaux sans avantage pour le cavalier. Le canon doit avoir une longueur telle que les branches soient rapprochées de la bouche sans cependant faire faire des plis aux lèvres ; si le cheval a les barres fortes, la langue grosse, les lèvres épaisses, les talons doivent être minces; si les barres sont tranchantes, les lèvres minces, la langue grêle, le canon devra être légèrement aplati, plutôt gros que petit et presque droit, pour appuyer sur la langue; un canon brisé de bridon serait même presque assez dur si les chevaux, ayant la bouche sensible, étaient vifs, mais dociles.

Le porte-mors doit être bien ajusté à la tête du cheval : il faut que le canon appuie sur le milieu des barres, qu'il ne touche ni les crochets, ni les dents molaires, ni la commissure des lèvres; lorsqu'il appuie contre les molaires il ne produit aucun effet sensible; c'est alors qu'on dit : le cheval *a pris le mors* aux dents. Le cheval *boit la bride*, lorsque le mors s'enfonçant trop profondément dans la bouche, le canon touche la commissure des lèvres. Cet inconvénient de l'embouchure est fréquent quand la bouche des chevaux est peu fendue; lors qu'il a lieu, le canon fait faire des grimaces au cheval et l'action du mors est détruite : elle l'est aussi si les lèvres trop flasques, se repliant sur les barres, se placent entre les gencives et les talons du mors.

La gourmette doit être choisie d'après la conformation de la barbe. Si celle-ci est ronde, large, peu tranchante, couverte d'une peau dure, d'un poil épais, il faut une gourmette rude, à mailles grosses; si la barbe est tranchante, garnie d'une peau fine, sensible, la gourmette sera douce, en mailles fines et même recouverte de drap, d'un ruban de fil, etc. Lorsque la barbe, les barres sont minces, sensibles, il faut une gourmette longue, lâche; si elle était courte, elle agirait même sur les gencives en tirant le mors et en augmentant la pression exercée par le canon.

On doit choisir la forme des branches d'après la conformation de la tête et surtout de l'encolure. Lorsque la tête est lourde , le cou droit , les branches doivent être hardies afin que le cavalier , sans trop de fatigue , tienne son cheval dans une position convenable. Des branches longues , hardies , peuvent être d'un grand secours pour retenir les chevaux qui ont l'encolure renversée , qui sont sujets à s'emporter , qui portent le nez au vent. Si l'encolure est longue , mince , rouée , que la bouche soit sensible , les branches seront flasques et au besoin courtes , droites ; il ne faut pas que le cheval puisse les appuyer contre le poitrail.

On doit aussi prendre en considération la conformation générale et le tempérament des animaux. Si ceux-ci sont bas du devant, exposés à butter , à s'abattre, que les extrémités thoraciques soient faibles , il faut une embouchure dure pour que le cavalier puisse , au besoin , agir vigoureusement. Mais si les animaux sont forts, robustes, vifs, ardents, avec des membres abdominaux courts, un avant-train léger, s'ils sont disposés à se cabrer, il faut une bride assez douce pour qu'un coup de main , donné sans attention par le cavalier, ne fasse pas cabrer, renverser le cheval. On dit que les animaux ont la *bouche égarée*, quand ils l'ont très-sensible , qu'ils sont vifs , qu'ils s'emportent facilement par suite des effets de l'embouchure.

Xénophon veut qu'on ait « au moins deux mors , l'un desquels sera doux, ayant ses rouelles d'une bonne grandeur ; l'autre avec des rouelles petites et plates , des hérissons aigus, afin que le cheval qu'on aura bridé avec celui-ci , le haïssant à cause de son âpreté le quitte volontiers pour prendre le premier , dont , par ce changement, la douceur lui fera plus de plaisir, et qu'il exécute avec ce mors doux tout ce qu'on lui aura appris avec l'autre. » (1)

(1) *De l'Equitation.*

Nous croyons que l'inverse arriverait le plus souvent. Le cheval accoutumé à un mors dur ressentirait très-peu le doux; il est préférable d'employer d'abord ce dernier, et de passer ensuite à ceux qui produisent plus d'effet à mesure que la bouche des chevaux devient moins sensible.

Dans le choix du mors il ne faut pas négliger d'avoir égard à l'adresse du cavalier, à son attention. Est-ce un homme sans expérience du cheval, inattentif, exposé à donner intempestivement des coups de bride? on ne doit mettre entre ses mains qu'une embouchure très-douce; mais celui qui est toujours attentif à sa monture, qui sait lui commander, qui manie la bride de manière à produire constamment tout l'effet qu'il veut, qui aime à être promptement obéi, doit manier une embouchure plus dure.

Il est inutile d'ajouter que le choix du canon, de la gourmette, des branches, doit être fait d'après la conformation de l'ensemble du cheval. Il peut convenir de prendre une gourmette serrée, dure, pour un animal dont la barbe est tranchante, si l'animal est mou, s'il a les barres peu sensibles, l'avant-main faible, etc.

Le choix de l'embouchure n'est pas une affaire de goût, c'est un point important de l'art de dresser et de conduire les chevaux qui intéresse l'hygiène du cheval. Les brides mal faites peuvent irriter les animaux, les rendre insensibles au frein, les forcer à se cabrer, les faire renverser. Un canon trop rude, une gourmette trop serrée peuvent rendre les gencives et la barbe épaisses, calleuses, insensibles, et même produire des plaies, la carie du maxillaire. Si, par l'effet d'une mauvaise embouchure, la bouche est devenue malade, insensible, et l'animal irritable, il ne faut employer aucun remède, à moins qu'il n'existe une maladie, une plaie; mais il faut attendre que le mal soit guéri, et la sensibilité revenue à l'état normal avant de remettre un canon dans la bouche et employer dans la suite une bride douce, bien faite.

Pour le choix des parties de la bride qui doivent embrasser la tête, comme pour celui du licou, il ne faut pas oublier que dans cette région du corps la peau recouvre presque immédiatement les os. La tétière, le frontal doivent être souples, flexibles, avoir le bord qui frotte contre les oreilles, arrondi; ces deux courroies et les jouières, la sous-gorge, seront assez longues pour ne pas comprimer la base de la conque. La muserolle embrasse, vers le milieu, les os du nez qui sont minces, flexibles; pour ne pas les déformer et rendre les animaux camus, elle doit être large, porter sur une grande étendue. La sous-gorge doit embrasser la gorge; elle sera large pour ne pas blesser la peau, sans l'être assez pour gêner les mouvements de la tête. Elle doit être serrée pour tenir la bride en place et assez lâche pour ne pas contrarier le passage de l'air, des aliments et des boissons; la sous-gorge trop large, comme celle qui est trop courte, produit des angines, le cornage, etc.

La *selle* et la *sellette* doivent être bien rembourrées et s'appliquer exactement sur les concavités de la partie supérieure de la région costale. Les panneaux seront assez écartés supérieurement pour ne jamais porter sur la colonne épinière; la peau qui recouvre les apophyses épineuses des vertèbres, comprimée entre le harnais et les os, se blesse facilement et les plaies qui en résultent sont difficiles à guérir : les vertèbres sont formées d'un tissu spongieux qui s'altère, se carie promptement; le pus passe souvent sous les aponévroses des muscles dorso-costal, lombo-costal ; il fuse entre les muscles et les ligaments, s'écoule au dehors avec une grande difficulté, surtout si les plaies ont leur siége en arrière, sur les apophyses transverses des vertèbres lombaires ; il pénétre même quelquefois dans le canal rachidien et occasionne la paralysie, la mort. Si les animaux sont maigres, la peau qui recouvre les côtes, comprimée et blessée, devient douloureuse, dure, calleuse, des cors se forment et ensuite des plaies.

Le choix de la selle intéresse plus que celui du bât, de la sellette ; les mouvements qu'exécute sans cesse le cavalier causent des frottements, des blessures. La selle ne doit pas être trop longue, elle porterait sur les épaules et gênerait les mouvements ; quand elle est bien confectionnée, elle est facile à fixer d'une manière invariable et produit rarement des accidents ; mais si elle est mal faite, elle vacille, change de place, incommode le voyageur et blesse les animaux : « Il n'est pas rare qu'à la fin d'une route, le tiers des chevaux d'un régiment soit blessé sur le dos et mis hors de service. L'ignorance de la véritable conformation de cette partie de l'animal de la part du sellier, et le défaut d'observation des nuances qu'elle présente dans les divers individus, sont les causes les plus ordinaires de ces accidents. » (*Commission de l'agriculture et des arts.*)

Les sangles ne doivent avoir que la longueur convenable et être placées aussi près que possible des membres antérieurs, embrasser la poitrine près des coudes où les mouvements des côtes sont peu étendus ; si elles s'étendent sur le cercle cartilagineux des côtes, elles gênent les mouvements de la poitrine, la respiration ne peut plus s'effectuer et des pleurésies, des pneumonies, se développent. Si les animaux faisaient des courses très-violentes, s'ils exécutaient de très-grands efforts, l'apoplexie pourrait être la conséquence de la pression trop forte exercée par les sangles mal placées.

Dans le choix du collier, il faut avoir égard à la composition anatomique du garrot, du bord supérieur de l'encolure où se trouvent des apophyses spongieuses , le ligament cervical , qui se blessent facilement et dont la guérison est lente ; on doit aussi prendre en considération les canaux qui se trouvent à l'entrée du thorax et les mouvements qu'exécutent les épaules et les bras. Le collier doit avoir exactement la grandeur convenable. Pour les solipèdes, il doit former supérieurement un angle aigu et prolongé pour ne pas blesser le ligament cervical. L'extrémité inférieure doit s'appuyer sur le poitrail : si elle ne descend pas assez bas , elle comprime la base de l'encolure et presse la trachée-artère, gêne la respiration, arrête le cours du sang qui va à la tête et de celui qui en revient. Les parties latérales doivent s'appuyer contre le bord antérieur des épaules sans serrer l'encolure, mais sans s'étendre sur l'omoplate , comprimer cet os et gêner les mouvements de l'articulation scapulo-humérale. Un collier trop petit peut occasionner des vertiges , des coups de sang , des dyspnées, des blessures, des cors ; et trop grand , il gêne les mouvements thoraciques , le jeu des épaules, produit des frottements , se déplace , blesse la peau, comprime la trachée , etc. Si les animaux tirent de haut en bas, le collier tend à s'abaisser, il doit être bien rembourré dans sa partie supérieure ; mais si les traits ont une direction d'arrière en avant et de haut en bas , il tend à s'élever, comprime les jugulaires. Les cousins doivent être larges pour les chevaux de trait ; propres, bien rembourrés, élastiques, pour tous les animaux.

§ II. SOINS DES HARNAIS.

Il faut tenir les harnais propres : c'est économique et favorable à la santé des animaux. Les objets en cuir doivent être séchés , nettoyés et graissés souvent ; ils sont alors toujours souples, se coupent difficilement et ne blessent pas les parties qu'ils touchent.

Les coussins, les panneaux pompent l'humeur de la transpiration cutanée, et, sous l'influence de l'humidité chaude, des pressions, des mouvements qu'ils éprouvent, ils sont feutrés, tassés; il faut, toutes les fois qu'ils ont servi, les faire sécher et les battre avec soin. Ces précautions sont surtout nécessaires quand les animaux ont beaucoup transpiré. De temps en temps il faut faire refaire les coussins. Si l'on néglige ces précautions, les panneaux deviennent durs, ne se moulent plus sur les parties qu'ils recouvrent et compriment les endroits saillants. Si la compression qu'ils exercent est lente, elle rend la peau insensible, épaisse, calleuse, et des cors se forment; si la pression est subite et forte, des décollements, des plaies se produisent. Aussitôt que ces accidents ont lieu, on ne doit plus se servir des harnais qui ont fait la blessure; il faut mettre la bricole à la place du collier, n'employer celui-ci ou la selle, etc., qu'après l'avoir *chambré*; à cet effet, on fait un trou au coussin, à l'endroit qui correspond aux blessures, et l'on garnit avec soin le pourtour du trou, afin que la pression se dissémine uniformément et sans toucher à la partie malade. D'autres fois on place sous la selle un coussin en crin qu'on fixe avec une sangle. Ce harnais a de 3 à 4 centimètres d'épaisseur; il est piqué en lignes transversales aux côtes du cheval; il est facile à battre, à faire sécher, à tenir propre; il préserve de la sueur les panneaux de la selle. On le perce quand les animaux sont blessés.

Les harnais en métal doivent être bien lavés et séchés avec soin, pour en prévenir la rouille. Toutes les fois qu'on s'est servi de la bride, on doit plonger le mors dans l'eau et l'essuyer, pour enlever les parties liquides et solides de la salive et du mucus buccal. Ces liquides renferment des matières animales qui, en se putréfiant, répandent une odeur qui dégoûte les animaux, donne des aphthes ; et les solides sont formés de sels qui attaquent les métaux, les font rouiller. Les parties en cuivre des harnais doivent être nettoyées avec plus de soins que celles en fer, à cause du vert-de-gris que la sueur, la salive, etc., y produisent.

Deuxième Partie

DE L'ANE ET DES MULETS.

CHAPITRE PREMIER.

De l'Ane.

L'âne, *equus asinus*, appartient au genre *cheval;* il forme une espèce qu'il est facile de reconnaître, et qui cependant diffère peu de celle du cheval ordinaire : les parties principales, les squelettes, les viscères, se ressemblent; mais l'âne a une ligne noire sur le dos et une autre sur les épaules, des oreilles très-grandes, l'encolure dépourvue de crinière, la queue nue à la base; il se distingue encore par la disposition de son larynx, le son de sa voix, et par ses pieds. Les caractères distinctifs ne sont basés que sur des nuances de volume et de forme. Les deux espèces ont aussi en partie les mêmes mœurs, les mêmes habitudes : elles se nourrissent, se propagent, doivent être élevées et entretenues de la même manière. Ce que nous avons dit des races chevalines s'applique en grande partie à l'espèce asine, et nous aurons seulement à traiter dans ce chapitre de quelques particularités propres à cette dernière.

1° *Races sauvages*. L'espèce asine est originaire des pays chauds. L'âne, connu sous le nom d'*onagre*, se trouve encore à l'état sauvage en Afrique, dans la Lybie, dans la Numidie, en Asie, dans l'Inde ; il en existe des variétés remarquables dans la Tartarie et même dans quelques contrées chaudes et désertes de l'Europe méridionale. L'âne asiatique a les formes plus élégantes, les oreilles plus petites et plus mobiles, le front plus large, que celui d'Europe. L'onagre est plus vif, plus agile, que l'âne domestique ; il présente, du reste, des variétés ; les unes sont lourdes, massives, lentes ; les autres sveltes, légères, vites, comme le cheval, auquel Xénophon les comparait.

Les ânes sauvages ont une couleur variable, mais peu foncée ; ils offrent toujours la raie cruciale sur le dos et sur les épaules. Ils sont forts, vigoureux, se défendent avec courage, et attaquent même quelquefois leurs ennemis.

2° *Races domestiques*. L'espèce asine est originaire de l'Asie ; elle a été introduite de l'Arabie en Egypte, d'où elle a été importée en Grèce, et ensuite dans les Péninsules. Elle s'est répandue plus tard en France, en Allemagne, en Angleterre et en Suède où elle est encore fort rare. Ce fut seulement sous le règne de Philippe V qu'il nous fut permis d'importer la belle race qui ne se trouvait alors qu'en Espagne, et qui depuis est devenue la souche des baudets du Poitou. Par la domesticité l'âne a perdu beaucoup de ses qualités, surtout quand on l'a introduit dans les pays froids ; car c'est seulement dans les climats chauds que ses qualités se développent et que ses formes acquièrent toute leur ampleur.

Quoique expatrié, mal nourri, mal soigné, battu, surchargé de travail, « l'âne a subi peu de variétés, même dans sa condition de servitude la plus dure ; car sa nature est dure, et résiste également et aux mauvais traitements et aux incommodités d'un climat fâcheux et d'une nourriture grossière. Quoiqu'il soit originaire des pays chauds, il peut vivre et même se multiplier sans les soins de l'homme dans les climats tempérés. » (1)

A. *Races étrangères.* Parmi les ânes domestiques étrangers, on cite ceux de l'Hyémen, de l'Egypte, de l'Arabie, de la Guinée, de la Toscane, de Malte, de l'Andalousie, comme étant remarquables par leur taille élevée, leurs belles formes, par leur force, leur agilité, par la dureté de leurs sabots, la solidité de leur marche, par leurs qualités. Quelques-uns servent de monture ; on les emploie même à la guerre ; sellés, ils trottent bien et long-temps.

B. *Races communes.* Les ânes que nous élevons dans nos pays pour le travail ont peu de valeur. Nous en avons un grand nombre de races ou de variétés, mais elles sont mal caractérisées et peu distinctes : nous trouvons en général des individus qui diffèrent quelquefois beaucoup par la taille, par le pelage, non seulement dans la même province, mais dans le même village ; et cependant nous ne possédons en France que deux races qui méritent d'être distinguées, la poitevine et celle de la Gascogne.

Les races communes sont petites, mal conformées ; elles sont en général remarquables par leur sobriété, par leur force et par leur pied dur ; elles ont une marche assurée, même dans les plus mauvais chemins. Elles sont précieuses pour les petits cultivateurs des pays escarpés. Leur multiplication est très-négligée. On ne porte aucun soin à leur appareillement. Les ânons sont élevés avec la

____

(1) Buffon.

plus grande parcimonie ; ils n'acquièrent qu'un développement incomplet : ils sont petits, têtus, stupides. En
donnant quelque attention à l'accouplement, en nourrissant au moins, d'une manière passable, les ânesses nourrices et les petits, surtout en portant quelques soins à
l'éducation des ânons, on produirait à peu de frais de
grandes améliorations dans les races communes. Quoique
originaire des pays chauds, l'espèce prospère dans nos
pays ; et les belles races que nous voyons là où on les soigne, nous prouvent qu'il serait facile d'améliorer l'espèce
dans toute la France. Toutefois il ne faut pas confondre
les bonnes races avec les belles. Celles-ci ne sont pas toujours les plus avantageuses. Ainsi, dans le Poitou, malgré
la facilité d'avoir de beaux individus, on élève beaucoup
d'ânes petits, gris, à raies cruciales. On les trouve plus
robustes, plus rustiques, plus faciles à nourrir, plus avantageux enfin, que ceux de belle race. Mais sans changer les
races communes, on pourrait les perfectionner, les rendre
plus fortes, en leur donnant plus de corps par une bonne
nourriture. Ce progrès serait fort à désirer, car l'amélioration contribuerait à rendre plus productif l'élevage du
mulet, qui s'étend tous les jours, mais qui éprouve des
difficultés à cause de la rareté des forts baudets dans la
plus grande partie de la France.

L'espèce asine, considérée comme pouvant servir à croiser celle du cheval, est digne du plus grand intérêt. Ces
croisements forment dans quelques localités une industrie
spéciale de la plus grande importance.

C. *Race du Poitou, baudets du Poitou, gros baudets.* La
race asine du Poitou présente chez le mâle une taille de
1 mètre 54 centimètres environ ; un corps ample, gros,
carré, bien étoffé ; une tête forte, haute ; des oreilles
grandes, une encolure épaisse, un poitrail ouvert, un
garrot bas ; le dos droit, la croupe large, les côtes plates,

le flanc court, les cuisses longues, la queue presque nue, couverte de poils soyeux ; des membres forts, et des articulations grosses. Les poils sont longs, fins, frisés, quelquefois droits ; les crins rares ; la couleur est uniforme, le plus souvent noire, avec des taches blanchâtres au nez, aux yeux, sous le ventre, et à la face interne des membres. Ceux-ci, les oreilles, la tête, sont garnis de poils longs, ordinairement appelés soies. Nous voyons dans le Poitou quelques ânes qui sont gris, avec ou sans raie cruciale sur le dos et les épaules.

On trouve cette race dans le département de la Vendée et dans ceux des Deux-Sèvres, de la Vienne, de la Charente, de la Charente-Inférieure. Le centre du pays où on l'entretient est formé par l'arrondissement de Melle. C'est là où l'on élève les plus beaux baudets.

La belle race du Poitou laisse peu à désirer. Les services qu'elle rend en créant des mulets lui donnent une grande valeur, et on la soigne bien. Nous ne conseillons pas d'employer le baudet du Poitou pour améliorer les races communes ; mais on devrait l'employer pour couvrir les juments dans tous les départements où l'on s'occupe de la production des mulets.

D. *Race de Gascogne, grand baudet de Gascogne.* Ce baudet a une taille de 1 mètre 55 centimètres : son corps est plus mince que celui de l'âne du Poitou ; son poil est ras, bai, bai-brun ou noir.

Cette race se trouve dans la province dont elle porte le nom ; elle y est moins répandue que la précédente dans le Poitou, et elle offre plusieurs variétés.

L'âne du sud-ouest est employé pour la production des mules. Celles-ci diffèrent de celles du Poitou, comme l'âne de la Gascogne diffère de celui du Mirebalais.

§ II. CHOIX DE L'ANE DESTINÉ A LA REPRODUCTION ET AU TRAVAIL.

L'âne doit être considéré comme une bête de service et comme servant à la production du mulet. Les ânes que nous faisons travailler sont le plus souvent employés comme bêtes de somme : cependant ils servent aussi au tirage. Quelle que soit l'importance de l'âne comme bête de travail, nous parlerons de ses races dans ce paragraphe principalement sous le rapport de la production des mules.

L'âné étalon doit être grand, avoir toutes les parties bien fournies, amples; l'encolure longue, la tête haute, les côtes rondes, le poitrail large, le garrot haut, le flanc court, les reins fermes, les membres forts, les jarrets gros, très-larges, les tendons écartés des canons, les boulets gros, les pieds grands, les talons écartés, le poil foncé, les soies longues, les oreilles velues. Il doit être fort, vigoureux ; avoir l'œil grand, vif, bien fendu ; être âgé de trois à quinze ans, avoir une grande vivacité et beaucoup d'ardeur; on considère comme mauvais ceux qui sont mous, peu portés à se reproduire.

Pour le service on recherche les plus forts, les plus grands si on les destine au tirage et si on veut les atteler avec des chevaux de taille élevée. Pour le bât on les prend tels qu'on les rencontre, sans choix ; pour la selle on les recherchera ayant le garrot élevé et la côte ronde, l'épine dorsale peu saillante, le poitrail large et le trot facile.

S'ils doivent faire un service irrégulier, rester quelque temps libres sur les marchés, il faut préférer les femelles ou les mâles châtrés ; car ces animaux entiers entrent comme en fureur au printemps, et leur vigueur se renforce tellement par la nouvelle et abondante nourriture de la saison, dit Olivier de Serres, « que, presque enragés à la veuë et approche des asnesses, ils font mille algarades, mettans en désordre tout vn marché, ce qui les rend de très-difficile conduite. » (1) On a d'autant plus de peine à les gouverner que les coups ne font que les exciter davantage, et qu'on ne peut les maîtriser qu'en employant une force supérieure à la leur, ce qui est souvent très-difficile.

§III. DE LA MULTIPLICATION ET DE L'ÉLEVAGE DE L'ANE.

Soins des reproducteurs. L'étalon employé à la reproduction ne réclame aucun soin particulier. Mais on doit le nourrir abondamment dans la saison de la monte : on lui donne du meilleur fourrage, du son, des graines, du pain, et beaucoup d'avoine ; on le fait rarement travailler. Dans le Poitou où on les garde exclusivement pour saillir les juments, on les tient dans des loges, libres ou attachés avec des chaînes ; on ne les sort que pour faire la monte. La plupart sont très-vicieux, méchants : « si ces animaux se joignaient, ils s'étrangleraient ; il n'y a que l'homme qui a coutume de les panser qui ose en approcher. » (2) Il y en a même qu'on ne sort jamais : on conduit dans leur loge les juments qu'on veut faire couvrir. Si on pouvait les employer à des travaux utiles, on les approcherait plus souvent, ils seraient moins féroces, auraient autant de mérite et plus de valeur même comme reproducteurs.

A l'époque de la monte ils ne reçoivent aucun soin particulier. « Il est d'usage, dans quelques haras, de donner du vin à l'âne avant le saut, quoique sans cela il soit assez ardent ; dans le cas où il manquerait d'ardeur, on lui en procurerait à coups de bâtons ; l'efficacité de ce remède,

(1) Olivier de Serres, *le Théâtre d'Agriculture*, p. 274.
(2) *Mémoire pour servir aux commissaires des haras.*

qui est singulier, et à très-bon marché, est prouvée par l'expérience. » (1)

L'ânesse destinée à la reproduction est en général peu soignée; cependant dans le Poitou on la met pendant la gestation et l'allaitement dans de très-bons pâturages, et on lui donne du bon foin, des grains, même du pain; mais elle est généralement disposée à recevoir le mâle sans l'emploi des aphrodisiaques.

De la monte. Les signes de la chaleur sont les mêmes dans l'espèce asine que dans la chevaline; ils sont plus prononcés dans la première. L'âne est en général très-prolifique, et l'ânesse qui est en chaleur témoigne de grands désirs.

Elle est très-ardente, c'est même en raison de sa trop grande ardeur « qu'on lui donne le mâle presque immédiatement après qu'elle a mis bas; on ne lui laisse que sept ou huit jours de repos ou d'intervalle entre l'accouchement et l'accouplement : l'ânesse, affaiblie par sa couche, est alors moins ardente; les parties n'ont pas pu, dans ce petit espace de temps, reprendre toute leur raideur; au moyen de quoi la conception se fait plus sûrement que quand elle est en pleine force, et que son ardeur la domine. » (2)

La monte se fait en main ou en liberté comme dans le cheval. Si l'âne est méchant, on prend pour l'employer la précaution que nous avons fait connaître en parlant du régime des reproducteurs.

L'âne est très-prolifique, il peut féconder pendant toute la saison de huit à dix femelles par jour et même davantage; mais on abuse généralement de ses forces, et ses produits sont moins bons; il est lui-même plus tôt usé

(1) Hartmann.
(2) Buffon.

quand il a été abandonné à son instinct génésique.

L'âne craint plus le froid que le cheval : « il faut que l'ânon naisse dans un temps chaud, autrement il périt ou languit, » dit Buffon. Mais si la naissance en est tardive, il n'a pas le temps de se développer avant l'hiver, et il souffre du froid et de la nourriture sèche qu'on lui donne. Il convient cependant de faire couvrir les ânesses plus tard que les juments : c'est quand la monte de celles-ci est finie, qu'on conduit ordinairement les premières au baudet; car les ânes qui ont couvert des ânesses sont peu disposés à sauter des juments : en outre, comme la gestation est à peu près d'un an dans l'espèce asine, les petits conçus dans les mois de juin et de juillet naissent pendant les temps chauds; les ânesses entrent d'ailleurs généralement plus tard en chaleur que les juments.

Soins des ânesses après la monte. L'ânesse est trop ardente, dit Buffon, et assez souvent elle rejette la liqueur spermatique; c'est pour empêcher cette réjaculation et pour la faire retenir et produire qu'on lui donne des coups ou qu'on lui jette de l'eau sur la croupe. Ces pratiques sont en effet usitées : on veut empêcher les ânesses de rejeter la liqueur séminale qui a été déposée dans le vagin. Il reste toujours assez du principe fécondant dans les organes génitaux des femelles, et au lieu de battre ou d'arroser les ânesses après la copulation, il serait préférable de les fatiguer avant de les faire couvrir et de les placer, immédiatement après la monte, dans un lieu obscur et tranquille, comme nous l'avons recommandé pour la jument.

Gestation, part. Dans le Poitou où l'on ajoute beaucoup d'importance à l'âne, à cause de la production des mulets, les mères ânesses sont « l'objet de soins dont nous croyons devoir signaler les plus indispensables. Ils consistent 1° à éviter de faire travailler les ânesses nourrices ainsi que les ânesses pleines de six mois : n'exiger d'elles qu'un

travail modéré ; mieux vaudrait même les en dispen-
ser entièrement , du moment de la conception ; 2° à attendre pendant tout le temps de la gestation, pour les envoyer
au pâturage , que le soleil ait dissipé la rosée ou la gelée
blanche , et avoir soin de ne pas les laisser boire d'eaux
froides ou crues le matin à jeun , afin de prévenir l'a-
vortement ; 3° à les préserver autant que possible des
chutes, des coups violents , de même que des grandes
fatigues , des longues courses et même de tout voyage ;
à les tenir soigneusement séparées des ânes, des chevaux
et des mulets adultes non castrés ; 4° à surveiller avec soin
l'instant de la parturition. A l'approche du terme qui se
reconnaît au ravalement de la croupe , à l'affaissement
du ventre , à la présence du lait dans le pis , à la tuméfac-
tion et au gonflement de la vulve et enfin à l'émission de
matières visqueuses et sanguines , il faut leur faire bonne
et copieuse litière et se tenir là , soit pour empêcher que
le petit ne se tue ou ne se blesse en tombant, ces animaux , ainsi que les juments , étant dans l'habitude de se
tenir debout en ce moment , soit pour aider à la délivrance
de la mère et faciliter la sortie du placenta ou arrière-
faix et éviter qu'elle ne le dévore, ainsi que font quelques
juments , ce qui pourrait l'incommoder ; 5° à donner à la
mère, sitôt après la délivrance, et à lui continuer quelques
jours un breuvage d'eau tiède où l'on a mis de la farine
d'orge ou de froment , et à la préserver des coups d'air ,
du froid et de l'humidité ; 6° à veiller à ce que le petit
ânon tette; 7° et enfin à donner à l'ânesse une nourriture
plus abondante et plus substantielle durant l'allaitement.

« C'est par la minutieuse observation de toutes ces précautions que le Poitou obtient constamment de si beaux
produits. » (1)

(1) Pressat, *Maison rustique du 19ᵉ siècle*, t. 2 , p. 439.

Soins des ânons. L'ânesse est en général bonne mère , elle allaite son petit avec soin et se montre pleine de sollicitude pour lui. Les ânons réclament les mêmes soins que les poulains ; leur élevage est généralement trop négligé pour les races communes ; la plupart ont des os saillants , des muscles minces et l'abdomen excessif. Cette conformation vicieuse est la conséquence de la mauvaise nourriture qu'ils reçoivent. Pour les avoir beaux, il suffirait de ne pas surcharger de travail les ânesses nourrices et de les nourrir au moins médiocrement ; les élèves sont peu exigeants, nous les voyons à la fin de leur premier hiver, quand ils ont neuf ou onze mois , se refaire en très-peu de temps , quoique ne pâturant que de la mauvaise herbe sur les bords des chemins , ou suivant les moutons dans des pâturages maigres et éloignés ; ils perdent en quelques semaines leur long poil d'hiver , deviennent luisants , vifs , forts ; leur abdomen diminue et leurs muscles se dessinent ; leur développement ordinairement lent serait beaucoup plus rapide si on leur donnait après le sevrage quelques rations de substances farineuses. On sèvre les ânons vers six à huit mois; on doit surtout bien nourrir ceux qui n'ont pas encore cet âge et dont on trait les mères pour en donner le lait à des malades ; on les laisse quelquefois à peine téter deux ou trois semaines ; on doit alors les nourrir avec du lait de vache et leur donner, délayée dans l'eau, de la farine de graine de lin ou de seigle, ou d'orge. Dans le Poitou on nourrit bien ceux qu'on destine à la propagation de l'espèce.

§ IV. ÉDUCATION, UTILITÉ, ENTRETIEN DE L'ANE.

L'éducation de l'âne est complètement négligée : on le laisse libre, on ne l'attache pas même dans son écurie, avant l'âge ou l'on veut le faire travailler et à cette époque, au lieu de le traiter avec douceur, de le modifier insensiblement, de lui apprendre à interpréter nos ordres, de l'habituer à nous obéir, on le traite comme si, ayant été exclusivement créé pour notre service, il devait nous deviner et n'avait d'autre instinct que celui de satisfaire nos caprices ; ses défauts sont une conséquence des mauvais traitements que nous lui faisons subir ; il est naturellement vif, gai, hardi même à l'état sauvage ; et nous le rendons mou, paresseux, timide, poltron, rebours, têtu, en le nourrissant mal, en le traitant avec rudesse, en le battant sans raisons, et en exigeant de lui plus qu'il ne peut faire.

« Pourquoi donc tant de mépris pour cet animal si bon, si patient, si sobre, si utile, se demande Buffon? Les hommes mépriseraient-ils jusque dans les animaux ceux qui les servent trop bien et à peu de frais ? On donne au cheval de l'éducation, on le soigne, on l'instruit, on l'exerce, tandis que l'âne, abandonné à la grossièreté du dernier des valets, ou à la malice des enfants, bien loin d'acquérir, ne peut que perdre par son éducation, et s'il n'avait pas un grand fonds de bonnes qualités, il les perdrait en effet par la manière dont on le traite : il est le jouet, le plastron, le bardot des rustres qui le conduisent le bâton à la main, qui le frappent, le surchargent, l'excèdent sans précautions, sans ménagement. »

L'éducation de l'âne devrait être dirigée comme celle du cheval, et en donnant au premier les soins que nous donnons à celui-ci, on le rendrait d'un service fort agréable.

L'utilité de l'âne est grande , il sert comme bête de bât principalement ; on l'attelle souvent à la charrue , au tombereau du pauvre et même à la charrette : nous en voyons fréquemment à la tête des équipages qu'ils dirigent souvent mieux que des chevaux ; ce qui prouve qu'ils sont intelligents , dociles et obéissants. Dans quelques localités on emploie l'âne comme monture ; les Grecs , les Perses, l'ont employé à la guerre ; les grands personnages en Perse montent des ânes richement harnachés.

Mais l'âne comme monture présente quelques défauts : il a le garrot bas, et ses épaules saillantes se font sentir désagréablement au cavalier dans la marche. Pour éviter cet inconvénient, il faut placer la selle en arrière, ce qui est désagréable pour celui qui tient les rênes de la bride ; du reste cette position du cavalier soulage l'âne , qui étant bas de devant , veut être chargé en arrière. L'âne a les apophyses épineuses des vertèbres dorsales longues, ce qui rend l'épine saillante et exige des harnais épais, bien rembourrés , lourds , incommodes. Enfin l'âne a le poitrail étroit , les membres thoraciques rapprochés , ce qui rend son équilibre peu stable sur deux pieds , son trot difficile et peu assuré.

Il convient principalement pour porter de lourds fardeaux dans les montagnes ; il a l'allure du pas ferme, assurée , et comme il a les pieds durs et petits , il marche avec la plus grande assurance sur les chemins pierreux , escarpés des montagnes les plus rapides ; sa conformation, sa petite taille , sa force , ses allures, tout le destine à être le compagnon et le serviteur du pauvre ; mais sous ce rapport , aucun autre animal ne pourrait le remplacer et on ne saurait trop soigner son éducation.

L'âne est peu difficile sur le choix de la nourriture , il mange des plantes dures , épineuses , que la plupart des autres animaux refusent ; il y a même des plantes , les ononis, les onagres, les onopordes, etc., qui tirent leur nom du mot *onos* par lequel les Grecs désignaient l'âne.

Il mange peu et peut même suffire à un bon service avec une nourriture de médiocre qualité; mais, pour en retirer beaucoup de travail, il faut lui donner de bons aliments pour lesquels il montre du reste beaucoup d'avidité.

On néglige souvent le pansage de l'âne, et pour débarrasser sa peau des corps qui l'incommodent, pour se gratter, il se roule fréquemment par terre; l'action de l'étrille lui serait aussi salutaire qu'aux autres animaux. (Voyez *Principes d'Hygiène.*) Les médecins ont même remarqué que le lait des ânesses étrillées régulièrement est très-bon pour les malades.

CHAPITRE II.

Des Mulets.

Parmi les mulets qui résultent du croisement des espèces animales, nous avons à parler de deux : du mulet proprement dit, et du bardot. (Voyez page 268.)

SECTION Ire. *Mulet.*

§ Ier. CARACTÈRES DU MULET.

Le mulet produit de l'âne et de la jument tient du père et de la mère; son volume, ses formes, ses mœurs, varient, parce qu'il ressemble tantôt à l'un de ses parents, tantôt à l'autre, et parce que ses parents varient beaucoup eux-mêmes, selon les races auxquelles ils appartiennent. Il serait très-difficile d'établir des races, même des variétés, parmi les produits de l'âne et de la jument. En général le mulet a une taille très-variable, un poil ras, bai, noir, gris ou isabelle, avec ou sans bande cruciale sur le dos, et offrant rarement plusieurs nuances tranchées. On recherche les muletons qui portent les soies longues du père, quoiqu'elles tombent à un an : elles indiquent que les jeunes animaux deviendront gros, forts. Le mulet a la tête grosse, courte; les oreilles beaucoup plus grandes que celles du cheval; l'encolure courte; la crinière peu fournie; le poitrail étroit, le garrot bas, l'épine dorsale saillante, la croupe avalée, tranchante; la queue peu garnie de crins; les extrémités longues, sèches, dépourvues de crins, les postérieures sans châtaignes; les jarrets droits, les articulations bien dessinées ; le sabot petit, étroit ; les quartiers hauts, l'ongle solide ; une voix différant de celle du père comme du hennissement de la mère.

Le mulet tient beaucoup de l'âne ; il est sobre, fort ; quoique souvent rétif, il est en général plus docile et plus vif que son père ; robuste, vigoureux, il est très-précieux, très-utile, vit longtemps, supporte les intempéries, résiste à tous les climats et aux plus rudes fatigues.

On dit, mal à propos, que les mulets doivent avoir les extrémités grosses, rondes et la croupe pendante ; les mâles ont la peau plus épaisse que les mules ce qui en rend les membres plus gros, plus ronds ; mais ces caractères ne sont pas des qualités qu'il faille chercher à produire. Les animaux qui ont les articulations bien dessinées, les tendons détachés, la croupe charnue et horizontale, le poitrail large, la côte ronde, sont ceux qu'on doit rechercher. Les mulets du Poitou sont les plus gros et les plus propres au bât et au trait ; ceux de la Gascogne conviennent mieux comme bêtes de somme ou d'équipage.

L'élevage des mulets présente de grands avantages. Leur accroissement est rapide, ils peuvent travailler jeunes ; on les vend facilement et un bon prix, à l'âge de six ou huit mois. Ils sont forts, robustes, sobres et durent longtemps.

Pour le travail on ne recherche dans les mulets que la santé et la force. La première se reconnaît aux caractères qui la distinguent dans tous les animaux. La force est annoncée par l'ampleur du thorax, la largeur, la brièveté des lombes, par un flanc court, par des membres forts, des articulations grosses, des jarrets longs et des tendons bien détachés.

§ II. Choix des anes et des juments pour la production des mulets.

Pour la production des mulets il faut se rappeler que ces animaux tiennent principalement de la mère les formes du corps, et du père les membres. Il faut rechercher, pour les multiplier, les juments qui peuvent produire avec l'âne les meilleurs croisements : plutôt que la beauté, on recherchera la taille, la force, l'ampleur des formes ; on donnera la préférence à celles qui ont le corps ample, allongé, la croupe carrée, forte, la côte ronde, le garrot élevé, les oreilles petites, les membres forts, le pied rond, large, pour corriger le corps étroit, la croupe tranchante, la côte plate, le garrot bas, les grandes oreilles, les extrémités minces, et le pied étroit, encastelé, à talons hauts, des ânes,

En parlant de l'âne, nous avons indiqué, page 600, les caractères qu'il doit présenter. Nous ajouterons que dans le Poitou on n'emploie à la production des mulets que ceux qui, à l'ampleur des formes, à une grande largeur des jarrets, réunissent une taille de au moins 1 mètre 48 centimètres ; quant à la conformation, elle doit varier selon la destination des mulets.

Pour avoir des bêtes d'attelage on conseille de faire accoupler les femelles les plus corsées et les plus fines, les plus fortes juments du midi, comme les espagnoles, avec des ânes forts, gros ; et pour avoir des mulets qui réunissent à la force des carrossiers, l'énergie, les formes sèches du cheval oriental, de faire couvrir la jument flamande ou celle du Poitou par les mêmes baudets. Les grosses juments du Poitou, justement appelées *mulassières, maraichères*, parce qu'on les rencontre dans les marais de Saint-Gervais, conviennent en effet pour ces croisements : elles donnent

39.

avec les beaux ânes de cette province d'excellents produits
pour le bât et pour le trait. Pour obtenir des mules propres à la selle, on choisira des juments assez fines, ayant
le corps allongé, l'abdomen peu développé, mais ayant
les sabots ronds, un peu volumineux; et on les fera sauter
par des ânes remarquables principalement par leur taille
élevée.

§ III. MONTE.

La monte n'offre rien de particulier pour les ânes qui
sont accoutumés à saillir les juments : mais, les premières
fois qu'on leur présente une cavale, ils font souvent des
difficultés pour effectuer la copulation; on les met en
chaleur en leur présentant des ânesses; au moment où
ils sont bien disposés à faire la saillie, on retire leur
femelle et on leur amène une jument bien disposée à
les recevoir. Il y a même des baudets qui, après avoir sailli
une ânesse, refusent pendant quelque temps de couvrir une
cavale ; et beaucoup de propriétaires donnent aux ânesses
seulement les baudets vieux, qui ne sont plus propres à
produire de beaux mulets ; généralement on ne fait couvrir les ânesses que lorsque la monte des juments est
terminée.

§ IV. ÉLEVAGE DES MULETS.

La gestation des juments pour le mulet est plus longue,
dit Hartmann, que pour le cheval ; mais elle n'offre rien
de particulier relativement aux signes qui l'annoncent,
aux soins qu'exigent les femelles pleines.

Les muletons doivent être soignés, nourris, sevrés
comme les poulains. Il sont souvent plus forts à leur naissance, se lèvent et vont teter. Comme les mulets sont

d'une vente facile , les éleveurs les nourrissent généralement mieux que les poulains. Mais c'est surtout dans le
Poitou qu'on donne à l'élevage de la *mulasse* des soins
bien entendus. Pendant la gestation on a un soin tout
particulier des juments et on les entoure de précautions.
« Durant l'allaitement, dit M. Pressat, agriculteur de la
Haute-Vienne, les premiers jours surtout, on les nourrit
mieux et plus abondamment encore. Les plus gras pâturages en été, les fourrages les mieux choisis en hiver, le
son, l'orge, l'avoine et souvent même le pain, telle est la
nourriture qu'on leur prodigue pour entretenir leur embonpoint et augmenter leur lait. On nourrit de même leurs
petites mules dès qu'elles sont en état de manger quelque
chose, ce qui a lieu au bout de quelques jours ; aussi
n'est-il pas rare de voir vendre quelques-unes de ces mules, à l'âge de huit à dix mois, 700 francs et au delà, et
la moyenne de leur valeur est-elle toujours de 4 à 500 fr.
Le sevrage a lieu au bout de sept à huit mois et s'opère le
plus souvent par la mère elle-même. C'est le moment de
nourrir fortement les jeunes mules , si l'on ne veut pas
les voir périr. »

Les mulets quoique généralement privés de la faculté
de se propager sont très-ardents et ils montrent une propension égale pour leurs femelles, pour la jument et pour
l'ânesse. Si on les destine à des services irréguliers, il faut
leur faire subir la castration. Cette opération se pratique
sur les mulets et sur les ânes comme sur le cheval.

Le tondage est usité sur les ânes et sur les mules et offre
les mêmes avantages et les mêmes inconvénients sur tous
les solipèdes.

On ampute rarement la queue aux mulets ; mais « on
coupe les oreilles à ceux qui sont destinés pour la selle,
de manière qu'elles sont pointues et imitent assez celles
du cheval. Il faut, après avoir fendu la peau tout autour

des oreilles, faire sortir le cartilage afin de n'amputer que lui seul, et que la peau, en se réunissant, ne rencontre pas cet obstacle, qui ferait saillie dans les lèvres de la plaie. » (1)

L'élevage des mulets est facile et avantageux. Les pays qui jadis élevaient de ces animaux leur donnent aujourd'hui plus de soins, et l'élevage s'étend dans des contrées où il était inconnu. Les conseils généraux des départements, la Société d'Agriculture du Poitou fondent des primes pour encourager l'entretien des juments mulassières et des baudets, mais le meilleur encouragement pour la multiplication des mulets, c'est que ces animaux peuvent être vendus jeunes et sont achetés fort cher; aussi quoique les anciens règlements sur les haras missent de grandes entraves à la production de ces animaux, elle a toujours prospéré en France; et de nos jours, quoiqu'on l'ait contrariée indirectement en encourageant la multiplication des chevaux par tous les moyens possibles, elle s'étend continuellement; elle est répandue aujourd'hui même dans les provinces qui sont les mieux disposées pour l'élevage du cheval. Dans les environs de Tarbes les juments sont livrées au baudet plutôt qu'à l'étalon. Le Périgord, qui jadis avait des chevaux précieux pour la cavalerie légère et qui importait des mulets pour les services du pays, produit aujourd'hui peu de chevaux et élève beaucoup de baudets. Le Rouergue, le Dauphiné, le Bugey, le Cantal, etc., suivent le même système. Dans ce dernier département M. Delolm-Lalaubie conseille, pour se débarrasser des mauvaises bêtes issues des étalons anglais du dépôt d'Aurillac, de se servir du *baudet*; « en épurant par lui les races dont on lui livre le rebut à stériliser, il utilise en l'épuisant une fécondité funeste. Au lieu d'une succes-

____

(1 Hartmann:

sion de générations dont chacune eût fait brèche dans ses revenus, on obtient, grâce au baudet, une génération inféconde, travailleuse, robuste et vendable facilement de bonne heure et avec profit. Avec le secours du baudet la race normande pourrait se débarrasser des poussifs et des cornards qui la déshonorent. » (1)

Section IIe. *Bardot.*

§ Ier. caractères du bardot.

Issu de l'ânesse et du cheval le *bardot* a les caractères des deux espèces qui l'ont créé. Il ressemble beaucoup au mulet, mais il est en général moins bien conformé et présente souvent des parties de son corps qui ne sont pas en rapport avec l'ensemble de son organisation : tantôt il a la tête trop longue, trop grosse, trop lourde; d'autres fois il a la mâchoire inférieure trop longue, trop courte, ou trop large ; en général il offre les caractères suivants : Taille petite, poil noir, bai, etc.; tête longue, étroite, souvent mal conformée; encolure mince, dos voûté, croupe tranchante, oreilles moins grandes que celles du mulet; mais il a plus de crins aux extrémités, à la queue, à l'encolure, que le produit de l'âne et de la jument ; il est sobre, robuste plus même que ce dernier. Le bardot hennit comme le cheval.

§ II. production, élevage du bardot.

Choix de l'étalon. Pour féconder les ânesses il faut choisir des chevaux petits, mais ayant le corps trapu, la croupe large, carrée; la côte ronde, le corps ample, la

____

(1) *Propagateur agricole du Cantal.*

tête mince, petite; les membres forts, gros; les pieds ronds, un peu volumineux; les talons ouverts.

Choix des ânesses. Pour produire des bardots il faut des femelles grandes, ayant les hanches écartées, le bassin ample. On livre au cheval les ânesses les plus fortes, celles qui sont capables de porter l'étalon pendant la copulation.

La *monte* n'offre rien de particulier. Le cheval saute assez facilement l'ânesse, et celle-ci se laisse couvrir sans faire des difficultés, mais elle ne retient pas toujours.

On élève des bardots dans les pays pauvres; ces animaux sont précieux pour les contrées montagneuses, à chemins escarpés, où les foùrrages sont rares et de médiocre qualité. On les nourrit et on les soigne comme les mulets.

TABLE.

—

Première Partie.

DU CHEVAL.

FIN DE LA TABLE DU PREMIER VOLUME.